ENCYCLOPÉDIE-RORET

LA

CONSTRUCTION

PARIS

ENCYCLOPÉDIE-RORET

L. MULO, LIBRAIRE-ÉDITEUR

12, RUE HAUTEFEUILLE, VIᵉ

ENCYCLOPÉDIE-RORET

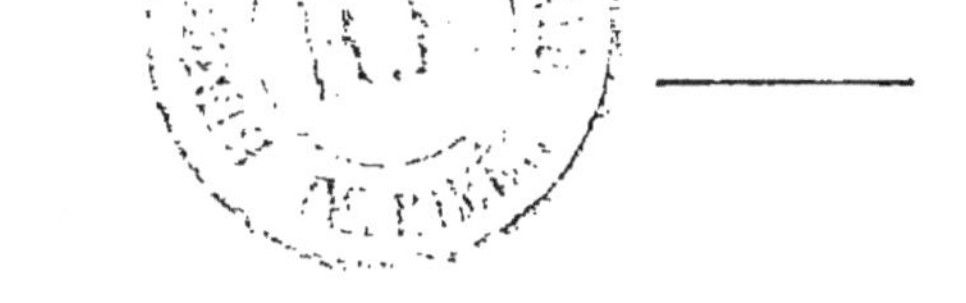

CONSTRUCTION MODERNE

MANUELS-RORET

NOUVEAU MANUEL COMPLET

DE LA

CONSTRUCTION MODERNE

OU

TRAITÉ DE L'ART DE BATIR AVEC SOLIDITÉ, ÉCONOMIE ET DURÉE

Par ATHANASE BATAILLE

Architecte, ex-Professeur de construction architectonique à l'Ecole
professionnelle de Mulhouse (Haut-Rhin)

NOUVELLE ÉDITION

entièrement refondue

Par N. CHRYSSOCHOÏDÈS

Ingénieur des Arts et Manufactures

CONTENANT LES PRIX DE DÉBOURSÉS ET DE RÈGLEMENT DES TRAVAUX
DU BATIMENT

*Ouvrage accompagné d'un Atlas de 44 planches et orné
de 224 figures dans le texte*

PARIS

ENCYCLOPÉDIE-RORET

L. MULO, LIBRAIRE-ÉDITEUR

12, RUE HAUTEFEUILLE, VIe

1903

AVIS

NOUVEAU MANUEL COMPLET

DE LA

CONSTRUCTION

MODERNE

PREMIÈRE PARTIE

CHAPITRE PREMIER

Naissance de l'Architecture

SOMMAIRE. — I. But qu'elle se propose et moyens qu'elle emploie pour y arriver. — II. Éléments de composition des bâtiments. — III. Composition ou division des membres constituant les ordres d'architecture. — IV. Ordres d'architecture, leurs proportions. — V. Principes pour obtenir le module d'un ordre quelconque.

I. BUT QU'ELLE SE PROPOSE, ET MOYENS QU'ELLE EMPLOIE POUR Y ARRIVER

L'architecture a pris naissance au moment où l'homme a senti le besoin de s'abriter sous la simple et primitive cabane. Les intempéries des saisons, la crainte des bêtes féroces, et plus encore l'utilité publique et l'utilité particulière, lui ont suggéré cette idée de clôture. L'emploi de proportions diverses dans la manière de bâtir, a servi à composer les types des ordres d'architecture. On peut donc déduire que l'architecture a pour but primitif de conserver les individus, de faire le bonheur de la société, tout en satisfaisant aux besoins nés de nos mœurs et de nos usages.

Les nations formées de la réunion des hommes voulurent embellir leurs cités nouvelles et rivales; elles créèrent ainsi les différentes espèces de styles. On vit d'abord éclore l'imposante architecture égyptienne et l'élégante architecture assyrienne (comme styles primitifs), puis l'admirable et simple architecture grecque, adoptée dans la suite par les Romains; enfin, l'architecture mauresque et l'architecture gothique, qui prirent naissance au moyen âge. De ces différentes créations, qui ont toutes un caractère distinctif, il n'est resté comme classique, que les ordres grecs et romains. Les autres types ne sont employés généralement que pour les décorations du théâtre ou des fêtes publiques. Quant au gothique, on s'en sert spécialement pour les monuments dédiés au culte catholique.

Pour préserver l'homme des variations atmosphériques, et le mettre à même de satisfaire aux exigences résultant de ses mœurs, de ses institutions nationales et souvent de sa position sociale, l'architecture s'impose trois conditions principales, qui sont : *la solidité*, *la disposition* et *la décoration*.

Solidité. — Pour qu'un édifice quelconque soit solide, il faut qu'il soit bien fondé, c'est-à-dire assis solidement; que les matériaux employés soient de bonne qualité et de premier choix, qu'ils soient mis aux places qui leur sont propres, que les points d'appui soient ordonnés de manière à ce que le fardeau soit distribué également; que les résistances suffisent aux poussées, et surtout, objet essentiel pour toute construction, qu'il n'y ait pas de porte-à-faux. De cette dernière condition dépendent la durée, et par conséquent la solidité des édifices. La *durée*, la *sûreté* et l'*économie* sont donc les conséquences des principes ci-dessus.

Disposition. — Dans la disposition, nous comprenons la distribution des intérieurs, la commodité et la salubrité. La distribution est l'art de composer un ensemble avec symétrie. S'il s'agit d'un appartement, il faut donner à toutes les pièces une grandeur convenable, les rendre propres à l'usage auquel on les destine, et leur donner tous les dégagements qui leur sont nécessaires; il faut que chaque pièce soit bien éclairée et aérée, et que l'exposition solaire soit bien raisonnée, suivant la destination de la pièce; cette condition est indispensable pour la salubrité.

Décoration. — La décoration consiste dans l'art du rangement des moulures, des corniches, des chambranles, des lambris, dans l'ornementation des plafonds, des murs, et dans la symétrie apportée à ce travail, produit du goût de l'artiste. L'architecte doit se préoccuper de la position sociale du propriétaire pour lequel il construit, de manière à mettre l'ornementation en rapport avec les exigences de cette position. La simplicité est la base première de toute bonne décoration; pour l'obtenir, il faut faire un choix heureux des ornements, les disposer en lignes continues, de façon à ne pas fatiguer les yeux, les employer sans profusion, et s'arrêter à un style bien déterminé.

II. ÉLÉMENTS DE COMPOSITION DES BATIMENTS

Nous avons déjà dit que l'architecte doit donner au bâtiment dont il est chargé le caractère qui convient à sa destination : c'est l'occasion pour l'artiste de montrer son discernement et son goût.

Pour fixer les données principales d'un bâtiment ou d'un édifice quelconque, quelques principes généraux sont indispensables. On est toujours tenu de se conformer rigoureusement à ces principes, pour que les formes et les proportions soient convenables et à l'abri de toute critique artistique. Ces données ou principes fondamentaux sont les ordres d'architecture.

Les types de toutes les proportions à observer dans l'édifice architectural, sont les cinq ordres, tels que les Grecs et les Romains les ont transmis aux peuples modernes. On entend par ordre en architecture, l'arrangement et le rapport des diverses parties relatives qui sont combinées ensemble et proportionnées les unes aux autres, de telle sorte qu'elles forment un tout, dont l'harmonie ne saurait être dérangée impunément. Ainsi, un ordre qui se compose d'un *piédestal*, d'une *colonne* et d'un *entablement* (voir pl. 1, fig. 1), dont chaque membre est calculé sur des règles idéales sans doute, mais fondé sur une beauté de formes relatives, sert de guide pour tout le reste de l'édifice, parce que cet ordre est le principe, et que tout ce qui l'entoure doit être subordonné à cette disposition primitive.

III. COMPOSITION OU DIVISION DES MEMBRES CONSTITUANT LES ORDRES D'ARCHITECTURE

Le *piédestal*, pl. 1, fig. 1, se subdivise en trois parties ou membres, qui sont : la *base* ou *socle*, le *dez* et la *corniche*.

La *colonne* ou milieu de l'ordre se subdivise aussi en trois membres, qui sont : la *base*, le *fût* et le *chapiteau*.

Enfin, l'*entablement*, ou partie supérieure de l'ordre, se subdivise en *architrave*, *frise* et *corniche*.

Les ordres, soit simples, soit enrichis d'ornements, peuvent être employés non seulement à la totalité d'un édifice, mais aussi aux parties principales; ils contribuent à sa beauté, à son élégance, lorsqu'ils sont employés sans parcimonie et sans profusion, et qu'ils sont adaptés convenablement au genre et à la destination de l'édifice. Les uns, en effet, doivent offrir un caractère grave et sévère, les autres doivent présenter un aspect aimable et riant. Dans le premier cas, les ordres grecs et sans ornement seront bien placés; dans le second, il sera plus convenable d'employer les ordres romains, dont les proportions sont plus sveltes et les moulures plus délicates.

Du reste, c'est au goût et au discernement de l'architecte à décider comment celui-ci doit employer tout ou partie de ces ordres; c'est aux dispositions plus ou moins heureuses des édifices qu'il construit ou dirige, que l'on reconnaît son talent et son génie,

IV. ORDRES D'ARCHITECTURE,
LEURS PROPORTIONS

Les ordres d'architecture sont au nombre de cinq, savoir :

Le *toscan*, le *dorique*, l'*ionique*, le *corinthien* et le *composite*.

Les ordres s'érigent tantôt sur une très grande échelle, comme pour les monuments publics, tantôt en plus petites proportions pour des parties constituantes de façades.

On emploie pour dessiner les ordres, une mesure régulatrice qui n'a aucun rapport proportionnel avec la mesure légale appelée mètre. Cette mesure, nommée *module*, est l'unité de mesure pour le tracé des ordres d'architecture, comme le *mètre* est l'unité de mesure pour le tracé des plans. Le *module* est toujours égal, dans tous les ordres, au *demi-diamètre* du fût de la partie inférieure des colonnes. Ce module se divise en douze parties ou minutes pour les deux premiers ordres, et en dix-huit pour les trois autres. C'est au moyen de ces minutes ou parties, que l'on détermine les hauteurs et les saillies des moulures qui constituent l'ensemble des ordres.

V. PRINCIPE POUR OBTENIR LE MODULE
D'UN ORDRE QUELCONQUE

(Voir pl. 1, fig. 1.) Détail n° 1.

Soit une hauteur donnée A, B que nous supposerons de 7 mètres, et dans laquelle on ait à établir un ordre quelconque, le toscan par exemple. Il faut diviser cette hauteur *en 19 parties égales*, ainsi qu'il est indiqué sur la ligne A B par les chiffres 0 *à* 19, reporter ces divisions sur une droite A' B', sur laquelle, par les chiffres de 0 *à* 4, il est indiqué qu'il faut prendre 4/19 pour la hauteur du *piédestal;* de 1 *à* 12, qu'il faut aussi prendre 12/19 pour la hauteur de la *colonne;* et enfin de 1 *à* 3, que l'*entablement* prend en hauteur les 3/19 qui restent. Effectivement, en suivant horizontalement les lignes 4'—12' et 3' on reconnaîtra sur la fig. 1 qu'elles donnent véritablement les hauteurs proportionnelles des différents membres que nous venons de nommer.

Ces hauteurs proportionnelles des *trois membres* principaux qui constituent les ordres d'architecture étant obtenues exactement par le principe invariable que nous venons de décrire, il ne s'agit plus pour dessiner l'un des cinq ordres, d'après le tracé de Vignole, que de savoir obtenir le *module* ou échelle de construction des *hauteurs* et des *saillies* des moulures.

Pour obtenir ce module, il faut, dans l'ordre *toscan* dont la hauteur de la colonne, y compris *base, fût* et *chapiteau*, est de *sept diamètres* ou 14 *modules*, diviser les 12/19 qui sont alloués à cette hauteur de colonne, en 14 *parties*, et l'on aura obtenu le module de cet ordre, lequel module se subdivise en 12 *parties* ou *minutes*. *L'ordre dorique* a dans sa colonne, *huit diamètres* ou 16 modules. Le module est aussi divisé en 12 parties ou minutes. L'*ionique* a, dans sa colonne, *neuf diamètres* ou 18 modules de hauteur, son module est divisé en 18 *parties* ou minutes ; enfin, les ordres *corinthien* et *composite* ont, dans leur colonne, *dix diamètres* ou 20 modules de hauteur, et leur module se divise de même que celui de l'ordre *ionique*, en 18 *parties* ou *minutes*. En suivant les lignes et les chiffres qui sont dans la direction du titre des cinq ordres (au *détail n°* 1, même planche), on pourra se rendre parfaitement compte de la marche à suivre pour la construction dessinée de ces cinq ordres. Quant aux proportions de saillies et de hauteurs des moulures, on consultera et on suivra ponctuellement les détails qu'en donne le tracé des cinq ordres de *Vignole*.

En jetant un regard attentif sur ce que nous venons de dire, on remarquera que l'échelle proportionnelle d'un ordre se trouve immédiatement, en décomposant la hauteur de sa colonne en un certain nombre de divisions que l'on est convenu d'appeler modules. Ces modules sont subdivisés en 12 parties pour les deux premiers ordres et en 18 parties ou minutes pour les trois autres. On remarquera de même que, dans un moment quelconque, en prenant le demi-diamètre inférieur des colonnes, on obtient exactement le module.

CHAPITRE II

Construction. — Maçonnerie.

Sommaire. — I. Des attachements, et du commis qui doit les tenir en ordre. — II. Matériaux et matières employés dans la construction. — III. Poids et résistance des matériaux.

La maçonnerie est l'une des professions les plus importantes dans l'art de bâtir, elle demande des connaissances très étendues de la part des entrepreneurs, qui souvent ne peuvent suffire à toutes les exigences de cette profession, dont les chantiers sont souvent disséminés à des distances assez éloignées les unes des autres; aussi, souvent se font-ils aider par plusieurs chefs ouvriers. Au premier rang, vient le commis conducteur des travaux. Ce commis surveille et dirige, sous les ordres de l'entrepreneur, tous les ateliers ou chantiers, conduit en son absence l'architecte sur les travaux et prend ses ordres, tient note des fournitures et vérifie les pesées des matériaux.

L'entrepreneur emploie en outre, pour chaque chantier ou lieu de construction, un maître-compagnon maçon, qui surveille les compagnons maçons et garçons maçons d'un chantier. C'est lui qui leur désigne le genre de travail qu'ils ont à faire, selon leur habileté, qui prend note du temps passé au chantier et qui dresse le rôle de paie. En l'absence du commis de l'entrepreneur, le maître-compagnon reçoit, compte, pèse et mesure les matériaux qui arrivent au chantier.

1.

I. DES ATTACHEMENTS, ET DU COMMIS QUI DOIT LES TENIR EN ORDRE

On appelle attachement, un croquis ou dessin représentant, avec toutes ses cotes ou dimensions, un ouvrage fait et qui peut devenir invisible par un recouvrement quelconque; aussi est-il nécessaire de les prendre en double au moment où le travail vient d'être terminé, afin d'avoir une pièce qui puisse faire foi, lors de la fourniture du mémoire de règlement de compte du prix de la construction. Les attachements doivent être clairs, les cotes lisibles, sans rature; ils doivent être datés et signés par l'architecte et par l'entrepreneur. C'est ordinairement le maître-compagnon, de concert avec le commis de l'architecte, qui lève les attachements, il tient aussi compte des journées passées en régie ou de celles faites hors des chantiers pour réparations ou restaurations.

Le chef des tailleurs de pierre est nommé appareilleur. Ce chef ouvrier doit connaître le dessin et la géométrie descriptive, ayant but au trait de la coupe des pierres.

Il faut que l'appareilleur sache tirer le parti le plus avantageux des pierres, pour que l'entrepreneur n'ait point de perte en déchet.

La maçonnerie donne différents noms aux ouvriers, suivant le genre de travail auquel ils se livrent. Ainsi, il y a les scieurs de pierre qui débitent ou divisent à la scie les blocs de pierre sortant des carrières. La pierre tendre se divise au moyen d'une scie à grandes dents dirigée par deux hommes. (Voir fig. 1 et 2 du texte.)

Pour la pierre dure, au contraire, le fer ou lame de scie est uni, sans dents, et le joint qu'elle forme

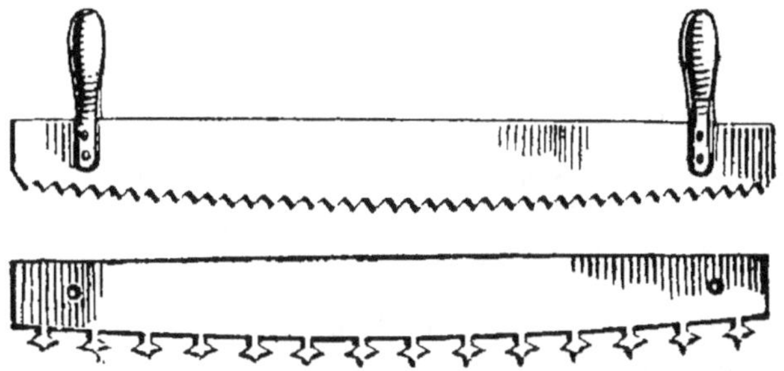

Fig. 1 et 2. Scies pour pierre tendre.

est constamment mouillé avec du grès en poudre détrempé. La figure 3 représente la scie à pierre dure; la figure 4, le seau à grès détrempé, et la figure 5, la cuillère pour jeter sur le trait de scie.

Fig. 3. Scie à pierre dure.   Fig. 4. Seau.

Fig. 5. Cuillère pour prendre le grès détrempé et l'introduire dans le trait fait par la scie.

Les scieurs de pierre sont toujours à la tàche, c'est-à-dire qu'ils sont payés au mètre superficiel de sciage, d'après le métré qui en est fait conjointement entre eux et l'appareilleur qui dirige le chantier, ou bien encore par le commis de l'entrepreneur.

Les tailleurs de pierre sont les ouvriers qui prennent la pierre débitée par les scieurs, qui la prennent telle qu'elle sort de la carrière, qui dressent les parements d'après le tracé fait par leur chef, ou la taillent d'après le panneau.

On appelle panneau (Voir fig. 6 du texte), un châssis fait en lattes clouées. Ce panneau a la forme prise sur une épure ou dessin de grandeur d'exécution ; il se pose sur la pierre d'abord équarrie, et au moyen d'une pointe ou d'une pierre noire, on fait le tracé en suivant son contour extérieur, puis les lignes se renvoient d'équerre ou suivant la forme du plan, afin de pouvoir transporter exactement le panneau sur l'autre face de la pierre.

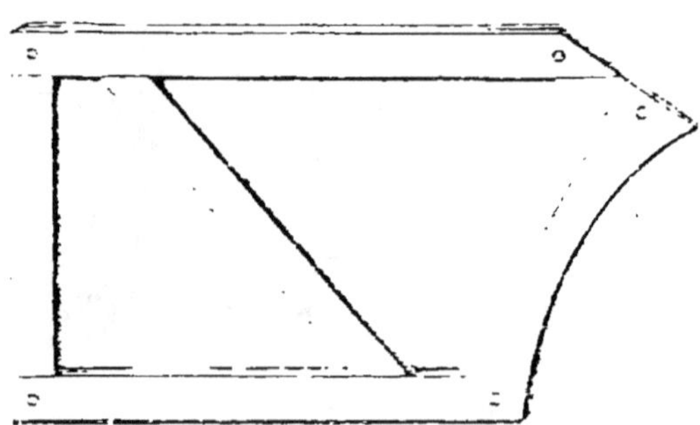

Fig. 6. — Panneau servant à tracer le travail sur la pierre.

Ce tracé terminé, l'ouvrier tailleur de pierre peut faire son travail, puis ensuite le livrer aux bardeurs.

Les bardeurs sont les ouvriers du chantier qui prennent la pierre taillée pour la transporter à la place qu'elle doit occuper, c'est-à-dire la remettre entre les mains du poseur. Cette pierre taillée se nomme assise si elle est destinée à faire partie d'un mur, et claveau (Voir fig. 7 du texte), si elle représente une portion de voûte. Le bardage des pierres s'effectue au moyen du secours de rouleaux ou petits cylindres en bois (Voir fig. 8 du texte), sur

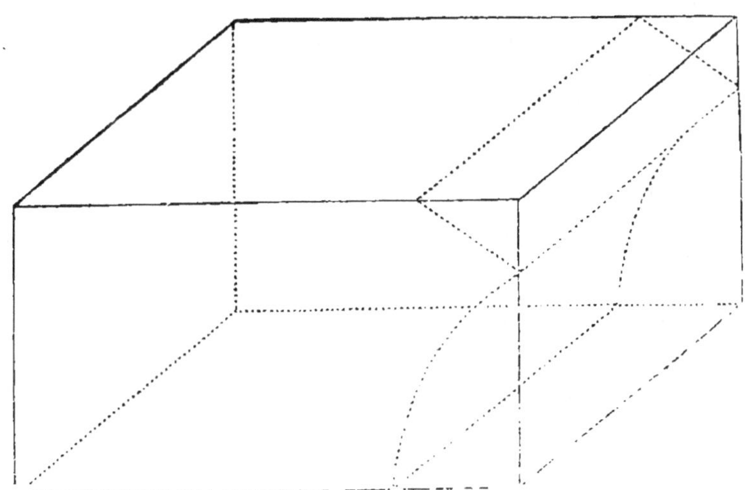

Fig. 7. Claveau tracé avec le panneau de lattes sur le bloc de pierre préalablement équarri.

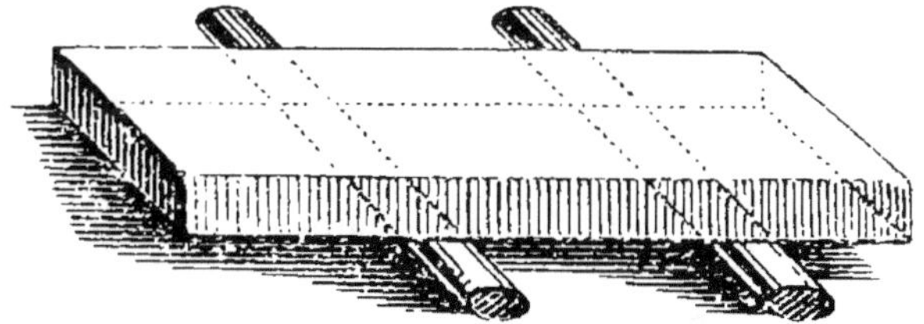

Fig. 8. Assise sur deux rouleaux de bardage.

lesquels se roule la pierre. Ce moyen est employé pour les courts trajets; dans le cas contraire, on emploie le chariot traîné par les bardeurs, et quelquefois par un cheval précédant les bardeurs.

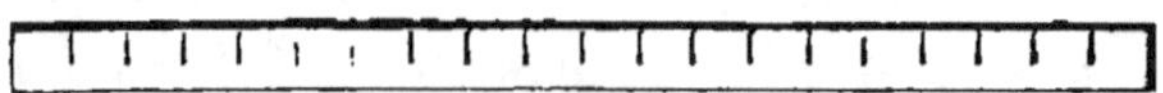

Fig. 9. Règle de 2ᵐ à 4ᵐ pour le poseur.

Le poseur est l'ouvrier qui met en place la pierre taillée, qui la place de niveau, pour ensuite la ficher et la couler. Le poseur se fait aider par des contre-poseurs pris parmi les bardeurs, dans le cas où il ne peut suffire seul au travail.

On appelle couler et ficher une pierre, introduire dans le joint formé par les deux assises voisines, le plâtre clair ou le mortier destiné à les liaisonner. Ce travail se fait en calfeutrant extérieurement les joints, et en formant sur la partie supérieure un godet ou auget par lequel on introduit le mortier que l'on refoule avec la fiche, ou outil en lame de scie armé de doubles dents (fig. 10.)

Fig. 10. Fiche pour le coulis des pierres.

On appelle compagnons maçons, les ouvriers qui emploient le plâtre ; ils font les plafonds, les corniches, les enduits de ravalements, le remplissage des pans de bois, le hourdis des murs en élévation, enfin tous les travaux où le plâtre sert de liaison. Il est difficile de bien faire les plâtres, de façon à ne pas perdre cette matière, qui coûte cher.

Les bons maçons savent employer le plâtre à son point de solidification, et doivent être assez actifs pour ne pas le laisser prendre dans l'auge ou récipient dans lequel on le mêle avec l'eau.

Les maçons se servent de la truelle (fig. 11), des niveaux (fig. 12 et 13) et de l'auge (fig. 14), dans laquelle on gâche le plâtre.

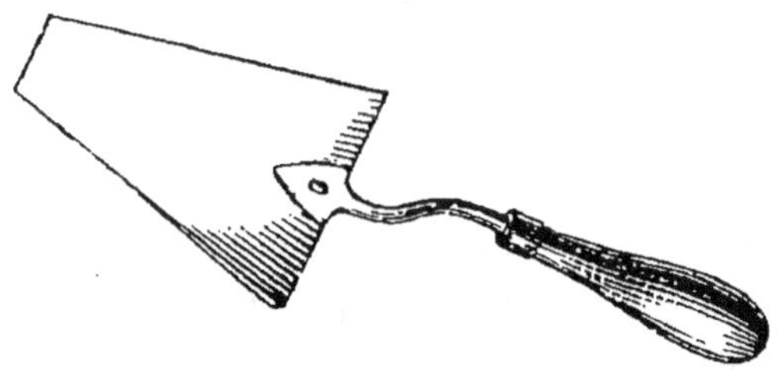

Fig. 11   Truelle du poseur.

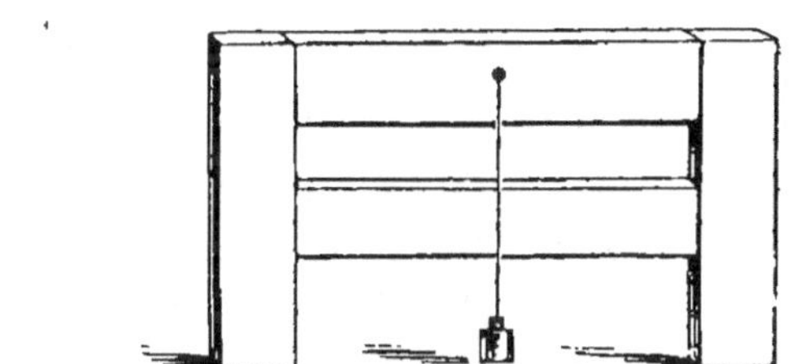

Fig. 12.   Niveau du poseur.

Fig. 13. Niveau à bulle d'air.

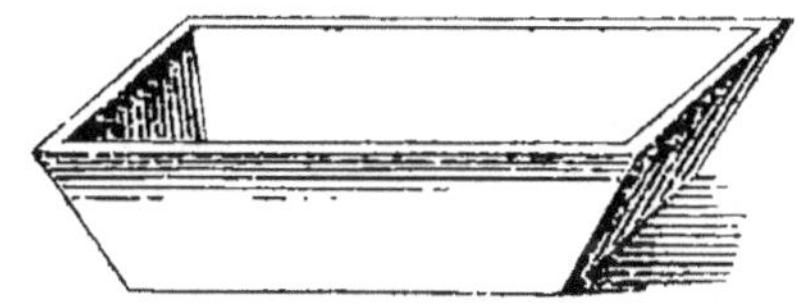

Fig. 14.   Auge pour faire   oulis.

Les aides garçons-maçons, ou manœuvres, sont ceux qui passent le plâtre au tamis, le gâchent dans l'auge et le portent aux maçons.

Les limousins sont les ouvriers qui font les murs en moellon dans les fondations, c'est-à-dire ceux qui n'emploient que le mortier de chaux et de sable. Ils sont secondés par des manœuvres qui font le mortier et le leur portent.

II. MATÉRIAUX ET MATIÈRES EMPLOYÉS DANS LA CONSTRUCTION

Ces matériaux sont : la pierre, le moellon, la meulière, le plâtre, les carreaux de plâtre, les plâtras, la chaux, les mortiers, les sables, les ciments, la pouzzolane, le pisé, l'argile, le salpêtre, la brique, les carreaux de terre cuite, les poteries, les marbres, les granits, les stucs, le grès, la craie, le blanc en bourre, la terre à four, le bois de chêne, le bois de sapin, le noyer, l'aulne, le tilleul, l'érable, le fer, la fonte de fer, l'acier, le plomb, l'étain, le zinc, le régule, le cuivre jaune, le cuivre rouge, la tuile de pays, la tuile de Bourgogne, la tuile d'Altkirch, le bitume-asphalte, les couleurs, les tissus de laine, de soie et de coton, les papiers de tenture, les verres à vitres, etc.

Carrières d'où se tirent les principales pierres

Chaque contrée a des pierres qui lui sont propres; aussi serait-il trop long de désigner toutes les carrières qui fournissent des matériaux à la construction, et même de ne citer que celles de provenance supérieure. Nous nous bornerons donc à mentionner les pierres employées à Paris comme méritant une étude toute particulière, attendu que chaque nature a sa destination comme emploi, et que, pour un travail soigné, par la facilité qu'offrent les chemins de fer, on peut s'en procurer partout sans frais dépassant sensiblement les prix de Paris, qui, dans cette ville, se trouvent fort élevés par suite des droits de transport et surtout d'octroi, qui sont considérables.

Les pierres employées à Paris se tirent des carrières de Bagneux, de Sèvres, de Vaugirard, de Châtillon, de Montrouge, d'Arcueil, de Saint-Leu, de l'Ile-Adam, de Conflans, de Gentilly, de Nanterre, de Montesson, de Saillancourt près Meulan, de Louvres, de Tonnerre et de Château-Landon.

La pierre de Bagneux est une roche dure et coquilleuse; elle s'emploie pour assise de retraite (Voir fig. 1, pl. 2), nom qu'on donne parce qu'elle fait faire retraite au mur. Elle sert aussi à daller les corridors et les cuisines. On la prend dans une roche basse nommée plaquette.

Les pierres de Sèvres et de Vaugirard sont inférieures; on s'en sert pour les constructions extérieures. Elles sont très bonnes pour soubassement formant parpaing (Voir fig. 3, pl. 2.)

Les pierres de Châtillon, de Montrouge et d'Arcueil, sont des pierres dures, franches, bonnes pour jambes étrières et points d'appui devant supporter de grands fardeaux (Voir fig. 2, pl. 2, où il est indiqué en plan deux piles étrières ou piles engagées dans les murs séparant les propriétés).

Les pierres de Saint-Leu et de Vergelé sont fines, mais tendres; on s'en sert pour les points intermédiaires, c'est-à-dire entre les chaînes et les piles en pierre dure (Voir fig. 2, pl. 2.)

La pierre de Saillancourt, près Meulan, est dure, fine et franche; elle sert pour les édifices publics et les travaux faits dans l'eau.

Auprès d'Etrepilly est une carrière qui fournit spécialement de la pierre pour les travaux hydrauliques; on a construit avec cette pierre tous les ponts du canal de l'Ourcq.

La pierre de l'Ile-Adam est plus tendre et plus fine; on la nomme parmin.

La pierre de Conflans sert particulièrement pour les objets tournés ou pour la sculpture des bas-reliefs.

La pierre de Tonnerre est d'un beau grain et d'une contexture serrée; on s'en sert pour les travaux soignés, vu son extrême blancheur.

Créteil, près Charenton, fournit le liais rose; on en fait des pierres à eau, des auges, des réservoirs, et principalement du carreau octogonal, de 12 à 48 centimètres de côtés, qui sert à carreler les vestibules, les salles à manger. On fait aussi avec ce liais des dalles pour bandes d'encadrement (Voir fig. 15 du texte, où l'on trouve le carreau de liais mêlé avec du carreau noir d'ardoise ou de marbre.)

La pierre est l'un des matériaux les plus résistants sous le rapport des fardeaux à supporter et sous celui de résistance atmosphérique. La pierre dont le grain est moins serré et qui est veinée de filets argileux, est susceptible de se fendre à la gelée, parce que ces veines, tendant à se solidifier par la congélation de l'eau qui tombe dessus, peuvent faire éclater les blocs les plus volumineux.

Dans chaque pays, on peut juger de la qualité

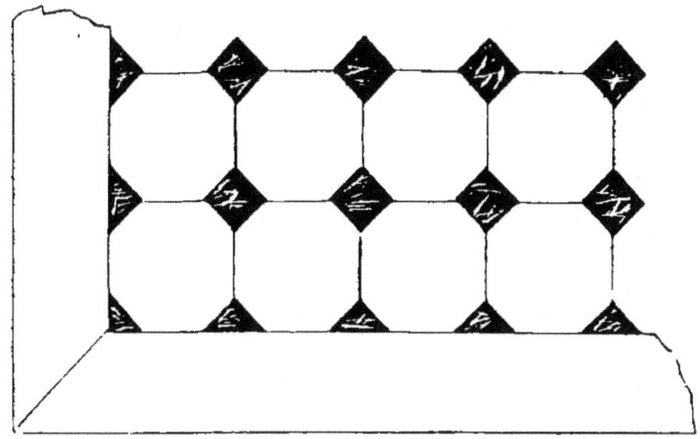

Fig. 15. Dallage de vestibules ou de salles à manger.

de la pierre par la vérification de la manière dont elle s'est comportée dans les constructions faites depuis plusieurs années. Mais si l'on vient à ouvrir une nouvelle carrière, on peut reconnaître si la pierre est gélive ou non, par un procédé fort simple. On fait bouillir pendant une demi-heure, dans de l'eau saturée de sulfate de soude, un cube de 5 centimètres de la pierre à éprouver, après l'avoir pesé ; on suspend ensuite ce cube et on l'arrose de temps en temps avec l'eau de dissolution. En le pesant de nouveau après quelques jours, on sera à même de juger du degré de gélivité, par la quantité de liquide dont ce cube se sera saturé.

Toutes les pierres se livrent au mètre cube, en bloc, au sortir de la carrière. La taille se compte séparément, soit par mètre superficiel de taille, soit d'après les difficultés que présente la taille.

Défectuosités de la pierre

La pierre peut avoir différentes défectuosités, savoir : des petites fissures imperceptibles qui en occasionnent la rupture ; des filandres ou fentes plus fortes que les fils ; des moies ou cavités plus ou moins profondes, remplies de terre d'argile ou de gravier.

Des pierres, relativement à leur nature

La pierre pleine est celle qui ne contient ni coquilles, ni moies, ni fils, ni filandres, ou du moins, qui n'en contient qu'en parties insignifiantes. On appelle pierre franche, celle qui est facile à travailler, et qui, n'offrant aucun défaut, est d'une composition très homogène. Enfin, on nomme pierre fière, celle qui se travaille difficilement et brise les outils qui servent à la tailler.

Le moellon et la meulière

Le moellon est une pierre calcaire, de grain plus ou moins serré ; il se tire des mêmes carrières que la pierre, le plus souvent dans les veines intermédiaires ; il y a des carrières qui ne donnent que du moellon. Le moellon se divise en moellon dur et en moellon tendre. Le dur s'emploie à l'aplomb des solives d'enchevêtrures, des poitraux et des portées des principales pièces des planchers et des combles. Les intervalles se remplissent en moellon tendre, puisqu'ils n'ont rien à supporter.

La meulière se trouve sous la forme de moellon ; elle est très poreuse, très inégale et très dure. C'est une roche que l'on trouve presque à la surface de la terre; elle est rouge ou jaune de Sienne; on l'emploie avec avantage pour les travaux hydrauliques, pour les travaux de fondation, et enfin dans tous les blocs de résistance. Ainsi, elle sert pour les fortifications des places fortes, pour les fondations d'édifices publics et pour les quais.

Le plâtre

Pour lier ensemble la pierre et le moellon, on se sert de diverses matières; les principales sont : le plâtre et les mortiers. Le plâtre est un gypse que l'on cuit dans un four, que l'on broie ensuite, et que l'on passe au tamis pour être mélangé d'une certaine quantité d'eau.

Il ne faut pas que le plâtre soit sec et aride, parce qu'alors il est sujet à se lézarder et à se détacher après l'emploi. Il faut, pour qu'il soit bon, qu'il soit bien cuit; alors il est facile à employer et prompt à faire liaison; si on l'expose longtemps au grand air, au soleil ou à l'humidité, il s'échauffe ou s'évente et perd toutes ses qualités. Cette matière qui durcit à l'instant, sert, dans les pays où il est commun, à liaisonner les murs en élévation, à faire des plafonds, à traîner les corniches, à faire les enduits de ravalements, à renformir et crépir de vieux murs, à faire des tuyaux de cheminées, à hourder des cloisons et pans de bois, à couler et ficher des pierres, etc.

Dans les contrées où le plâtre est rare, on ne l'emploie qu'à la surface des travaux apparents, tels qu'enduits lissés, moulures et plafonds dans les appartements. Dans tous les cas, on ne doit jamais l'employer dans les fondations.

Ce mortier naturel s'empare avec avidité de l'eau qu'on lui donne en le gâchant ; aussi faut-il quelques précautions pour bien faire cette opération. Il est de certains cas, s'il s'agit, par exemple, de hourder les murs ou les cloisons, où l'on doit mettre peu d'eau, c'est ce qu'on appelle gâcher serré. Dans d'autres cas, pour jeter des plafonds, par exemple, pour traîner des corniches, pour faire des enduits de ravalements, etc., il doit être plus clair, c'est-à-dire délayé avec plus d'eau. Il ne faut jamais mettre trop d'eau dans le plâtre ni en ajouter après qu'il est gâché, car on le noierait, alors il se fendrait en séchant et tomberait par plaquettes. De même, lorsque le plâtre est délayé avec la quantité d'eau qui lui est nécessaire, il faut éviter de le remuer de nouveau, ce qui le tuerait et lui ôterait sa qualité, au point qu'il ne prendrait plus de consistance, et qu'en séchant il tomberait en poussière.

Le plâtre se détruit à l'humidité, c'est pourquoi il ne faut l'employer que pour les constructions en élévation, et jamais dans les terres ; dans ce cas, il faut le remplacer par du mortier de chaux et de sable qui a la propriété de se durcir à l'humidité.

Le plâtre rendu à l'état solide est plus dur qu'à l'état de gypse, il augmente de volume en prenant consistance ; aussi, opère-t-il une poussée sur les matériaux qu'il unit. Voilà pourquoi, lorsque dans les murs en élévation (Voir fig. 3, pl. 2), on construit des encoignures en pierre, on laisse entre elles et le moellon un intervalle de 6 à 8 centimètres, que l'on remplit après la poussée. Sans cette précaution, il en résulterait inévitablement un dérangement très sensible, sinon le renversement des piles ou chaînes en pierres.

On ne doit jamais mêler avec le plâtre des plâtras pilés, ni du sable. Ce mélange, appelé musique, ôte une grande partie de la force du plâtre.

Carreaux de plâtre

On appelle carreaux de plâtre (Voir fig. 4, pl. 2), des plaquettes faites avec du plâtre pur, ou encore avec cette matière mêlée de fragments de pierres tendres ou de plâtras. Ces carreaux qui ont ordinairement $0,32 \times 0,40$, se coulent dans des châssis en bois qui servent de moules (fig. 16). On établit

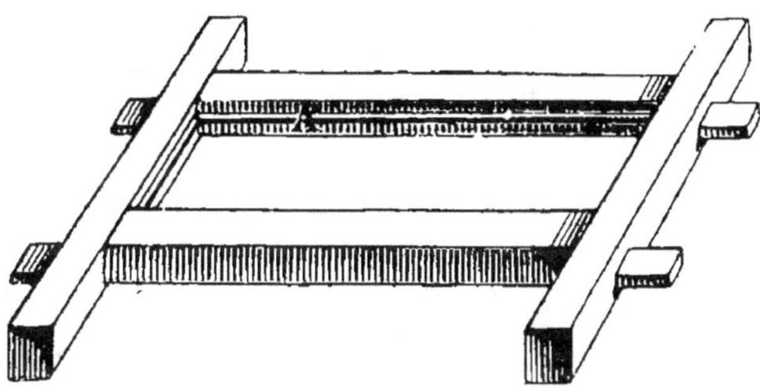

Fig. 16. Châssis pour carreaux de plâtre.

au pourtour de ce châssis, dont l'épaisseur est $0^m,08$, une languette A saillante, destinée à former au pourtour des carreaux une rainure pour recevoir le plâtre qui sert de liaison entre ces carreaux.

Ces carreaux qui servent à faire des cloisons, ne font pas de construction solide, mais on s'en sert souvent pour diviser les appartements. Ils ont l'avantage d'éviter l'humidité qui résulte des cloisons faites en maçonnerie.

Les plâtras

On appelle plâtras, le produit des démolitions d[es]
vieux ouvrages en maçonnerie de plâtre. Ces plâ[-]
tras se réemploient dans les constructions neuve[s]
pour hourder ou garnir les vides des pans de bo[is]
(Voir fig. 5, pl. 2), pour faire les chaînes des lam[-]
bourdes sous les parquets (Voir fig. 17 du texte[),]
pour faire les jambages de cheminées (fig. 18 d[u]
texte).

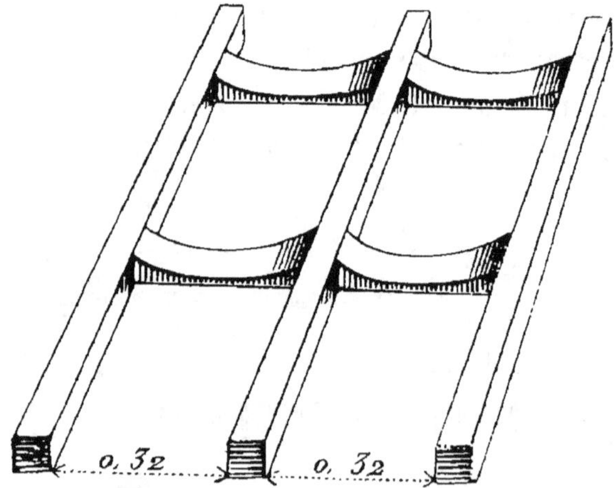

Fig. 17.   Chaines des lambourdes faites en plâtras et plâtre.

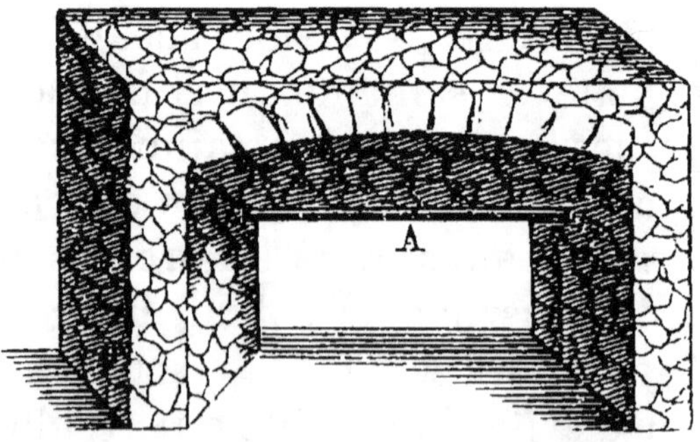

Fig. 18.   Jambages de cheminée faits en plâtras ou en plâtre.

On doit refuser au chantier les plâtras provenant de la démolition de cheminées, la suie qui y est adhérente reparaît sur les enduits, et même sur les couches de peinture à l'huile, en formant des taches qu'on ne peut faire disparaître.

Il ne faut jamais employer les plâtras qui proviennent de démolitions de rez-de-chaussée, parce qu'ils recèlent du nitrate de potasse ou salpêtre qui conserve et perpétue l'humidité.

La chaux

La calcination des pierres calcaires produit la chaux. Celles dites pierres à chaux qui sont abondamment pourvues de carbonate calcaire et qui recèlent, par conséquent, moins de substances étrangères, sont préférées pour la confection de la chaux.

La chaux est de bonne qualité lorsqu'en frappant dessus, elle rend un son clair et net, et lorsqu'étant éteinte, elle s'attache aux rabots qui servent à la remuer lors de son extinction. Toutes les chaux se cuisent dans des fours faits exprès, chauffés avec du bois ou de la houille. Il y a des contrées où on la cuit avec de la tourbe : cet usage a de graves inconvénients, c'est que ce combustible produit beaucoup de cendres qui se mélangent avec le calcaire cuit, et qui, en se fondant ensemble, produisent un déchet considérable.

La chaux reste ordinairement quarante heures au feu, d'où on la retire à mesure qu'elle est cuite, ce que l'on reconnaît par les couleurs que prennent successivement les carbonates, qui deviennent d'abord noirs, puis bleuâtres, ensuite verdâtres, et prennent en dernier la teinte blanchâtre ou fauve, c'est alors qu'ils sont dissolubles dans l'eau.

La chaux morte ou brûlée est celle résultant d'une calcination trop prolongée ; arrivée à cet état elle a perdu de sa qualité, parce que le carbonate est combiné avec d'autres substances, telles que la silice, la cendre, etc.

On éteint la chaux peu de temps après sa sortie du four ; il faut la garantir de l'humidité, car alors elle se désunit et tombe en poussière. On l'éteint dans un bassin préparé à côté de celui qui doit la conserver.

Le bassin destiné à éteindre la chaux est fait avec des dalles posées de champ, scellées en plâtre ; quelquefois il est aussi fait en planches sous forme de boîte sans fond, que l'on pose sur le sol. On creuse à son extrémité une fosse en terre destinée à recevoir la chaux éteinte.

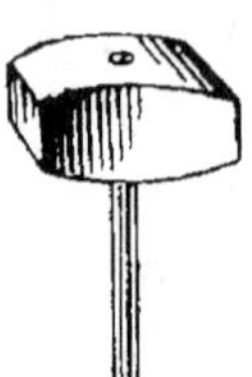

Pour éteindre la chaux (Voir fig. 20 du texte), on jette le carbonate dans le bassin A, en y versant de l'eau avec précaution pour ne pas le noyer, on remue avec des rabots en bois D (fig. 19 du texte) à mesure qu'il se dissout ; quand il est délayé en pâte épaisse, on débouche le canal C qui conduit à la fosse B. Après quarante-huit heures environ de découvert, on étale dessus une couche de sable de quelques centimètres pour empêcher le contact de l'air ; conservée ainsi fort longtemps, la chaux ne perd rien de ses qualités. Il existe dans certains chantiers de

Fig. 19.
Rabot en bois.

maître maçon une maisonnette en bois qui recouvre les fosses, et qui a pour but d'empêcher les pluies de noyer la chaux.

Fig. 20. Bassin à éteindre la chaux.

La chaux de Senonche ne s'éteint pas ainsi : on l'étouffe sous une couche de sable qu'on imbibe d'eau, sans avoir, comme précédemment, introduit l'eau dans le carbonate. La dissolution s'opère en vingt-quatre heures sans ébullition, on la retrouve alors dans un état de pâte très épaisse que l'on ne doit pas tarder à employer; cette chaux n'augmente pas de volume à l'éteignage, les autres foisonnent du double.

Il y a deux sortes de chaux : la grasse et la maigre. La grasse est celle qui augmente considérablement à l'éteignage, souvent elle absorbe jusqu'à trois fois son poids d'eau, elle est ordinairement blanche. On s'en sert généralement pour la confection des mortiers dans les maçonneries ordinaires, mais il faut bien se garder de l'employer pour les travaux hydrauliques, parce qu'elle ne se durcit pas à l'humidité.

La chaux maigre foisonne peu, elle prend peu de sable dans la confection du mortier. La chaux maigre est toujours hydraulique.

Avec le galet de Boulogne, on obtient une chaux

hydraulique supérieure, mais revenant fort cher. Les chaux hydrauliques étant rares, on réussit à convertir la chaux ordinaire en chaux hydraulique, en pétrissant la poudre de chaux grasse avec de l'argile, et que l'on calcine à l'aide d'un feu modéré. La chaux se vend au mètre cube.

Le mortier

Le mélange de la chaux avec le sable ou le ciment produit un amalgame que l'on nomme mortier. Pour que les mortiers soient bons, on mêle un tiers de chaux avec deux tiers de sable ou ciment; cependant, ces quantités varient en raison de la qualité de la chaux, qui entre en moins grande quantité lorsque sa qualité est supérieure.

On opère le mélange de la chaux avec les ciments au moyen de rabots semblables à ceux employés pour le corroyage de la chaux. Ce travail doit se faire sans mélange d'eau; autrement on retarderait, on empêcherait même la combinaison des substances, on rendrait nulle leur adhérence et on détruirait leur ténacité.

Les sables

Il y a plusieurs espèces de sables : 1° Les sables ordinaires, provenant des sablonnières; les plus purs sont les meilleurs, la terre étant considérée comme très mauvais ciment. 2° Les sables tirés du centre de la terre, ceux-ci sont meilleurs que les derniers, parce qu'ils sont lavés par les sources qui souvent les traversent. 3° Les sables des ravines, qui ont été entraînés par les eaux, ces derniers sont très bons pour la construction, ils n'ont que e défaut d'être quelquefois un peu trop gros de grain. 4° Enfin, les sables de rivière, qui sont les meilleurs, mais qui aussi reviennent fort cher.

On reconnaît que le sable est bon si, en le jetant dans l'eau, cette eau reste limpide; si, au contraire l'eau devient trouble, c'est un signe certain qu'il renferme une quantité de terre nuisible à la confection du mortier.

Lorsque les sables sont mêlés de trop gros grains, on les passe à la claie ou tamis fait en lattes ou en fils de fer.

Le sable se vend au tombereau ou voiture contenant un mètre cube.

Le bitume ou asphalte

Le bitume ou asphalte est une substance minérale brune : il est de même composition que les corps organiques.

L'asphalte est un ciment hydraulique bon pour enduits sur les murs à rez-de-chaussée des pièces que l'on veut garantir de l'humidité; aussi en enduit-on souvent les parements qui doivent être ornés de lambris en menuiserie.

Depuis quelques années, on emploie le bitume avec succès pour couvrir les terrasses, enduire des réservoirs et des bassins; enfin, on en fait aussi des trottoirs.

On emploie le bitume en le fondant à plusieurs chaudes et en le mêlant avec du sable, jusqu'à ce qu'il forme une bouillie épaisse, qu'on étend sur un sol préparé soit au salpêtre, soit au mortier de chaux et de sable.

2.

Le coulis ou étendage doit se faire par petites parties de 1 mètre de superficie au plus.

L'épaisseur des enduits se fait ordinairement de 27 millimètres.

Les ciments

Les ciments sont des morceaux de tuiles ou de briques de Bourgogne concassés, cubant de 125 à 180 millimètres ; on en fait aussi avec des morceaux de grès de poterie et des morceaux de carreaux de terre cuite, venant des manufactures de porcelaine.

Ces ciments se mêlent avec un quart ou un tiers de chaux éteinte ; on s'en sert particulièrement pour les travaux souterrains ou les travaux faits dans l'eau. Ils se vendent au muid de 43 sacs, contenant chacun 34 décimètres cubes 277 centimètres.

La pouzzolane

C'est un ciment naturel, élaboré et cuit dans un volcan qui l'a rejeté au loin ; cette matière est très poreuse et extrêmement légère. La pouzzolane concassée et mêlée avec la chaux a une cohérence intime avec les matériaux qu'elle sert à cimenter.

En Italie, on trouve de la pouzzolane, et en France, dans les départements de l'Ardèche, de la Haute-Loire, du Puy-de-Dôme et dans toutes les contrées où il y a eu des volcans.

Le pisé

Le pisé est une terre dont on se sert notamment dans le midi de la France ; cette terre plus ou moins argileuse, qu'on refoule et qu'on comprime dans des moules en bois, est formée en briques de diverses dimensions, suivant la place pour laquelle elles sont destinées.

Toutes les terres argileuses sont bonnes à faire du pisé; si elles sont trop maigres, on doit y mêler un peu de chaux.

La qualité de la brique de pisé dépend du choix de la terre, du soin apporté à la manipulation et la dessiccation, car elle ne doit s'employer que lorsqu'elle est parfaitement sèche, sans fentes ni fissures.

Lorsqu'on emploie ces briques, on les place les unes sur les autres à joints croisés, comme on fait de la brique ordinaire; on les relie avec de la terre semblable, et on recouvre les parements d'un enduit en mortier pour les préserver des injures du temps.

On doit faire les constructions de pisé au printemps, afin de leur donner le temps de sécher convenablement, car, en automne, on a à redouter les effets de l'hiver, et en été, la sécheresse en serait trop précipitée.

L'argile

L'argile, que l'on appelle terre glaise dans le bâtiment, est une terre grasse mêlée de silice et de sablon qui a beaucoup de ténacité.

On se sert de l'argile pour faire des courrois autour des bassins et des rivières factices, afin d'éviter les infiltrations. (Voir fig. 21 du texte.)

Les courrois se font de 30 à 35 centimètres d'épaisseur, on doit les élever de quelques centimètres au-dessus du niveau des plus hautes eaux pour éviter toute infiltration.

L'argile mêlée avec de certains sables calcaires,

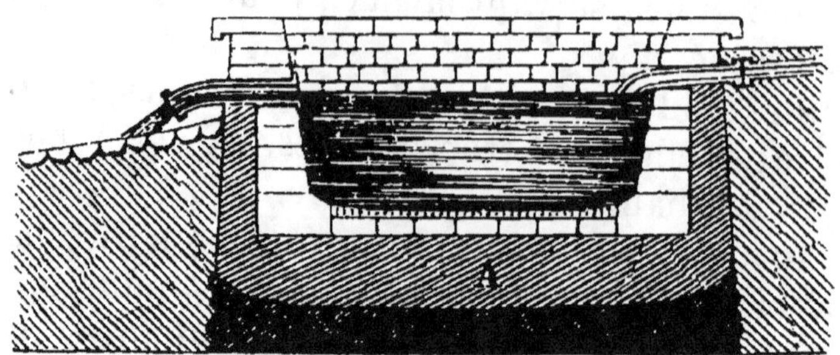

Fig. 21.   Coupe d'un réservoir sans double mur.

sert aussi à faire de la brique, de la tuile, du carreau et des poteries.

Le salpêtre

Le salpêtre est le résidu des terres et de divers matériaux qui ont été lessivés pour en tirer le nitrate de potasse. C'est ce nitrate que l'on emploie en construction sous le nom de salpêtre.

Il sert à raffermir les sols qui doivent être lissés et fréquentés; mêlé avec de la pierraille ou petit silex, on l'étend par couches de 10 à 12 centimètres sur le sol préalablement dressé des caves, celliers, bûchers et tous autres endroits qu'on ne veut ni paver, ni carreler, ni daller.

Le salpêtre étendu doit être parfaitement battu, on doit le laisser sécher quelques jours avant de marcher dessus, afin de ne pas détruire son niveau et de lui donner le temps de prendre consistance.

La brique

La brique est l'un des meilleurs matériaux que l'on puisse employer dans la construction. Les Romains l'employaient dans presque tous leurs édifices et même dans leurs chaussées comme pavage. Ils en faisaient de toutes formes et dimensions, nous en avons rencontré qui mesuraient jusqu'à 35 centimètres de longueur, 10 centimètres de hauteur sur une largeur de 17 centimètres et demi. Elles étaient employées dans des remplissages de murs de 70 centimètres d'épaisseur.

Aujourd'hui, la brique s'emploie aussi dans toutes les constructions, elle se divise en brique de Bourgogne, brique de pays et brique réfractaire. Celle de Bourgogne sera toujours la préférée, à cause de sa cuisson et principalement de la qualité de la terre qui la compose.

La brique se confectionne dans des moules en bois, dans lesquels on comprime la terre en la battant et en la foulant. La forme des moules indique la destination des briques à confectionner. Lorsque les briques sont faites, on les fait sécher sur des claies enchâssées, ensuite on les porte au four qui doit les cuire. Les fours à briques sont d'immenses fourneaux terminés par une voûte de forme sphéroïde, ayant à la partie supérieure une ouverture formant cheminée. Ces fours sont chauffés avec du bois ou de la houille, ils sont hermétiquement fermés pendant la cuisson. Lorsqu'on retire les briques du four, on doit rejeter celles qui se seraient gercées ou fendues, ou bien qui se seraient gauchies. Les briques ordinaires ont le plus communément 0^{m}22 1/2 de longueur sur 0^{m}08 de largeur et 6 à 7 centimètres de hauteur. On les emploie pour la confection des murs de 0^{m}45 d'épaisseur, pour lesquels on dispose deux briques bout à bout,

ainsi que l'indique la figure 11, planche 3. On remarquera par la combinaison de la pose de ces
briques à plat, que la liaison des assises superposées au-dessus les unes des autres est parfaitement
intime, puisque le rang supérieur est dans toute sa
composition chevauché avec le rang inférieur. On
emploie aussi les briques pour cloisons de 0^m08
d'épaisseur, alors on les pose à plat et à joints croisés. Lorsqu'une autre cloison vient en refend, c'est-
à-dire en retour sur un angle quelconque, on doit
ménager, au point de rencontre de l'angle, des intervalles pour loger les briques devant, harponner
les deux cloisons. (Voir, même planche, la figure
7, qui représente le plan et l'élévation d'une cloison de briques à plat avec naissance en retour de
refend.)

On peut choisir pour la confection des murs, une
bonne brique de pays. On en reconnaîtra la bonne
qualité, si, en frappant dessus, elle rend un son
clair et net; si, en la plongeant dans l'eau, elle ne
l'absorbe pas, enfin si la cassure ne donne pas de
poussière.

La brique de Bourgogne s'emploie ordinairement
pour la confection des cheminées en adossement
aux murs, et pour les languettes qui séparent les
coffres. Elle est préférée pour ce genre de travail, à
cause de la perfection de sa cuisson, qui est telle
que l'action de la chaleur ne la fait pas fendre.

L'adossement des coffres de cheminées ne se fait
plus guère maintenant que lorsque le mur est mitoyen et de construction ancienne, ainsi que l'indique la figure 22 du texte, dont la ligne mitoyenne
est indiquée par les lettres E F sur le mur A qui

est fait en moellon. Les ouvertures B sont des coffres ou conduits de fumée, divisés par des lan-

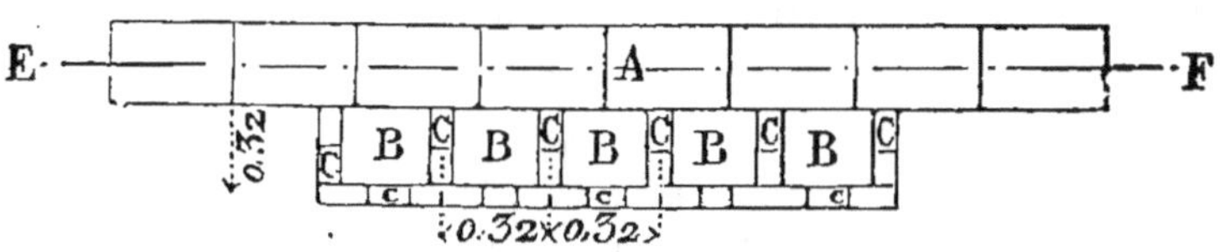

Fig. 22. — Mur mitoyen de construction ancienne.

guettes C qui doivent être espacées de $0^m 32$ d'axe en axe, ces dimensions étant nécessaires pour qu'un homme puisse ramoner la cheminée.

La nécessité d'adosser les coffres aux murs mitoyens, d'anciens bâtiments, vient de ce que l'on ne pourrait y loger ces coffres, sans faire des sections qui compromettraient la solidité de ces murs, et aussi de ce que l'on pourrait rencontrer des pièces de bois servant aux planchers du bâtiment voisin.

On fait aujourd'hui, dans les murs mitoyens, comme dans ceux en refend, des cheminées encastrées dans leur épaisseur ; mais il est bon alors d'élever les coffres en double, afin que le voisin venant à adosser une construction, trouve ses coffres tout faits. Si le voisin se sert de cette disposition avantageuse pour lui, puisqu'elle rend inutile un adossement qui détruirait la régularité des pièces et prendrait une surface de terrain nuisible au coup d'œil, il devra, en payant son droit de mitoyenneté, régler aussi au premier constructeur la dépense des coffres mis à sa disposition.

La figure 23 du texte représente l'encastrement des coffres dans les murs mitoyens.

Nous ne parlons ici que des coffres faits en briques de Bourgogne ou en bonnes briques de pays nous parlerons plus loin d'autres systèmes employés pour ce genre de travail.

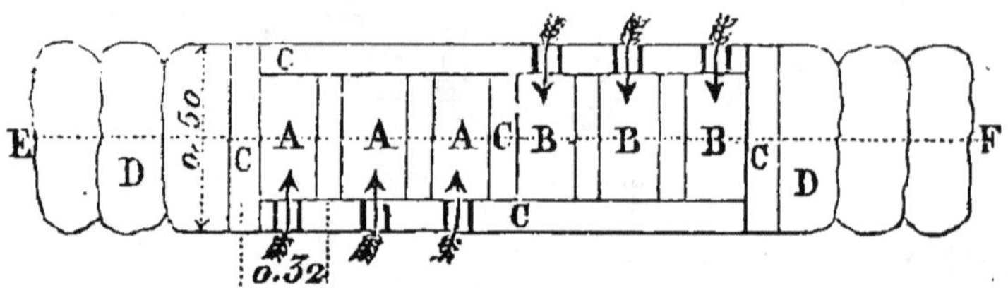

Fig. 23. Encastrement des coffres dans les murs mitoyens.

Les lettres A indiquent les coffres à la disposition du voisin ; les lettres B, les coffres occupés par le premier constructeur ; les lettres C, la construction en brique desdits coffres. Les lettres D, le mur mitoyen fait en moellon, dont la ligne de séparation des propriétés est désignée par les lettres E F. Les flèches indiquent la prise de fumée des différents propriétaires.

Les fermes en fer employées comme poitraux dans les grandes ouvertures de magasins, sont aussi souvent garnies à l'intérieur de bonnes briques de Bourgogne. Ce garnissage que l'on appelle hourdis, a la propriété de donner à ces fermes ou poitraux, une résistance presque double de celle qu'elles auraient si on les laissait vides. Ce travail se fait ainsi que l'indique la figure 24 du texte.

Le hourdis, dans les fermes, se liaisonne ordinairement avec du ciment romain ou de Vassy, en ayant préalablement bien soin de mouiller les briques, pour qu'elles ne s'emparent pas de l'eau nécessaire au ciment.

Les calements principaux d'un bâtiment doivent

être faits en brique de Bourgogne, cette dernière étant considérée comme la plus résistante. Ainsi,

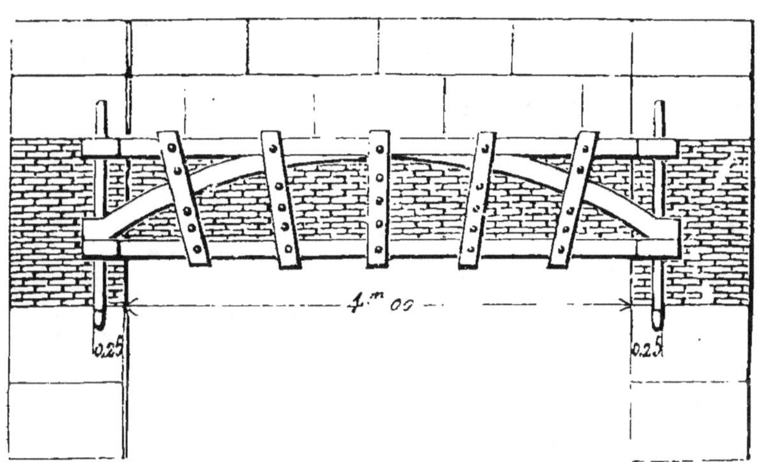

Fig. 24. Ferme en fer hourdée en briques.

les poitraux en bois ou en fer (Voir fig. 25 et 26), doivent à leur portée être calés ou posés sur un petit massif fait en briques, ainsi que l'indiquent les mêmes figures. De cette façon, les pièces sont mieux assises qu'elles ne le seraient sur la pierre même, qui pourrait, par un mouvement de compression, éclater sur ses arêtes.

En général, la résistance de deux massifs à cube et à surfaces égales est plus considérable dans celui composé de plusieurs pièces que dans celui d'une seule masse. Cela tient aux lois mécaniques et naturelles.

Dans ces deux figures, les calements en brique de Bourgogne sont indiqués par les lettres A. On remarquera que ces briques n'arrivent pas à l'affleurement des piles, suivant le parement formé par les lignes B C. C'est une précaution qu'il est bon de prendre chaque fois qu'une pièce horizontale vient faire pression sur un appui, afin d'éviter les éclats des arêtes qui pourraient résulter de cette pression et qui se manifesteraient dans le sens de la ligne EF aux angles des assises D.

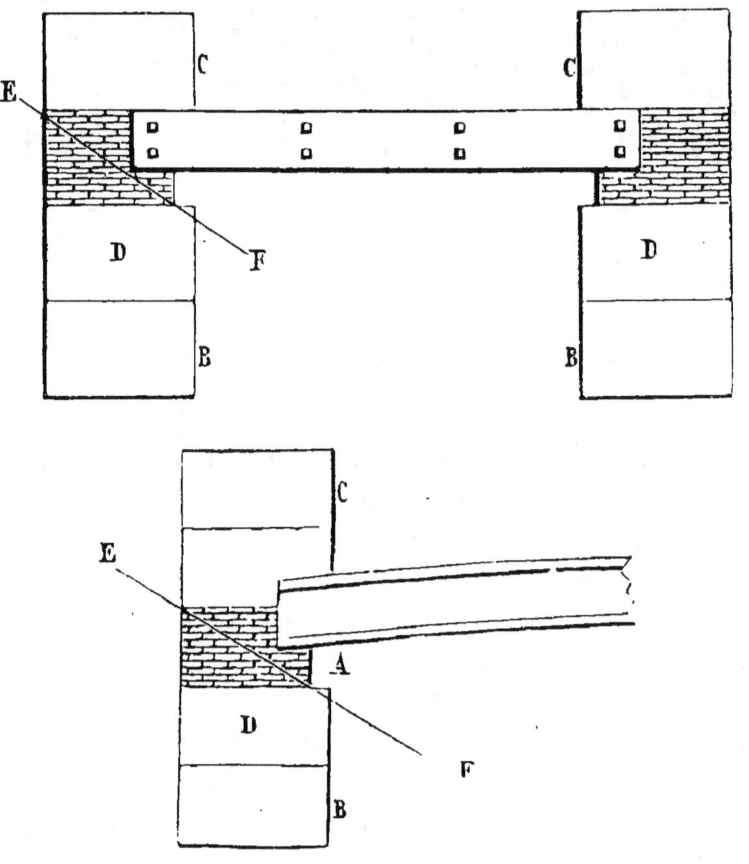

Fig. 25 et 26. Poitraux.

La brique s'emploie aussi pour carreler les âtres des fourneaux de cuisine et autres susceptibles de recevoir l'action d'un feu soutenu, pour carreler des pièces entières des étages supérieurs. On la pose lors de champ, comme l'indique la figure 8, pl. 3, ou en épis, comme fig. 9, même planche, ou enfin joints croisés, comme fig. 11, même planche. Ces différents moyens de pose des briques pour carrelage s'emploient fréquemment dans les cuisines, les celliers, les salles à manger et les écuries, à la campagne, où le pavé de grès reviendrait trop cher.

Les fours à cuire et les fourneaux de cuisine et de chaudière à vapeur se construisent aussi en briques de choix. Le plus souvent, ces derniers se font en briques réfractaires provenant de Bourgogne. Elles sont faites avec une argile dégraissée par une addition de une à deux parties de ciment de même argile (Voyez l'article *Fourneaux de chaudières à vapeur*, page 40).

On appelle brique creuse, une espèce faite de bonne terre et traversée longitudinalement par des petits canaux à jour. On en fait aussi qui sont traversées par un seul canal cylindrique laissant des parois de 2 centimètres d'épaisseur environ. Cette brique, très avantageuse, puisqu'elle est diminuée l'au moins un tiers de son poids, est employée à faire des cloisons sourdes et à remplacer les pans de bois d'attique ou d'étages supérieurs sous les combles. Par ce système, on charge beaucoup moins les planchers et les murs, tout en obtenant la même solidité. L'adhérence du plâtre et du mortier employés aux enduits des murs ou cloisons faits avec ces briques creuses, est tellement intime, que, lors de changements, la démolition entraîne la perte d'un tiers au moins des briques.

Les deux figures 27 et 28 du texte représentent

deux systèmes de briques creuses; toutes deux
s'emploient pour le même usage.

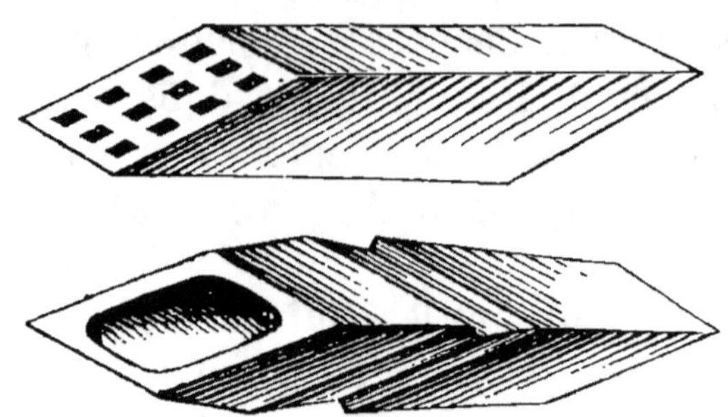

Fig. 27 et 28.   Briques creuses.

M. Gourlier. architecte, a inventé des briques circulaires pour la construction des conduits de fumée
encastrés dans les murs ; elles sont généralement
employées dans les grandes villes, parce qu'elles
forment des tuyaux très réguliers, ne tenant pas
plus de place que ceux en fonte et revenant meilleur marché. La figure 14 de la planche 3 représente deux rangs de ce système formant cinq coffres
dans l'épaisseur d'un mur de refend. Ces cheminées
se ramonent au balai de fer, au moyen d'une corde
tirée de haut en bas par deux hommes.

La brique sert aussi à faire des fourneaux de
chaudières à vapeur (Voir fig. 29 du texte). Ces
fourneaux, par la haute température que provoque la chauffe, exigent que tous les parements en
contact avec la flamme ou la fumée chaude soient
revêtus d'au moins une rangée de briques réfractaires de provenance de Bourgogne. Les garnitures
peuvent être faites en bonne brique de pays.

Dans les contrées où les transports sont peu coûteux, la liaison de la brique, qui dans ces four-

eaux ne peut être
uite avec le mortier
rdinaire, se fait avec
e la terre propre à
a confection de cette
rique ; mais dans les
ndroits où cette terre
eviendrait trop coû-
euse de transport, on
elie avec une argile
élayée et mêlée de
aille hachée ou de
umier de cheval,
vec addition de bat-
itures d'orge ou de
iment.

La brique se vend
u mille.

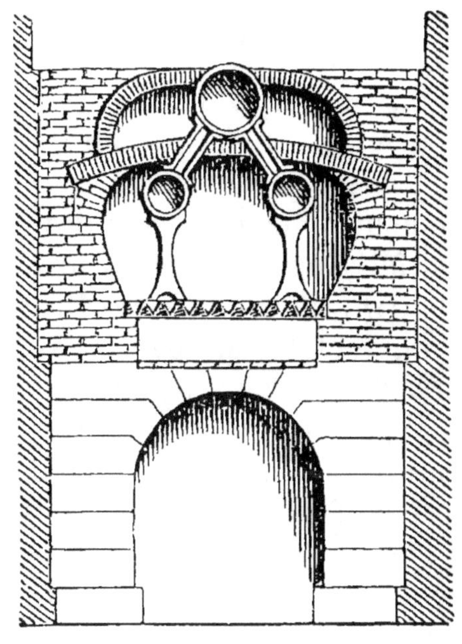

Fig. 29.
Fourneau de chaudière à vapeur.

Carreaux de terre cuite

Ces carreaux sont faits avec la même terre que
celle pour la tuile et la brique ; on a la précaution
de ne pas leur donner trop de cuisson dans les
fours, afin qu'ils ne se vitrifient pas à leur surface ;
car ce vernis de verre, qui est une qualité dans la
brique, devient défaut sur les carrelages faits de
carreaux de terre cuite, par les taches qu'ils présentent à leur surface et par la difficulté de leur
mise en couleur.

On fait du carreau de diverses formes et épaisseurs. Les figures 12 et 13, planche 3, indiquent ces
formes, qui servent à carreler les âtres de chemi-
minées et les pièces à rez-de-chaussée à la campa-

gne; en général, les carreaux s'emploient peu maintenant dans les grandes villes.

Les carreaux de forme quadrangulaire ont ordinairement 16 centimètres de côté sur une épaisseur de 23 à 27 millimètres; on les emploie spécialement pour le pavage des âtres de cheminées. On en fait aussi de forme hexagonale à 6 pans, qui a pour mesure ordinaire 16 centimètres dans le sens transversal d'un pan à l'autre et 18 à 20 millimètres d'épaisseur, il s'emploie au carrelage de pièces d'appartements ordinaires. On doit refuser ceux qui ne sont pas parfaitement plats.

Il se fait du carreau de terre cuite dans tous les pays où l'on trouve de la terre à brique; les meilleurs proviennent de Massi (près Palaiseau) et de Chartres. Les carreaux de terre cuite se vendent au mille.

Les poteries

On appelle poteries, dans le bâtiment, des conduits cylindriques munis aux extrémités d'un collet et d'un bourrelet qui sert à les emmancher au-dessus les uns des autres pour former conduite.

La terre employée pour confectionner ce genre de poterie est à peu près de même nature que pour les briques, tuiles et carreaux. On en fait aussi en grès; elles sont plus dures, mais plus cassantes; ces dernières s'emploient de préférence pour les descentes ou conduites de fosses d'aisances, parce qu'elles sont imperméables à l'eau.

Depuis que l'on vernisse à l'intérieur les poteries de terre cuite, on peut aussi les employer pour ce dernier usage.

La figure 30 du texte représente un fragment de
tuyau de descente verticale ; elle est dessinée en

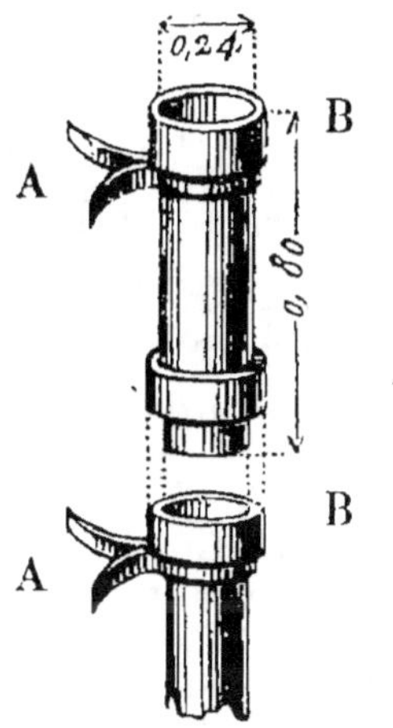

Fig. 30.   Tuyau de descente
verticale.

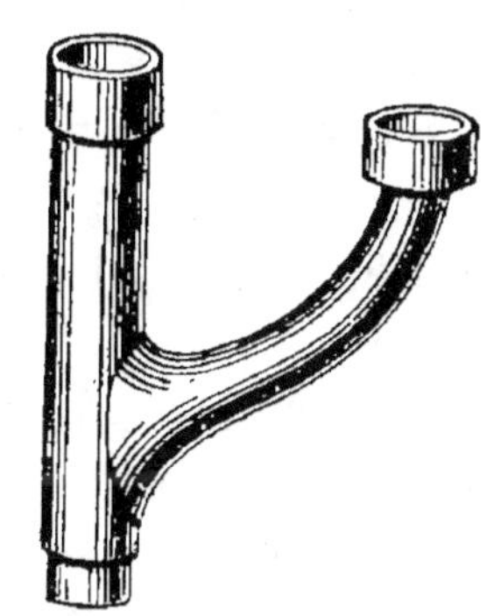

Fig. 31.   Culotte.

deux bouts pour faire comprendre l'emmanchement de ses parties. Les colliers à scellement AA
servent à retenir les descentes le long des murs ;
ils sont, comme on le voit, posés au-dessous des
collets BB, afin qu'elles ne puissent pas descendre
ni peser les unes sur les autres. On a soin, lors de
la pose des poteries, de sceller les collets de façon
à laisser entre eux et le bourrelet un petit espace
que l'on garnit de terre ou de plâtre gâché. Cette
garniture qui se refoule dans l'emmanchement par
la pression intercepte tout passage à l'eau et empêche les poteries d'éclater par le tassement.

Les poteries se font de 24 à 29 centimètres de
diamètre intérieur ; la hauteur varie selon les localités où on les fabrique.

On appelle culotte (Voir fig. 31 du texte), un
tuyau à deux embranchements, l'un formant des-

cente, l'autre destiné à recevoir un autre conduit ou une cuvette, s'il s'agit de conduite d'eau, ou encore une chausse, si c'est une descente de fosse d'aisances.

Lorsque les chausses ou cuvettes d'aisances sont emmanchées avec la culotte correspondant à la descente verticale, on la garnit, au point de contact, d'un enduit de plâtre ou en ciment romain pour éviter les infiltrations, cet enduit s'appelle chemise.

On fait aussi avec la même terre des poteries de conduite de fumée pour tuyaux adossés aux murs mitoyens ou de refend. Ces poteries sont de forme oblongue avec angles arrondis ; elles portent à leur partie supérieure une rainure creuse de 15 millimètres de profondeur, destinée à recevoir la languette qui se trouve à la partie inférieure. On en fait de droites, c'est-à-dire à bases perpendiculaires, et aussi d'obliques pour les conduits qui se détournent (ce qu'on appelle cheminées dévoyées). Ce cas se présente lorsqu'une pièce quelconque d'un plancher empêche de monter verticalement les cheminées. (Voir fig. 32 et 33 du texte.)

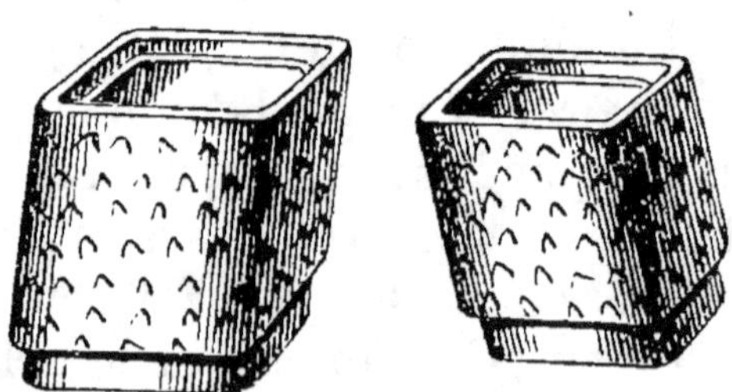

Fig. 32 et 33.   Poteries de conduite de fumée.

Ces poteries sont, au pourtour et dans toute leur

surface extérieure, garnies de coups de pouce ou incisions faites avec les doigts, de manière à former des cavités pour faciliter la liaison des enduits qui doivent les envelopper. Ces différentes espèces ont ordinairement 40 centimètres de hauteur et 32 centimètres de largeur, sur une profondeur de 20 à 25 centimètres.

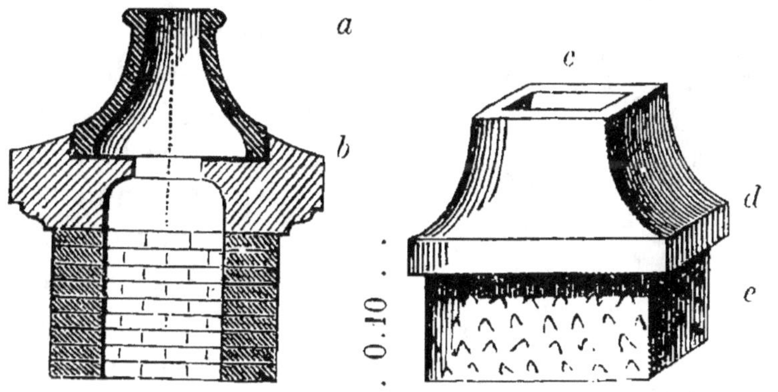

Fig. 34 et 35. Mitres en terre cuite.

On fait pour fermeture de cheminée au-dessus des combles, des mitres en terre cuite (Fig. 34 et 35 du texte) ; elles se posent sur la pierre de couronnement de la cheminée, laquelle porte entaille destinée à les recevoir ; elles ont pour objet, par leur forme rétrécie, de donner plus de tirage et d'empêcher les eaux pluviales de pénétrer dans les coffres.

La figure 34 représente une mitre à encastrement en feuillure, la courbe *a b* forme solin de déversement des eaux ; l'encastrement est d'environ 2 centimètres de profondeur.

La figure 35 est une mitre d'ancien modèle, mais qui ne laisse pas d'être préférée par sa solidité.

L'encastrement est à boîte et par conséquent offre plus de sûreté contre les tempêtes, et le scellement n'en est que plus résistant. *d* est le listel qui repose immédiatement sur la pierre ou la brique. *c* est l'ouverture d'échappement de la fumée. *d c* est la hauteur d'encastrement ou de scellement auquel on donne 8 à 10 centimètres.

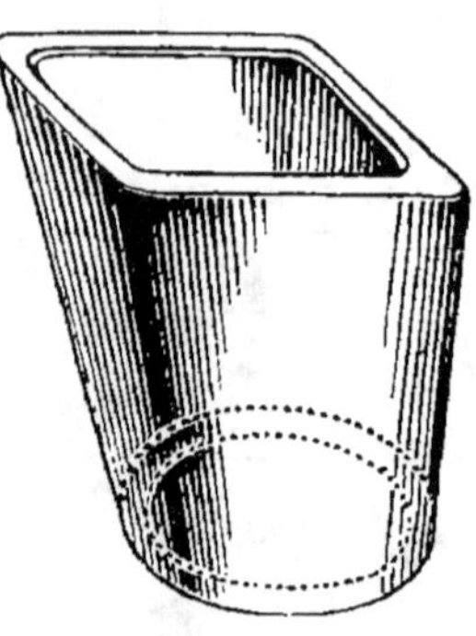

Fig. 36. Poterie en terre cuite.

La figure 36 du texte représente une poterie faite en même terre, elle sert aux voûtes plates et forme une garniture très légère, cimentée avec le plâtre. Ces pots à voûte rendent les planchers incombustibles. On les soutient par des armatures en fer. Ces pots sont carrés à une extrémité et circulaires à l'autre.

Les marbres

Les marbres sont des pierres dites calcaires ou carbonates de chaux. Plus cette pierre est dure et pesante, plus le polissage en est facile et brillant. On les distingue sous les deux noms d'antiques et de modernes. Les marbres antiques sont ceux qui proviennent de l'Egypte, de la Grèce et de l'Italie ; les modernes proviennent de France, de Belgique et d'Angleterre.

Les marbres que l'on emploie en France pour chambranles de cheminée, revêtements de murs, marches, seuils, médaillons, bas-reliefs, carrelages nuancés, etc., sont : le Saint-Anne, composé de taches blanches écrasées et fondues de gris sur fond noir ; le granit (dit petit), les marbres de Flandre mêlés de rouge, de brun et de blanc ; le marbre royal de Flandre, le languedoc, la griotte, la brèche d'Alep, le seracolin, le Narbonne et le vert campan, tirés des Pyrénées ; le malplaquet et le cerfontaine des Ardennes, le barbançon du Nord, le noir de Namur, le stinkal, la pierre de Boulogne.

Il y a les marbres de provenance italienne, qui sont : le porte-or, le jaune de Sienne, les brèches violettes et africaines, le vert de Vérone, le bleu turquin, le bleu panaché, enfin le marbre de Carare. Le plus beau dans les blancs est ce dernier, qui s'emploie pour la sculpture des statues monumentales.

Les fissures qui apparaissent dans les marbres doivent être purgées de la terre qu'elles recèlent, et remplies de mastic auquel on donne la teinte du marbre.

Les marbres filandreux doivent être rejetés, parce qu'ils sont très cassants, et que les fils reparaissent après le polissage ; le marbre pouf est celui qui s'égrène facilement et qui ne peut être taillé à vive arête ; on ne peut l'employer que pour des fonds ou des moulures arrondies.

Les marbres se vendent au mètre cube et à pièces façonnées.

Le granit

Le granit, est comme le marbre, susceptible de prendre le poli. C'est une pierre de grande solidité ; on l'emploie pour les pièces de fatigue, telles que bornes, bordures de trottoirs, marches monumentales, piédestaux de vastes dimensions, tels que celui de l'obélisque de Louqsor, qui est le plus beau bloc que l'on ait tiré des carrières jusqu'à ce jour. On rencontre quelquefois des veines de granit tellement fin, qu'on peut les employer aux chambranles de cheminées, mais ils reviennent fort cher (1) à cause de la taille.

Les stucs

Les stucs sont des enduits teintés qui s'emploient dans les appartements de luxe, dans les vestibules, les salles à manger, les escaliers, les boutiques où la marchandise demande la fraîcheur des marbres. Ils prennent la place des parements de plâtre et des lambris en bois qui doivent être peints en imitation de marbre. Outre qu'ils leur sont supérieurs par la durée, ils imitent, à s'y méprendre, tous les marbres antiques et modernes. On est parvenu à mouler les stucs au point d'en faire des colonnes cannelées, des balustres, des vases ornementés et même des statues. Ils sont composés de plâtre, colle forte et chaux vive. On ne doit employer les stucs que dans les endroits secs ou bien aérés : alors cette matière se polit et prend l'éclat du marbre, mais elle n'en a ni la consistance ni la durée.

La craie

La craie s'emploie dans la peinture sous le nom de blanc de molleton, dit d'Espagne. C'est un carbonate calcaire que l'on trouve communément en

(1) On appelle chambranle de cheminée, tout le placage extérieur, soit en marbre, soit en granit ou en toute autre matière précieuse.

Angleterre et dans quelques départements de la France ; on en trouve aussi beaucoup aux environs de Paris. On la vend au cent, sous forme de petits cylindres dont les dimensions varient dans chaque localité, mais qui ont le plus communément 4 centimètres de diamètre sur 8 de hauteur.

Le blanc en bourre

Là où le plâtre est très rare, on le remplace pour les enduits seulement, par un mortier fait en chaux et en bourre de veau. Les ouvriers des contrées du Nord, du Pas-de-Calais, ont tant d'adresse dans ce genre de travail, qu'ils sont arrivés à traîner des moulures presque aussi parfaites que celles que l'on fait avec le plâtre.

Cet amalgame est composé de mortier de chaux et de sable très fin, auquel, pour les premières couches, on mêle de la bourre rousse, qui coûte moins cher que la blanche. Cette dernière ne s'emploie que pour finir et lisser le travail.

La peinture sur ce genre d'enduit ne doit se faire qu'une année après leur confection, et dans les mois de juin, juillet et août ; plus tard, on n'obtiendrait que de très mauvais résultats ; les teintes seraient fausses, tachées et peu solides.

On ne doit jamais employer le blanc en bourre pour scellements, parce qu'il n'offre aucune résistance.

Les autres matériaux employés dans le bâtiment, tels que le fer, le bois, le plomb, le zinc, etc., seront détaillés dans le chapitre III, construction proprement dite. Leur nature et leur emploi vont être largement décrits.

Avant d'aller plus loin, nous recommandons aux étudiants en architecture, de ne pas se borner à la simple lecture des matériaux, mais de les étudier sérieusement, afin que lancés dans la pratique, ils se trouvent suffisamment éclairés sur la nature et les emplois de ces produits naturels ou factices. Ils pourront consulter avec avantage, pour l'étude des matières premières, le *Manuel du Maçon*, par Toussaint et celui du *Chaufournier, Plâtrier, Carrier et Bitumier*, par Magnier et Romain. Ces ouvrages font partie de l'*Encyclopédie-Rorel*.

III. POIDS ET RÉSISTANCE DES MATÉRIAUX

Le poids et la résistance des matériaux sont des données trop indispensables au constructeur, pour que nous les éludions dans ce traité de l'art de bâtir. Avec le secours de la table qui va suivre, on pourra se rendre compte de la résistance de toutes les pierres, de leur poids et de celui des bois, des fers et en général de toutes les matières employées dans la construction.

Les résistances que nous donnons, sont basées sur un échantillon cube de 25 centimètres de superficie à la base, ou de 5 centimètres de côtés. Le poids est évalué par mètre cube pour les matériaux qui se livrent ainsi, et au mille pour les briques, carreaux, tuiles et ardoises.

Table du Poids et de la Résistance des Matériaux employés dans la construction

NATURE DES MATIÈRES	POIDS du mètre cube évalué en kilogrammes	RÉSISTANCE d'un cube de 5 centim. de côtés, évaluée en kilogrammes
Pierres de Château-Landon . .	2605 kil.	8290 kil.
Grès dur rouge des Vosges . .	2250	20337
Grès blanc ou gris de Fontainebleau	2475.60	23086
Pierres de Saillancourt, près Meulan.	2408	3536
Roche de Saint-Nom	2305	7082
— de Saint-Maur.	2190.5	4779
— Ile Adam	2170.4	4022
Liais de Creteil	2201.3	6186
Pierres de Creteil.	2153	4911
Roche de Saint-Maur, banc inférieur.	2022.4	3686
Pierres de Montenon	1963.9	1900
— Vergelé.	1831.5	1496
— Tonnerre.	1785	2764
Sables.	1898	»
Ardoise (en pierre).	2336	»
Chaux.	871	»
Terre ordinaire.	1533	»

NATURE DES MATIÈRES	POIDS du mètre cube, évalué en kilogrammes	RÉSISTANCE d'un cube de 5 centim. de côtés, évaluée en kilogrammes
Argile.	1398 kil.	»
Fer forgé.	7881	»
Plomb.	11826	»
Etain	7592	»
Cuivre jaune.	7738	»
— rouge.	8906	»
Bois de chêne vert	876	»
— sec.	774	»
Noyer	657	»
Orme	584	»
Sapin	555	»
Hêtre	584	»
Eau de pluie.	1015	»
Brique de Bourgogne.	Le mille pèse 2100 kil.	»
— de pays.	1900	»
Tuile grand moule, Bourgogne.	2000	»
— petit moule, —	1350	»
— d'Altkirch, grand moule.	3000	»
— id. —	2200	»

CHAPITRE III
Construction proprement dite

I. TERRASSE OU FOUILLE

La fouille d'une construction quelconque nécessite le sondage ou recherche du bon sol.

Pour trouver le bon sol, on emploie les sondes ou cuillers en fer, qui le perforent et amènent dans leur corps les différentes natures de terre, de sable et même de roc qu'elles rencontrent. Les figures 37, 38 et 39 du texte représentent les sondes les plus usitées. A est l'anneau mobile de suspension qui sert à faire descendre et monter, au moyen d'une chaîne ou d'une corde, les sondes G, H, armées de leur tige commune C. Les deux pièces sont assemblées à clavettes traversant les trous E F de la sonde et de la tige, qui se termine en fourchette pour recevoir celle des sondes et les unir ensemble ; B, B sont des œils recevant les bras en bois D D, destinés à faire tourner les sondes,

Lorsque le sondage a donné des résultats satis-
faisants, c'est-à-dire que l'on a rencontré en plu-

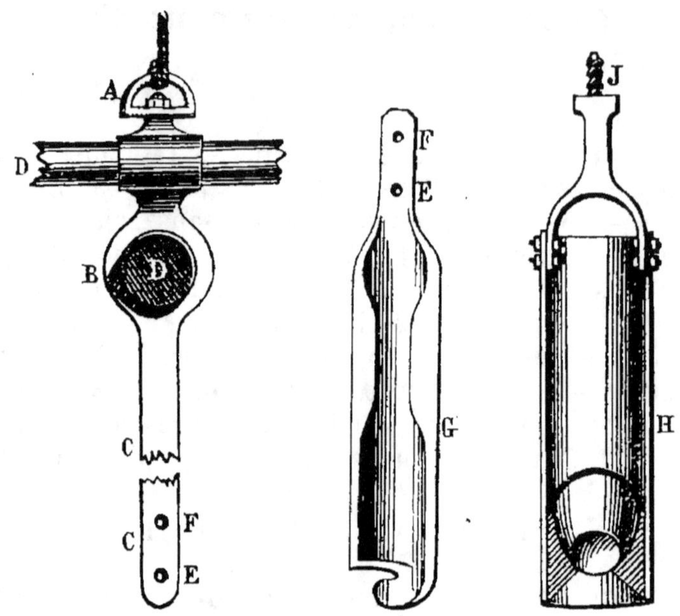

Fig. 37, 38, 39.   Sondes.

sieurs endroits le bon sol, on peut alors commencer
hardiment la fouille, qui devra être exécutée dans
des proportions assez larges pour que le travail
nécessité par la pose des assises en fondation et par
leur jointoiement puisse s'effectuer sans gêne et
sans danger pour l'ouvrier. Il faudra donc donner
en largeur aux rigoles destinées à l'emplacement
des murs, environ 60 centimètres de plus que la
cote indiquée aux plans de fondation pour l'épaisseur des murs; de cette façon, l'ouvrier pourra,
ayant 30 centimètres d'espace libre entre la terre et
le parement du mur qu'il élèvera, manœuvrer ses
assises et prendre son mortier librement.

Le sable fin, lorsqu'il est de couche continue, est reconnu pour bon sol.

Si le fond de la fouille présente des parties rocheuses, on les dressera le plus uniformément possible, après toutefois avoir reconnu que les couches sont assez épaisses et assez larges pour s'asseoir dessus avec sécurité.

Si enfin le fond des rigoles donne dans toute sa surface un sable fin ou une terre ferme, on nivellera parfaitement sur tout son développement et l'on pourra ériger dessus.

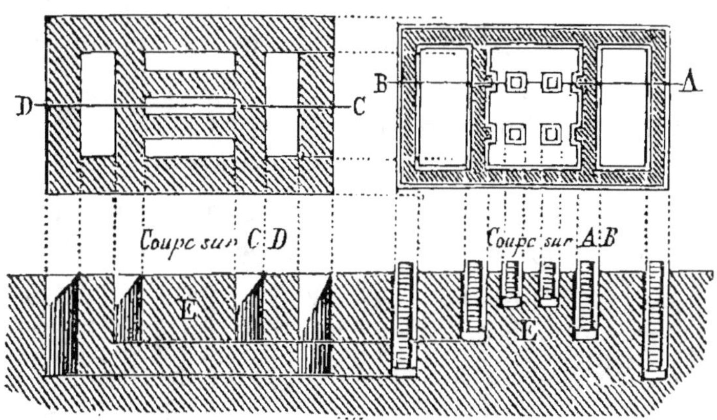

Fig. 40, 41, 42 et 43. Plan du mur en fondation d'un bâtiment.

Les figures 40, 41, 42 et 43 du texte donnent : 1° le plan, bien arrêté par l'architecte ordonnant les travaux, du mur en fondation d'un bâtiment ; ce plan comprend toute la construction à faire, à partir du fond des fouilles jusqu'à 1 mètre environ au-dessus du sol ; 2° le plan calqué sur ce dernier de toute la terrasse ou fouille à exécuter pour la dite construction. Ce plan porte partout 60 centimètres d'épaisseur de plus que celle désignée pour l'épaisseur des murs à faire, et indiquée au premier plan. Ainsi donc, ces fondations devant avoir 60 centimètres d'épaisseur, les rigoles à fouiller pour les recevoir auront 1ᵐ20 de largeur. 3° La coupe dans le sol du premier plan pris suivant la ligne AB. 4° Enfin, la coupe suivant la ligne C D du plan de fouille pour indiquer la profondeur des rigoles. Les vides laissés entre les parements des murs et ceux de la fouille se comblent à mesure que la construction monte. Nous avons porté à 1 mètre la continuation des murs en fondation au-dessus du sol, parce que c'est ordinairement à cette hauteur que se posent les premiers appuis de croisées des rez-de-chaussée.

Lorsque les terres dans lesquelles on exécute une fouille quelconque sont de nature mouvante, il faut avoir soin que les parements formés par l'enlèvement des terres soient obliques. A cet effet, on donne à l'angle formé par le fond de la fouille et ces parements, une ouverture de 100 à 135 degrés, de manière que la pente du parement suive une ligne se rapprochant le plus possible de la pente de 45 degrés, seule condition pour éviter les éboulements.

Si les fouilles à exécuter avoisinent une route fréquentée par de lourdes voitures, ou encore que l'on ait à redouter les infiltrations ou inondations, dans ce cas, la loi ordonne (sous peine de forte amende et d'indemnité à donner aux victimes d'un éboulement) de faire les terrassements ou fouilles sous la protection d'un étaiement convenable. Cet étaiement est combiné d'un ensemble de planches et madriers A, fig. 44, formant presque complet revêtement des parements résultant de cette fouille et étrésillonnés de distance en distance par de

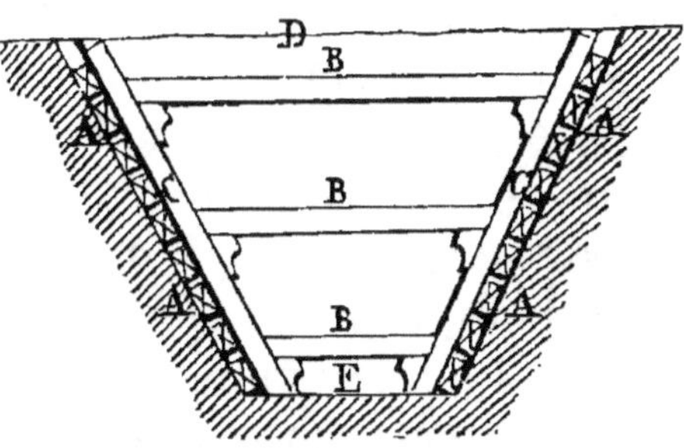

Fig. 44. Coupe d'une fouille munie de son échafaudage.

fortes pièces de bois transversales B, que l'on appelle étrésillons ; ces pièces doivent être en buttement sur deux traverses verticales C, qui sont fixées aux parements en madriers dont nous venons de parler.

Ce système d'étrésillons et de traverses forme une espèce de ferme, que l'on répète de 3 en 3 mètres environ sur tout le développement de la fouille ; on démonte ces fermes à mesure que la maçonnerie s'élève.

Les fouilles de grande profondeur se font par épaulement ; on établit des rampes pour le roulis des terres, qui s'effectue au moyen de brouettes. Le transport, lorsqu'il est long, s'opère par tombereaux contenant 1 ou 2 mètres cubes.

Du béton

Lorsqu'une construction exerce quelque forte pression sur le sol, on établit au fond des fouilles, sur une épaisseur de 15 à 40 centimètres, un mélange de chaux hydraulique, de cailloux ou débris de pierre dure, et de sable fin de rivière, dont on recouvre toute la surface qui doit être occupée par les murs. Ce mélange est ce qu'on appelle du béton : il se fait dans le but d'obtenir sous les libages ou premier rang de pierre en fondation, un massif bien nivelé, bien comprimé, tendant à ne former qu'un seul bloc ; il a aussi la propriété d'empêcher les sources qui pourraient exister sous terre, de se faire jour dans les fondations.

Le béton, pour être d'une composition parfaite, c'est-à-dire pour que les cailloux ou morceaux de pierre dure concassée soient suffisamment enduits de mortier de chaux et de sable, doit, après avoir été bien mélangé au moyen du rabot dans le

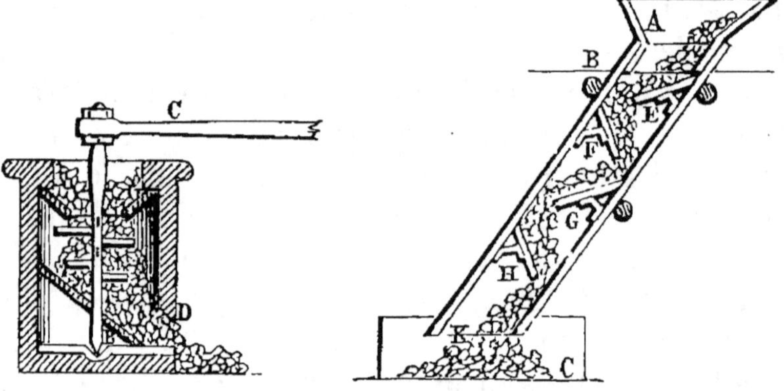

Fig. 45.   Moulin à béton.   Fig. 46.   Canal de conduite du béton.

Fig. 47.   Oiseau pour porter le mortier.

réservoir où il se façonne, être conduit au fond des fouilles par un canal en bois, dont la figure 46 nous représente une coupe A. On peut aussi employer une caisse cylindrique dans laquelle tourne un arbre garni de bras perpendiculaires. Ces bras, par le mouvement circulaire continu que leur imprime le fléau mû à force d'hommes ou par un cheval de manège, tournent et retournent en tous sens le béton déjà préparé, et qui continue de se faire dans le moulin pour s'échapper par l'orifice extérieur D.

Dans la coupe du canal, A est un entonnoir en bois par lequel on introduit le béton, qui glisse progressivement sur les cloisons obliques E, F, G, H, pour sortir par l'orifice inférieur K. Très souvent, tout en employant le moulin fig. 45 pour façonner le béton, on se sert encore de ce canal pour le conduire au fond des fouilles, où des hommes le reçoivent pour l'étendre suivant les indications données par le conducteur des travaux.

La figure 47 représente une hotte portative appelée oiseau, qui sert à transporter le mortier ; elle est d'un fréquent usage dans l'est de la France.

On doit toujours laisser au moins 48 heures au béton pour qu'il ait le temps de prendre consistance, avant d'y asseoir les fondations ; sans cette précaution, il est à craindre que les matériaux ne s'impriment trop profondément dedans et cessent de garder leur niveau.

II. CONSTRUCTIONS EN PIERRE

Ordres d'architecture isolés et façades dans lesquelles ils sont employés

Piédestaux (Pl. 4 et 5). — Lorsque la fouille aura été exécutée comme il vient d'être dit, et que l'on se sera bien assuré du nivellement de son fond, on étendra, pour plus de précaution, une couche de béton bien battu, de 20 centimètres d'épaisseur environ, ainsi qu'il est indiqué par A, pl. 4, fig. 1.

Sur ce béton, après son entière solidification, on fera le tracé exact de la première assise de libages en fondation ; ce tracé ne sera autre que celui de son plan, indiqué par la figure 2, même planche, et dont la limite est indiquée par les lettres ABCD. On remarquera que les libages de fondation sont en saillie sur les autres assises supérieures, de 8 centimètres au moins ; c'est dans le but de donner plus d'assiette à l'appareil ou masse de construction. Ces libages devront être posés à joints croisés en plan, à bain de mortier de chaux et sable fin, et sur béton même, de manière que le mortier soit refoulé par la pression. On relèvera l'excédent du mortier pour le poser sur le lit de dessus, afin de n'en pas perdre. Les joints devront être garnis de ce même mortier, aussi refoulé au moyen de la pince ou du cric, s'il est nécessaire.

Il n'est pas urgent de bien dresser les joints de pierre qui forment libages en fondation, mais les lits de dessus et de dessous doivent être parfaitement parallèles, et toute la masse bien posée de niveau.

Le tracé sur béton dont nous venons de parler, relativement à la pose des libages, doit être exécuté au moyen du fil à plomb, parfaitement au-dessous des lignes tendues par les maçons qui en ont l'habitude, aussi bien qu'ils ont celle de dresser un échafaudage lié avec des cordes sans aucun assemblage de charpente (1). Ces lignes sont des cordes ayant entre elles les dimensions que doit avoir la maçonnerie à élever. Voir la figure 48 du texte.

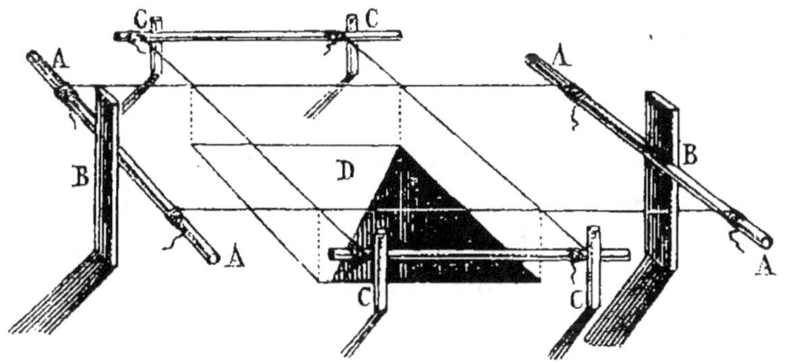

Fig. 48. Tracé sur béton.

AAAA sont des porte-lignes ou tringles en bois clouées sur des planches BB enfoncées en terre; CCCC sont des pieux faisant fonction de porte-lignes. On voit la manière d'attacher et de tendre ces lignes ou cordes, qui sont la limite extérieure de la maçonnerie qui doit sortir de la fouille D.

Fondations. — On entend par fondations, la ma-

(1) Il est reconnu, dans les bâtiments, qu'il n'y a que les maçons qui sachent dresser un échafaudage solide, sans crainte de dislocation pendant le travail. Les peintres et les doreurs même ont recours aux maçons pour échafauder les planchers volants qui leur servent pour orner les plafonds.

çonnerie qui pose en première assise sur les libages
pour venir se terminer au niveau du sol et qui
quelquefois est poussée jusqu'à 1 mètre au-dessus
de ce niveau.

Ici, pour le piédestal qui nous occupe en ce moment, nous avons quatre assises en fondations.
(Voir même planche, même figure.) L'appareil en
plan, formant les première et troisième assises, est
indiqué à la figure 3 ; elles se divisent en quatre
parties pour que les joints se croisent avec la disposition des libages et avec les assises 2 et 4, qui
sont de même plan et dont la limite est indiquée
figure 2, même planche, par les lettres E, F, G, H.

Ces assises doivent être équarries par morceaux
d'égale hauteur, bien parementées sur leurs lits et
bien piquées sur leurs joints, mis d'équerre ; elles
doivent être posées à bain de mortier et battues à la
masse. Ces parements formant joints doivent être
bien cimentés à refoulement de mortier, et regarnis, s'il y a lieu. Lorsque la dernière assise, n° 4,
arrive au niveau du sol, on doit la tailler un peu
en biseau pour éviter que les eaux pluviales ne
viennent dormir sur le point formé par le repos de
la première assise en élévation. Quant à la hauteur des assises, nous l'avons portée dans notre
planche à 50 centimètres ; cette hauteur peut varier selon les productions des carrières, il ne faudrait pas cependant les mettre trop minces à cause
de l'écrasement : 30 à 35 centimètres sont le minimum des hauteurs d'assises.

La fondation terminée dans les conditions que
nous venons de décrire, on peut remplir le vide
qui existe entre les parements de masse et la fouille,

soit avec des débris de matériaux, soit avec de la terre.

On remarquera que cette fondation est, comme les libages, de quelques centimètres plus large en tous sens que les assises en élévation. C'est une méthode bonne à suivre que de toujours échelonner les différentes phases d'une construction. Cette méthode est maintenant presque passée en usage ; nous recommandons aux jeunes architectes de ne pas la perdre de vue, ils y trouveront une garantie certaine pour la durée de leurs travaux.

Elévation au-dessus du sol. — Les pierres destinées à former assises (1) en élévation doivent être de premier choix, c'est-à-dire sans moies ou cavités sur les parements de face ; chaque pierre formant une portion d'assise, sera parfaitement équarrie d'équerre sur toutes ses faces ; les lits et joints et la cémentation ou liaison, faits avec le plus grand soin, en épargnant les arêtes extérieures pour qu'elle n'aient aucune épaufure.

Lorsque le monument à élever est de vaste proportion, ainsi que l'indique celui représenté sur les planches 4 et 5, fig. 1 et 4, on peut, lorsque l'on ne trouve pas de pierres assez grandes pour que les joints intérieurs puissent se rencontrer dans toute leur longueur, équarrir la portion de parement de joint qui se trouve à découvert par une assise supérieure qui doit former retraite, plus quelques

(1) Dans la construction d'un piédestal ou d'une colonne, chaque changement de masse séparée par une couche de mortier s'appelle assise. Nous verrons, dans la construction des murs, qu'on appelle assise l'une des pierres constituantes du mur, et que la quantité d'assises sur la même ligne, dans le sens horizontal sur la longueur d'un mur, s'appelle rang.

centimètres pour la confection de la partie de joint apparente de ces assises en retraite, ainsi que l'indique le plan du piédestal dont la limite est marquée par les lettres *a b c d*, fig. 5, pl. 5. Cette figure donne les détails de l'appareil des première, troisième et cinquième assises de l'élévation ; la première limite indiquée sur le plan est celle nécessitée pour le socle du piédestal ou première assise en élévation. Cette assise et les deux autres 3 et 5 ont, comme on le voit, des parements de joints bien équarris, mis d'équerre avec les parements de face ; mais comme nous venons de le dire plus haut, nous avons été obligés, n'ayant pas de pierres assez grandes en équarrissage pour que les parements de joints coïncident dans toute leur étendue, de bien ébousiner à vif les deux parements, formant un prolongement irrégulier de ces joints. Le vide que laissent les quatre pierres formant l'assise se remplit en blocage de débris de pierre dure que l'on pose à bain de mortier de chaux et de sable.

La figure 6, pl. 5, représente en plan les assises 2, 4 et 6. Elles se divisent en huit morceaux qui viennent tomber à joints croisés sur les autres assises.

Pour relier plus intimement les pierres qui constituent les assises en élévation, on emploie quelquefois les crampons en fer, détaillés aux figures 7 et 9, ou encore les platines à queue d'aronde fig. 8. Ces parements sont incrustés dans la pierre, et les bouts recourbés et ouverts en queue de carpe forment scellement de 8 à 15 centimètres de profondeur. On sèche la pierre et on coule dans le scellement du plomb ou du soufre pour fixer les pièces. La figure 9 donne le détail de ce travail.

𝖣e la taille ou épannelage des assises en élévation

Toutes les assises en élévation, quelles que soient la qualité et même la beauté de la pierre qui y est employée, doivent avoir en dimension sur les parements extérieurs, quelques millimètres de plus que les cotes indiquées aux plans. Cet excès de pierre que l'on appelle *épannelage* est nécessité par la façon des parements ; les assises peuvent par le tassement et la dessiccation du mortier se déranger, soit en retrait, soit en saillie ; il est donc urgent d'avoir la ressource que donne cet excès, pour pouvoir dresser, affleurer et bien parementer les faces, ce qu'on appelle faire le ravalement.

Les assises en saillie, telles que celles qui doivent être ornées de moulures, ainsi que l'indiquent le socle et la corniche de notre piédestal, seront taillées sur le chantier, d'après un panneau fourni par l'appareilleur, lequel panneau, fait soit en bois, soit en toute autre matière plane, doit servir au profil de toute l'assise, ainsi que l'indiquent les figures 10 et 11, pl. 5. A ces panneaux, il faut en ajouter deux autres faits en creux et pouvant se présenter sur les profils d'épannelage des morceaux taillés, afin que l'ouvrier puisse les promener avec plus de facilité sur tout leur développement. C'est à ce point seulement que la pierre est bonne à être mise en place, la ciselure des moulures se recherche par le sculpteur ou tailleur de pierre, dans l'épannelage ; de cette façon, les profils sont corrects, puisqu'ils sont faits et pris en quelque sorte dans une seule masse.

Il faut se garder, lorsque l'on compose les assises

ou les rangs d'appareils en pierre, dans lesquels i
doit entrer des moulures, de placer un joint hori
zontal sur une moulure ou sur un angle de mou
lure rentrante, car il arriverait infailliblement, lor
de la ciselure des profils, que la rencontre de ce
joints avec le ciseau du sculpteur ou du tailleur d
pierre ferait éclater l'assise et obligerait à un ma
ticage des plus déplorables pour l'effet. La figure 4
donne un exemple de ce vice de construction, qu
malheureusement n'est que trop fréquent lorsqu
l'entrepreneur ne sait pas choisir son appareilleur
du reste l'architecte a tout droit de faire arrêter le
travaux exécutés dans de telles conditions.

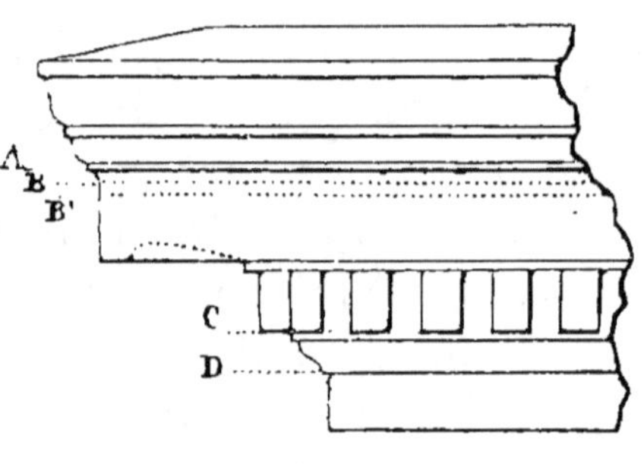

Fig. 49.　Corniche.

Nous donnons pou
exemple dans la fi
gure 49, une corni
che dans laquelle o
aurait formé un de
joints d'assise au
lignes A et C ; o
comprend facilemei
que le propre poi
de ces assises, e
admettant un joint sur ces lignes, empêcherait l
ciselure du congé qui se trouve sous le filet et for
cerait de relever les plafonds des denticules, a
lieu qu'en formant les joints aux points B ou B'
D, on n'aurait à redouter aucun de ces inconve
nients. De même, dans notre piédestal fig. 1, pl.
les joints des première et sixième assises sont bie
à la place qu'ils doivent occuper, et ne laisse
aucune crainte, ni pour la solidité, ni pour la pr
preté du travail.

Emploi de la pierre. — Quelle que soit la pierre à employer, quelle que soit la place qu'on lui assigne, l'appareilleur, de concert avec le tailleur de pierre, doit rechercher le sens de sa formation dans la carrière, ou ce que l'on appelle le lit de la pierre : on reconnaît ou pour mieux dire on retrouve le lit de formation, par les veines, les nuances et surtout par les coquilles qu'elle présente à sa surface. Ces coquilles ont toujours la même direction, et les poses forment des parties creuses, de forme elliptique, dont le grand axe est dans le sens du lit de formation.

Il faut, lorsqu'on veut employer la pierre, la poser de façon que les lits soient en pression les uns sur les autres et qu'ils tendent à se comprimer et non à s'écarter.

Nous avons parlé à la page 10 de ce volume, de ce que c'est qu'un attachement. Les planches 4 et 5 que nous avons sous les yeux en ce moment, doivent nous servir de modèle pour ce genre de travail de bureau, qui joue un si grand rôle dans la comptabilité du bâtiment.

Lorsque l'on aura à faire un attachement représentant les plans de construction d'un travail équivalent à celui indiqué sur ces deux planches, on pourra se baser sur les détails que nous donnons ici, et on remplira parfaitement l'objet qu'on se propose, puisqu'ils indiquent les dimensions de longueur, largeur et hauteur de chaque pierre prise séparément. Dans le cas où l'on n'aurait pas le temps de représenter les détails d'élévation, on indiquerait sur chaque plan d'assise, dans un petit cercle, la dimension de hauteur qui leur est propre, en ayant soin de prendre aussi un détail des saillies et hauteurs des moulures.

Il faut bien comprendre toute l'importance de l'exactitude que l'on doit apporter dans le levé des attachements. Les planches 4 et 5 donnent un exemple du profit que tirerait un entrepreneur indélicat qui saurait les attachements mal tenus ; il pourrait, en effet, compter dans son mémoire une quantité considérable de traits de scie, de dressage de joints et de faces de parements intérieurs. Il est évident que le blocage des assises n'est pas comparable en dépense à celui qu'entraînerait un appareil juxtaposé.

Construction des colonnes en pierre

La planche 1 nous donne en coupe et en élévation les dessins d'une colonne de l'ordre toscan. Quel que soit l'ordre auquel cette colonne appartient, la construction est toujours la même, c'est-à-dire qu'elle se fait par assises appelées tambours ; la base et les chapitaux seront pris chacun pour une assise séparée du fût, en ayant soin d'observer ce que nous avons dit plus haut relativement aux joints horizontaux avoisinant les moulures, que celui séparant la base du premier tambour inférieur du fût, devra être disposé un peu au-dessus du centre du congé de cette base, pour que le raccordement puisse bien se faire. Quant au chapiteau, on placera, pour la même raison, le joint du premier tambour supérieur un peu au-dessous du congé de l'astragale.

Les tambours du fût seront divisés en hauteur d'assises égales, et on aura bien soin de ne pas for-

...ner de joints au tiers de sa hauteur, c'est-à-dire
...u point où la diminution commence. Il n'y a,
...uant à la solidité, aucun inconvénient, mais pour
...e coup d'œil, il est de rigueur que ce joint soit un
...eu au-dessus de ce point; sans cela les colonnes
...araîtraient brisées par la ligne qu'il formerait.

Il importe aussi de tenir les assises des fûts de
...olonne d'un diamètre supérieur à celui indiqué
...ux plans, pour que le ravalement ne laisse voir
...ucuns défauts.

La pierre destinée à la taille des tambours de co-
...onne, devra être de première qualité, prise dans
...a partie la plus dure de la carrière et ne présenter
...ucunes moies, gerçures, fissures et coquilles.

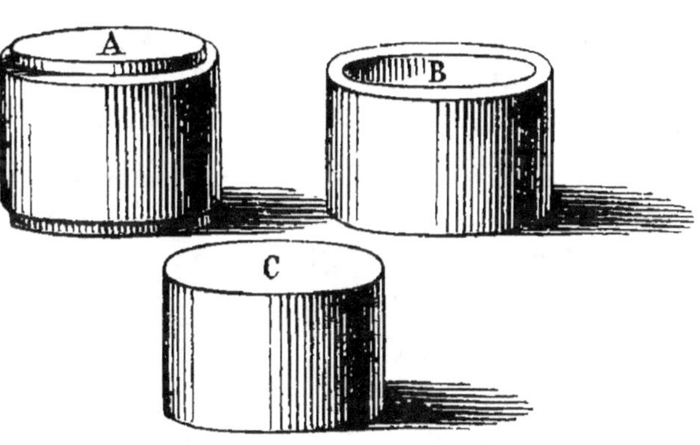

Fig. 50. 51, 52. Tambours.

On a fait jusqu'à ce jour plusieurs essais sur la
...neilleure méthode à employer pour la confection
...es joints entre les tambours de colonnes. Le pre-
...nier que nous indiquons (fig. 50-A du texte) était
...égagé sur ses arêtes, pour éviter l'éclat qui résulte
...quelquefois de leur pression. Le vide formé se
...emplissait par du mortier fait de poudre de pierre

semblable et de chaux ou de plâtre, mais il arrivait qu'il fallait trop souvent regarnir les joints que le mortier quittait, on y a renoncé d'autant plus que ces raccords laissaient toujours à désirer sous le rapport du coup d'œil, et que la force de la colonne diminuait en proportion de la profondeur des joints. La figure 51-B du texte nous donne un système vicieux comme construction ; on avait eu la malheureuse idée de creuser les lits des tambours, en ne laissant coïncider que sur une surface de quelques centimètres au pourtour de leur circonférence ; il arrivait alors que ces joints juxtaposés n'ayant pas assez de surface résistante, tout le pourtour des tambours s'épaufrait, et il en résultait le tassement des fûts. Le meilleur moyen à employer pour ce genre de construction, est le tambour pur et simple, tel que l'indique la figure 52-C du texte, avec lits parfaitement dressés et séparés lors de la pose par des lames de plomb de quelques millimètres d'épaisseur, permettant une certaine place au mortier destiné à les unir. Par cette méthode, on n'a rien à craindre pour les épaufrures qui pourraient résulter du tas de charge, et les joints sont tellement rapprochés, que le mortier les dissimule parfaitement et pour toujours. Le ravalement se fait, lorsque le mortier a ·pris toute sa consistance, au moyen de la pierre au grès à unir, et il remplit tellement bien les joints, que les fûts paraissent formés d'une pièce.

Les épannelages des bases des chapiteaux devront être taillés avec exactitude, et accuser parfaitement les moulures qu'ils sont appelés à produire lors de la sculpture ou ciselure.

Lorsque les fûts de colonne ne sont pas de trop grand rayon, on les fait tourner sur des tours à pierre disposés spécialement pour cet objet, alors ils arrivent au chantier de construction sans épannelage, c'est-à-dire exactement du rayon accusé sur les plans de l'architecte. On doit alors, pour éviter les épaufrures qui pourraient résulter du choc des corps durs qui tomberaient dessus, les garantir, soit par des coins faits de planches de bateau, ou par un enduit léger de plâtre gâché clair. En tous cas, les moulures des bases et des chapiteaux seront garanties par une garniture en plâtre qui reste jusqu'à la fin des travaux.

Lorsque les colonnes reposent sur des piédestaux, il faut les réunir par une barre de fer carrée ou ronde, les pénétrant tous deux. Cette barre ou ancre a pour objet d'empêcher les colonnes de dévier de leur axe ou de tourner sur elles-mêmes, ce qui arrive quelquefois par le tas de charge qui pousse toujours au vide. Le scellement de ces ancres se fait avec du plâtre gâché très clair ; on agite de haut en bas le fer pour obliger le mortier de pénétrer tout au pourtour et jusqu'au fond de son trou, puis on le laisse retomber une dernière fois.

Construction des entablements
servant de couronnement aux colonnes

L'entablement d'un ordre d'architecture est la partie placée immédiatement au-dessus des chapiteaux de colonnes et qui termine cet ordre en lui servant de couronnement.

La construction d'un entablement se divise en

trois parties bien distinctes, et qui ont chacune leur méthode d'appareil. Ces trois parties ne sont autres que les trois membres qui le constituent, savoir : l'architrave, la frise et la corniche.

Construction des architraves sur colonnes

Les architraves supportées par des colonnes exigent une construction toute autre que lorsqu'elles reposent simplement sur le mur, où alors elles entrent dans la condition ordinaire des assises courantes.

La partie inférieure de la figure 1, pl. 6, nous représente une architrave avec tout son appareil de coupe de pierre, de linteaux de décharge et d'ancres la reliant avec les colonnes. La figure 4, même planche, représente son plan avec indication des lignes divisant les claveaux de plate-bande, les linteaux et les ancres.

Comme on le voit, fig. 1 et 4, les architraves se divisent en plusieurs pièces J K L M N O P Q R appelées claveaux de plate-bandes. Ces claveaux destinés à former plafond entre les colonnes, prennent pour ceux J, N, R le nom de sommiers ou assises recevant toute la poussée de cette voûte plate. Ces sommiers doivent être faits avec une pierre plus dure que celle des autres claveaux. L'assise J est aussi appelée sommier d'angle ou d'écoinçon ; il doit porter en retour une saillie pour éviter un joint de pierre à l'angle même de l'appareil. Ces assises sont, comme on le voit, traversées d'outre en outre par une ancre en fer rond, destinée à relier les colonnes avec l'architrave. Les autres claveaux de plate-bande peuvent être en pierre plus tendre. Cependant, si la voûte était d'une grande portée, il faudrait faire les clefs L P aussi en pierre dure.

Les coupes ou joints des claveaux constituant les plates-bandes, doivent se diriger en un point commun appelé foyer, et se détourner sur une hauteur d'au moins 6 centimètres avant de venir former coupe sous le plafond. Ce détournement de joints s'appelle crossette. Les figures 53 et 54 du texte vont donner la raison de cet appareil.

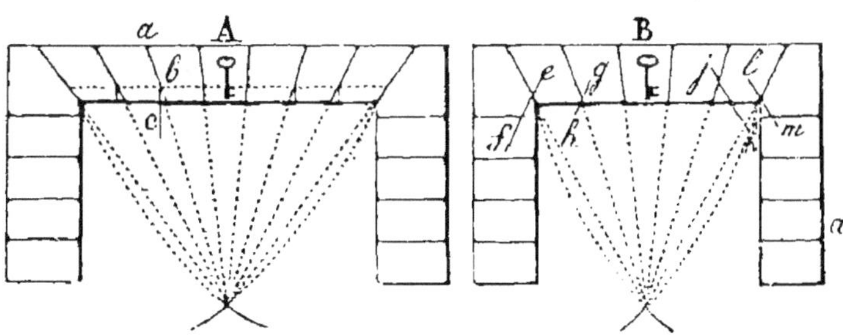

Fig. 53 et 54. Crossettes.

Excepté la clef, tous les claveaux avons-nous déjà dit, doivent détourner leurs joints, avant de venir rencontrer le plafond de la voûte, ainsi que l'indique la direction a, b, c, de la coupe de gauche du claveau placé à gauche de la clef de la plate-bande A. Si, au lieu de se détourner, ce joint suivait la direction centrale du même claveau, il arriverait infailliblement que lorsqu'on viendrait à charger cette plate-bande à sa partie supérieure, les angles aigus, formés par les coupes et la rencontre du plafond, se casseraient tous, suivant la direction des lignes e, f, j, k, l, m, parce que la masse de résistance serait beaucoup trop faible.

Construction moderne.   5

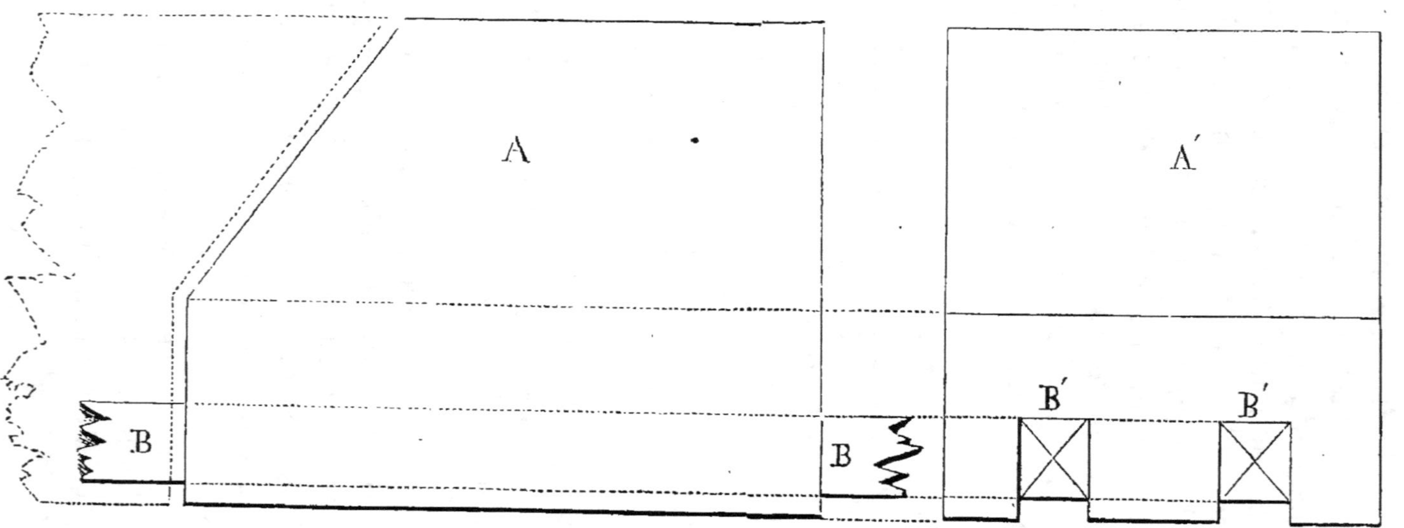

Fig. 55 et 56. Claveaux et Linteaux.

Les principes, pour trouver les foyers ou directrices des coupes des claveaux de plates-bandes, sont donnés à l'article *coupe des pierres*, pl. 21.

Les linteaux sous les plantes-bandes, indiqués par les lettres Y, X, fig. 1, pl. 6, ont pour objet de soulager les claveaux. Ces linteaux sont, comme le démontre la figure ci-contre, encastrés dans toutes les parties constituantes des plates-bandes.

Voir fig. 55 et 56 du texte. A représente le claveau, vu de face ; A', le même, vu de profil ; BBB' B' sont les linteaux ou barres de fer de 0ᵐ08 sur 0ᵐ10 ou plus. Ces claveaux portent entaille carrée pour les recevoir ; ces entailles se font de 2 à 3 centimètres plus profondes que ne le nécessite la hauteur du fer, pour éviter que les linteaux affleurent la pierre et rouillent les enduits, peinture, dorure, ou toute autre ornementation des plafonds. Le vide laissé entre les linteaux et le nu du plafond, se remplit soit avec un mastic, soit avec du plâtre.

Les linteaux doivent, avant leur pose, être couchés ou enduits de la peinture au minium ou oxyde de plomb, pour éviter qu'il se forme une effervescence d'oxyde de fer. On donne à ces linteaux en scellement sur les points d'appui, au moins 0ᵐ15 de profondeur, sans jeu aux extrémités en buttement.

Construction des frises et des corniches

La construction des frises et des corniches tombe dans la même catégorie que celle des assises courantes de murs en pierre. Il faut que tous les lits et joints soient parfaitement dressés et équarris d'équerre, et que le parement de face porte épannelage de quelques millimètres pour le ravalement, ou qu'il suive les détails de masse donnés par l'architecte, dans le cas où il y aurait de la sculpture à faire.

Les joints devront être garnis, soit en mortier, soit en plâtre ; en tous cas, ils seront passés à la fiche pour que le mortier s'étale bien dans toute la surface des parties adhérentes.

Les joints verticaux devront toujours se couvrir mutuellement d'un tiers au moins ; il est mieux de les conduire jusqu'à la moitié de l'assise inférieure, mais il faut, pour la régularité de l'appareil et pour que les lois de la stabilité soient bien observées, que les assises d'un même rang soient toutes de même longueur. Nous ne parlons ici que dans le cas où l'élévation de la frise ou de la corniche nécessiterait deux ou trois rangs d'assises en pierre.

Les lettres EFGH de la figure 3, pl. 6 indiquent les plans des assises constituant la frise, et les lettres ABCD, ceux des assises de la corniche. On remarquera que l'assise E de la frise porte un évidement pour éviter les joints dans l'angle, et que les assises de la corniche excèdent sur l'intérieur du mur, c'est dans le but de donner une masse de pierre qui contrebalance le poids de la saillie. C'est une mesure à suivre, non qu'il y ait à craindre un déversement total, mais pour éviter le dérangement que pourrait occasionner le roulis des assises sur elles-mêmes.

II. CONSTRUCTION DES PUITS, BASSINS, CITERNES ET RÉSERVOIRS

La construction des puits est comme tous les travaux qui s'exécutent à une certaine profondeur dans le sol, sujette à différentes précautions, soit pour la sécurité des ouvriers qui y sont employés, soit pour la garantie même du travail sous le rapport de sa durée et de sa solidité.

Les puits se construisent de différents manières. Il y a des pays où la nappe d'eau se trouve à 2 ou 3 mètres au-dessous du niveau du sol. On comprend que ces puits ne demandent pas grands efforts d'intelligence pour leur construction ; mais il y a de réelles difficultés à vaincre pour ceux qui sont creusés dans les terrains où l'eau ne se rencontre qu'à 10 et même 20 mètres de profondeur, et où souvent, avant de la rencontrer, on trouve plusieurs natures de terre, de sable, de cailloux et même de roche.

Généralement, les puits se construisent sur un rouet en charpente (Voir fig. 1, 2 et 3, pl. 7, où le rouet est indiqué par les lettres EFDC).

La figure 1 indique la coupe de trois rangs d'assises d'un puits sur son rouet.

La figure 2 donne le plan de l'appareil ci-dessus, détaillant par moitié les assises sur le rouet et par l'autre moitié le plan même de ce rouet.

La figure 3 représente l'ensemble vu en perspective.

Le rouet doit avoir pour diamètre A B, celui de l'extérieur du mur du puits plus quelques centimè-

tres, afin de mieux asseoir les assises en pierre ou
en moellon qui doivent poser dessus.

Ainsi, par exemple, si l'on veut donner un mètre
de diamètre à l'intérieur, et que le mur de douve
ait $0^m 50$ d'épaisseur, on charpentera le rouet à
$2^m 20$ de diamètre. Nous pouvons nous en rendre
compte ainsi qu'il suit :

Diamètre intérieur . . . . $1^m 00$

Mur de douve, 2 épaisseurs de chaque
$0^m 50$, produisent . . . . $1^m 00$

A ajouter pour empâtement du rouet, deux
fois $0^m 10$ pour intérieur et extérieur, produisent. $0^m 20$

____

Ce qui donne pour diamètre au rouet . . . $2^m 20$

Les rouets se font en bons madriers de cœur de
chêne de 10 à 13 centimètres d'épaisseur, bien assemblés et chevillés. Quelquefois, pour plus de précaution, on relie les assemblages par des plates-
bandes en fer (fig. 4 et 5, même planche).

On élève sur le rouet le mur circulaire en moellons piqués, bien équarris et mis d'équerre avec les
lits parallèles. Ces moellons doivent être taillés
suivant un panneau de bois appelé cerce, dont la
courbure est une portion de la circonférence intérieure du puits et dont les joints tendent au centre.
On ménage de distance en distance, dans la partie
inférieure du puits, des ouvertures oblongues appelées barbes-à-cannes (fig. 57 du texte), qui laissent pénétrer l'eau d'alimentation. Ce travail, qui
est indiqué sur la figure 57 du texte par les lettres
A A, ne se fait que lorsque des sources circulent
au pourtour des puits, et que la nappe d'eau dé-

couverte pour l'alimentation ne paraît pas suffisante.

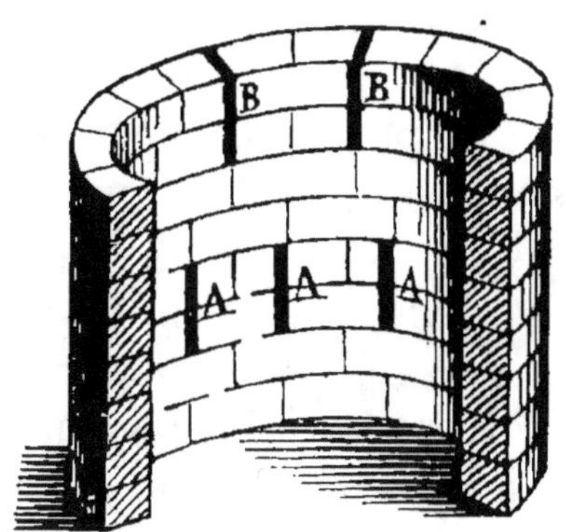

Fig. 57.   Barbes-à-cannes.

On fait aussi des barbes-à-cannes dans la partie
supérieure du puits, mais dans le cas seulement où
l'on aurait à redouter une trop grande abondance
d'eau ; alors elles remplissent les fonctions de trop-
plein, telles que celles indiquées même figure par
les lettres B B.

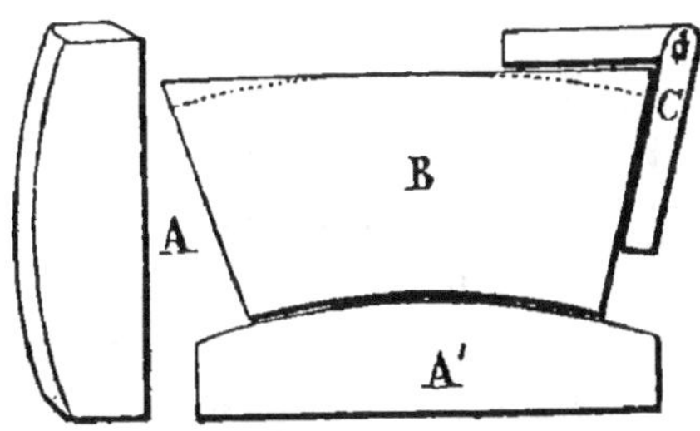

Fig. 58, 59.   Cerce en bois et sauterelle.

Voir fig. 58 et 59. A est la cerce en bois dont se
servent les tailleurs de moellon qui construisent
les puits et que l'on appelle piqueurs. Cette cerce,
comme on le voit, est cintrée suivant la circonfé-

rence intérieure du puits ; elle s'applique sur la partie B du moellon, et le piqueur creuse jusqu'à ce que cette cerce A' coïncide dans toute sa partie cintrée. C est une sauterelle ou fausse équerre qui s'applique sur le parement de fond du moellon pour tracer sur les côtés les coupes rayonnantes des assises.

Les puits se liaisonnent en mortier de chaux hydraulique et de sable de rivière ; les coupes formant joints doivent être bien garnies de ce mortier, ainsi que les lits, et chaque rang parfaitement posé de niveau.

Lorsque le terrain est un sable mouvant, on établit d'abord le rouet à une profondeur de 1^m50 environ sur le sable même ; puis, par le vide formé par les traverses de ce rouet, et à mesure que le mur du puits s'établit dessus, on tire du dessous le sable, de façon que tout l'ensemble descende lentement et bien horizontalement jusqu'à ce qu'on ait atteint, soit la nappe d'eau, soit les sources alimentaires.

Le mur cylindrique doit toujours s'élever au-dessus du sol d'environ 80 centimètres en pierre, brique ou moellon piqué, sur une épaisseur de 32 centimètres au moins. Il doit, de plus, être recouvert d'une margelle en pierre dure d'au moins 16 centimètres d'épaisseur ou hauteur d'assise.

Pour éviter que les assises composant cette margelle, lorsqu'on ne trouve pas de pierre assez grande pour la faire d'une seule pièce, se dérangent de leur place, on les agrafe par des crampons en fer A, fig. 60 ; ces agrafes s'inscrutent dans la pierre, voir fig. 61, elles portent aux extrémités des coudes à scellement en queue de carpe ; ils se cimentent avec du plomb et du soufre.

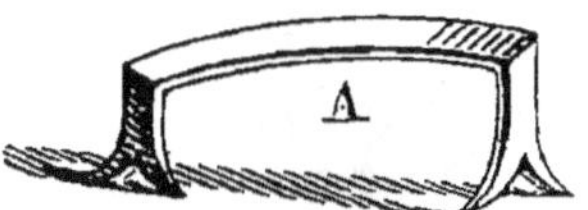

Fig. 60. Crampon en fer.

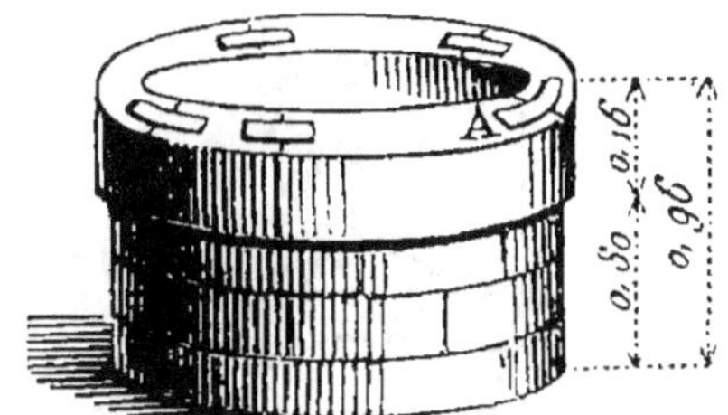

Fig. 61. Incrustation des crampons dans la pierre.

La construction des bassins, citernes et réservoirs, réclame la plus grande attention, tant pour le choix des matériaux, que pour la confection des joints en mortier de chaux hydraulique et de sable fin ou ciment.

Pour éviter les infiltrations, souvent on construit des doubles murs dans l'intervalle desquels on foule de l'argile ou terre glaise, humectée, épurée, assise par lits de 10 centimètres et foulée avec les pieds.

Le fond au-dessus du premier plafond doit être pavé sur une bonne forme de mortier de chaux et sable ou tout autre ciment. Le pourtour du mur de douve, ou celui qui retient l'eau, sera enduit en bon ciment de Vassy ou ciment romain, bien uni à la truelle et lissé jusqu'à parfaite siccité. Voir fig. 62 du texte.

La figure 62 représente un réservoir d'eau dont la construction se détaille ainsi qu'il suit :

A est le mur de douve ;

B le double mur ;

5.

E fond pavé sur forme de chaux et sable ;

D enduit en ciment sur le parement intérieur du mur de douve ;

Fig. 62. Réservoir d'eau.

F argile ou terre glaise pour éviter les infiltrations ;

G arrivée de l'eau dans le réservoir ;

H tuyau de trop-plein.

Lorsqu'il s'agit d'une citerne pour la conservation des eaux pluviales, on la construit comme nous l'avons dit pour les bassins, et on la couvre d'une voûte surbaissée faite en moellon et garnie, sous le pavé A, d'une chappe B en bon mortier de chaux hydraulique et de ciment, pour éviter les dégradations de la voûte. On donne, ainsi que l'indique la figure 63 du texte, 8 à 10 centimètres à cette chappe et quelquefois plus s'il est besoin.

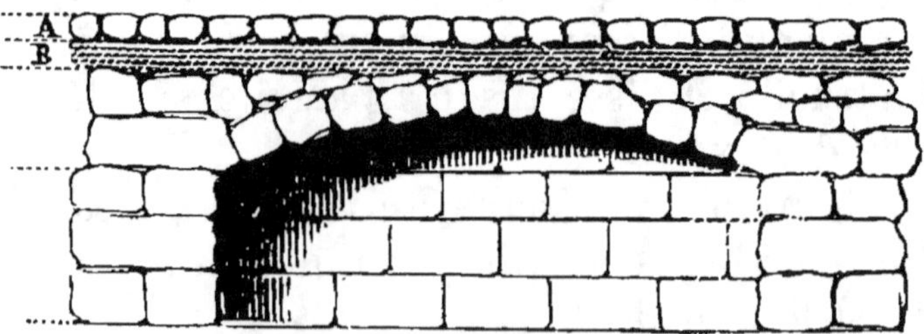

Fig. 63. Chappe.

Les joints des assises sur le parement intérieur d'un puits, d'un bassin, d'un réservoir ou d'une citerne, doivent, lorsque les murs sont fermés et les voûtes achevées, être grattés et creusés à vif, pour être ensuite jointoyés ou regarnis avec du ciment romain, du mortier de chaux et sable fin. Il faut, avant de refaire ces joints, avoir soin de bien mouiller les parements pour que l'eau nécessaire aux mortiers ne soit pas bue par les moellons.

IV. CONSTRUCTION SUR SOL SANS CONSISTANCE ET CONSTRUCTION DANS L'EAU

Il arrive souvent qu'après les fouilles faites et poussées jusqu'à une certaine profondeur, on ne peut arriver à rencontrer un sol qui ait assez de consistance pour supporter sans danger les constructions à établir; on est obligé dans ce cas d'établir au fond des fouilles et par intervalles de 1 mètre au plus d'axe en axe, une suite de pièces de bois de chêne, fig. 64 et 65 du texte, prises dans des madriers de 25 à 32 centimètres de largeur sur une hauteur de 12 à 20 centimètres.

Fig. 64 et 65.   Racineaux.

Ces pièces de bois qui se nomment racineaux, doivent avoir en longueur celle de l'épaisseur du mur en fondation au rang des assises qu'on appelle libages, plus 20 centimètres au moins, c'est-à-dire que si ces libages ont une largeur ou épaisseur de mur de 70 centimètres, on donnera pour longueur aux racineaux au moins 90 centimètres, ce qui leur fait accorder 10 centimètres de retrait sur chaque parement de ces premières assises en fondation.

La figure 4 de la planche 8 désigne pour longueur aux racineaux A, 85 centimètres, et pour largeur aux assises C de libages en fondation, 65 centimètres. Nous avons porté ces dimensions de retrait au minimum ; on comprendra facilement que cette disposition ayant pour objet d'asseoir sûrement une fondation, on devra se conformer strictement à ces données, qu'il faudra plutôt exagérer qu'amoindrir.

Dans les travaux de ce genre que nous avons eu à diriger, nous avons toujours donné à un racineau 25 centimètres d'excédent sur les libages. Il ne faut pas perdre de vue que de la longueur de ces pièces de bois dépend la surface de pression sur le sol et que plus on augmente cette surface, plus la chance de déversement diminue.

Les intervalles entre les racineaux et jusqu'à leur affleurement doivent être remplis en blocage de pierres sèches, car la chaux pourrait brûler les bois ou les exciter à se fendre. On devra parfaitement tasser ou battre ce blocage pour lui donner le plus de résistance possible ; ce travail a pour but de maintenir l'écartement des racineaux, tout en les empêchant de rouler sur eux-mêmes. On pourra se rendre compte de l'exécution par l'inspection des figures 3 et 4, même planche, lesquelles représentent l'élévation vue de face, le plan sur lequel chaque phase de construction est indiquée. La figure 66 du texte donne un profil vu par bout depuis la pose du béton jusqu'aux premières assises en élévation.

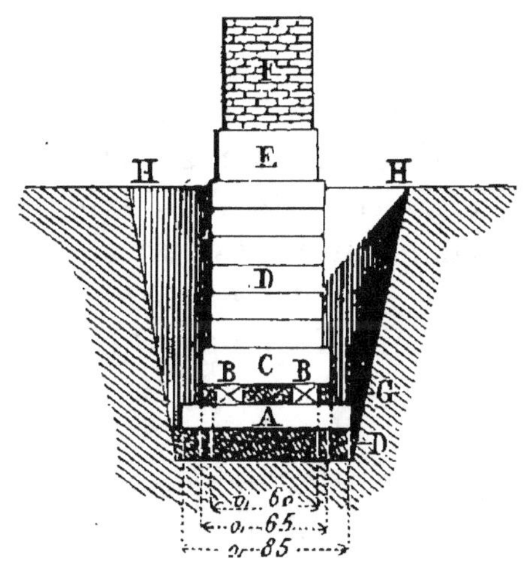

Fig. 66. — Profil vu par bout.

Comme on le voit à la figure 66, les racineaux **A** sont posés sur une couche de béton aussi indiquée à la figure 3 de la planche 8. Il n'est pas absolument urgent de faire à la construction cette addition de matières, cependant nous la recommandons pour plus de précautions, surtout si on avait à redouter la présence d'infiltrations de sources, ce qui n'est pas rare sous les sols à une certaine profondeur.

Lorsque les racineaux et leur blocage seront posés et faits dans toutes les règles de l'art, on devra placer dessus et clouées par des chevilles en fer, un cours longitudinal de plates-formes, indiquées par la lettre B aux figures 3 et 4, même planche et au profil ci-contre. Ces plates-formes, qui sont en largeur et hauteur de même dimension et de même bois que les racineaux, font, par leur liaison avec ces derniers, une nouvelle garantie contre l'écartement ou le changement d'axe.

Les plates-formes sont assemblées par bouts au moyen d'entailles à queues d'aronde, ainsi que l'indiquent les fig. 5 et 6, même planche. Ces assemblages sont chevillés entre eux par des goujons en bois sciés et affleurés. On doit avoir soin que les assemblages par bouts de ces plates-formes se trouvent toujours posés sur les racineaux et non sur les vides qu'ils forment. Voir fig. 67 du texte.

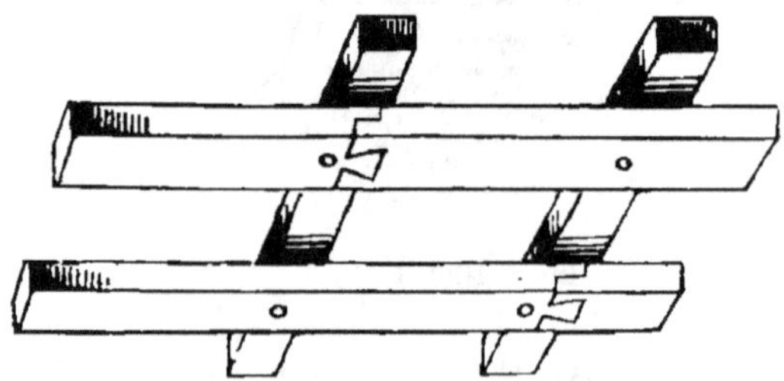

Fig. 67. Assemblage des plates-formes.

Les intervalles des plates-formes se bloquent en pierres sèches, comme il a été dit des racineaux. Ces blocages se font aussi quelquefois à bain de mortier de plâtre, qui n'a pas l'inconvénient de celui de chaux, mais qui aussi a celui de conserver l'humidité aux bois noyés dans les pierres. Nous conseillons purement et simplement pour ce travail les garnissages en pierres sèches ; les terres qui doivent combler la fouille se chargeront bien de soutenir le blocage ; elles donneront une grande économie, car les plâtres sont toujours d'un prix assez élevé et les bois ne s'en conserveront que mieux. Nous avons sérieusement recommandé à l'article plâtre, voyez page 21, de ne jamais employer ce ciment naturel dans les fondations où il conserve et perpétue l'humidité.

L'entraxe des plates-formes est limité naturellement par la largeur des libages. On les pose sur les racineaux de façon que leurs rives extérieures viennent affleurer à peu près les parements extérieurs des pierres. Sur notre plan (fig. 4, pl. 8), on a donné aux libages 0ᵐ65 d'épaisseur de mur, et la distance cotée entre les deux rives des plates-formes est de 0ᵐ60.

Lorsque les racineaux et les plates-formes sont bien assemblés ou reliés ensemble et que le blocage en a été bien battu, il faut, pour éviter l'éboulement des rives, les resserrer par le comblement jusqu'au niveau des plates-formes. La terre doit en être bien refoulée. Alors on procède à la pose des assises de libages indiquées par la lettre C dans les plans et élévations (fig. 3 et 4, même planche), et sur le profil qui précède par la lettre C. Ces libages sont pris dans la pierre brute ; les lits doivent cependant en être dressés parfaitement parallèles, et toutes les assises être de même hauteur ; elles se posent sur les plates-formes sans aucune liaison de mortier. Ces assises auront au moins 0ᵐ32 de hauteur. Dans les travaux soignés, les joints en sont piqués d'équerre, et on y introduit une liaison de mortier de chaux maigre et de sable.

Le mur en fondation (mêmes figures, même planche) s'élèvera par assises piquées parfaitement d'équerre; elles pourront être en deux morceaux sur l'épaisseur, mais de deux en deux assises seulement. Les autres devront être en boutisse, c'est-à-dire formant toute l'épaisseur du mur, ainsi que l'indique l'assise D (fig. 4). On leur donne pour hauteur de 0ᵐ32 à 0ᵐ40.

Ces murs en fondation se liaisonnent entièrement en bon mortier de chaux maigre et de sable, ou en tout autre ciment dur; les lits et les jets doivent en être parfaitement garnis, et les pierres bien comprimées sur ce mortier.

Lorsque le mur en fondation est parfaitement monté à plomb des lignes tendues au niveau du sol, il est bon de dégrader les joints jusqu'à une profondeur de 12 à 15 millimètres et de les remplir de nouveau en ciment de Vassy; avec ce jointoiement les fondations n'ont rien à redouter des infiltrations qui pourraient se faire jour dans les terres.

Constructions dans l'eau

Les constructions dans l'eau exigent la plus grande attention, tant pour la pose du système en charpente que pour le choix des matériaux à employer.

Lorsque les eaux sont d'une certaine profondeur, c'est-à-dire dépassent celle de 2 à 3 mètres, on établit en charpente un encaissement en bois (fig. 68 du texte), ayant la forme du mur ou de la fondation à ériger. Cet encaissement est fait de forts madriers et de pieux carrés, les uns posés verticalement et les autres horizontalement, de façon à former une caisse que l'on descend au fond de l'eau

A A, et dont les pieux servent momentanément de soutien et de retenue contre le courant. Cette

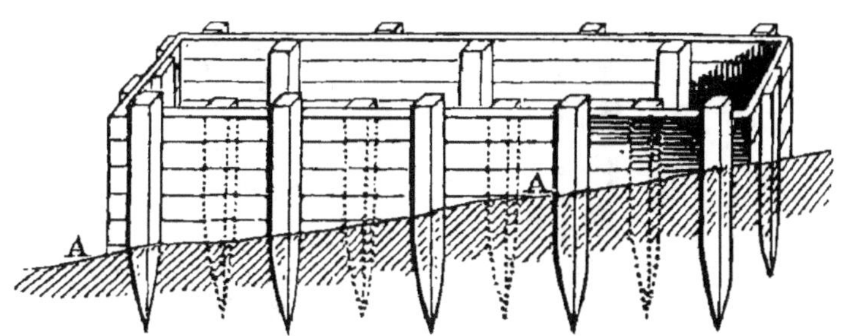

Fig. 68. Encaissement pour les constructions dans l'eau.

caisse se construit entre des bateaux, et on la laisse descendre à mesure que sa construction s'élève.

La figure 68 représente un encaissement tel que celui nécessité pour la fondation d'un mur à construire sous l'eau. Cet encaissement se calfeutre dans tous ses joints, ainsi qu'on le fait aux bateaux de bois, et lorsqu'il est terminé, on pompe l'eau qui pourrait s'y être infiltrée, et on l'emplit de matériaux, de pierre meulière ou moellon dur que l'on bloque à bain de mortier, de chaux hydraulique et de sable de rivière. Lorsque tout cet amalgame a pris consistance, il ne forme qu'un seul bloc sur lequel on peut hardiment édifier les murs en élévation.

Lorsque les eaux n'ont que peu de profondeur, on enfonce dans le sol des pieux en bois nommés pilotis ; on les dispose en quinconce, ainsi que l'indique le plan à la figure 2, planche 8, par les lettres A'. On les espace de façon à former par les axes, des carrés de 1 mètre de côté. Ces pilotis s'enfon-

cent dans le sol jusqu'au refus du mouton ou machine destinée à cet usage (voyez fig. 69, 70 et 71).

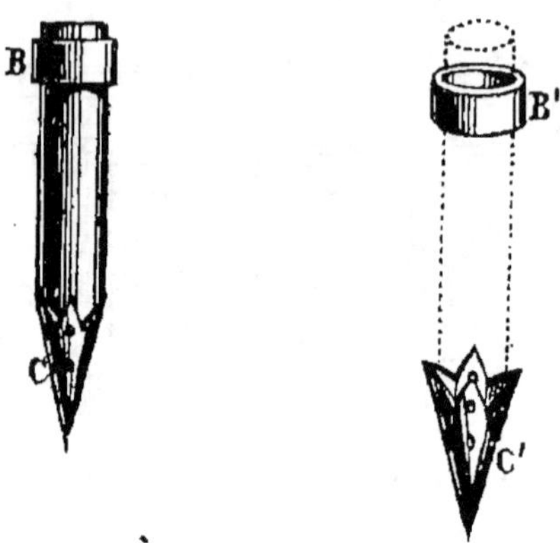

Fig. 69 et 70.   Détail du pilotis garni de sa frète et de son sabot.

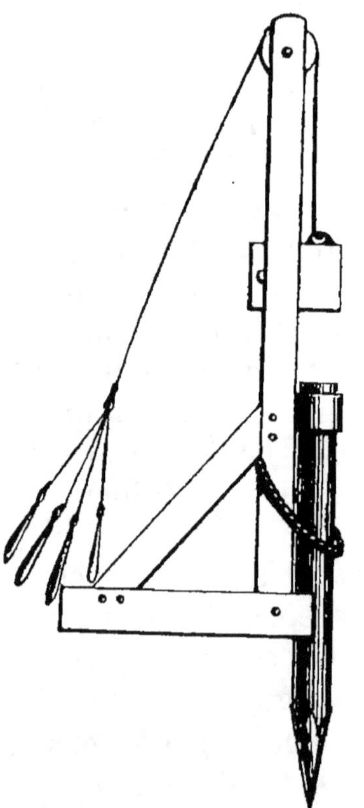

Fig. 71.   Mouton pour l'enfoncement des pilotis.

Lorsque les pilotis sont bien enfoncés, on les recèpe tous de niveau (voyez fig. 1, même planche), et l'on cloue dessus des racineaux semblables à ceux déjà cités pour les fondations sur sol mouvant. Sur les racineaux se pose un plancher formé de plates-formes E, lesquelles sont aussi fixées par des broches en fer après les racineaux, ainsi qu'il l'est indiqué à cette figure. Sur ces plates-formes se posent les premiers libages.

Les pilotis doivent être munis, à quelques centimètres du sommet, d'une frête ou collier en fer B B' (fig. 69 et 70), destinée à empêcher l'écrasement de sa tête par les coups répétés du mouton, et d'un sabot C C' aussi en fer pour faciliter la pénétration dans le sol.

Tout le système de charpente employé dans les constructions sur l'eau ou dans l'eau, doit être en essence de chêne, première qualité. Il faut, avant la pose, l'enduire de goudron.

V. CONSTRUCTION DES PANS DE BOIS

Les pans de bois se construisent en retraite de quelques centimètres sur un petit mur d'appui, fait soit en pierres formant parpaing, soit en moellons, soit en briques.

Le mur d'appui du pan de bois, dont nous donnons le dessin de face et de profil (pl. 11, fig. 1 et 2), est en pierre sous les principaux points d'appui, et en briques dans les remplissages.

Les assemblages des pans de bois sont faits par tenons, mortaises et traits de Jupiter. Ces trois genres d'assemblages ont pour objet l'union des pièces constituantes, afin d'éviter la dislocation des pièces qui ne seraient que réunies bouts à bouts ou bouts sur faces, n'ayant pour les tenir en place fixe que leur propre poids.

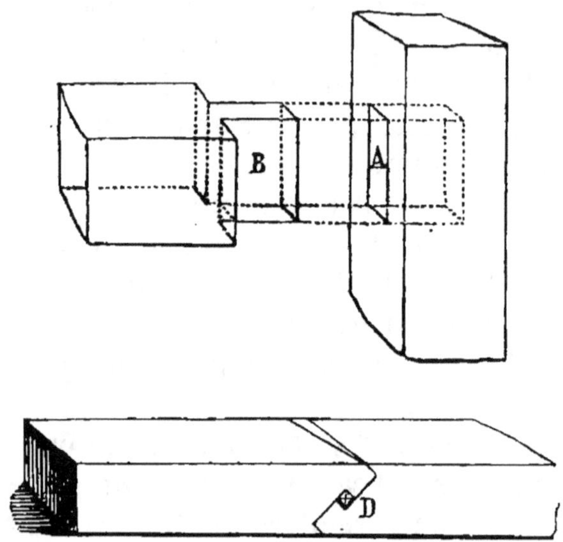

Fig. 72, 73 et 74.   Assemblages.

Les figures **72**, **73**, **74** du texte nous représentent ces assemblages. A est appelé mortaise ; B, le tenon ; ils sont destinés à s'emmancher l'un dans l'autre. La lettre D nous donne le dessin d'un assemblage à trait de Jupiter ; il s'emploie principalement pour le rallongement des pièces.

Dénomination des pièces constituant les pans de bois

Sablière basse ou *sablière de chambrée*. — Ce sont les pièces horizontales qui se trouvent à la partie nférieure de tous les pans de bois. A la planche 11, es pièces A sont des entretoises ; elles prendraient e nom de sablière de chambrée si elles étaient d'une seule pièce, depuis le poteau d'huisserie B jusqu'au poteau cormier B' ; on ne l'a pas fait ici à cause des appuis de croisées P' que l'on a voulu apparents en pierre.

Dans le cas où il y a une sablière de chambrée, toutes les pièces verticales doivent s'assembler dedans par tenons et mortaises.

Sablière porte-plancher. — On appelle ainsi celle que représente la lettre E (fig. 1 et 2, pl. 11) ; on voit effectivement qu'elle supporte les solives M du plancher.

Sablière supérieure. — Ce sont les pièces qui, comme celle H (même planche, mêmes figures), couronnent la partie supérieure d'un pan de bois.

Poteaux montants supérieurs. — Ce sont des pièces verticales que l'on place dans les pans de bois, et qui vont de haut en bas relier les sablières.

Poteaux cormiers. — Lorsqu'un pan de bois fait un retour d'angle quelconque, la pièce verticale formant cet angle est ce qu'on appelle poteau cormier. Il s'appuie sur la sablière basse, s'assemble avec la dernière qui pose dessus, et les autres sablières intermédiaires s'assemblent dedans à tenons et mortaises.

Poteaux d'huisseries. — Ce sont les pièces verticales qui forment la droite et la gauche des baies ou ouvertures de portes et de croisées ; ils sont assemblés à tenons et mortaises avec les linteaux ou pièces horizontales qui limitent par le haut ces ouvertures (voir, même planche, ces poteaux indiqués par la lettre B et les linteaux par C). Les poteaux d'huisseries doivent toujours réunir les deux sablières ; dans cette figure, la sablière inférieure ayant été remplacée par des entretoises A, nous avons réservé aux extrémités inférieures de nos poteaux un tenon de 10 centimètres de longueur pour les arrêter dans la pierre qui forme appui des croisées et bandeau courant.

Remplissages. — Les trumeaux de pans de bois sont occupés par des pièces obliques et des pièces verticales ainsi que l'indiquent les lettres K et L, fig. 1, même planche. Les décharges sont celles qui traversent diagonalement le vide des trumeaux, et les poteaux de remplissages, ceux qui sont dans la position verticale ; autrefois, on les assemblait avec les décharges ; maintenant on se contente de les clouer avec de longues broches en fer. On les appelle aussi tournisse.

Lorsque les linteaux et les sablières laissent un vide au-dessus des baies, on cloue sur ces dernières, à 27 millimètres des rives extérieures, des liteaux (*a*) représentés au profil, figure 1, même planche, et sur la façade figure 2. On y fixe sur chaque face des petits remplissages D destinés à clore ce vide.

Lorsque les baies se ferment à leur partie supérieure en demi-cercle ou en ogive, on obtient les cintres au moyen d'arcs en bois découpés et assemblés avec les poteaux d'huisseries et les linteaux ; ils sont indiqués par la lettre *o* sur la façade du pan de bois à la porte d'entrée.

Lorsque les baies sont de vastes dimensions et que la partie supérieure entre le poitrail et la sablière donne un grand trumeau, comme l'indique la figure 75 du texte, on en fait le remplissage au

moyen de deux décharges A que l'on oppose l'une
à l'autre ; elles ont l'avantage de diminuer la pres-

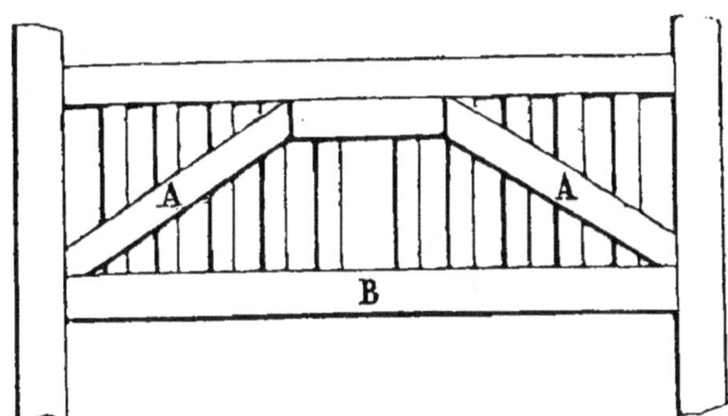

Fig. 75. Baie.

sion qui s'exerce sur le poitrail B. Ce travail s'exécute le plus ordinairement dans les trumeaux au-
dessus des portes cochères.

On emploie aussi comme remplissage de vastes
trumeaux, les croix de saint André, qui sont deux
décharges que l'on croise en X. On doit les assembler à moitié bois et les réunir au moyen d'un boulon à écrous.

Les étrésillons sont les petites pièces horizontales
fixées entre les poteaux ; elles prennent le nom
d'entretoises lorsqu'elles acquièrent une longueur
de plus de 1 mètre.

Lorsque l'ensemble de la charpente d'un pan de
bois est mise au levage, c'est-à-dire en la place
qu'il doit occuper sur son mur d'appui, on le garnit sur les deux faces de lattes disposées comme
l'indique à la planche 2, la figure 5, et le vide
laissé par les lattes et les poteaux se remplit de plâtras ou garnis que l'on recouvre, lors du ravalement, d'un enduit en plâtre gâché.

La charge nécessitée pour la latte et l'enduit en plâtre prend une épaisseur de 5 centimètres environ pour les deux faces : celle à donner pour épaisseur aux pièces de charpente constituant le pan de bois sera de 5 centimètres de moins que ne l'indiquent les plans fournis par l'architecte. Ainsi, si ces plans accusent les pans de bois à 20 centimètres d'épaisseur, le charpentier devra ne donner à ses principales pièces que 15 centimètres dans ce sens.

Les figures 3 et 4 de la planche 11 nous donnent les plans des parties inférieures et supérieures du pan de bois.

Gros fers employés dans les pans de bois

Les gros fers employés à lier ensemble les différentes pièces qui constituent les pans de bois, sont :

La plate-bande qui se place perpendiculairement aux joints formés par la rencontre des pièces. Voir la figure 76 du texte, où cette plate-bande est indiquée par la lettre A.

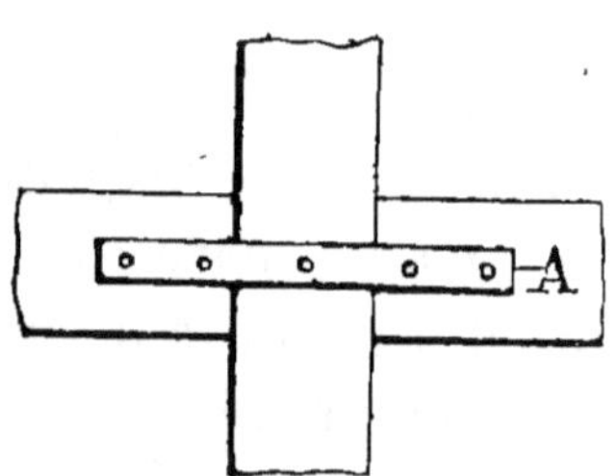

Fig. 76. Plate-bande.

L'équerre qui se place à la liaison des pièces qui

se retournent sur un angle quelconque. Voir fig. 77 et 78 du texte les lettres B et B'.

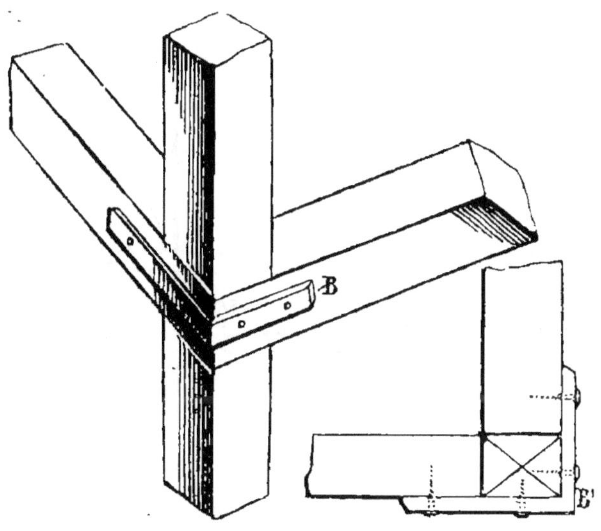

Fig. 77 et 78.   Equerre.

Le tirant et l'ancre, qui sont des pièces en fer mé- plat et rond et qui ont pour objet d'empêcher les pans de bois de sortir de leur aplomb ou de pous- ser au vide. La figure 79 A représente un tirant, et celle 80 D une ancre.

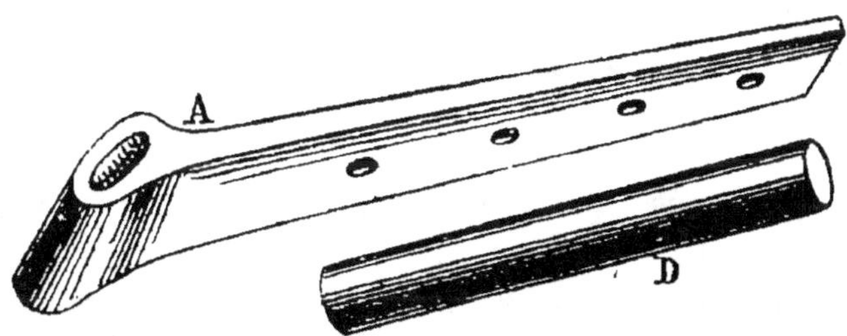

Fig. 79.   Tirant.   Fig. 80.   Ancre.

Le tirant et l'ancre sont destinés à se réunir pour la liaison dont ils sont l'objet. La figure 81 fait

Construction moderne.   6

voir comment on les emploie et comment ils ne font qu'un.

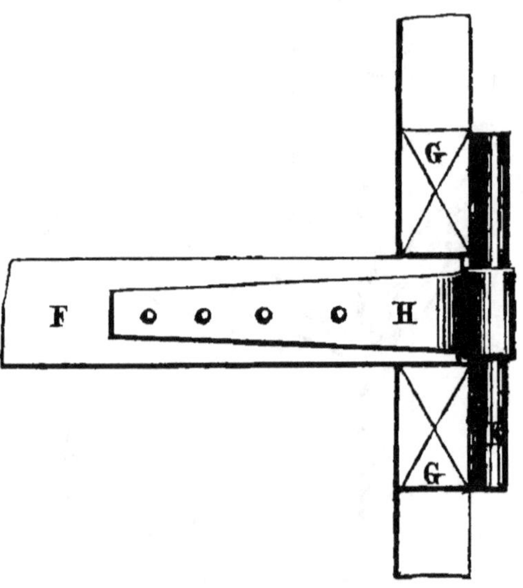

Fig. 81. Emploi du tirant et de l'ancre.

Pour relier le plancher F avec le pan de bois G, il faut nécessairement une ferrure assez résistante ; on emploie à cet effet le tirant H, qui est cloué après les solives, et l'ancre K, qui sert de buttement contre le pan de bois et empêche les sablières de le pousser au vide par la pression verticale des solives.

VI. CONSTRUCTION DES PLANCHERS EN BOIS

Les planchers se construisent de plusieurs manières, suivant les localités ; nous ne parlerons ici que des systèmes français et allemand.

Le système dit français, qui est celui qu'on emploie à Paris, est composé de solives d'enchevêrure, de linçoirs, de chevêtres, quelquefois de poures, et enfin de solives de remplissage.

Les solives d'enchevêtrure sont les solives maîresses, sur lesquelles reposent les solives de
remplissage et qui s'assemblent avec le chevêtre.
Elles se placent à droite et à gauche d'une cheminée ou d'un coffre-conduit de fumée (Voir pl. 9,
fig. 1 à la lettre A, et pour la coupe vue par bout,
la figure 82 du texte).

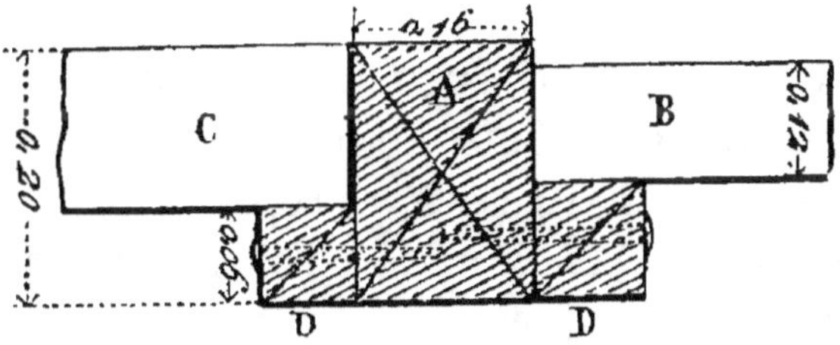

Fig. 82.   Solives d'enchevêtrure.

A est la solive maîtresse faisant fonction de poure ; on lui donne ordinairement 0^{m}20 de hauteur
sur 0^{m}16 de largeur pour des portées de 4 mètres
au moins. B est une solive de remplissage de 0^{m}12
de hauteur sur 0^{m}10 de largeur pour petites porées et 0^{m}15 sur 0^{m}11 pour les grandes longueurs.
Elles sont représentées fig. 1, pl. 9, par la même
lettre. C est le chevêtre ou pièce devant les corps de
cheminée, ou au-devant des coffres ou conduits de
fumée. Il est représenté par la même lettre, même
planche (figure 1). D indique des lambourdes
clouées le long des solives maîtresses pour soutenir les solives de remplissage. Par ce moyen, les
planchers n'ont pas dans leurs plafonds de poutres
apparentes et sont tout aussi solides que s'ils
étaient faits tels que le représente la figure 83 du

texte : A, comme poutre apparente et B comme so
lives.

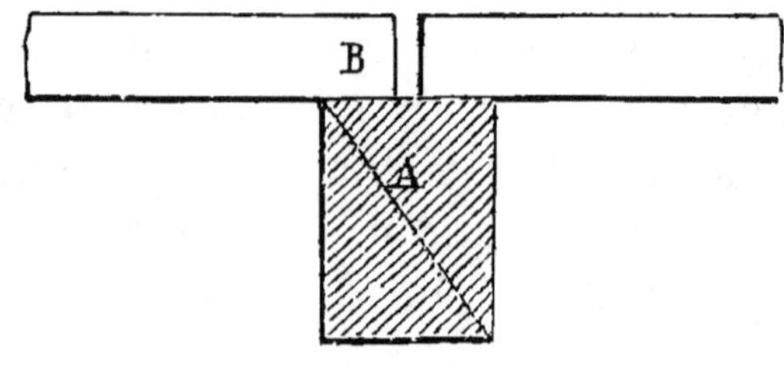

Fig. 83.

Les linçoirs B (figure 84 du texte) sont le
grosses pièces de même force et même dispositio
que les solives maîtresses, et représentés par la let
tre E (pl. 9, fig. 1. 2 et 3). Elles ont pour obje
d'empêcher les solives de remplissage E, fig. 84 du
texte, de porter à faux sur les baies ou de coupel
les murs par leur pénétration.

Les étrésillons A sont des petites pièces de boi
que l'on force entre les solives de remplissage
pour leur donner plus de raideur. Voir fig. 84 du
texte.

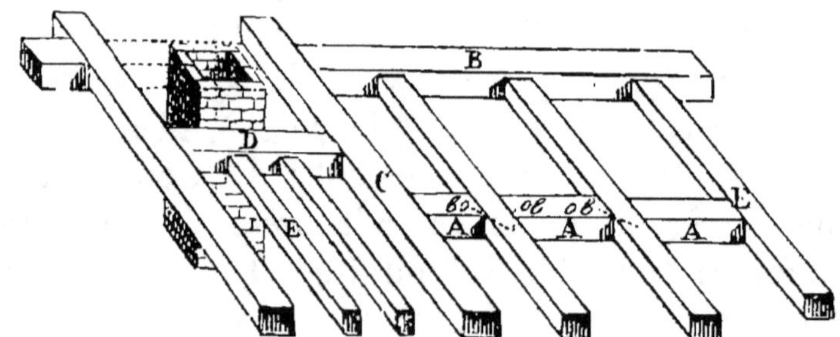

Fig. 84.   Linçoirs et étrésillons.

Lorsque la portée ou longueur des solives est
considérable, on pose de mètre en mètre des étré-

sillons A, ce qui double pour ainsi dire la résistance des solives. Ils tiennent simplement au moyen d'une broche en fer entrée obliquement.

Les liernes sont de longues pièces qui traversent perpendiculairement les solives de remplissage et qui sont assemblées par intervalles au moyen de boulons à écrous. On en emploie rarement plus d'une par solivage ; encore faut-il que la portée atteigne 5 mètres de longueur de solives.

On appelle trémie F, fig. 1, pl. 9, le vide formé par les deux solives d'enchevêtrure AA, le chevêtre C et le mur ; de même que celui nécessité pour le passage des coffres de cheminée, tel qu'il est indiqué fig. 84 du texte.

Ces trémies doivent avoir en dimension 1 mètre 50 centimètres, du mur à la face intérieure des chevêtres, pour profondeur et de chaque côté des coffres ou conduits de fumée 0,32 centimètres. Elles

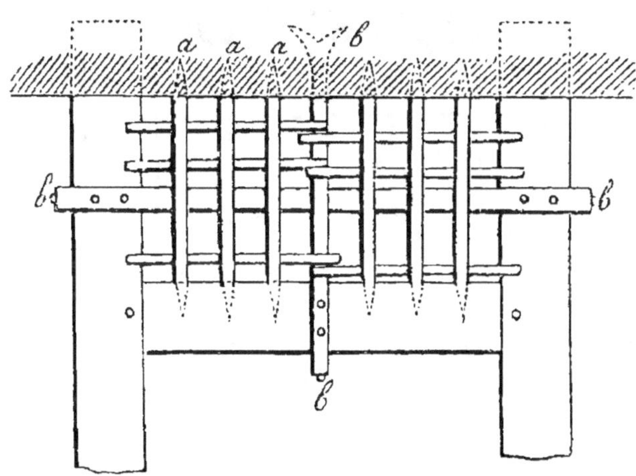

Fig. 85. Trémie.

se garnissent de bandes de fer, ainsi que l'indique la figure 85 du texte. Ces fers qui sont carrés et cloués après les solives, servent à soutenir une paillasse aussi en fer dit de carillon, petit carré de 0,012 millimètres environ. Voir fig. 85 et 87 du texte.

Lorsque la paillasse est bien établie en fer, on la hourde en maçonnerie de plâtras et plâtre. Voir fig. 86, 89 et 90 du texte, et on la carrèle en carreaux de terre cuite ou en briques dites de Bourgogne pour former l'âtre.

Ces paillasses sont faites dans le but d'éviter d'avoir des bois sous les cendres et pour soutenir les jambages de cheminée.

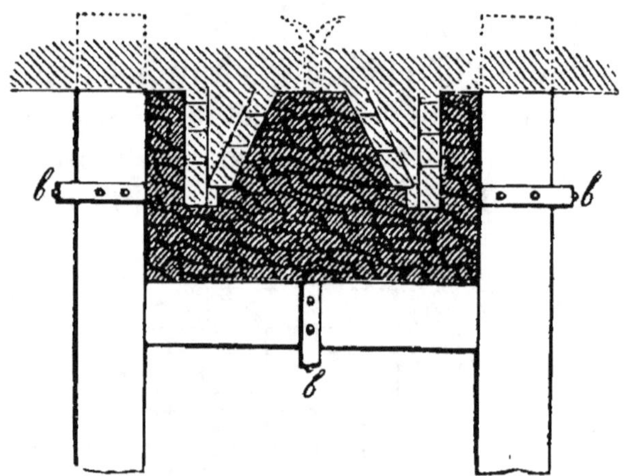

Fig. 86.   Paillasse hourdée.

La figure 85 représente la trémie garnie de ses bandes et de sa paillasse en fer. La figure 86 est la paillasse hourdée en plâtras et plâtre, avec indication des jambages de cheminée. Les figures 87, 88, 89, 90 représentent les différentes coupes de trémie ; les pièces vues par bout AA sont les solives d'enchevêtrure, et celle B est le chevêtre. Les en-

nevêtrures doivent avoir dans le mur au moins
25 centimètres de scellement, et les bandes de
trémie au moins 0.15 centimètres. Quant aux fers

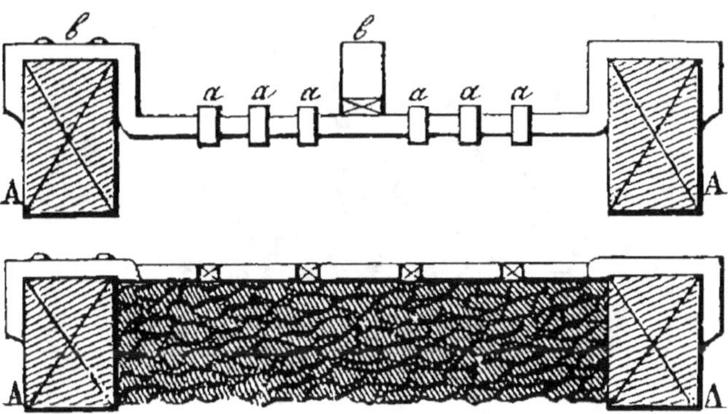

Fig. 87 et 89.   Coupes de trémies.

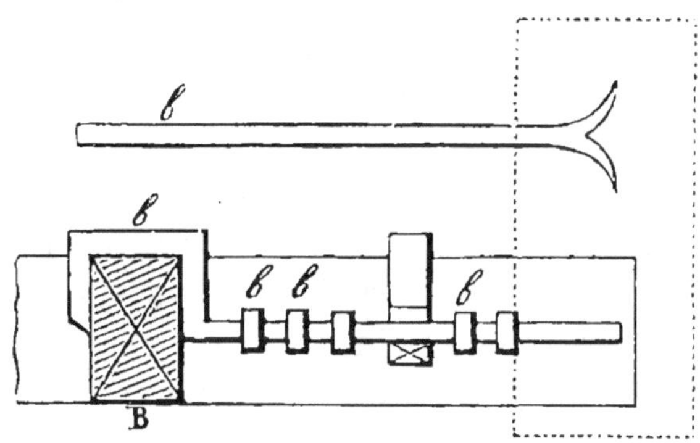

Fig. 88 et 90.   Coupes de trémies.

e carillon, ils doivent se sceller à 10 centimètres
et entrer dans les solives et le chevêtre de 3 à
centimètres.

La figure 91 représente une trémie enveloppant
le coffre de deux cheminées fait en briques de
Bourgogne. La distance entre les parois des coffres
et les pièces de bois du plancher ne doit pas être

moindre de 0,32 centimètres. Quant à la paillasse elle se hourde de même que les précédentes.

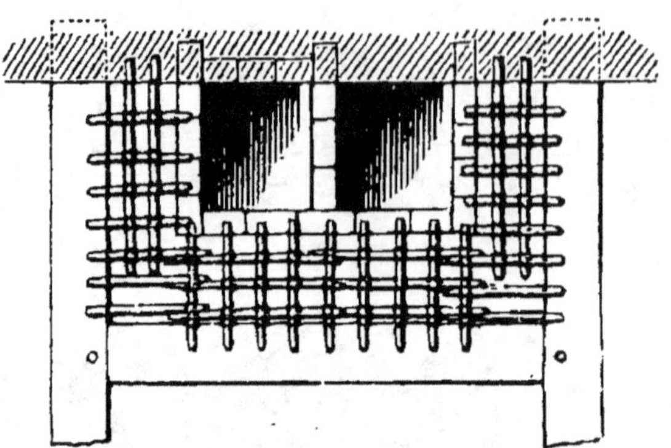

Fig. 91.   Trémie pour deux cheminées.

Le solivage des planchers doit toujours se faire perpendiculairement aux murs, soit de face, soit de refend, et lorsque les solives arrivent aux pans coupés, il faut placer un chevêtre dans le sens obli-que sur lequel reposent les solives, ou bien les faire porter sur les poitraux nécessités par les ou-vertures ou sur les fermes en fer, si elles rempla-cent les poitraux. Voir fig. 1, pl. 9.

Les poitraux sont de fortes pièces assemblées deux à deux ou par trois, lesquelles sont destinées à fermer la partie supérieure des ouvertures du rez-de-chaussée, telles que celles formant les devan-tures de vastes magasins ou de portes cochères. Voir fig. 92 et 93 du texte.

On donne ordinairement à ces poitraux 0,35 cen-timètres de hauteur de bois, 0,25 de scellement sur les piles qui les supportent ; ils doivent être calés en bonne brique de Bourgogne, ainsi que l'indi-quent les mêmes figures, dont l'une donne le

profil ou coupe en travers, et l'autre la vue de
face.

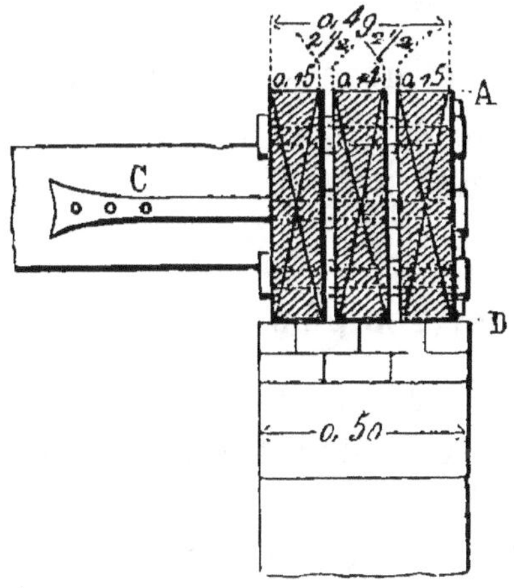

Fig. 92.   Poitrail (profil).

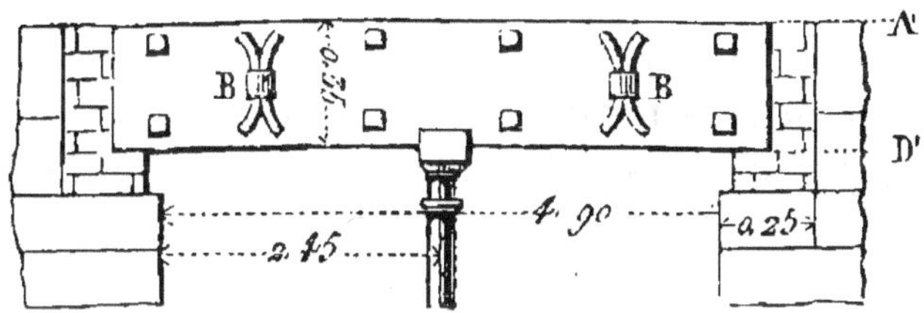

Fig. 93.   Poitrail (vue de face).

Le poitrail dont nous donnons la figure a 4 mètres
90 centimètres de longueur de portée ; il est sou-
lagé dans son milieu par deux colonnes en fonte
accouplées ; voir figure 98 du texte pour l'accouple-
ment. Les deux pièces de face et de fond portent
0.15 centimètres d'épaisseur, celle du milieu n'a
que 0.14 centimètres. Elles sont reliées par des
boulons en fer taraudés à écrous ; l'intervalle est
calé par des platines aussi en fer, traversées par

les boulons: deux ancres BB relient au secours des tirants C, le poitrail au plancher en s'accrochant aux solives.

Lorsqu'une solive agrafe une pièce quelconque, il faut que cette pièce soit elle-même agrafée très solidement, soit à un mur par un tirant à scellement, soit à une autre pièce de bois par des plates-bandes.

Fermes en fer remplaçant les poitraux en bois

Depuis que les bois sont devenus d'un prix très élevé, on les a remplacés avantageusement par le fer.

On a fait des fermes pour poitraux de différentes manières; les premières qui ont paru étaient composées de plates-bandes ou fer méplat et de grands arcs en pareil fer; mais depuis, les fers dits à T ont remplacé les premiers.

Les fermes de moins de 3 mètres se construisent sans assemblage, c'est-à-dire qu'on se contente de

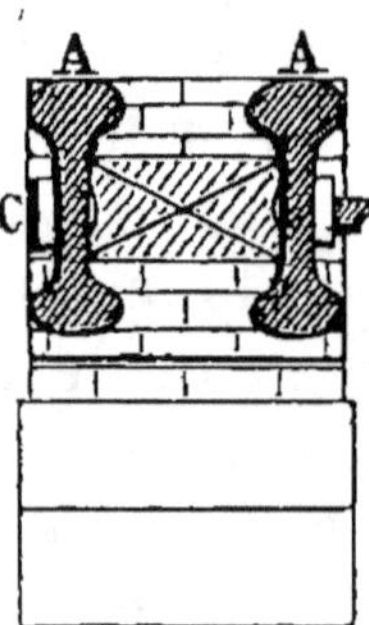

Fig. 94. — Poitrail en fer (coupe).

poser sur les piles les fers à T par deux, ainsi que l'indiquent les figures 94 et 95 du texte par les lettres A A qui nous donnent les poitraux vus de profil et de face. Ils doivent, comme ceux en bois, être calés en bonne brique de Bourgogne. On les réunit simplement par trois boulons C également espacés avec une cale d'intervalle en bois D pour maintenir l'écartement.

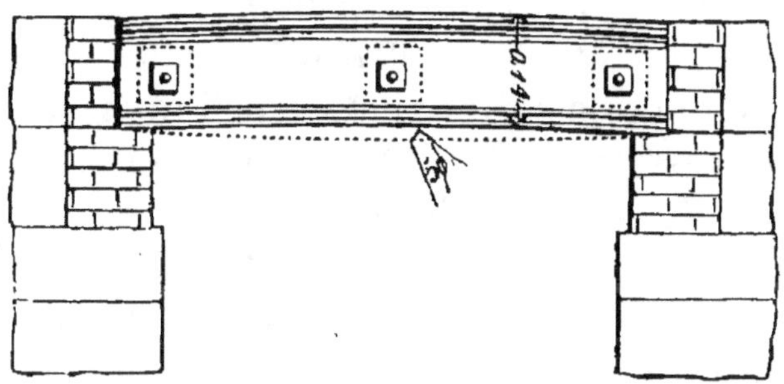

Fig. 95. Poitrail en fer (vue de face).

Pour les fermes de plus grande portée et qui prennent la charge de larges trumeaux, on réunit les fers par trois au moyen d'entre-toises, de croisillons et de ceintures représentés figures 96 et 97 du texte.

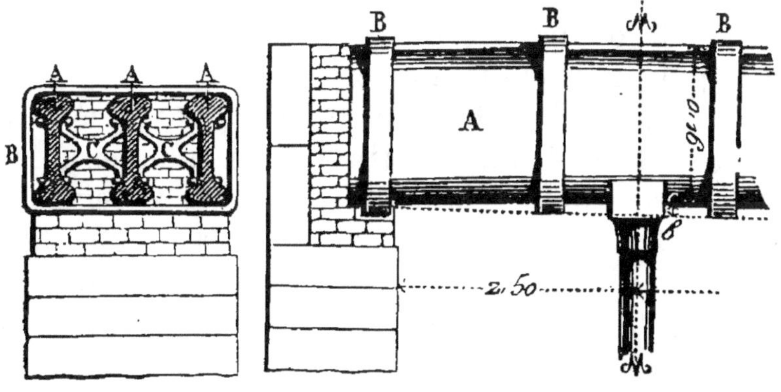

Fig. 96.   Fig. 97.   Ferme à grande portée.
Ferme à grande portée.

Ces fermes se hourdent à l'intérieur avec de

bonne brique de Bourgogne, cimentée en plâtre ou mieux en ciment romain. Voyez fig. 96 et 97. Les lettres A A A indiquent la position des fers à double T, lesquels sont arqués avec une flèche de 2 à 3 centimètres pour leur donner plus de résistance. Au milieu, la flèche b, c; les lettres BBBB indiquent les ceintures qui enveloppent la ferme; on en place de mètre en mètre et en face des croisillons C C, lesquels sont rivés dans l'intérieur.

Tous ces fers sont forgés, tirés ou laminés en produits de premier choix.

La ferme que nous représentons par ces deux figures est d'une longueur de 5 mètres de portée. La figure 97 n'en représente que la moitié, l'autre étant parfaitement identique. Elle est supportée au milieu par deux colonnes en fonte, dont nous donnons les détails, fig. 98 du texte, en indiquant les dimensions et proportions à leur donner.

On ouvre quelquefois les baies d'entre-sol dans les maisons destinées au commerce, aussi larges que celles à rez-de-chaussée. Le modèle de colonne, figure 99 du texte, pourra être employé dans ce cas, puisqu'il représente deux étages.

Les figures 98, 99, 100 et 101 du texte nous donnent tous les détails relatifs aux colonnes en fonte employées comme soutiens de poitraux, soit en bois, soit en fer. La lettre K indique la façon du sabot de poitrail supporté par deux colonnes accouplées au moyen d'une bande F, formant ceinture double, unie par le milieu au moyen d'un boulon à écrou. G est une platine pour maintenir l'écartement et la position verticale des colonnes; elle est encastrée dans la pierre H.

La figure 99 nous donne le détail d'une colonne
pour deux étages, rez-de-chaussée et entre-sol. C est
le chapiteau s'assemblant au moyen d'une plate-

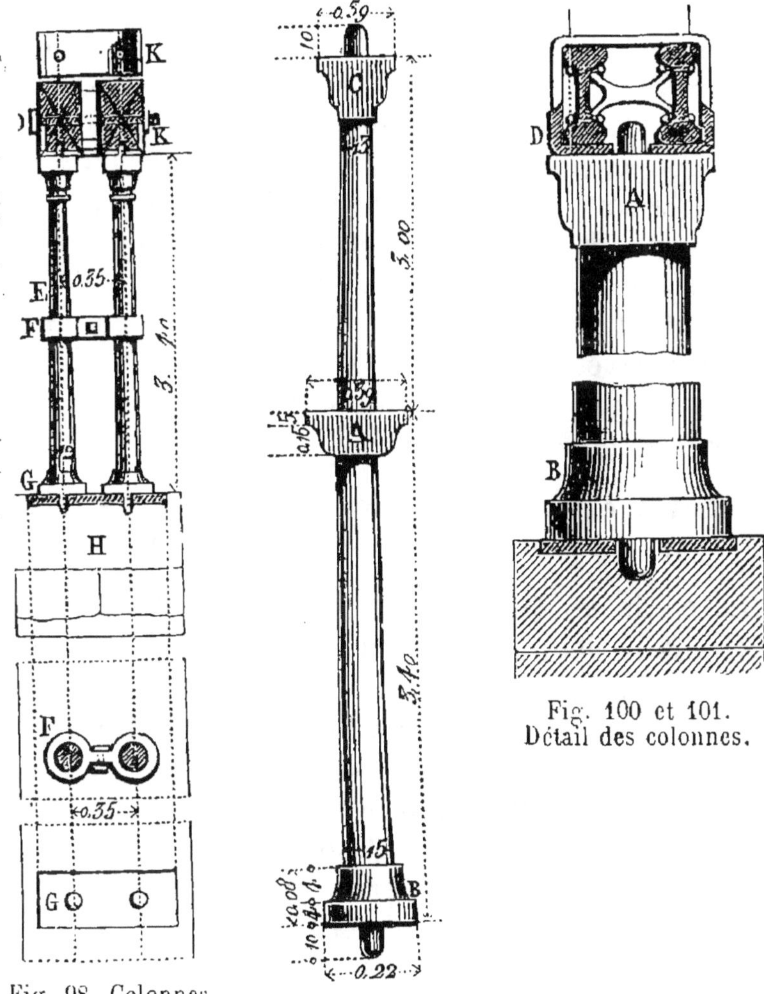

Fig. 98. Colonnes
accouplées.

Fig. 99. Colonne
à deux étages.

Fig. 100 et 101.
Détail des colonnes.

bande en fer dans la ferme ou poitrail, ou encore
dans la clef d'une plate-bande en pierre. A est le
chapiteau à consoles dont on voit par le détail,

Construction moderne.   7

figure 100, la ferme posée dessus et retenue au moyen de la plate-bande en fer D. La figure 101 donne le détail de la base de la colonne et de son assemblage dans la pierre.

Ces colonnes se trouvent telles dans le commerce.

Les figures 2 et 3, planche 9, représentent les deux coupes d'un plancher ordinaire, et les figures 4 et 5, la coupe d'un système de plancher allemand et qui est mis en usage dans l'est de la France. Au lieu de hourder en plâtre comme on le fait à Paris en formant des augets, on fait à quelques centimètres des rives de parquet, un entrevous en plancher que l'on comble de poussière de matériaux, et on parquette par-dessus.

Du chaînage des murs avec les planchers, et des gros fers employés à la liaison des bois

Le chaînage des murs se fait au niveau de la partie supérieure des planchers, c'est-à-dire qu'il est recouvert par le parquet.

Ce chaînage doit être combiné de façon à empêcher l'effort de compression exercé par les planchers, d'abord par leur propre poids, puis encore par les objets qu'ils doivent supporter, effort dont le résultat serait de pousser les murs dans le vide.

Le meilleur moyen est de chercher dans les gros murs du centre de la construction ou de refend, un ou deux points résistants pour y agrafer, au moyen d'ancres, les chaînes faites en fer méplat et venant s'ancrer de nouveau avec les murs de face.

Ces chaînes portent à chacune de leurs extrémités un œil pour se fixer dans les ancres.

La figure 1, pl. 9, donne un détail du chaînage. On remarquera que les deux points principaux RR relient les murs extérieurs et le pan de bois du fond.

Les fers qui servent à relier les différentes pièces d'un plancher, sont : les plates-bandes, les équerres, les tirants, les corbeaux, les ancres dont nous avons déjà parlé à l'article pans de bois ; enfin, les étriers dont nous donnons un détail à la planche 10, par la lettre F, et qui servent à soulager les assemblages des sablières avec les chevêtres.

VII. CONSTRUCTION DES PLANCHERS EN FER

La disposition des planchers en fer est des plus faciles à comprendre. Ils ne se composent que de trois pièces qui sont : les solives, les entretoises et les fantons. La figure 2, pl. 10, donne un détail de la différence de ces pièces, de leur forme et de leur pose et assemblage.

La figure 1, même planche, représente un ensemble de planchers en fer.

Voyons maintenant comment s'assemblent tous ces fers, quel est leur objet, et quelle force on doit leur donner.

Les solives d'un plancher en fer se disposent comme celles en bois, c'est-à-dire qu'on doit toujours les poser perpendiculairement aux murs. Lorsqu'on les scelle, on leur donne 0.25 centimètres de pénétration, mais il est préférable de les assembler sur une maîtresse solive. Les détails, figures 102 et 103 du texte, nous en donnent un exemple, et à la planche 10, figure 1, où la lettre A

indique les solives maîtresses, et la lettre B indique
les solives de remplissage.

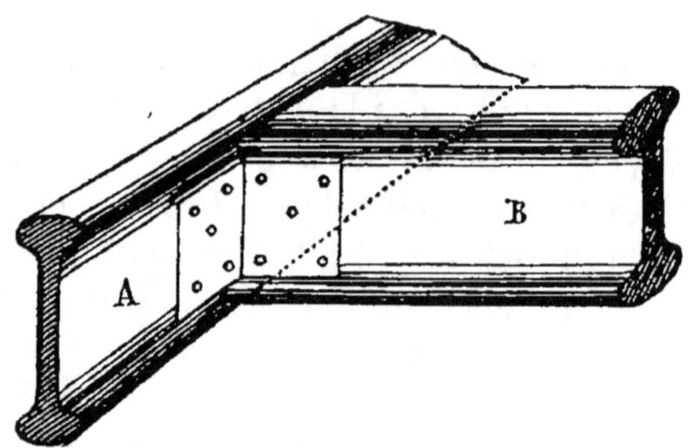

Fig. 102. Solives en fer.

La réunion d'une solive maîtresse à une solive de
remplissage se fait, comme on le voit, au moyen
d'équerres en tôle rivée. Elles se mettent pour
chaque assemblage en double, c'est-à-dire une
équerre de chaque côté, ce qui fait quatre pour
chaque solive. Il est nécessaire que les serruriers
aient une forge volante pour faire les rivets à
chaud, ou alors on doit remplacer ces rivets par
de petits boulons à écrou.

La réunion des entretoises avec les solives de
remplissage se fait de même que les précédentes.

Si la portée d'une solive maîtresse devient trop
considérable, on doit placer dans le sens des solives de remplissage une autre solive maîtresse qui
remplit les fonctions de poutre et à laquelle s'assemblent les solives maîtresses qui longent les
murs. Cette poutre doit avoir environ 0,30 centimètres de scellement et être retenue par des tirants

armés de leurs ancres, ainsi que l'indique la figure
103 du texte.

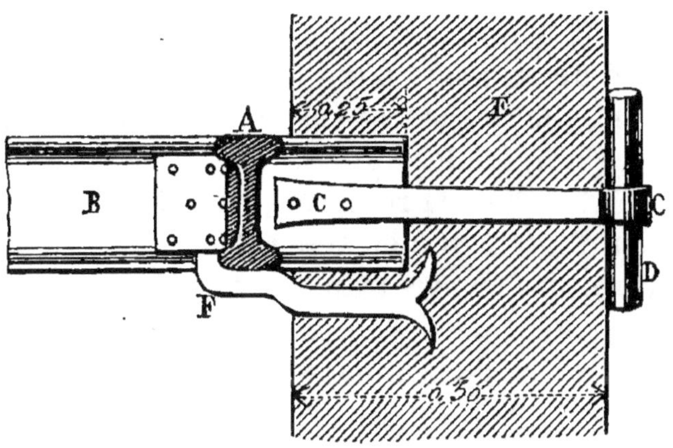

Fig. 103. Solives en fer.

A, fig. 103, représente la solive maîtresse; B, la
poutre; C, le tirant; D, l'ancre; E, la coupe du
mur; F, les corbeaux qui maintiennent les solives
de remplissage parallèles aux murs. A la figure 1,
planche 10, les entretoises sont indiquées par la
lettre C.

Les fantons sont des barres de fer rond qui s'ac-
crochent sur les entretoises, ainsi que l'indique la
figure 2, pl. 10, détail H; elles sont coudées pour
gagner le niveau inférieur du solivage, moins quelques millimètres.

Les solives de remplissage s'espacent les unes
des autres de 0.75 centimètres à 1 mètre d'axe en
axe; les fantons s'espacent de 0.25 centimètres.

Ces planchers se hourdent comme ceux en bois,
c'est-à-dire en formant des augets dans le sens du
solivage. C'est le treillis métallique formé par

les fantons et les nervures des fers, qui soutient [
hourdis.

Les principes de chaînage sont les mêmes qu
pour les planchers en bois. Le détail E, pl. 10, re
présente un système d'œil à ancre destiné à relie
plusieurs chaînes sans avoir plusieurs œils super
posés les uns sur les autres.

Le détail J, pl. 10 représente un chapiteau de co
lonne en fonte armé de son patin disposé pour re
cevoir une des fermes transversales indiquée par l
lettre K, fig. 1.

Tous les fers de bâtiment doivent être enduits de
peinture au minium avant et après leur mise en
place, pour éviter l'oxydation.

Les planchers en fer à Paris ne reviennent pas
plus chers que ceux en bois; ils ont l'avantage de
prendre moins de hauteur et d'être incombustibles.
Il serait à désirer de les voir employer dans les
manufactures, où les incendies sont si fréquents et
les pertes qui en résultent si considérables.

On fait des fers à T, de différentes hauteurs, à
employer suivant la résistance à vaincre. Nous donnons, à la planche 21 et suivantes, les figures de
tous les fers qui se font pour le bâtiment. Chaque
figure indique son poids et sa résistance par mètre
courant. On peut, avec le secours de ces dessins,
combiner tous les planchers possibles, quelle que
soit leur portée. Des expériences faites ont prouvé
qu'un mètre carré pouvait supporter une charge
permanente de 70 kilog., et qu'il peut supporter
sans danger une charge passagère de 280 kilogr.,
poids qui répond à une foule compacte de quatre
personnes par mètre superficiel.

VIII. CONSTRUCTION DES COMBLES EN BOIS
ET EN FER

Les combles à un appentis, c'est-à-dire à un égout, sont ceux qu'on emploie pour bâtiments de service, hangars, magasins, etc.; ils sont adossés à des bâtiments ou à des murs isolés. Voyez fig. 104 du texte.

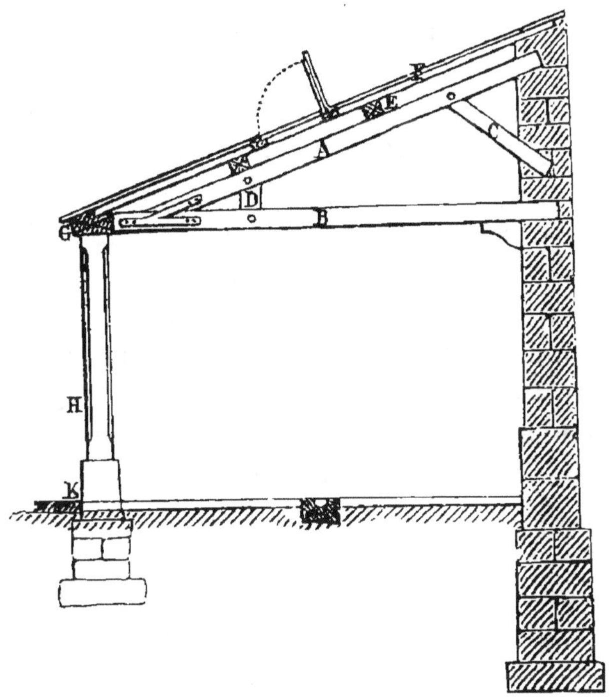

Fig. 104. Combles à un appentis.

L'ensemble de la figure 104 représente une ferme. A est une pièce nommée arbalétrier qui entre en scellement dans le mur et s'assemble dans la poutre B du plancher.

C est un aisselier;

D, jambe de force ; E, panne ; F, chevron ; G, sablière ; H, poteau ; K, dez en pierre. On dresse une ferme à l'aplomb de chaque poutre et une poutre pour chaque poteau. Ce sont les fermes qui soutiennent les pannes, et les pannes soutiennent toute la couverture composée de chevrons, de lattes ou de voliges, d'ardoises, de tuiles ou de zinc.

Les combles à deux égouts sont représentés par les figures 1 et 2, pl. 12. On remarquera que le plancher est supporté à chaque ferme par un tirant vertical L fixé au poinçon D. Ce poinçon traverse la poutre maîtresse K du plancher et est arrêté en dessous par une platine en fer entaillée et un écrou. Il est bon d'employer les tirants pour le cas où les greniers doivent servir de magasins. La pièce longitudinale E se nomme faîtage.

Les combles brisés ou à la Mansard sont représentés fig. 3, pl. 12 : ce sont les plus commodes ; ils permettent de faire de beaux logements sous la couverture. La hauteur légale entre les planchers est de 2 mètres 60 centimètres.

La pente des combles varie suivant le mode de couverture adopté, soit tuiles, ardoises ou zinc.

Les combles en tuiles, voir fig. 4, même planche, exigent pour hauteur, entre le faîtage et le niveau de l'égout, les deux tiers de la largeur du bâtiment. Il y a danger, en mettant moins, que les eaux pluviales traversent la couverture et pourrissent les bois.

Les combles d'ardoises, même figure, exigent moitié de la largeur pour pente. Les combles en zinc 0,10 centimètres au moins de pente par mètre de largeur du bâtiment,

On doit, avant de couvrir un comble, faire placer les crochets nécessaires aux échelles des couvreurs et si utiles dans les cas d'incendie. Ces crochets se fixent après les chevrons au moyen de vis et non de clous ; les clous, par la sécheresse, pourraient quitter les bois lors du tirage d'une échelle.

Les différentes espèces de combles sont traitées avec un art tout particulier, au *Nouveau Vignole du Charpentier*, de MM. Boutereau, professeur de mathématiques, et Michel, maître charpentier. Nous renvoyons à cet ouvrage, édité par la maison Roret, L. Mulo, successeur, et pour la pratique de la couverture, au *Manuel du Plombier* faisant partie de l'*Encyclopédie-Roret*.

Combles en fer. — La charpente de fer s'emploie pour les combles de vaste proportion. Les théâtres, les galeries, les gares de chemin de fer, nous donnent des exemples que nous croyons devoir reproduire par une planche spéciale.

On a eu l'heureuse idée pour les grandes fermes, de marier les bois et le fer ; les arbalétriers sont en bois et reçus à leur portée par des sabots en fer. La figure 3, pl. 13, nous en donne un exemple tiré de la gare de Paris du chemin de fer de Lyon.

L'ouverture de cette ferme est de 21 mètres 30 centimètres ; sa hauteur est de 4 mètres 48 centimètres.

Les arbalétriers en bois ont 30 centimètres sur 20. Les pannes aussi en bois ont 20 centimètres sur 15. et elles ont entre elles, d'axe en axe, 1 mètre 40 centimètres. Les tirants en fer rond de 3 centimètres de diamètre ; les jambettes sont en fonte et ressemblent à de petites bielles ; la réunion des tirants et des jambettes est faite par deux plaques de fer au moyen de petits boulons ; l'entrait et le tirant principal sont assemblés par une espèce de moufle en fer dont le détail est donné fig. *a*, même planche.

Le point de jonction des arbalétriers est reçu dans une boîte en fonte, à laquelle est fixé le tirant ou l'entrait.

Ces fermes reposent d'un côté sur un mur, de l'autre sur des colonnes en fonte. La distance entre ces colonnes est de 10 mètres, divisée en trois parties par deux fermes, ce qui donne 3^{m}33 d'axe en axe de ces fermes.

La couverture en zinc est reçue par des planches clouées en biais sur les pannes.

La partie du milieu, au faîtage, est couverte en verre.

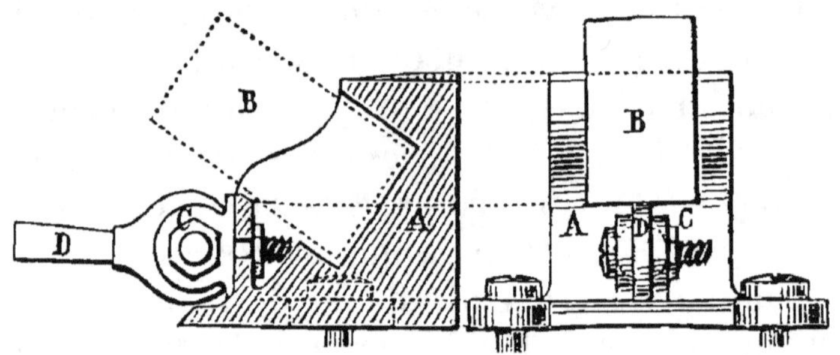

Fig. 105 et 106.   Sabot en fonte.

Les figures 105 et 106 du texte représentent un sabot en fonte, vu en coupe et en profil, et recevant la partie inférieure des arbalétriers en bois. Ces sabots sont fixés sur les murs au moyen de boulons ou d'ancres. A est le sabot, B l'arbalétrier, C est l'attache en fer recevant l'extrémité de l'entrait D.

La figure 107, par la lettre A, nous donne le dessin de la boîte en fonte recevant la partie supé-

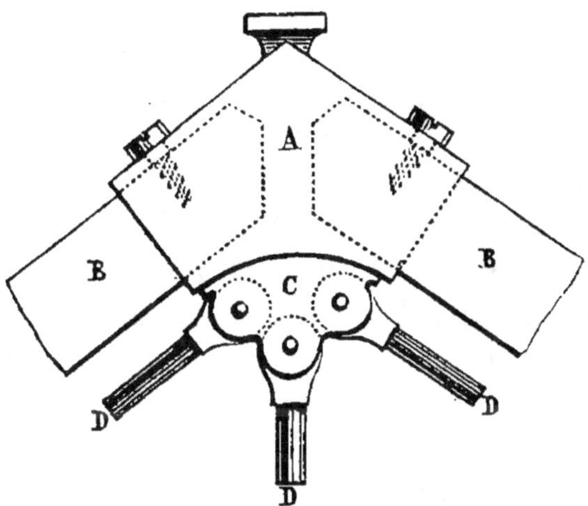

Fig. 107.   Boîte en fonte.

rieure des arbalétriers BB; l'ancre C est formée de deux plaques servant à boulonner les tirants D, qui se rattachent à l'entrait.

Les fermes en fer de la gare de St-Germain, actuellement gare St-Lazare à Paris, sont le modèle le mieux combiné que nous puissions donner sur les fermes entièrement en fer, c'est-à-dire dans lesquelles il n'entre aucune pièce en bois (V. fig. 2, pl. 13).

La ferme du chemin de fer de Lyon n'a qu'une jambette pour soutenir l'arbalétrier. Ici nous en avons trois, de manière que chaque ferme présente en tracé douze triangles au lieu de quatre que donne la disposition précédente. Cette ferme a 27 mètres d'ouverture; l'attache de l'entrait et du tirant vertical est à 1^{m}22 du niveau du point de repos des arbalétriers. Les pièces constituantes sont en fer à double T; les arbalétriers, vu leur longueur, sont

en plusieurs pièces ; leurs joints sont au-dessus des
jambettes ; la réunion est faite par des plates-bandes
rivées. Ces jambettes, par la disposition des triangles, annulent ces joints ; les pannes sont aussi en
fer à double T ; elles sont espacées de 1^{m}85 et s'assemblent avec les arbalétriers.

Le poids total par mètre carré de toiture et de
surface couverte, est de 42 kil. 80.

Après nous être rendu compte des fermes formées de fers dits à T, nous allons jeter un coup-
d'œil sur l'une des fermes de la gare du chemin de
fer de l'Ouest, qui est l'une des plus importantes
dans son genre de travail.

Cette ferme (fig. 1, même planche) a 40 mètres
d'ouverture et 7 mètres de montée ; elle est composée de lames de tôle et de fers dits cornières ou
d'angles combinés. Le projet est de M. Flachat, ingénieur.

Les sections fig. 4, 5, 6, 7, 8, 9, 10, 11, 12, 13, 14,
même planche, représentent les tôles et fers assemblés, vus par coupe ou par bouts ; elles portent
chacune une lettre correspondante au point de section.

Les arbalétriers (fig. 4) sectionnés au point A,
sont formés d'une lame de tôle de 10 millimètres
d'épaisseur et de 30 centimètres de hauteur, garnie
de quatre cornières *b* ayant chacune 75 millimètres
de hauteur sur 13 millimètres d'épaisseur moyenne.
La feuille de tôle *c* qui couvre les corniches supérieures, a 180 millimètres de largeur et 14 millimètres d'épaisseur.

Les lames verticales des sections C, D, G ont
9 millimètres d'épaisseur ; celles des sections E, H,

L, M, 8 millimètres. La lame de la section B est de 10 millimètres, celle de la section N en a 7, et celle de la section P n'en a que 6.

Tous les fers à cornières ont 6 centimètres de hauteur; leur épaisseur moyenne est de 10 millimètres pour les pièces B et A, de 8 pour les pièces C, D, E, M, et enfin de 6 pour les pièces H, L, N.

Les pannes sont verticales; la figure 14 nous en donne la coupe.

Les cornières sont rivées aux lames.

La couverture est en tôle ondulée.

Nous donnons, planches 21, 22, 23, 24, 25, 26 et 27, les profils et la forme de tous les fers employés dans le bâtiment, comme cornières à côtés égaux et inégaux, fers à T simples, fers à moulures, à vasistas, à châssis, à vitrages et à devantures de magasins, fers à double T, fers à rampes et à mains-courantes, et enfin, fers demi-ronds à rampes et à mains-courantes.

IX. MENUISERIE

Dans la menuiserie du bâtiment, on appelle cloisons en planches jointives, celles qui se font ordinairement en sapin de 27 millimètres d'épaisseur; elles sont fixées par le bas et par le haut dans une rainure en chêne ou en hêtre. Les mieux faites ont leurs planches assemblées à rainures et languettes. La figure 1, planche 14, représente ce système de cloison, qui n'est employé que pour diviser de grandes pièces dans lesquelles on ne veut pas faire de séparations en maçonnerie.

Les portes de communication, dans ce système

de cloisons, sont ferrées en feuillure ; les bâtis sont un peu plus épais pour soutenir la fatigue des portes. On les dissimule par un chambranle. Ces cloisons se revêtissent de toile pour soutenir le papier de tenture et éviter les fissures qui résulteraient du travail des bois et marqueraient les surfaces enduites, par une fente désagréable.

La figure 108 du texte donne le détail en plan de la pose des chambranles pour dissimuler la saillie des bâtis des portes.

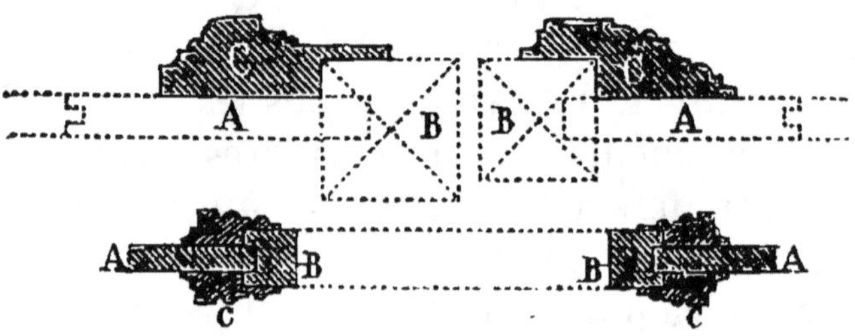

Fig. 108.   Pose des chambranles.

Les lettres A indiquent la cloison, B les montants du bâtis ; on voit qu'ils portent une rainure pour emboîter cette dernière ; C les chambranles qui se rajoutent lorsque la cloison est terminée. Nous donnons ici deux modèles différents de chambranle à choisir.

On appelle cloisons à claire-voie, celles que les maçons garnissent de plâtre sur les deux faces, après avoir fait un lattis par dessus. Quelquefois on les hourde en plein sans lattis ; alors on cloue des rappointis ou des clous à lattes. Voir fig. 2, même planche.

Les portes pleines, à claire-voie, à glaces rentrantes ou saillantes, les portes ornées de moulures, les portes à deux ventaux, les portes charretières et les portes cochères, sont représentées par les figures 3, 4, 5, 6, 7, 8 et 9, même planche.

Les assemblages de ces dernières pièces de menuiserie se font pour les bâtis à tenons et mortaises et pour les panneaux à rainures et languettes, Voir les figures 109 et 110 du texte.

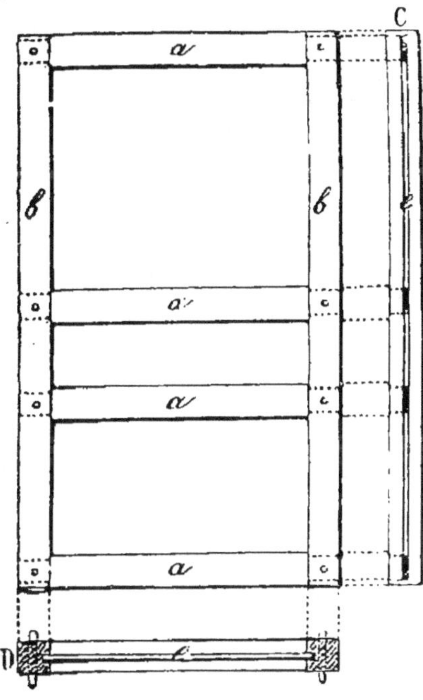

Fig. 109.   Traverses d'une porte.

Les lettres *a* (fig. 109) représentent les traverses d'une porte ornée de panneaux à glaces saillantes sur les deux faces ; ce sont ordinairement les portes massives que l'on fait ainsi. D est le plan des traverses ; elles portent une rainure *c* pour recevoir la languette du panneau ; *b* sont les montants garnis de rainures pour la même raison ; ils sont représentés en profil à la lettre C. La figure 110 est le bâti garni de ses panneaux renflés de tables saillantes.

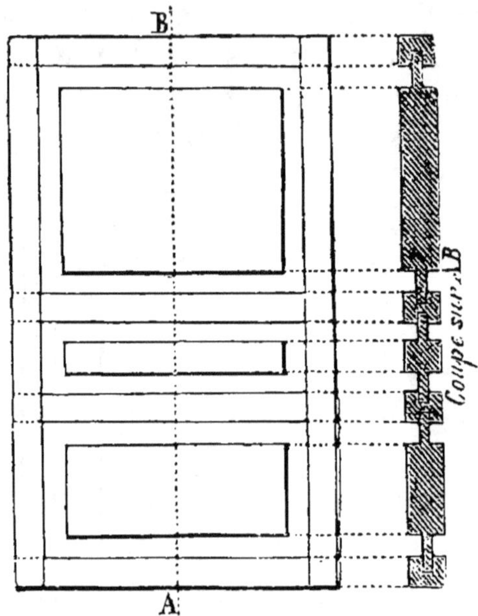

Fig. 110. Bâti garni de ses panneaux.

La coupe A B donne le détail d'assemblages des panneaux avec les traverses.

Les tenons des traverses doivent percer d'outre en outre les mortaises des montants ; ils doivent, ainsi que les autres assemblages, être collés et chevillés.

Les croisées à imposte (fig. 10, même planche) sont composées de deux parties, dont la supérieure a pour hauteur celle d'un des carreaux qui composent le tout, et qui, le plus souvent, est fixe, et la partie inférieure, qui est ouvrante, a deux ventaux fermant à noix et gueule-de-loup. La noix est le montant arrondi (fig. 111 du texte), et la gueule-de-loup est celui creusé, que nous représentons en plan, pour bien faire comprendre l'utilité de ce système de fermeture, qui intercepte beaucoup mieux l'air et l'eau battante que celle à feuillures (fig. 112 du texte).

Fig. 111.   Fermeture de croisées.

Fig. 112.   Feuillures pour croisées.

Les croisées simples à deux ventaux qui ne sont autres que la partie inférieure de ces dernières, sont indiquées figure 11, même planche.

Quant aux portes charretières, voir, pour les détails d'assemblage, fig. 8, et pour les portes cochères, fig. 9, même planche.

Les persiennes brisées sont celles qui se logent dans les tableaux des baies. Voir fig. 12 et 12 *bis*. Pour les moulures et leurs assemblages, voir fig. 13; pour les lambris ou revêtements ornés de moulures. fig. 14; et enfin, pour les parquets ou revêtements de planchers, fig. 15, qui nous représente le parquet en point de Hongrie. Le plus simple est celui dit en frises, de dix centimètres de largeur.

La menuiserie des devantures de magasins entre dans celle des lambris en menuiserie; nous en reparlerons à l'article de l'*Ornementation extérieure des bâtiments*, chapitre VIII.

Après avoir vu les pans de bois, les planchers, les combles et les principales pièces de la menuiserie, tous objets qui, par leur poids ou leurs efforts, tendent à la destruction d'un bâtiment s'il n'est pas fait dans toutes les règles de l'art, revenons à la maçonnerie, que nous allons combiner en force et en liaison, de façon à ce qu'elle puisse vaincre les résistances et les chocs dont elle est menacée.

Nous avons déjà vu, au commencement de cet ouvrage, la construction en pierre; nous allons nous occuper maintenant de celle en moellon, meulière et brique.

X. CONSTRUCTION DES MURS DE CLOTURE

Les murs de clôture sont de plusieurs espèces, suivant leur importance. Ceux de parcs et de jardins se font ordinairement en moellons que l'on

Fig. 113. Eperon d'un mur.

trouve sur les lieux et se liaisonnent avec du mortier de chaux et de terre ; ceux de parcs, qui ont un grand développement, se soutiennent de 10 mètres en 10 mètres par des éperons ou contre-forts ; voir fig. 113 du texte. La liaison de ces soutiens doit être faite en mortier de chaux et sable ou en plâtre. On couvre ces murs d'un chaperon en terre que l'on sème de gazon, et qui, par ses racines touffues, laisse glisser les eaux pluviales. Voir fig. 114 du texte.

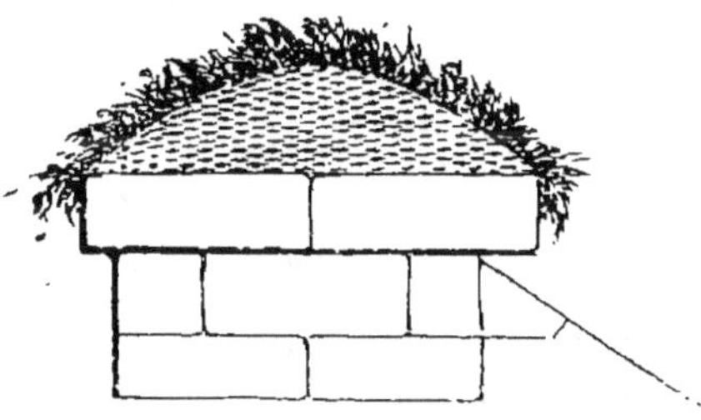

Fig. 114. Chaperon en terre.

Les murs de clôture de cours intérieures ou de cours séparant des propriétés locatives, réclament plus de soins que ceux dont nous venons de parler, premièrement parce qu'ils font partie d'un tout qui est régulièrement et légalement construit, et ensuite parce qu'ils jouent un rôle plus important.

Les moellons employés pour ce genre de construction doivent être parfaitement piqués et équarris sur tous leurs lits et joints ; ils seront posés en fondation sur un bon lit de mortier de chaux et sable et liaisonnés dans tout encaissement du sol avec le mortier ; la maçonnerie hors de terre peut être cimentée au plâtre. Le chaperon est en dalle de pierre tendre portant mouchette pour l'égout des eaux.

Lorsque le mur est d'une grande longueur, on le soutient de 3 mètres en 3 mètres environ par des chaînes en pierre, alternées par assises longues et courtes et faisant liaison avec les moellons. Ces chaînes doivent descendre jusqu'au fond des fondations (Voir B, fig. 1, pl. 15). Les chaperons peuvent aussi se faire en garnits ou en moellonnaille (comme fig. 2, même planche), et les chaînes se monter en briques de Bourgogne dans la fondation ; la partie supérieure peut être en briques du pays. Lorsqu'on ne fait qu'ébousiner le moellon, il faut avoir bien soin de garnir parfaitement les vides formés par leur irrégularité, en déchets calés à bain de mortier ou de plâtre. Que ces murs soient élevés en moellon dur ou tendre, on les pose toujours par rangs horizontaux d'égale hauteur ; les lits et joints doivent refouler le mortier, et les verticales formant ces joints se croisent d'au moins un tiers de recouvrement, si ce n'est de moitié.

La fouille d'un mur de clôture doit être d'au moins 1 mètre de profondeur. Il convient de donner à la partie en fondation 10 centimètres d'épaisseur de plus qu'à celle en élévation. C'est une loi de stabilité qu'il importe de ne jamais perdre de vue.

La figure 1, planche 15, indique comment on peut faire l'attachement d'un mur de clôture, et comment se donnent les cotes qui, plus tard, doivent se retrouver dans le mémoire de l'entrepreneur de maçonnerie.

L'attachement indiquera aussi comment est fait le jointoiement du moellon. Il faut, pour être bien faits, que les joints soit dégradés au crochet (fig. 115 du texte), jusqu'à une profondeur de 15 millimètres, et remplis de mortier fin bien com-

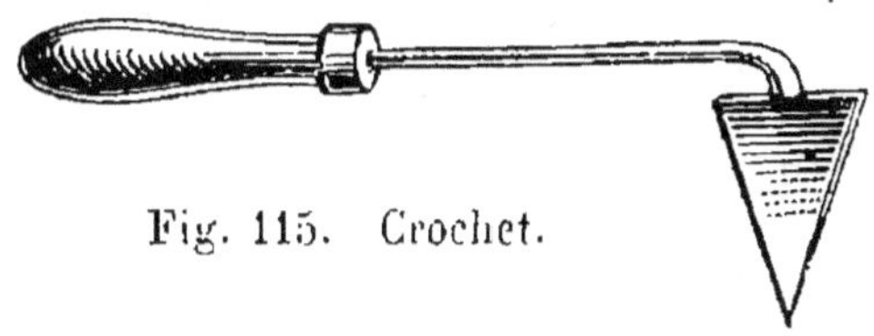

Fig. 115. Crochet.

primé, ou de ciment de Vassy, ou l'on aurait à craindre les infiltrations. Enfin, ces joints peuvent être faits en plâtre sur les parements de mur apparents ou en élévation.

Les murs en moellon sont ordinairement crépis et enduits dans la partie qui s'élève au-dessus du sol ; alors on ne doit pas dégrader ou creuser les joints, puisqu'il n'y a pas de jointoiement à faire, et que le plâtre qui, par la pression, a boursouflé sur ces joints, sert de crampons naturels au plâtre destiné à former les crépis et enduits.

On appelle crépi, du plâtre ou du mortier jeté sur les parements des murs, de façon à former première couche de revêtement. Il se fait avec du plâtre non tamisé, comme le livre le plâtrier. L'enduit est la seconde couche qui se rapporte sur le crépi, mais qui doit être lissé parfaitement et fait avec du plâtre tamisé fin.

On doit, avant le crépi, mouiller le moellon, pour qu'il ne s'empare pas de l'eau nécessaire au plâtre ou au mortier.

Il faut aussi hacher les parements de face des moellons, pour donner plus de liaison aux mortiers ou aux ciments qui doivent former enduits.

La figure 118 du texte donne la coupe d'un

mur en moellon dont les joints ont été dégradés et rejointoyés en mortier ; les triangles hachés sont la partie dégradée et occupée par le jointoiement. La figure 119 nous représente la coupe d'un mur avec son crépi A et son enduit B. Ce dernier est plani au moyen du louchet, ou petite planchette armée d'un manche (fig. 116). S'il reste des bosses, on les râcle au moyen de la truelle brettée (fig. 117). Cet outil est en fer, à dents d'un côté et en biseau de l'autre.

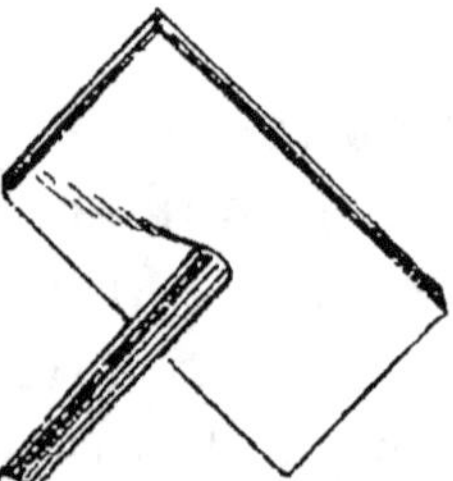

Fig. 116.   Louchet.

Fig. 117.   Truelle brettée.

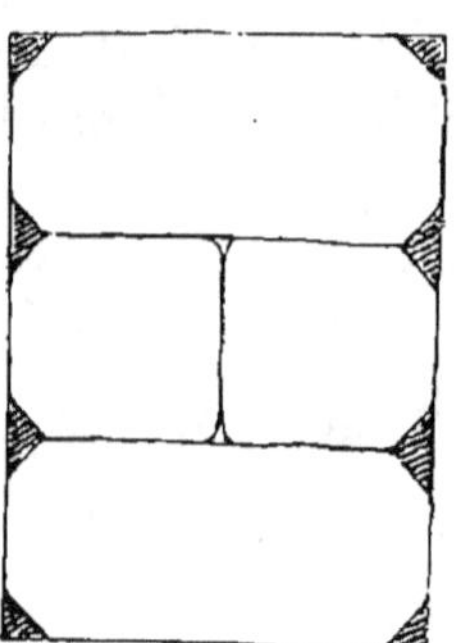

Fig. 118.   Coupe d'un mur
en moellon.

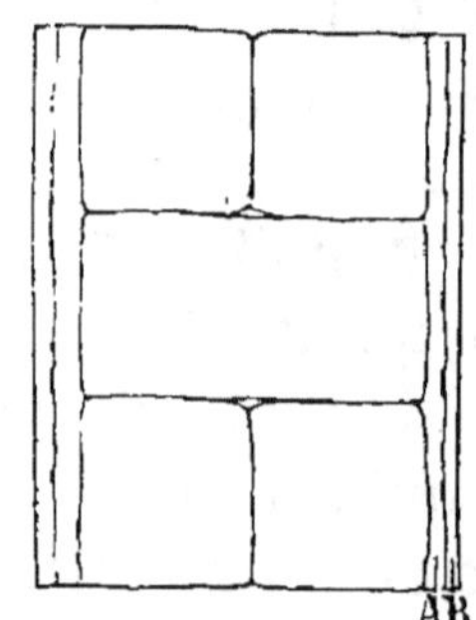

Fig. 119.   Coupe d'un mur
avec son crépi.

Les enduits et crépis, soit en mortier, soit en

plâtre, prennent de 2 centimètres et demi à 3 centimètres d'épaisseur pour chaque face ou parement ; il faut donc, dans l'exécution, tenir compte de ces épaisseurs pour régler celle du moellon. Par exemple, si l'on veut élever un mur de 45 centimètres d'épaisseur, on devra demander au carrier du moellon de 39 à 40 centimètres d'assise.

Il faut autant que possible, ainsi que l'indique la figure 4, même planche, fournir dans le mur des assises en parpaing, que l'on appelle boutisses, c'est-à-dire qui font toute l'épaisseur du mur. On comprend que leur force de liaison est plus grande que celle des assises en deux pièces.

On donne aux chaînes en pierre une épaisseur égale à celle du mur, y compris les enduits, de manière que ces chaînes affleurent les parements. Il est bien entendu que si le moellon ne doit être que jointoyé, les chaînes seront montées en épaisseur d'assise égale à celle du mur en moellon.

Emploi de la meulière dans les murs

Lorsqu'il sera facile de se procurer de la meulière en quantité suffisante, il sera toujours très avantageux de faire les fondations en pierre meulière, comme nous l'avons déjà dit à l'article *Des matériaux*. Cette pierre a, par sa porosité, une facilité de liaison qui lui est propre, et le mortier qui s'insinue dans ses cavités finit, en se solidifiant, par ne faire qu'un seul bloc presqu'impossible à détruire, même avec le secours de la masse ; aussi en a-t-on construit tout le mur d'enceinte des fortifications de Paris.

Lorsque les murs se montent de fond tout en

meulière, on élève par intervalles des chaînes saillantes (Voir fig. 3, pl. 15).

Le plan sous la figure 1 indique comment les angles, les chaînes et les assises courantes doivent s'ordonner; il donne le détail depuis les libages jusqu'au premier rang de moellon.

Les murs destinés à s'opposer à des efforts soit de compression, soit de poussée, doivent être construits en talus contre la masse agissante. La figure 120 du texte en donne le détail de construction vu de face et de profil, pour bien faire comprendre la liaison des parties constituantes.

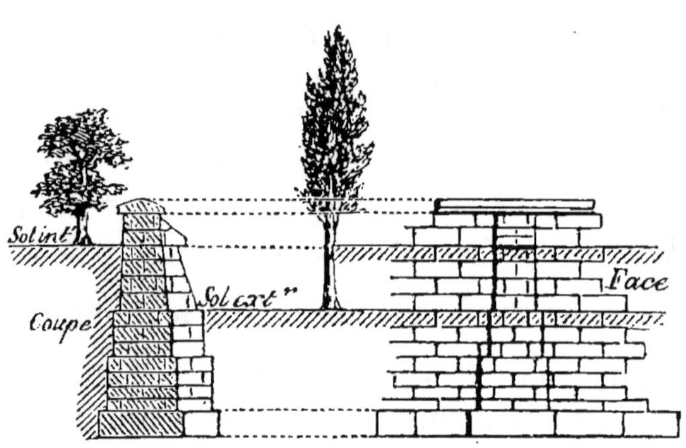

Fig. 120. Mur en talus.

Ces murs se contrebutent aussi par des contreforts faisant chaînes de liaison.

Percement de baies dans les murs

Lorsque, dans un mur plein quelconque, on veut percer des baies ou ouvertures destinées à éclairer les édifices ou à ouvrir des entrées sur la voie publique, on doit s'assurer si ce mur est en état suffisant de conservation. S'il est reconnu tel, il faut étayer les parties supérieures aux baies à percer, avec de fortes pièces en charpente combinées de façon à soutenir, pour le temps des travaux, cette partie que l'on veut conserver (voir, pour les étaiements, l'ouvrage de M. Krafft, *Traité des échafaudages*, édition Roret). Ce travail fait, on commence par monter les piles A, B, C, fig. 5, pl. 15, pour lesquelles on n'a dû faire que strictement la démolition nécessaire à la pose de leurs assises; puis on ferme les baies par le haut au moyen d'un poitrail en bois, ou, mieux encore, par une ferme en fer à T.

Pour éviter que le mur en moellons ne charge trop les plates-bandes, on peut faire en briques, au-dessus, des arcs D, dont l'intervalle rayonnant se remplit en moellonnaille ou en platras sur une faible épaisseur, dans le but simplement de boucher cette ouverture circulaire qui, par le secours des arcs, se trouve entièrement déchargée du poids supérieur. Les arcs doivent être faits dans toute l'épaisseur du mur, sous la garantie d'un étaiement semblable à celui nécessité pour les ouvertures des portes F, F ; car on doit comprendre que lorsque les piles A, B, C, et les plates-bandes G G sont parfaitement en place, la démolition des parties restantes F F peut s'effectuer, et, par conséquent, rend libre l'accès à l'intérieur.

Lorsqu'un mur de pignon, par exemple, est de vaste étendue en longueur et en largeur, on peut aussi, au moyen des arcs, soit en ogive, soit en plein-cintre, décharger la partie inférieure de la

Construction moderne.   8

partie supérieure ; on y trouve économie de matière et de main-d'œuvre, car l'espace vide formé par l'arc peut, comme précédemment, se remplir en moindre épaisseur. Ces arcs se font en moellon dur ou en brique de premier choix. On peut aussi profiter de ces arcs pour éclairer les intérieurs, s'il y en a, tels que pour de vastes magasins ou des dépôts de décors de théâtre, garde-meubles, etc.

Les murs en brique se construisent comme les murs en moellon, par assises horizontales. On peut employer deux qualités de matières, la brique de Bourgogne en façon de chaînes de liaison, et la brique de pays, pour les intervalles ou remplissages.

On fait quelquefois les parements des murs en brique façon apparente, c'est-à-dire sans aucune espèce d'enduit de recouvrement. Alors le jointement doit être en plâtre, tiré au cordeau et à la règle ; ces parements offrent des ouvrages agréables à la vue, mais exigent des ouvriers spéciaux très soigneux.

On appelle mur-pignon, celui qui termine les extrémités d'un édifice quelconque, suivant une ligne formant angles rectilignes avec les murs de face.

On appelle mur de face, le mur qui donne soit sur la voie publique, soit sur une cour, mais qui est toujours percé de baies ou ouvertures principales.

On appelle mur de refend, le mur qui divise intérieurement les édifices pour en former les services.

Les murs de pignon sont presque toujours mitoyens, c'est-à-dire divisant deux propriétés. La figure 121 du texte donne un plan sur lequel nous allons reconnaître les différentes espèces de murs.

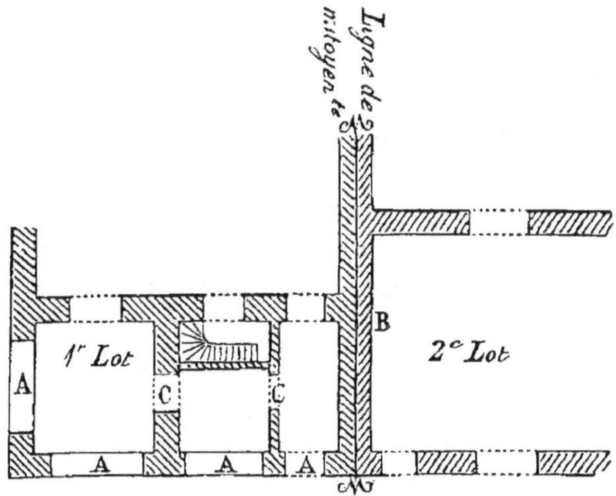

Fig. 121.   Plan d'un mur de pignon.

Les lettres A, fig. 121, indiquent les murs dits de face, parce qu'ils prennent jour, soit sur la voie publique, soit sur une cour ; la lettre C, les murs ou cloisons de refend, parce qu'ils servent à diviser ou refendre l'espace formé par les premiers; la lettre B, le mur mitoyen qui sert de séparation et de limite aux premier et deuxième lots, ferait deux propriétés.

Les murs mitoyens ne doivent jamais être entaillés pour recevoir les cheminées ; elles doivent toujours être en adossement ou montées en construction commune, à charge au voisin de faire l'acquisition des coffres faits par le premier constructeur.

Les murs de face, sous aucun prétexte, ne doivent recevoir de coffres de cheminée ; il n'y a que les murs de refend qui soient autorisés à en contenir ; aussi y a-t-il différentes manières d'exécuter ce travail ; nous en parlerons prochainement.

Reprise en sous-œuvre des murs, et remplacement de parties inférieures détruites ou endommagées par des causes quelconques.

Les reprises en sous-œuvre sont nécessitées ou par des détériorations, ou par des surélévations qui exigent plus de force des murs en fondation.

Ces reprises doivent être faites avec beaucoup de discernement, pour éviter les accidents qui pourraient provenir par un tassement pendant le travail. Il importe que l'autorité municipale soit toujours avertie lorsqu'un travail de ce genre est à faire, pour qu'elle envoie ses agents vérifier si toutes les sûretés ont été bien prises, si les étaiements sont en bois de force suffisante, et s'il en a été posé partout où il est nécessaire.

Dans les reprises considérables, les baies de portes, croisées, devantures, les planchers, les voûtes des caves doivent être étayés ou soutenus tout le temps que les travaux s'exécutent. Ces reprises seront faites en matériaux de premier choix et limousinés en bon mortier de chaux maigre et de sable de rivière.

Les principales portées des planchers doivent être montées en chaînes verticales de pierre, depuis les libages en fondation jusqu'aux pièces principales du premier plancher, c'est-à-dire jusqu'au plancher bas du premier étage, et les étaiements ne doivent être retirés qu'après la dernière visite des architectes-voyers, qui en donnent l'ordre par écrit.

Lorsque, dans les constructions, il arrive qu'une colonne ou qu'une pile de soutènement vient à fléchir ou à se rompre dans ses tambours ou dans ses assises, on établit un arc dans les baies (voir fig. 6, pl. 15), de façon à les murer presque entièrement et à soutenir la construction qui est restée en bon état. Cette construction ainsi soutenue permet d'enlever les assises qui ont souffert par la charge et de les remplacer. Il faut avoir bien soin de hourder les pierres, moellons ou briques qui servent à faire le cintrage de soutènement, avec du mortier de chaux et de sable, et non avec du plâtre, pour éviter la poussée que ce dernier exercerait, et qui pourrait aggraver le mal au lieu de le réparer.

Ces opérations doivent être faites avec beaucoup de précision, pour prévenir les tassements qu'occasionnerait un garnissage de baies mal fait, et les accidents qui résulteraient d'un déversement général.

Du déversement des murs et de leur redressement sans démolition

Le déversement des murs, c'est-à-dire leur changement d'aplomb, résulte souvent de plusieurs causes, mais le plus ordinairement, dans les grands travaux, du défaut de liaison des murs entre eux, et quelquefois de ce que l'on décintre trop vivement les baies arquées sur les façades; il en résulte un mouvement précipité au vide qui, s'il n'était promptement arrêté, entraînerait la construction ou nécessiterait tout au moins des frais considérables de redressement ou de rectification.

Les architectes et les entrepreneurs doivent vérifier, au moyen du niveau et du fil à plomb, la position des ouvrages qu'ils ont érigés, car souvent, soit par une compression du sol, soit par toute autre cause imprévue, il arrive des dérangements qui deviendraient funestes si l'on n'y remédiait dès leur manifestation.

Lorsque les murs quittent leur position verticale, c'est-à-dire se déversent hors-œuvre, on peut les remettre à leur place par le procédé indiqué fig. 7, pl. 15. Il consiste à établir, à quelques mètres du mur à redresser, un massif A en pierre ou maçonnerie sur lequel on place une semelle B, arcboutée sur une pièce enterrée C, laquelle semelle est armée sur son bout D d'un fort écrou recevant la vis sans fin E, battant sur l'extrémitée ferrée d'une sapine F. Cette dernière est mise en battement sur la partie supérieure du mur et sous la corniche de couronnement. Cette pièce ne pose pas positivement sur ce mur, mais sur un fort madrier de chêne.

On établit cet appareil en plusieurs endroits de la longueur de la construction à redresser, et des hommes, au moyen de leviers, font agir les vis E de façon à faire éloigner les points D G, qui forcent, par l'élasticité de la sapine, le mur à reprendre sa position primitive. Alors on le harponne avec les murs de refend, pour qu'il ne puisse retourner dans sa position périlleuse.

Du fruit à donner aux murs

Dans les fondations, les murs conservent toujours leur aplomb, c'est-à-dire qu'ils doivent garder leur position verticale ; mais en élévation, les murs de face doivent avoir une certaine inclinaison ou fruit sur le parement de face extérieure et toujours verticalement ; sur le parement intérieur, ce fruit se donne de 3 millimètres par mètre environ. Ainsi un mur de 50 centimètres d'épaisseur au ras des fondations, n'aurait plus que 47 centimètres à sa partie supérieure, s'il comportait 10 mètres de hauteur.

Si l'on diminue les murs de refend, cette diminution doit se gagner verticalement à chaque étage, et à partir de chaque plancher, le retrait doit être égal sur chaque parement.

Les figures 8 et 9 nous désignent différentes espèces de joints creusés au crochet sur les murs de face ; nous en indiquerons d'autres à l'article *Ravalements* ou *décoration*.

XI. ENCASTREMENT DES CONDUITS OU COFFRES DE CHEMINÉES DANS LES MURS DE REFEND

L'encastrement des cheminées dans les murs de refend s'effectue de plusieurs manières, soit en tuyaux en plâtre faits au moule, soit en tuyaux de terre ou de fonte, soit en briques Gourlier. C'est ce système, généralement adopté, que nous avons représenté fig. 3, pl. 16.

Chaque coffre est indiqué par une lettre : celui A part du sous-sol du bâtiment, c'est-à-dire de l'étage immédiatement au-dessus des caves ; celui B dessert le rez-de-chaussée, et ceux C, D, E, sont les conduits des premier, deuxième et troisième étages.

Comme on le voit, ils correspondent presque tous à des cheminées déjà établies ; ils sont soutenus chacun par deux linteaux A en fer carré de 6 centimètres de côté (voir, pour leur position, les figures 122 et 123 du texte).

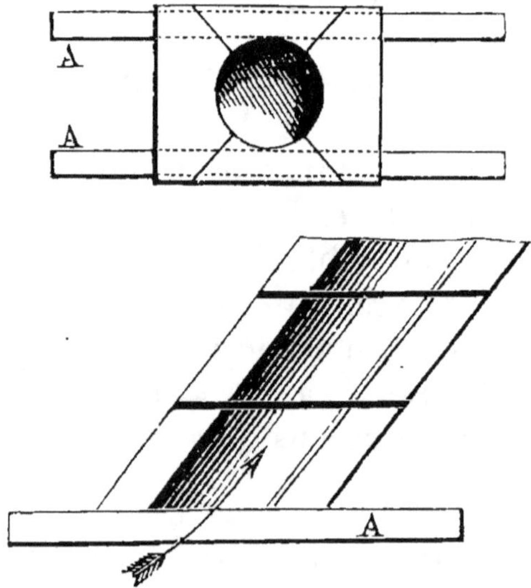

Fig. 122 et 123.　Linteaux.

Ces linteaux sont en scellement dans la masse de maçonnerie du mur.

On est obligé de les dévoyer ou obliquer à chaque étage, afin de sectionner le moins possible les murs. On comprend que ces coffres montant chacun verticalement, couperaient la liaison du mur et empêcheraient de placer au milieu des pièces les cheminées, ce qui nuirait à la régularité, à la symétrie et à l'ornementation.

Les têtes de cheminée doivent se monter dans les combles et à partir du dernier plancher, en bonne brique de Bourgogne, que l'on laisse apparente au-dessus de la couverture. Si on les construit tout en briques ou poteries, on les revêtira d'une maçonnerie en platras, avec crépis et enduits.

Les baies de portes, dans les murs de refend, doivent, à leur partie supérieure, avoir un système de linteaux en bois ou en fer, pour supporter la partie du mur qui se trouve en dessus. Lorsque les portes sont encastrées entre des tuyaux de cheminées, les linteaux doivent toujours être en fer.

On étudiera facilement la position des briques Bourlier dans les murs de refend, par les différents plans du mur représentés pour chaque étage par la figure 3, même planche.

Les figures 4 et 5 représentent la disposition des fourneaux de cuisine qui se font ordinairement dans les maisons d'habitation. Ces fourneaux se construisent en briques ; le manteau A soutient la hotte au moyen d'une ceinture en fer scellée dans le mur. L'âtre est carrelé en carreaux de terre cuite et supporté par une paillasse en fer ; les réchauds sont en fonte et garnis d'une grille ; la face est fermée de plusieurs portes en tôle, pour maîtriser l'activité de l'air ; l'âtre relevé est aussi soutenu par une paillasse en fer et revêtu d'un carrelage en faïence, ainsi que le mur d'accotement, jusqu'à une hauteur de 60 centimètres. Sur le côté, on place une pierre d'évier C, qui prend son écoulement par une conduite en plomb rejoignant les descentes extérieures, et d'un seul bout dans l'épaisseur du mur.

Cheminées hautes, ou cheminées d'usine

Les cheminées hautes, dites isolées, se construisent en briques spéciales, dites circulaires, sans aucun échafaudage. L'ouvrier monte sa construction en s'élevant lui-même au moyen d'échelons en fer qu'il encastre dans la maçonnerie et qui s'espacent de 50 à 60 centimètres. Cette échelle sert aussi dans les réparations.

Les figures 1 et 2, planche 16, nous donnent l'élévation et la coupe de l'une de ces cheminées.

Pour rendre ces cheminées plus légères et leur donner plus de solidité, on les élève par assises superposées. L'épaisseur de ces cheminées, à leur base, est ordinairement de 1 mètre à 1 mètre 50 suivant leur hauteur, le moins 90 centimètres et au sommet, de 20 à 35 centimètres d'épaisseur.

La réunion du socle au fût a lieu par une assise en pierre. A l'extérieur de cette assise, on cisèle les moulures d'une base de colonne. Le chapiteau s'exécute aussi en pierre; le revêtement intérieur de ces disques se fait en briques réfractaires.

Pour préserver les hautes cheminées de la foudre, on les munit d'un paratonnerre avec une chaîne descendant sous les fondations.

XII. COUPE DES PIERRES

Nous ne prétendons pas ici faire un cours complet de coupe des pierres, nous donnons, par les planches 17, 18, 19 et 20, les principaux modèles d'appareils employés dans la construction. Pour les cas plus compliqués, on aura recours au *Manuel de la Coupe des pierres*, de M. Toussaint ou au *Traité de la Coupe des pierres*, de De La Rue et Ramée, faisant tous les deux partie de l'*Encyclopédie-Roret*.

XIII. DES PLATES-BANDES
(Fig. 1, pl. 17)

On appelle plate-bande un linteau en pierre composé de plusieurs morceaux et destiné à clore la partie supérieure d'une baie quadrangulaire.

Les joints formant les diverses pièces ou claveaux constituant une plate-bande doivent concourir en un point commun appelé foyer, que l'on obtient par la rencontre de deux arcs de cercle ab, cd, ayant pour rayon la longueur de l'intrados de la plate-bande, c'est-à-dire celle ac. La division des claveaux doit se faire sur la ligne ac, et en un nombre impair se détourner en crossette pour éviter l'aiguïté des angles qui, par la charge, pourraient s'épaufrer. Alors, à ces points de division, on trace les verticales ae, fg, hj, lk, mn, pc, auxquelles on donne pour longueur celle que l'on a décidée pour celle de la crossette, qui ne doit être moindre de 5 à 6 centimètres.

De ces nouveaux points, on dirige les points rayonnants ee', ff', hh', kk', mm', pp'. La clef ne porte pas de crossette, à cause de la difficulté que l'on aurait à la poser. La disposition de cette plate-bande indique aussi la pierre destinée à former chambranle tout au pourtour, et dont la saillie est marquée sur le plan de l'épure.

La figure 2 donne l'épure d'une baie de porte ou de croisée arquée à sa partie supérieure. Le plan indique qu'il existe une feuillure pour l'emplacement de la fermeture.

La figure 3, même planche, est l'appareil nécessité pour une baie ornée d'un chambranle et surmontée d'un fronton. Le profil indique les saillies des moulures, pour lesquelles on doit conserver la masse de pierre. Pour plus de sûreté, on a soutenu la plate-bande par deux linteaux A B faits en fer carré de 5 à 6 centimètres.

On tâchera, autant que possible, pour éviter la charge sur la plate-bande, d'exécuter les assises a, b, c, d d'une seule pièce, afin que la masse g, h, c, d fasse sa pression de g en d plutôt que de g en k. Le morceau du milieu se fera en forme de clef de voûte, pour qu'il se soutienne sur les espèces de sommiers D E, et non sur la clef de la plate-bande F.

Les figures 1, 2, 3, 4, 5 et 6 de la planche 18 nous représentent différentes espèces de voûtes, dont la simple inspection indiquera assez l'emploi.

La planche 19 donne l'épure complète d'une salle conduisant à un escalier en pierre. Elle est divisée en trois parties composées d'une voûte d'arête A, d'une voûte en arc de cloître B, et d'une voûte sphérique. Ces deux dernières sont pénétrées par des arcs elliptiques ; la descente est cintrée plein-cintre ; la voûte sphérique est supportée par quatre colonnes en pierre.

Nous terminons la coupe des pierres par une façade toute en pierre (voir pl. 20). On jugera parfaitement de la disposition des joints formant cet appareil et combinés de façon à employer les plus petits morceaux que l'on trouve dans les chantiers. Toutes les saillies sont figurées en épannelage, c'est-à-dire en pierre de pose prête à être sculptée ou taillée en moulures.

CHAPITRE IV

PRIX DE DÉBOURSÉS

DANS LES TRAVAUX DU BATIMENT

TERRASSE

Heures — Matériaux	Unités	Déboursés
HEURE DE JOUR :		
du terrassier, compris outillage	l'heure	0 fr. 60
du puisatier, —	—	0 75
de l'aide-puisatier, —	—	0 60
HEURE DE VOITURE :		
voiture à un cheval	—	1 40
— à deux chevaux	—	2 20
— à trois chevaux	—	2 80
MATÉRIAUX (compris transport à pied d'œuvre) :		
Cailloux de 0.02 à 0.06 de grosseur	le mètre cube	6 75
Gravier ou gravillon	—	8 50
Gravier, dit mignonnette	—	10 75
Sable de plaine	—	5 50
Sable de rivière	—	6 75
Terreau	—	7 50
Terre glaise	—	8 50
Terre végétale	—	4 50

MAÇONNERIE

Heures	Unités	Déboursés
HEURE DE JOUR, compris outillage :		
du tailleur de pierre pour ravalement.	l'heure	1 fr. »
du tailleur de pierres	—	0 75
du poseur.	—	0 75
du contreposeur.	—	0 65
du ficheur	—	0 60
du pinceur	—	0 60
du bardeur	—	0 60
du moucheteur ou enduiseur.	—	1 »
du maçon.	—	0 75
du limousin.	—	0 60
du garçon limousin	—	0 475
du briqueteur.	—	0 725
du garçon briqueteur ou moucheteur	—	0 50
du gardien de rue.	—	0 35

NOTA. — Chaque ouvrier doit être muni des outils de sa profession. conformément à l'usage.

Les prix ci-dessus ne comprennent pas les plus-values qui se débattent entre patrons et ouvriers. notamment quand l'ouvrier remplit fonctions de chef d'équipe.

MATÉRIAUX :

Matériaux	Unités	Déboursés
Applique pour éclairage pendant la nuit et lanterne de gardiennage. { Eté	la pièce	0 fr. 23
{ Hiver	—	0 32
Bardeau en chêne de 0.04 sur 0.007 et 0.40 de long	le mille	10 »
— de 0.04 sur 0.007 et 0.32 de long	—	6 »
— de 0.04 sur 0.007 et 0.30 de long	—	5 »
Boisseau Gourlier rectangulaire à angles arrondis, de 0.20 à 0.25 de haut, les parois de 0.030 d'épaisseur pour tuyaux de cheminées adossées :		
de 0.25 × 0.30 mesures prises intérieurement	le mètre linéaire	6 40
de 0.22 × 0.25 —	—	5 50
de 0.20 × 0.20 —	—	4 80
de 0.18 × 0.25 —	—	4 80
Boisseau Gourlier rectangulaire à angles arrondis, de 0.33 de hauteur, les parois de 0.03 d'épaisseur pour tuyaux de fumée, de 0.16 × 0.25 d'ouverture	le cent	80 »
Boisseau de 0.19 × 0.22 d'ouverture	—	80 »
Boisseau circulaire, les parois de 0.020 d'épaisseur, pour tuyaux de ventouses, de 0.25 de diamètre . . .		80 »
— de 0.22 de diamètre	—	75 »
— de 0.16 —	—	60 »

Brique pleine :

de Bois-Guillaume-lès-Rouen, de $0.22 \times 0.11 \times 0.06$.	le mille	60 fr.	»
de Bondy, de $0.22 \times 0.11 \times 0.075$ à 0.062.	—	62	»
de Bourgogne ordinaire, brune ou grise, de $0.22 \times 0.11 \times 0.054$.	—	78	»
de choix, à arêtes vives (moule d'acier).	—	83	»
de Chambly, calibrée, de $0.22 \times 0.11 \times 0.055$ à 0.060, blanche.	—	75	»
— — — rouge.	—	70	»
— — — rouge ordinaire.	—	60	»
— dure, de $0.22 \times 0.11 \times 0.065$, grise	—	48	»
— — — brune	—	52	»
de Gournay repressée, à arêtes vives, rouge ou blanche, de $0.22 \times 0.105 \times 0.062$	—	70	»
— grise, de $0.22 \times 0.105 \times 0.055$.	—	68	»
— ordinaire, de $0.22 \times 0.11 \times 0.054$ à 0.065.	—	58	»
de Paris, dite façon de Bourgogne, de $0.22 \times 0.11 \times 0.054$ à 0.060, avec marque du fabricant :			
Rive gauche, 1re qualité.	—	58	»
— 2e qualité.	—	52	»
Rive droite, 1re qualité.	—	48	»
de Paris, de qualité inférieure, de $0.22 \times 0.11 \times 0.054$ à 0.06, dite de plaine.	—	40	»
de Montreuil-sous-Bois, de $0.22 \times 0.11 \times 0.06$.	—	52	»
de Châlon-sur-Saône, marque Heitclin et Brill, dite porphyre, blanche.	—	90	»
— — rouge.	—	80	»
— vernie à une face, rouge, noire ou brune.	—	105	»

Matériaux	Unités	Déboursés
Brique pleine :		
de Châlon-sur-Saône, vernie à une face, verte ou bleue . . .	le mille	140 fr. »
— vernie à deux faces, rouge, noire ou brune.	—	150 »
— verte ou bleue	—	190 »
Brique pour dallage :		
de Clinkers, de $0.16 \times 0.06 \times 0.04$.	—	87 »
Façon Clinkers	—	60 »
Brique pour tuyaux ménagés dans l'épaisseur des murs :		
de Paris, de Vaugirard, de $0.22 \times 0.06 \times 0.06$ pour murs de 0.35	—	54 »
Dite Gourlier, avec marque du fabricant :		
cintrée, grand moule pour murs de 0.50 d'épaisseur	—	140 »
— moyen — 0.45 — . . .	—	132 »
— petit — 0.40 — . . .	—	120 »
carrée, pour se raccorder avec la brique cintrée de $0.22 \times 0.10 \times 0.075$.	—	62 »
Brique creuse percée de un ou plusieurs trous :		
Du bassin de Paris, avec marque du fabricant, 1re qualité :		
de $0.22 \times 0.15 \times 0.045$.	—	55 »
de $0.22 \times 0.16 \times 0.045$.	—	56 »
de $0.22 \times 0.16 \times 0.065$.	—	57 »
de $0.22 \times 0.11 \times 0.11$	—	84 »
de $0.22 \times 0.12 \times 0.10$	—	84 »

de 0.22 × 0.15 × 0.07	le mille	84 fr. »
de 0.22 × 0.16 × 0.08	—	84 »
de 0.30 × 0.16 × 0.045	—	75 »
de 0.30 × 0.11 × 0.10	—	90 »
de 0.30 × 0.11 × 0.11	—	90 »
de 0.30 × 0.16 × 0.07	—	90 »
de 0.30 × 0.16 × 0.08	—	98 »

Nota. — Les briques de 2ᵉ qualité subissent une moins-value de 8.25 % sur les prix ci-dessus.

De Gournay, de Sannoy, de Mortcerf, de Bondy et d'Essonnes :

N° 1 { G Y	0.22 × 0.15 × 0.04	—	55 »
{ S	0.22 × 0.15 × 0.045	—	55 »
N° 2	0.22 × 0.11 × 0.055	—	55 »
N° 3	0.22 × 0.11 × 0.065	—	58 »
N° 4	0.22 × 0.11 × 0.11	—	84 »
N° 5 percée, 0.11		—	82 »
N° 6	0.22 × 0.16 × 0.08	—	84 »

De Sannois, pour former planchers, variant de centimètre en centimètre de largeur :

de 0.50 × 0.21 × 0.11	—	378 »
de 0.50 × 0.21 × 0.07	—	208 »
de 0.50 × 0.21 × 0.06	—	188 »
de 0.50 × 0.16 × 0.11	—	281 »
de 0.50 × 0.16 × 0.08	—	163 »
de 0.50 × 0.15 × 0.06	—	156 »
de 0.50 × 0.15 × 0.04	—	121 »

Matériaux	Hauteur	DÉBOURSÉS le mètre superficiel	
		Droite	Cintrée
Brique creuse de Bourgogne, marque F. Perrière, pour planchers, combles, de 0.60 à 0.72 de longueur et variant de centimètre en centimètre :			
de 0.10, 0.15, 0.20, 0.25, 0.30 de largeur.	0.08	3 fr. 75	4 fr. 25
	0.06	3 50	4 »
	0.04	3 25	3 75

Matériaux	Unités	Déboursés
Cailloux ou Silex, de 0.02 à 0.06 de diamètre.	le mètre cube	6 fr. 75
Carreau de faïence, de 0.10 à 0.12 carré, 1ᵉʳ choix	le cent	7 »
— 2ᵉ choix	—	6 25
Carreau de plâtre :		
rugueux aux deux faces, de 0.05 d'épaisseur.	le mètre superf.	1 27
pour chaque centimètre d'épaisseur au-dessus de 0.05 . . .	—	0 25
creux ou lisse, de 0.05 d'épaisseur	—	1 50
pour chaque centimètre d'épaisseur au-dessus de 0.05 . . .	—	0 28
Chaux hydraulique :		
d'Étampes, de Montreuil-sous-Bois, du Parc aux Princes, de Tournay, pesant 500 kilogr. le mètre cube.	le mètre cube	20 »
de Berry-au-Bac, de Bettréchies, de Bougival, de Guérigny et de la Pacaudière, de Romainville, de Trouville et Bar-le-Duc, pesant 550 kilogr. le mètre cube.	—	22 »

d'Ancy-le-Franc, d'Argenteuil, de Beffes, de Bondy, de Châteauroux, de Couvert-Maugras, de Crèches-sur-Saône, de Mussy, naturelle des Louvières, de Soulanges, pesant 600 kilogr. au mètre cube	le mètre cube	23 fr. »
du Teil, de Xeuilly	les 100 kilos	5 »
naturelle de Saint-Quentin, marque Agombart.	—	7 50

Ciment :

Ciment à prise rapide, dit Romain ordinaire : du bassin de la Seine, Argenteuil, Montreuil-sous-Bois, Charenton, — de Boulogne-sur-Mer, de Saint-Quentin, de la Grande-Chartreuse, marque Vicat et Cie à Grenoble.	—	4 60
Ciment à prise rapide, 1re qualité : de Vassy, marque Prévost, de l'Isle Sainte-Colombe, marque Millot, de Courterolles, de la vallée du Serein.	—	5 50
Ciment dit de Portland, pesant plus de 1,100 kilos le mètre cube, à prise lente : du bassin de Paris (Bondy, Argenteuil, Montreuil), de Grenoble, marque de la Porte de France, du Teil, de Pont-à-Vendin	—	6 75
Ciment dit de Portland, pesant plus de 1,200 kilos le mètre cube, à prise lente : du Pas-de-Calais, de Boulogne-sur-Mer, de Neufchâtel, marque Darsy-Lefébure, marque Sollier, de l'Isère, de Grenoble, marque Porte de France n° 2, de Deuremont, marque Candlot et Cie.	—	7 80
Ciment dit de Portland, à prise très lente, pesant plus de 1,200 kilos le mètre cube.	—	8 75
Ciment artificiel de Vicat et Cie, à Grenoble, de double cuisson.	—	11 »

Matériaux	Unités	Déboursés	
Ciment :			
Ciment de laitier, à prise lente, pesant 1,000 kilos au mètre cube	les 100 kilos	7 fr.	25
Plus-value pour fourniture des ciments au détail, au-dessous de 50 kilos	—	1	40
Ciment métallique.	—	65	»
Nota. — La qualité du ciment à employer devra faire l'objet d'un ordre spécial et par écrit. L'entrepreneur devra justifier la provenance des ciments employés, tant par la production des factures, que par la reconnaissance préalable des cachets appliqués sur les sacs et sur les tonnes. A défaut de cette constatation, on n'appliquera que le prix le plus faible des ciments.			
Meulière pour grands et petits travaux (dite marchande). . .	le mètre cube	12	»
— pour bétons et rocaillages (meulière concassée). . .	—	13	»
— poreuse, piquée avec soin (joints et lits)	le mètre superf.	21	50
Moellon pour maçonnerie brute :			
dur de roche	le mètre cube	13	»
franc, dit traitable et moellon tendre	—	12	»
— de qualité inférieure, d'Issy, de Vaugirard	—	10	50
— vieux de démolition	—	9	»
dit plaquette, de grandes dimensions, plus-value 0.25 de prix ci-dessus	—	1/4	

Moellon piqué, de 0.25 de queue, 0.25 de longueur et 0.18 de hauteur moyenne :

dur de roche	le cent	31 fr. »
franc, dit traitable	—	28 »
tendre	—	24 »
de choix, de 0.30 à 0.35 de queue, de 0.20 à 0.25 de hauteur et de 0.30 à 0.40 de face	le mètre superf.	23 »

Moellon, de 0.25 à 0.30 de queue (le mètre superficiel), rendu au chantier de construction :

	De Souppes, Château-Landon, Comblanchien	Dur de roche
pour maçonnerie brute	14 fr. »	14 fr. »
Pour maçonnerie de parement :		
avec parement smillé sans ciselures	22 »	19 »
— smillé entre ciselures non relevées au pourtour	28 »	20 »
— smillé entre ciselures relevées au pourtour .	34 »	25 »
— à bossages sans ciselures	22 »	19 »
— à bossages avec ciselures non relevées au pourtour	28 »	21 »
— à bossages avec ciselures relevées au pourtour	34 »	25 »
— bouchardé à la 100 dents avec ciselures relevées au pourtour	35 »	26 »
— layé ou brettelé	41 »	29 »

Matériaux	Unités	Déboursés	
Hourdis :			
Ferrugineux H F, de 0.09 ou 0.11 d'épaisseur	le mètre superf.	3 fr.	25
— de 0.14 d'épaisseur	—	3	75
Bardeaux B P Y, de 0.33 × 0.33 et 0.045 d'épaisseur	—	1	20
— à matelas d'air, de 0.12 d'épaisseur	—	3	60
— à treillis — de 0.09 —	—	2	70
— — de 0.12 —	—	3	60
Bardeaux B P Y simples, de 0.09 d'épaisseur	—	2	45
— de 0.12 —	—	3	25
Lattes :			
de cœur de chêne, de 1.30 × 0.03 × 0.005, les 104 bottes de 52 lattes, 145 francs	la botte	1	30
blanches, les 104 bottes de 52 lattes, 105 francs	—	0	90
Liège aggloméré :			
en briques de 0.22 × 0.11 × 0.06, pour cloison, voûte et plancher	le mille	120	»
en carreaux, de 0.40 × 0.25 × 0.03	le cent	32	50
— de 0.50 × 0.25 × 0.04	—	44	50
— de 0.40 × 0 25 × 0.04	—	35	50
n° 0, pour hourdis de plancher (non pressé)	le mètre cube	20	»
Mastic de Dihl	les 100 kilos	40	»
— de Limaille	—	30	»
Mitre en terre cuite ou en grès	la pièce	1	20

Milron, en terre cuite ou en grès :			
rond, de 0.25, à l'orifice inférieur	la pièce	1 fr.	»
de 0.22 —	—	0	95
de 0.19 —	—	0	90
de 0.16 —	—	0	70
de 0.13 —	—	0	60
de 0.11 —	—	0	55
carré, de 0.33 de hauteur : de 0.25 × 0.30	—	1	15
— de 0.22 × 0.25	—	1	10
— de 0.18 × 0.26	—	1	05
— de 0.19 × 0.22	—	1	»
— de 0.15 × 0.24	—	1	»
— de 0.16 × 0.16	—	0	90
lanterne : de 0.25	—	1	50
de 0.22	—	1	45
de 0.19	—	1	40
de 0.16	—	1	35
de 0.13	—	1	30
de 0.11	—	1	20
Plâtras blancs et non salpêtrés	le mètre cube	6	»
Plâtre ordinaire et fin, prix moyen	—	17	»
Pot ou *Globe* bien fait pour planchers, voûtes ou cloisons :			
de 0.06 de haut, 0.16 diamètre, dit à tabatière	le mille	70	»
de 0.16 — 0.13 à la tête, 0.12 à la base	—	67	»
de 0.14 — 0.12 — 0.11	—	63	»
de 0.11 — 0.11 — 0.10 —	—	57	»

Matériaux	Unités	Débonrsés
Pot ou *Globe* à ventouse, en terre cuite, de 0.32 de hauteur :		
de 0.11 de diamètre	le cent	32 fr. »
de 0.13 —	—	36 »
de 0.16 —	—	40 »
de 0.19 —	—	50 »
de 0.22 —	—	60 »
de 0.25 —	—	68 »
Pot anglais à revêtir :		
de 0.11 de petit diamètre intérieur		
de 0.13 —	—	25 »
de 0.16 —	—	30 »
de 0.19 —	—	35 »
de 0.22 —	—	40 »
de 0.25 —	—	52 »
de 0.27 —	—	60 »
de 0.30 —	—	70 »
de 0.32 — . . .	—	80 »
Pot dit *Culotte*, ordinaire, de 0.22 de diamètre	—	90 »
— de 0.25 —	la pièce	1 25
anglais, de 0.22 — . . .	—	1 40
Wagon ordinaire, bien fait pour tuyaux dans l'épaisseur des murs, de 0.05 d'épaisseur minimum des parois et de 0.16 de hauteur avec marque du fabricant, de six au mètre :	—	1 50

Pour mur de 0.50 d'épaisseur ravalé (0.20 × 0.34, mesures prises intérieurement).	le cent	136 fr.	»
— 0.45 (0.20 × 0.29, mesures intérieures).	—	132	»
— 0.40 (0.22 × 0.26, —).	—	125	»
— 0.35 à 0.38 (0.21 × 0.26, —).	—	115	»

Wagon harpé, se montant à joints coupés, de 0.15 de hauteur chacun et épaisseur de 0.05 sur face extérieure, mêmes prix que pour le wagon ordinaire.

Nota : Les wagons de 2ᵉ qualité (rive droite) seront dépréciés de 10 °/₀.

Wagon solidaire, bien fait pour tuyaux dans l'épaisseur des murs de 0.25 de hauteur et 0.06 d'épaisseur minimum des parois, de quatre au mètre : pour murs de 0.50 ravalés.

parois, de quatre au mètre : pour murs de 0.50 ravalés.	—	155	»
— de 0.45 —	—	140	»
— de 0.40 —	—	130	»
— de 0.38 —	—	125	»
— de 0.30 —	—	115	»
Sable de rivière.	le mètre cube	6	75
de rivière, tamisé.	—	9	»
de plaine, pour maçonnerie.	—	5	50

Tube, pour hourdis de planchers ou cloisons, en terre cuite :

de 0.10 × 0.12 × 0.30.	le mille	100	»
de 0.07 × 0.15 × 0.30.	—	100	»
de 0.11 × 0.11 × 0.30	—	100	»
de 0.08 × 0.16 × 0.30.	—	100	»
de 0.045 × 0.15 × 0.30	—	75	»

Matériaux																

Dalles à deux parements de sciage (le mètre superficiel) :

ÉPAISSEUR	Larrys du Bief, Ravières (liais), Anstrudes, Chassignelles.		Tonnerre, Bagneux, Poissy (roche), Clamart, Châtillon.		Courville (liais).		Grimault, Echaillon blanc, Ancy-le-Franc blanc et jaune.		Comblanchien, Belvoye-Dam-paris.		Corgoloin.		Villebois, Souppes, Château-Landon		Hauteville.	
De 0.025..	3 fr.	50	5 fr.	»	8 fr.	»	8 fr.	50	10 fr.	»	11 fr.	»	» fr.	»	» fr.	»
De 0.035..	4	»	6	50	9	»	10	»	11	50	13	50	10	»	11	75
De 0.04...	7	»	9	»	10	»	12	50	15	»	17	»	14	50	15	50
De 0.05...	9	»	10	80	11	50	15	»	18	50	20	50	17	»	19	»
De 0.06...	10	50	13	»	13	50	17	»	20	50	23	»	20	75	21	50
De 0.07...	11	50	14	»	16	»	19	»	23	»	25	50	22	»	24	50
De 0.08...	12	50	15	30	20	»	22	»	25	50	29	»	23	20	27	»
De 0.09...	14	»	17	»	22	»	24	»	28	»	32	»	27	50	29	25
De 0.10...	16	»	19	»	24	»	27	»	31	»	35	»	30	»	32	25
De 0.20...	»	»	»	»	»	»	»	»	»	»	»	»	52	»	59	50

Pour les dalles croûtes à un seul parement de sciage, il sera appliqué une moins-value de 1 fr. par mètre superficiel jusqu'à 0.10 d'épaisseur et de 2 fr. pour les dalles de 0.11 à 0.20.

Pierre en blocs rendue à Paris (le mètre cube) :

Taille	Noms	Provenance	Dimensions	Débour.
Pierres compactes susceptibles de poli. Taille, 18 fr.	Château–Landon (roche).	Seine-et-Marne	Jusqu'à 1ᵐ cube et ne dépassant pas 2ᵐ en longueur..	110ᶠ »
	Corgoloin et Villard (liais), premier choix de Comblanchien.	Côte-d'Or.....	Jusqu'à 0.500 cube et ne dépassant pas 2ᵐ de long...	120 »
			De 0.500 à 1ᵐ cube et ne dépassant pas 2ᵐ de long...	150 »
			De 1ᵐ à 2ᵐ cubes et ne dépassant pas 2ᵐ de long...	170 »
	Belvoye-Damparis, dite Saint-Ylie (roche).	Jura	Toutes dimensions	108 »
Pierres compactes susceptibles de poli. Taille, 15 fr. 45.	Comblanchien et Villard (roche).	Côte-d'Or.....	N'excédant pas 0.500 cube ou 2ᵐ de longueur.......	110 »
			De 0.500 à 1ᵐ cube et ne dépassant pas 2ᵐ de long...	120 »
			De 1ᵐ à 2ᵐ cubes ou 3ᵐ de longueur	125 »
	Gissey-s-Ouche (roche) dite de la Garenne.	Côte-d'Or.....	De 1ᵐ à 2ᵐ cubes et 2ᵐ de longueur	115 »
	Grimault (liais).	Yonne........	De 1ᵐ à 1.10 de hauteur...	115 »
	Hauteville (roche).	Ain	Jusqu'à 1.500 cube ou 2.50 de longueur.............	145 »
	Hydrequent.	Pas-de-Calais .	Toutes dimensions	110 »

Matériaux

Pierre en blocs rendue à Paris (le mètre cube) :

Taille	Noms	Provenance	Dimensions	Débour.
Roches et liais très durs. Taille, 12 fr. 55.	Cliquart, 1er choix.	Seine.........	Banc de 0.20 à 0.30........	110 f »
	La Roche (roche).	Cher.........	— de 0.25 à 0.40........	85 »
	Larrys de Cry, dit Liais Grimault.	Yonne.........	— de 0.50 à 1.50........	83 »
	Laversine (roche).	Aisne.........	— de 0.75 à 1.00........	102 »
	Saint-Nom (roc. dure).	Seine-et-Oise..	— de 0.35 à 0.45........	100 »
	Vilhonneur (roc. fine).	Charente......	Toutes dimensions........	120 »
	Echaillon blanc (liais).	Isère.........	Jusqu'à 1.500 cube ou 2.50 en long................	210 »
			Jusqu'à 1.500 en cube, ou 3.50 en surface, ou 3.50 en longueur............	235 »
			Jusqu'à 1.50 en cube ou 5ᵐ en surface...............	270 »
Roches et liais durs. Taille, 10 fr. 60.	Anstrudes (roc. jaune).	Yonne.........	Jusqu'à 4.50 en long et 5ᵐ en surface...............	300 »
	Arrues (liais).	Seine (Châtillon)	Banc de 0.30 à 0.80........	80 »
	Bagneux (liais).	Seine.........	De 0.55 à 0.70 de hauteur..	83 »
			Jusqu'à 0.50 de hauteur...	95 »

Roches et liais durs. Taille, 10 fr. 60.	Carrières Saint-Denis (liais).	Seine-et-Oise..	Banc de 0.30 à 0.40.......	90 f »
	Clamart (liais).	Seine.........	Banc de 0.20 à 0.40.......	95 »
	Coulmiers (roche).	Côte-d'Or.....	Banc de 1m à 1.50.........	75 »
	Creteil (liais).	Seine.........	De 2.50 long. et 1.20 larg., banc de 0.10 et 0.27......	105 »
	Savoisy (roche).	Côte-d'Or.....	Banc de 1m à 1.500.......	75 »
	Victoire (roche), Senlis.	Oise..........	— de 0.50 à 0.70.......	85 »
	D'Aubigny (roche).	Calvados......	— de 0.40 à 0.60.......	120 »
	Bagneux (roche).	Seine.........	Jusqu'à 0.50 de hauteur...	75 »
	Boncourt (roche).	Meuse........	Toutes dimensions	89 »
	Châtillon (roche).	Seine.........	Banc de 0.40 à 0.50.......	75 »
Roches et liais durs. Taille, 9 fr. 65.	Euville { Roche ordin. Roche de choix pr marbriers.	Meuse........	Toutes dimensions.......	89 »
			Jusqu'à 2.50 de long et 1.20 de large..............	115 »
			Jusqu'à 2.50 de long et 1.20 à 1.30 de large..........	125 »
			Jusqu'à 2.50 de long et 1.30 à 2m de large...........	153 »
			De dimensions non classées.	100 »
	Garchy (demi-roche).	Nièvre........	Banc de 0.30 à 1m.......	70 »
	Saint-Maximin (roche fine).	Oise..........	— de 0.45 à 0.70.......	70 »
	Saint-Quentin (roche).	Aisne	— de 0.80 à 1.30.......	76 »
	Morley (liais).	Meuse........	Toutes dimensions	80 »

Matériaux

Pierre en blocs rendue à Paris (le mètre cube) :

Taille	Noms	Provenance	Dimensions	Débour.
Roches et liais demi-durs. Taille, 7 fr. 70.	Courville (roche).	Marne	Banc de 0.55 à 0.60	78 f »
	La Ferté-Milon (roche).	Aisne	— de 0.90	67 »
	Lérouville (roche).	Meuse	Toutes dimensions	70 »
	Malvaux (banc franc).	Nièvre	Banc de 0.50 à 1.20	65 »
	Vitry (roche).	Seine	— de 0.32 à 0.35	65 »
	Tercé (roc. demi-dure).	Vienne	Toutes dimensions	77 »
	Bagneux (banc franc).	Seine	Banc de 0.30 à 0.60	63 »
	Châtillon (banc franc).	Seine	id.	60 »
	Ferté-Milon (r. douce).	Aisne	Toutes dimensions	62 »
	L'Isle-Adam (banc fr.).	Seine-et-Oise	Banc de 0.40 à 1ᵐ	52 »
Roche douce, banc fr., banc royal dur. Taille, 4 fr. 85.	Marly-la-Ville (roche douce fine).	id.	— de 0.70 à 1.20	68 »
	Méry (banc royal dur).	id.	— de 0.35 à 1ᵐ	62 »
	Mesnil-l-Roi (banc fr.)	id.	— de 0.90 à 1.100	63 »
	Morley (banc royal).	Meuse	Toutes dimensions	65 »
	Quilly (banc franc).	Calvados	Banc de 0.80 à 0.90	62 »
	Vitry { banc fr. libage.	Seine	— de 0.30 à 0.60	40 »
	banc royal dur.		— de 0.38	52 »
	roche douce.		— de 0.50 à 0.70	52 »
	banc d'argent. }		— de 0.25 à 0.30	60 »

Banc royal franc. Taille, 3 fr. 15.	Autrèches (banc royal).	Aisne	Différentes hauteurs	52 f »
	Chancelade (r. douce).	Dordogne	Banc de 0.80 à 1.50	65 »
	Conflans-Ste-Honorine (banc royal).	Seine-et-Oise	— de 0.40 à 1^m	60 »
	Genainville (b. royal).	id.	Jusqu'à 1^m de hauteur	45 »
	Méry (banc royal tendre).	id.	Banc de 0.30 à 1^m	50 »
	Quilly (banc royal).	Calvados	— de 0.60	62 »
	Saint-Leu (banc royal)	Oise	— de 0.35 à 0.70	50 »
	Saint-Maximin (banc royal).	id.	— de 0.40 à 0.60	50 »
	Vierzy (banc royal).	id.	— de 0.40 à 1.50	46 »
	Palotte (banc royal).	Yonne	Toutes hauteurs	55 »
Pierres tendres et vergelées. Taille, 2 fr. 50.	Vierzy (vergelé).	Aisne	Banc de 0.40 à 1.50	40 »
	Genainville (vergelé).	Seine-et-Oise	Jusqu'à 1^m de hauteur	38 »
	Carrières-St-Denis (id.)	id.	Banc de 0.45 à 1.50	36 »
	Parmain (id.).	id.	Toutes hauteurs	45 »
	Buisson Richard.	id.	Jusqu'à 1^m de hauteur	38 »
	St-Leu (pierre tendre).	Oise	Banc de 0.35 à 0.70	42 »
	Saint-Waast-lès-Mello (vergelé).	id.	Toutes hauteurs	42 »
	Neuilly-sous-Clermont	id.	Banc de 0.40 à 2^m	42 »
	Rousseloy (vergelé).	id.	Toutes hauteurs	42 »
	Laigneville (pierre tendre).	id.	Banc de 0.45 à 1.10	45 »

CARRELAGE

Heures	Matériaux	Unités	Déboursés
HEURE DE JOUR (été ou hiver) :			
du compagnon carreleur, compris outillage	l'heure		0 fr. 80
du garçon carreleur	—		0 55
MATÉRIAUX (compris transport à pied d'œuvre) :			
Carreaux Beauvais, à pans, rouges, de 0.16 et 0.018 d'épaiss..	le mille		60 »
— de 0.16 et 0.022	—		70 »
de 0.20 et 0.022	—		165 »
Carrés, de 0.15 à 0.16 et 0.018 d'épaisseur	—		60 »
de 0.15 à 0.16 et 0.021	—		70 »
de 0.20 et 0.027	—		165 »
Bourgogne, à pans, de 0.15 à 0.16 et 0.025 d'épaisseur	—		65 »
— de 0.22 et 0.030	—		180 »
Massy, à pans, de 0.16 à 0.17 et 0.018	—		60 »
— de 0.16 à 0.17 et 0.027	—		85 »
— de 0.22 et 0.027	—		175 »
carrés, de 0.16 et 0.018	—		60 »
Paris, 1re qualité, rouges, à pans, de 0.16 à 0.17 et 0.018 d'ép.	—		55 »
ferrugineux,	—		62 »
— rouges, de 0.22 et 0.027 d'épaisseur	—		175 »
1re qualité, rouges, de 0.22 et 0.027	—		150 »
— carrés, de 0.16 et 0.018 d'épaisseur .	—		60 »

Carreaux dits Phocéens (d'Orange, de Brignoles, Var, Vaucluse, des Bouches-du-Rhône) :			
Rouges à pans, de 0.105, pesant 220 kilos le mille.	le mille	32 fr.	»
de 0.11 — 300 —	—	60	»
de 0.145 — 500 —	—	87	»
de 0.195 — 800 —	—	130	»
Rouges carrés, de 0.100 — 180 —	—	36	»
de 0.120 — 400 —	—	82	»
de 0.140 — 500 —	—	52	»
de 0.195 — 800 —	—	130	»
Noirs ou blancs, à pans, de 0.105, pesant 220 kilos le mille. .	—	58	»
Noirs ou blancs, carrés, de 0.10 — 220 — . .	—	56	»
de 0.12 — 400 — . .	—	112	»
A deux couleurs, carrés (dits triangles) :			
de 0.10, pesant 220 kilos le mille.	—	66	»
de 0.12 — 400 —	—	142	»
Ciment dit romain	les 100 kilos	4	60
de Vassy	—	5	50
Plâtre	le mètre cube	17	»
Sable de rivière.	—	6	75
de rivière tamisé	—	9	»
de plaine	—	5	50

CHARPENTE EN BOIS

Heures Transports Matériaux	Unités.	Déboursés
HEURE DE JOUR : du charpentier, été 10 heures	l'heure	0 fr. 90
hiver 8 heures	—	0 90
de fer de scie, été.	—	1 40
hiver.	—	1 40
TRANSPORT d'un stère de bois, compris chargement et rangement, au chantier de l'entrepreneur : Sapin.	le stère	4 50
Chêne.	—	5 »
D'un stère de bois, chêne ou sapin, du chantier de l'entrepreneur au bâtiment, compris chargement, déchargement, coltinage et rentrage.	—	3 60
JOURNÉE de voiture à 1 cheval, compris charretier.	la journée	15 »
— à 2 chevaux,	—	25 »
MATÉRIAUX. *Chêne neuf de Champagne flotté :* Ordinaire : jusqu'à 0.30 de grosseur inclusivement et au-dessous de 8ᵐ de longueur :		
Pour 1 stère 149 . . . . 72 fr. 30		
Transport au chantier de l'entrepreneur, compris chargement, déchargement, ainsi que les faux frais sur la main d'œuvre. . . . . 5 »		
Pour 1 stère 149, déboursés . . . . 77 fr. 30		
Soit pour 1 stère	le stère	67 25

Petit arrimage, gros. de 0.30 à 0.39 et 8ᵐ de long et au-dessus :
    Pour 1 stère 087 . . . . 77 fr. 30
    Transport comme ci-dessus . . . . 5 »
    Déboursés pour 1 stère 087 . . . . 82 fr. 30
  Soit pour 1 stère . . . .   le stère   75 fr. 70
Moyen arrimage, gros. de 0.40 à 0.41 et de toutes longueurs :
    Pour 1 stère 064 . . . . 86 fr. 05
    Transport comme ci-dessus . . . . 5 »
    Pour 1 stère 064, déboursés . . . . 91 fr. 05
  Soit pour 1 stère . . . .   —   85   60
Gros arrimage, de 0.42 à 0.50 et toutes longueurs :
    Pour 1 stère 064 . . . . 92 fr. 30
    Transport de 1 stère 064 . . . . 5 »
    Pour 1 stère 064, déboursés . . . . . . 97 fr. 30
  Soit pour 1 stère . . . .   —   91   45
Gros bois, grosseur de 0.51 et au-dessus . . . . . .   —   117   30
Sapin neuf, de toutes longueurs : Ordinaire, jusqu'à 0.27 d'équar-
  rissage, le stère marchand ne prod. que 0.900 . . 46 fr. 95
    Transport comme ci-dessus 4   50
    Pour 0 stère 900, déboursés . . . . 51 fr. 45
  Soit pour 1 stère . . . .   —   57   16
De qualité, gross. de 0.28 à 0.36 le stère marchand . 51 fr. 90
    Transport comme ci-dessus 4   50
    Pour 0 stère 900, déboursés . . . . 56 fr. 40
  Soit pour 1 stère . . . .   —   62   68

Transports / Matériaux	Unités	Déboursés
Sapin neuf de qualité, grosseur de 0.37 et au-dessus, le stère marchand. . . . . 60 fr. 45		
Transport au chantier, compris chargement, déchargement et faux frais sur la main d'œuvre. . . . 4 50		
Pour 0 stère 900, déboursés. . . . . 64 fr. 95		
Soit pour 1 stère	le stère	72 fr. 16
Vieux bois. Chène, de toutes dimensions :		
Pour 1 stère 052 . . . . 39 fr. 49		
Transport au chantier 4 03		
Pour 1 stère 052, déboursés. . . . . 43 fr. 52		
Soit pour 1 stère	—	41 36
Sapin, de toutes dimensions :		
Pour 1 stère 042 . . . . 29 fr. 84		
Transport au chantier 4 03		
Pour 1 stère 042, déboursés. . . . . 33 fr. 87		
Soit pour 1 stère	—	32 52
Goudron de Norvège	le kilog.	0 60

Nota. — Les prix des salaires varient avec la valeur de l'ouvrier et ne peuvent résulter que d'un contrat libre entre l'ouvrier et le patron.

Les prix portés dans la présente série sont des prix moyens ayant servi de base pour l'établissement des sous-détails.

COUVERTURE

ARTICLE 1er

Ardoises et Tuiles

Heures	Unités	Déboursés
La journée de 9 heures l'été et de 8 heures l'hiver étant uniformément payée :		
Pour le compagnon. . . . . 7 fr. 50		
le garçon. . . . . 5 »		
le gardien 3 50		
L'HEURE (prix moyen) d'été et d'hiver est de :		
Pour le compagnon.	l'heure	0 fr. 86
le garçon.	—	0 57
le gardien de rue	—	0 40
On compte comme journées d'été les journées du 15 février au 31 octobre et celles du 1er novembre au 14 février comme journées d'hiver.		
Chaque ouvrier devra être muni de ses outils, conformément à l'usage.		

Matériaux	Unités	Déboursés
MATÉRIAUX transportés à pied d'œuvre :		
Ardoise ordinaire, 1re carrée, 1/2 forte, 2e modèle, de 0.297 de hauteur $\times$ 0.216 de largeur et 0.0027 à 0.003 d'épaisseur, pesant 410 kilogr. le mille :		
d'Angers, de Trélazé, de Saint-Barthélemy (Maine-et-Loire) . .	le mille	58 fr. »
de Renazé, de Fumay, de Rimogne, de Labassère	—	56 »
de Saint-Jean-de-Maurienne (Savoie).	—	38 »
Ardoise ordinaire, 1re carrée, grand modèle de 0.324 $\times$ 0.222 $\times$ 0.0027 et 0.0035 d'épaisseur, pesant 520 kilogr. le mille :		
d'Angers, de Trélazé, de Saint-Barthélemy.	—	63 »
Ardoises d'Angers, modèle anglais :		Poids.
de 0.640 $\times$ 0.360 et 0.0045 à 0.0060 d'épaisseur		310 kil.
de 0.608 $\times$ 0.360 et id. —	—	290 405 »
de 0.608 $\times$ 0.304 et id. —	—	245 361 »
de 0.558 $\times$ 0.279 et id. —	—	202 300 »
de 0.406 $\times$ 0.203 et 0.0038 à 0.005 —	—	92 252 »
de 0.305 $\times$ 0.165 et id. —	—	47 103 »
	—	62 »

Ardoises d'Angers, modèle français :
  Type carré, de 0.0038 à 0.005 d'épaisseur :

	Poids.			
de 0.22 × 0.22	465 kilogr.	le mille	85 fr.	»
de 0.26 × 0.26	645	—	96	»
de 0.30 × 0.30	825	—	110	»
de 0.33 × 0.33	1150	—	140	»
de 0.36 × 0.36	1350	—	170	»

  Type octogonal, de 0.004 à 0.006 d'épaisseur :

	Poids.			
de 0.300 × 0.300	1000 kilogr.	—	140	»
de 0.330 × 0.330	1200	—	177	»
de 0.360 × 0.360	1500	—	215	»

Clous à ardoises, ordinaires fins (1000 par kilogr.)	le kilogr.	1	»
— — en cuivre rouge (525 par kilogr.)	—	3	30
— grands pour plomb (160 au kilogr.)	—	1	»
— à lattes (800 au kilogr.)	—	0	42
— à tasseaux (150 au kilogr.)	—	0	39
— à voliges (500 au kilogr.)	—	0	42
Faîtières de Bourgogne, ordinaires ou rondes, à recouvrement.	le cent	60	»
— à bourrelet.	—	70	»
Lattes de 1.30 de long. (les 104 bottes cœur de chêne, 225 fr.).	les 100 bottes	216	35
Liteau en sapin pour tuiles à emboîtement, de 0.025 × 0.027.	le mètre	0	07
Crochets ou agrafes, à ardoises :			
en cuivre	le kilogr.	4	»
en fer étamé.	—	2	»

10.

Matériaux	Unités	Déboursés
Volige { en peuplier, les 100 voliges de $2.00 \times 0.11 \times 0.013$, à arêtes vives.	le cent	22 fr. »
en sapin (mêmes dimensions).	—	23 60
en sapin (pour ardoises modèle anglais), de 0.08×0.027.	les 100ᵐ linéaires	20 »
Tuile neuve de Bourgogne, de $0.32 \times 0.22 \times 0.013$, pesant 1958 kilogr. le mille (1040 pour 114 francs).	le mille	112 »
— de Bourgogne, petit moule, de $0.26 \times 0.18 \times 0.013$, pesant 1321 kilogr. le mille (1040 pour 65 francs).	—	62 »
— d'Ivry, marque Muller, grand moule, prix moyen.	—	180 »
petit moule, —	—	135 »
— de Choisy-le-Roi, marque Gillardoni et Brault, prix moyen.	—	180 »
— de Fresne.	—	160 »
Tuile plate, à double et triple emboîtement et bout carré :		
— d'Ivry, marque Müller, grand moule.	—	200 »
petit moule	—	150 »
Tuile creuse isolante, à emboîtement :		
de la Tuilerie parisienne d'Ivry-Port, grand moule	—	200 »
petit moule.	—	150 »
Tuile vieille de Bourgogne, compris transport.	—	50 »

Article 2^e

Zinc et Plomb

Heures — Matériaux	Unités	Déboursés
Journée de 9 heures en été et 8 heures en hiver :		
Pour le zingueur et plombier. . . . . 7 fr. 50		
Pour le garçon zingueur et plombier. . . . 5 »		
Prix moyen de l'heure, été et hiver :		
Zingueur et plombier.	l'heure	0 fr. 86
Garçon zingueur et plombier	—	0 57
Matériaux :		
L'étain et le plomb ont un cours variable, les prix ci-dessous sont des prix moyens pour le calcul de sous-détails.		
Étain, pour fixer le prix de la soudure.	le kilogr.	2 30
Plomb vieux, id.	—	0 34
Plomb vieux, pour échange, même prix que le plomb neuf, diminué de 4 % pour déchets et de 10 francs par 100 kilogr.		
Plomb neuf, en table, suivant le cours du jour de la fourniture, diminué de 4 fr. de remise par 100 kil. Prix du cours, 53 fr. .	—	0 49
Zinc neuf, laminé, de tous les numéros : Prix suivant le cours du jour de la fourniture. diminué de 4 francs de remise par 100 kilogr. Prix du cours, 77 francs.	—	0 73
Zinc vieux, moitié prix que le neuf, diminué de 4 % pour les déchets.		

MENUISERIE & PARQUETAGE

Heures — Matériaux	Unités	Déboursés
HEURES DE JOUR :		
de menuisier	l'heure	0 fr. 70
de parqueteur	—	0 85
MATÉRIAUX DE MENUISERIE :		
Les prix des matériaux ci-après comprennent la valeur du transport du chantier du marchand à pied d'œuvre.		
Chêne de rebut : Entrevous, 0.23×0.027	le mètre linéaire	0 93
Echantillon, 0.23×0.034	—	1 16
— 0.21×0.041	—	1 21
Doublette, 0.32×0.054	—	2 34
Membrure, 0.16×0.08	—	1 26
Gros battant, 0.32×0.11	—	4 94
Chêne de Champagne, bon bois, jusqu'à 3^m75 de long :		
Feuillet, 0.23×0.013	—	0 76
— 0.23×0.020	—	1 11
Entrevous, 0.23×0.027	—	1 39
Echantillon, 0.23×0.034	—	1 75
— 0.21×0.041	—	1 80
Doublette, 0.32×0.054	—	3 50
Petit battant, 0.23×0.075	—	3 71
Membrure, 0.16×0.08	—	1 90
Gros battant, 0.32×0.11	—	7 42
Chevron, 0.08×0.08	—	1 24

Sapin inférieur, analogue au bois de bateau, pour clôtures et cloisons de cave :				
Chons pour remplissage	le mètre superf.	1 fr.	35
En 0.027	—	2	20
En 0.034	—	2	55
Sapin de Lorraine, bon bois, jusqu'à 4ᵐ de longueur :				
Feuillet,	0.32×0.013	le mètre linéaire	0	52
Planche,	0.32×0.027	—	0	85
—	0.32×0.034	—	1	20
Sapin du Nord, 1ʳᵉ qualité, de toutes longueurs :				
Madrier rouge,	0.22×0.08	—	2	16
— blanc,	0.22×0.08	—	1	35
Feuillet,	0.22×0.010, dit 5 traits . . .	—	0	28
—	0.22×0.013, dit 4 — . . .	—	0	32
—	0.22×0.018, dit 3 — . . .	—	0	37
Planche,	0.22×0.027, dit 2 — . . .	—	0	48
—	0.22×0.034, dit 1 — . . .	—	0	70
—	0.22×0.041, dit 1 — . . .	—	0	80
—	0.22×0.054, dit 1 — . . .	—	1	»
Chevron,	0.08×0.08	—	0	47
Banting,	0.17×0.065	—	0	89
Madrier,	0.22×0.11	—	2	20
Peuplier, 1ʳᵉ qualité :				
Feuillet,	0.013×0.22 à 0.25	—	0	40
Quartelot,	0.055 à 0.060×0.22 à 0.25 . .	—	1	45

Matériaux	Unités	Déboursés
Pitchpin, débité en plateaux de toutes dimensions	le stère	110 fr. »
Madrier, 0.08 × 0.22	le mètre linéaire	2 30
Broches. de 0.06 à 0.11 de long	le kilogr.	0 50
Clous d'épingles fins, au-dessous de 0.054	—	0 70
Colle forte de Givet, 1re qualité.	—	2 20
ordinaire	—	1 80
MATÉRIAUX DE PARQUETAGE :		
Sapin, 0.025, frises de 0.11 à 0.085	le mètre superf.	2 26
0.032, id.	—	3 »
Chêne, 0.025, frises de 0.085 à 0.11, bon bois.	—	5 25
0.025, — de 0.065 à 0.08, —	—	5 50
0.032, — de 0.065 à 0.11, —	—	7 »
0.025, — de 0.085 à 0.11, 1er choix	—	6 25
0.025, — de 0.065 à 0.08, —	—	6 50
0.032, — de 0.065 à 0.11, —	—	8 »
Sapin, 0.020, non rainé, pour être appliqué au bitume	—	2 20
Chêne, 0.025, id. id.	—	4 20
Lambourdes en chêne, 0.034 × 0.08	le mètre linéaire	0 22
0.027 × 0.08	—	0 20

Nota. — Les prix des matériaux ci-dessus sont ceux de bois de choix façonnés, rabotés, rainés, non coupés, rendus à pied d'œuvre.

SERRURERIE

Heures — Matériaux	Unités	Déboursés
HEURE DE JOUR, compris outillage :		
de forgeron (grande forge)	l'heure	0 fr. 85
de frappeur ou tireur de soufflet (grande forge)	—	0 55
de forgeron (petite forge)	—	0 70
de frappeur ou tireur de soufflet (petite forge)	—	0 50
d'ajusteur, de charpentier en fer, d'homme de ville ou heure d'ouvrier sans désignation d'espèce	—	0 725
de perceur ou d'homme de peine	—	0 525

MATÉRIAUX :

Tous les prix des matériaux comprennent le transport à pied d'œuvre.

Une augmentation de 1 franc doit être accordée pour double transport sur le poids des fers employés dans les réparations et les travaux faits à l'atelier.

Matériaux	Unités	Déboursés
Fers marchands (exempts de droits d'octroi), jusqu'à 7^m de long :		
Fers carrés, 1re classe, 20 à 54$^{mill.}$ Verges ou fentons	les 100 kilogr.	17 fr. »
— 2e classe, 16 à 19 55 à 69	—	18 »
— 3e classe, 11 à 15 70 à 81	—	19 »
— 4e classe, 5 à 10 82 à 110	—	20 »
Fers plats, 1re classe, 27 à 39 $\times$ 11 et plus 40 à 115 $\times$ 9 à 40	—	17 »
— 2e classe, 20 à 39 $\times$ 8 et plus 40 à 81 $\times$ 6 à 8 $^1/_2$ 116 à 165 $\times$ 12 à 100 40 à 115 $\times$ 41 et plus	—	18 »
— 3e classe, 20 à 39 $\times$ 5 $^1/_2$ à 7 $^1/_2$ 40 à 81 $\times$ 4 $^1/_2$ à 5 $^1/_2$ 116 à 165 $\times$ 7 à 11 82 à 115 $\times$ 5 $^1/_2$ à 8 $^1/_2$ . . .	—	19 »
— 4e classe, 13 à 39 $\times$ 4 $^1/_2$ et plus 116 à 165 $\times$ 5 $^1/_2$ à 6 $^1/_2$ 82 à 115 $\times$ 4 $^1/_2$ à 6	—	20 »

Fers ronds, 1re classe, 30 à 61	les 100 kilogr.	17 fr.	»
— 2e classe, 17 à 29 1/2 / 62 à 74 }	—	18	»
— 3e classe, 12 à 16 1/2 / 75 à 90 }	—	19	»
— 4e classe, 6 à 11 1/2 / 91 à 110 }	—	20	»
Fers demi-ronds, 4e classe, 15 à 25	—	20	»
— 3e classe, 26 à 80 (octroi de 3f 60 par 100k).	—	22	60
Feuillards (exempts de droits d'octroi), jusqu'à 7m de long :			
1re classe, 13 à 19 × 3 1/4 à 4 / 20 à 81 × 3 à 4 / 120 × 5 }	—	19	»
2e classe, 82 à 115 × 3 à 4 / 13 à 19 × 3 }	—	20	»
Gros ronds et carrés : 111 à 135, jusqu'à 5m	—	20	»
136 à 150, id.	—	21	»
151 à 165, jusqu'à 4m	—	22	»
166 à 200, jusqu'à 3m	—	23	»
Plus-value de 1 fr. par 100 kilos pour longueurs au-dessus de celles indiquées.			
Fers spéciaux, subissant un droit de 3 fr. 60 par 100 kilos :			
Fers larges plats, jusqu'à 8m de longueur :			
1re classe, 170 à 300 × 9 ct plus	—	23	10
2e classe, 170 à 300 × 7 à 8 1/2 / 301 à 400 × 9 et plus }	—	23	60

Matériaux	Unités	Déboursés
Fers larges plats, jusqu'à 8ᵐ de longueur :		
3ᵉ classe, 170 à 300 × 6 à 6 ¹/₂ 300 à 407 × 7 à 8 ¹/₂ 401 à 500 × 9 et plus	les 100 kilogr.	24 fr. 10
4ᵉ classe, 301 à 400 × 6 à 6 ¹/₂ 401 à 500 × 7 ¹/₂ à 8 ¹/₂ 501 à 600 × 9 et plus	—	24 60
5ᵉ classe, 501 à 600 × 8 à 8 ¹/₂	—	25 10
Fers à planchers, double I, ailes ordinaires. jusqu'à 10ᵐ de longueur :		
1ʳᵉ série, 80 100 120 140 160	—	22 10
2ᵉ série, 180 200 220	—	22 60
3ᵉ série, 240 260	—	23 10
Fers à planchers, double I, larges ailes, jusqu'à 10ᵐ de long :		
1ʳᵉ classe, 80 100 120 140 160	—	23 10
2ᵉ classe, 180 200 220	—	23 60
3ᵉ classe, 240 250 260	—	24 10
4ᵉ classe, 280 300	—	24 60
5ᵉ classe, 350	—	25 60
Plus-value de 0 fr. 50 par 100 kilos pour longueurs au-dessus de celles indiquées.		

Fers cornières, jusqu'à 8 mètres de longueur :

à branches égales, de 40 à 100	les 100 kilogr.	21 fr. 10
de 30 à 35	—	21 60
de 110 à 130	—	22 10
de 25 à 27	—	22 60
à branches inégales, de 60 × 40 65 × 45		
de 70 × 60 70 × 50		
de 80 × 50 80 × 60	—	22 10
de 95 × 60 100 × 80		
de 110 × 70 50 × 40	—	22 60
de 50 × 35 120 × 80		
de 40 × 25 45 × 30		
de 130 × 90 130 × 120	—	23 10
de 150 × 70 150 × 90		

Fers à simples T, de 30 × 35   35 × 35

de 35 × 40 35 × 45		
de 40 × 40 40 × 45		
de 40 × 50 55 × 40	—	22 60
de 45 × 50 50 × 50		
de 50 × 60 55 × 60		
de 60 × 65 75 × 80		
— de 22 × 23 23 × 25 27 × 30		
de 25 × 25 25 × 27 30 × 27	—	23 10
de 25 × 30 27 × 27 30 × 30		
— de 18 × 18 20 × 20 23 × 20 20 × 25	—	23 60
de 18 × 20 20 × 18 20 × 23		

Matériaux	Unités	Déboursés
Fers à T inégaux, 30 × 20 35 × 25 36 × 18 40 × 25	les 100 kilogr.	23 fr. 10
30 × 13	—	23 60
Fers en U, jusqu'à 10ᵐ de longueur :		
100 120 140		
50 55 60 62 80 150 160 175 . . .	—	22 60
30 35 40 200 220 235 250	—	23 10
	—	23 60
Fers à vitrages et demi-vitrages, 35 60 .	—	22 60
27 à 30 . . .	—	23 10
Fers Zorès, jusqu'à 7ᵐ de longueur	—	36 60
Tôles pour fournitures de 1.000 kilogrammes :		
puddlées, fortes, de 0.003 d'épaisseur		
anglaises n° 3 — Ardennes	—	19 »
d'acier doux	—	21 »
striées	—	24 »
Plus-value de 2 francs par 100 kilogr. pour une épaisseur plus faible	—	24 60
Plus-value de 1 fr. pour fourniture au-dessous de 1,000 kilos .	—	2 »
Galvanisation	—	1 »
Charbon de terre	—	16 »
Huile de pieds de bœuf	l'hecto	6 »
	le kilogr.	3 50

MARBRERIE

Heures — Matériaux	Unités	Déboursés
HEURE DE JOUR (été comme hiver) :		
de marbrier	l'heure	0 fr. 80
de polisseur	—	0 70
MATÉRIAUX :		
Tous les prix des marbres comprennent le transport à pied d'œuvre et le déchet de qualité.		
Aux marbres mesurés par équarrissement et fournis au mètre cube, il sera ajouté :		
1° 0^m007 sur l'épaisseur, pour déchet de trait de sciage.		
2° Un déchet d'équarrissage fixé comme suit :		
Pour les marbres classés sous le n° 1, au dixième du cube ;		
Pour ceux classés sous le n° 2, au huitième du cube ;		
Pour ceux classés sous les n°s 3 et 4, au sixième du cube.		

Matériaux				
Marbres en bloc, jusqu'à 2^m cubes, et de 3^m de longueur et au-dessous ;				
Nos des classes comme dureté	Nature	Provenance	Unités	Déboursés
3	Beyrède Jumet.	Pyrénées	le mètre cube	1098 f. »
2	Blanc statuaire de Saint-Béat, 1er choix.	—	—	995 »
2	— 2e choix.	—	—	770 »
1	Blanc ordinaire de Saint-Béat.	—	—	540 »
1	Bleu Aspin.	—	—	674 »
3	Griotte des Pyrénées.	—	—	693 »
3	Rosé clair.	—	—	621 »
3	Rouge antique.	—	—	1098 »
3	Vert moulin.	—	—	728 »
3	Griotte œil-de-perdrix.	Hérault	—	1496 »
2	Brèche jaune de Trets.	Bouches-du-Rhône	—	»
3	— Galifet.	—	—	803 »
3	— de Saint-Antonin (dite d'Alep).	—	—	693 »
3	— Sainte-Victoire.	—	—	693 »
3	— grise, dite Troubat.	—	—	748 »
1	Blanc clair.	Pyrénées	—	695 »
		Italie	—	567 »

1	Bleu fleuri.	Italie	le mètre cube	748 f. »
1	Bleu turquin.	—	—	748 »
4	Brèche violette et Paonazzo.	—	—	1243 »
3	Jaune de Sienne ordinaire.	—	—	2196 »
3	Levanto.	—	—	1042 »
3	Portor.	—	—	1490 »
3	Vert d'Egypte.	—	—	1154 »
4	Vert de mer ou vert de Gênes.	—	—	1154 »
2	Vert de Maurin.	Hautes-Alpes	—	968 »
2	Brocatelle jaune.	Jura	—	693 »
2	Brocatelle violette.	—	—	803 »
2	Jaune fleuri.	—	—	693 »
2	Brocatelle jaune.	Espagne	—	1023 »
2	Brocatelle violette.	—	—	1133 »
3	Campan mélangé et campan vert.	—	—	1102 »
3	Grand antique.	—	—	1243 »
2	Noir français.	Nord	—	360 »
2	Sainte-Anne français.	—	—	390 »
2	Sainte-Anne Hergies.	—	—	360 »
2	Noir boule de neige et amandes.	—	—	390 »
3	Grand antique du Nord.	—	—	528 »
2	Onyx blanc.	Algérie	—	2195 »
2	Onyx cachemire.	—	—	2435 »
	Onyx vert.	Brésil	—	4000 »
2	Granit Feluil.	Belgique	—	441 »
3	Languedoc (incarnat).	Aude	—	661 »

Matériaux	Unités	Déboursés
Carreaux, pour fourniture, non compris déchet, octogones :		
en calcaire lithographique blanc ou bleu, de 0.03 à 0.04 d'épaisseur.	le mètre superf.	9 fr. 50
en liais de Grimault, de 0.025 d'épaisseur.	—	11 »
en échaillon blanc	—	12 50
en pierre de Tonnerre.	—	6 50
Carreaux hexagones, en calcaire lithographique blanc ou bleu, de 0.03 à 0.04	—	10 »
Carreaux carrés, en liais de Grimault, de 0.025 d'épaisseur	—	12 »
en échaillon blanc	—	13 50
en liais de Créteil et de Senlis.	—	8 75
en pierre de Tonnerre.	—	7 »
Carreaux en marbre noir de Belgique :		
de 0.067, poids 15 kilogr	le cent	9 »
de 0.079, — 20 —	—	10 15
de 0.090, — 25 —	—	11 20
de 0.102, — 30 —	—	12 25
de 0.162, — 180 —	—	35 »
de 0.216, — 360 —	—	50 »
de 0.325, — 845 —	—	105 »
Carreaux en marbre blanc clair, de 0.021 d'épaisseur :		
de 0.162 } 1er choix.	—	105 »
2e choix.	—	90 »

de 0.189	1er choix	le cent	135 fr.	»
	2e choix	—	110	»
de 0.244	1er choix	—	200	»
	2e choix	—	170	»
de 0.325	1er choix	—	325	»
	2e choix	—	285	»

Carreaux en marbre rouge de Flandre, de 0.021 d'épaisseur :

de 0 162	1er choix	—	85	»
	2e choix	—	75	»
de 0.189	1er choix	—	105	»
	2e choix	—	90	»
de 0.244	1er choix	—	165	»
	2e choix	—	144	»
de 0.325	1er choix	—	265	»
	2e choix	—	230	»

Dalles ou *Bandes*, au mètre superficiel, en calcaire lithographique blanc ou bleu :

de 0.030 d'épaisseur, 1 parement égrisé	le mètre superf.	9	50
— 2 parements égrisés	—	12	50
de 0.04 d'épaisseur, 1 parement égrisé	—	13	»
— 2 parements égrisés	—	16	»
de 0.05 d'épaisseur, 1 parement égrisé	—	15	»
— 2 parements égrisés	—	18	»
Pour chaque centimètre en plus jusqu'à 0.100.	—	3	50

Matériaux	Unités	Déboursés
Dalles ou *Bandes*, au mètre superficiel, en liais de Grimault :		
de 0.025 d'épaisseur.	le mètre superf.	8 fr. 50
de 0.040 —	—	12 50
de 0.050 —	—	15 »
En échaillon blanc :		
de 0.025 d'épaisseur.		
de 0.040 —	—	8 50
de 0.050 —	—	12 50
Dalles ou *Bandes*, pour carrelage, de 0.021 d'épaisseur, compris taille des joints :	—	15 »
en marbre blanc clair.		
en marbre rouge de Flandre.	—	25 75
en marbre noir demi-fin.	—	21 25
Marbres ordinaires du commerce, en tranches de 0,021 d'épaisseur, débités à la carrière :	—	23 75
Bleu aspin.		
Brèche grise (dite Troubat).	Pyrénées. . . .	—	20 »
Griotte des Pyrénées.	id. . . .	—	24 50
Rosé clair.	id. . . .	—	24 50
Vert moulin.	id. . . .	—	23 »
	id. . . .	—	25 50

Brèche Galifet.	Bouches-du-Rhône. . .	le mètre superf.	24 fr. 50
Brèche jaune de Trets.	id. . . .	—	27 »
Brèche Saint-Antonin (dite d'Alep).	id. . . .	—	24 50
Brèche Sainte-Victoire.	id. . . .	—	24 »
Noir boule de neige et amandes.	Nord. . .	—	13 50
Grand antique du Nord.	id. . . .	—	17 »
Noir français.	id. . . .	—	12 50
Noir demi-fin de Basècles.	Belgique. . .	—	17 50
Noir de Dinant.	id. . . .	—	23 »
Rouge de Flandre.	id. . . .	—	17 »
Sainte-Anne belge.	id. . . .	—	17 »
Napoléon gris et rose.	Sarthe. . .	—	16 50
Sarancolin de l'Ouest.	id. . . .	—	16 50
Rose enjugerai.	id. . . .	—	16 50
Henriette.	Pas-de-Calais. . .	—	20 »
Joinville.	id. . . .	—	15 »
Lunel.	id. . . .	—	15 50

Aux marbres livrés en tranches et mesurés par équarrissement, il sera ajouté un déchet d'équarrissage dans les mêmes proportions que celles fixées pour les marbres en bloc.

PEINTURE

Heures — Matériaux	Unités	Déboursés
HEURE DE JOUR (été comme hiver), compris outillage :		
de peintre en bâtiments (prix moyen)	l'heure	0 fr. 75
de peintre en décors —	—	0 95
de garçon gardien de rue —	—	0 40
MATÉRIAUX, compris transport à pied d'œuvre :		
Blanc pur, zinc n° 1, en poudre n° 1		
— — broyé n° 1	le kilogr.	0 70
— de neige en poudre	—	0 80
— — broyé à l'huile	—	1 15
— de céruse en poudre plomb pur	—	1 30
— — surfine, broyée à l'huile, plomb pur	—	0 63
— de Bougival, Meudon, etc.	—	0 67
Bleu de Prusse, 1re qualité, broyé à l'huile	1040 pains	7 50
— d'outremer, broyé à l'huile	le kilogr.	6 50
Brun Van-Dyck, 1re qualité, broyé à l'huile	—	3 50
Bronze en poudre, vert, jaune, blanc, cramoisi	—	2 »
Calicot blanc ou écru, de 0.84 à 1m de largeur	le paquet	1 »
Colle de pâte	le mètre	0 40
Colle de peau double	le kilogr.	0 10
	—	0 25

Cire jaune à frotter, en briques.	le kilogr.	3 fr. 75
— blanche vierge	—	5 50
Couleur détrempée huile, prix moyen	—	1 »
Eau de cuivre	le litre	0 80
— seconde.	—	0 30
Encaustique à l'eau	—	0 50
— à l'essence, à la cire jaune	le kilogr.	2 30
Esprit de sel pour nettoyer	—	0 35
Essence de térébenthine.	—	0 98
Goudron de Norvège.	—	0 50
Huile de lin épurée.	—	1 15
— blanche ou d'œillette	—	1 38
— grasse.	—	2 »
— cuite (siccatif)	—	1 25
Jaune de chrome n° 1, gros pains.	—	4 50
— — pains moyens	—	3 50
— — broyé à l'huile.	—	6 50
Laque en grains pour bâtiment.	—	5 »
— broyée à l'huile	—	7 »
— fine, en grains.	—	16 »
— fine, broyée à l'huile.	—	20 »
Litharge.	—	0 70
Mastic ordinaire, huile 1re qualité.	—	0 20
Mine de plomb.	—	0 50
Minium de plomb, 1re qualité, pur en poudre.	—	0 60
— — pur préparé.	—	0 90

Matériaux	Unités	Déboursés
Noir de fumée, ordinaire	le kilogr.	2 fr. 40
— fin	—	3 80
Noir de charbon en poudre	—	0 30
— broyé à l'huile	—	0 70
Noir d'ivoire, en poudre	—	4 »
— broyé à l'huile	—	5 80
Ocre de Rhue, en poudre	—	0 50
— broyée à l'huile	—	1 30
Ocre jaune et rouge lavée, en poudre	—	0 20
— broyée	—	0 60
— n° 1, en poudre	—	0 40
— broyée	—	0 60
Papier de verre	les 100 feuilles	4 »
— métallique, doublé d'étain, le rouleau de $8^m \times 0.50$	—	4 »
Peinture vernissée	le kilogr.	2.50 à 3.50
Pierre ponce en pierre ou en poudre	—	0 50
Produits hydrofuges :		
Ciment porcelaine antinitreux, de Candelot,		
n° 1, ton porcelaine	—	1 80
n° 2, ton pierre	—	1 55
Enduit caoutchouc Gaudin	—	1 80
Enduit hydrofuge Caron	—	2 »
Enduit T B, contre l'humidité, à base métallique	—	1 10

Enduit hydrofuge Moller.	le kilogr.	1 fr.	80
— E H, hydrofuge incolore.	le litre	3	»
Siccatif brillant, à l'esprit-de-vin	le kilogr.	1	80
— liquide, dit du soleil.	le litre	3	50
Terre d'Ombre et de Sienne, surfine, broyée pour décors. . .	le kilogr.	2	40
— brûlée, en poudre impalpable. .	—	1	75
Vermillon, de France, en poudre F F	—	11	»
— d'Allemagne, en poudre, Autriche D T	—	12	»
Vernis ordinaire, 1re qualité :			
copal n° 1, pour intérieurs.	le litre	2	50
gras n° 1, pour décors, intérieurs	—	3	»
— — extérieurs	—	3	50
Vernis supérieur, marques françaises et anglaises n° 3, à polir.	—	3	50
— dit surfin, n° 2	—	5	40
— dit surfin, n° 1, 1re qualité, pour travaux			
soignés, pour extérieurs et par ordre écrit	—	7	20
Vert mélis, en poudre, extra-fin.	le kilogr.	3	»
— broyé à l'huile	—	3	80
Vert milori, 1re qualité, en grains.	—	5	»
— broyé à l'huile.	—	6	»
Vert anglais, en poudre.	—	1	10
— broyé à l'huile	—	2	»
Vitriol.	le litre	0	30
Zumatic.	le paquet	1	»

DORURE

Heures / Matériaux	Unités	Déboursés	
HEURE DE JOUR :			
de doreur, été comme hiver (outillage compris)	l'heure	1 fr.	»
MATÉRIAUX, compris transport à pied d'œuvre :			
Absinthe en herbe	le kilogr.	0	60
Bol d'Arménie	—	10	»
Blanc de Bougival	les 1040 pains	8	»
Blanc de céruse, en pierre	le kilogr.	0	56
Colle double, à doreur	—	0	22
— de parchemin	—	0	30
— de peau de lapin	—	0	16
Couleur détrempée à l'huile	—	1	05
Esprit-de-vin à 36°	—	3	»
Essence	—	1	25
Huile grasse	—	1	65
Mastic à l'huile, 1re qualité	—	0	20
Mixtion détrempée	—	2	50
Argent, 40 livrets de 25 feuilles d'argent chacun	les 1000 feuilles	20	»
Or jaune, 40 livrets de 25 feuilles d'or chacun, de 0.085×0.085, au titre de 925, pesant 12 grammes	—	62	»
Or citron, 40 livrets en feuilles semblables aux précédents, mais au titre de 888, pesant 12 grammes	—	62	»

Or vert, livrets en feuilles semblables, mais au titre de 735, pesant 12 grammes.	les 1000 feuilles	50 fr.	»
Papier de verre	les 100 feuilles	3	75
Pierre ponce, en pierre ou en poudre	le kilogr.	0	50
Platine, 40 livrets de 25 feuilles, de 0.085 × 0.085	les 1000 feuilles	80	»
Teinte dure	le kilogr.	1	10
Vernis gomme laque, pour doreur.	—	3	50
— Sœhnée.	le litre	12	»
Vermillon de France, broyé à l'huile.	le kilogr.	11	»

VITRERIE

Heures	Matériaux	Unités	Déboursés
HEURE DE JOUR, de vitrier, été et hiver (outillage compris). . .		l'heure	0 fr. 80
MATÉRIAUX :			
Blanc de Bougival		les 1040 pains	7 50
Huile de lin, épurée		le kilogr.	4 15
Mastic à l'huile, 1re qualité.		—	0 28
Pointes (4,720 pointes environ)		—	1 55
Verre demi-blanc, dans les 12 mesures courantes du commerce :			

0.69 × 0.66	0.81 × 0.57	0.96 × 0.48	1.14 × 0.39
0.72 × 0.63	0.87 × 0.54	1.02 × 0.45	1.20 × 0.36
0.75 × 0.60	0.90 × 0.51	1.08 × 0.42	1.26 × 0.33

Matériaux	Unités	Déboursés
Prix du verre simple, la caisse de 2ᵉ choix du commerce. . .		70 fr. »
— — de 3ᵉ choix — . .		51 »
— — de 4ᵉ choix — . .		46 »
Chaque caisse contient en verre simple, 60 feuilles.		
— en verre demi-double, 40 —		
— en verre double, 30 —		
La feuille est comptée pour une surface moyenne de 0ᵐ²45.		
Le mètre superficiel revient à :		

Verre	Poids du mètre carré	2ᵉ choix	3ᵉ choix	4ᵉ choix
Simple.	4ᵏ »	2ᶠ59	1ᶠ89	1ᶠ70
Demi-double	6 250	3 88	2 83	2 56
Double.	8 »	5 18	3 78	3 41

Matériaux	Unités	Déboursés
Verre cannelé, simple, dans les 12 mesures courantes du commerce.	la feuille	2 »
Verre dépoli, dans les 12 mesures courantes du commerce :		
simple.	—	1 40
demi-double	—	1 82
double.	—	2 25

MIROITERIE

Heures	Matériaux	Unités	Déboursés
HEURE de miroitier (été et hiver), premier ouvrier		l'heure	0 fr. 80
second ouvrier ou aide		—	0 70
MATÉRIAUX :			
Verres blancs (dits glaces cathédrales),			
— unis ou sablés,			
— à reliefs (rayés ou losangés),			
Epaisseur de 4 à 6 millimètres, ayant jusqu'à 3^m de longueur ou 0^m99 de largeur et ne dépassant pas 2 mètres carrés. .		le mètre superf.	4 40
Verres blancs à grands losanges, dits verres à vitraux, dans les mêmes dimensions que ci-dessus.		—	5 40
Glaces brutes ordinaires, pour toitures, pour des volumes de moins de 10 mètres superficiels, de 6 à 8 millim. d'épaisseur.		—	7 »
de 10 à 13 millim. —		—	8 10
Les dimensions sont facturées de 3 en 3 centimètres.			
Glaces non étamées, mais polies aux deux faces.			
Le prix de ces glaces est basé sur le tarif des glaces des manufactures françaises au 1er janvier 1884.			

Matériaux	Unités	Déboursés
Dalles brutes, unies ou quadrillées, coulées ou moulées, ayant moins de 35 millimètres d'épaisseur, unies	le kilogr.	0 fr. 54
quadrillées	—	0 63
Le poids par mètre carré et par centimètre d'épaisseur est d'environ 25 kilogrammes. Les dimensions sont comptées de centimètre en centimètre.		
Pavés en verre, pièces moulées, ou dalles brutes, de 35 millimètres d'épaisseur et au-dessus	—	0 81
Les frais de moule sont à la charge de l'acheteur.		

VITRAUX

Heures Matériaux	Unités	Déboursés
HEURE de coupeur	l'heure	0 fr. 90
de monteur	—	0 80
MATÉRIAUX :		
Verre blanc simple, 2ᶜ choix	le mètre superf.	2 59
Verre coulé, dit anglais : blanc	—	4 »
teinté	—	5 50
de couleur	—	6 »

Verre granulé, coulé ou à l'acide : blanc.	le mètre superf.		7 fr. 50
teinté.	—		8 »
couleurs	—		9 »
rouge foncé.	—		12 50
rouge clair.	—		13 50

	Unités	Déboursés		
		Verre simple	Verre demi-double	Verre double
Verres de couleur plaqués :				
Blanc émaillé demi-transparent.	le mètre superf.	4 fr. 60	5 fr. 75	6 fr. 90
Blanc émaillé.	—	15 »	17 »	20 »
Bleu sur blanc, teinte unie ou dégradée.	—	9 »	13 50	17 »
Jaune à l'argent.	—	12 »	14 »	16 »
Rouge sur blanc.	—	6 »	9 »	11 75
Rouge sur jaune.	—	10 »	15 »	19 »
Rose à l'or	—	» »	35 »	» »
Vert sur blanc.	—	12 50	18 »	24 »
Violet sur blanc.	—	9 »	13 »	17 »
Verres colorés dans la masse :				
Bleu cobalt clair.	—	5 »	7 50	10 »
— foncé et mixte.	—	5 50	8 »	11 »
Bleu ordinaire, mixte et foncé	—	6 50	9 50	12 »
— riche, tous les tons.	—	7 »	10 »	13 50

Matériaux	Unités	Déboursés		
		Verre simple	Verre demi-double	Verre double
Verres colorés dans la masse :				
Bleuâtre.	le mètre superf.	2 fr.50	3 fr.75	5 fr. »
Bois brun clair	—	5 »	7 50	10 »
Grisâtre.	—	2 50	3 75	5 »
Jaunâtre	—	2 50	3 75	5 »
Jaune ordinaire.	—	5 »	7 50	10 »
— XIIIe siècle.	—	5 25	8 »	10 50
Noir opaque.	—	2 25	3 75	5 »
Verdâtre.	—	2 50	3 75	5 »
Vert clair.	—	5 25	8 »	10 50
Vert olive.	—	6 »	9 »	11 50
Vert russe et émeraude.	—	8 »	12 »	15 50
Violet ordinaire.	—	5 »	7 50	10 »
— XIIIe siècle.	—	5 25	8 »	10 50
— riche.	—	6 »	9 »	11 50

Verres cannelés et losangés : mêmes prix que ci-dessus, avec une plus-value de 2 fr. 50 par mètre carré.

Matériaux	Unités	Déboursés	
Cives et Cabochons (toutes dimensions) :			
Toutes nuances, non bordées	le cent	15 fr.	»
Opales.	—	25	»
Rouges	—	40	»
Taillées carrés, losanges, ronds, de 0.03 :			
Blancs ou de couleurs.	—	15	»
Roses à l'or	—	25	50
Etain : suivant le cours.			
Plomb : simple plat, de 0.004 de largeur.	le mètre linéaire	0	15
— de 0.005 —	—	0	21
— de 0.006 —	—	0	23
— rond avec filet, 1/3 en plus des prix ci-dessus.			

TENTURE

Heures Matériaux	Unités	Déboursés	
HEURE DE JOUR de colleur, été et hiver, compris outillage. . . .	l'heure	0 fr. 75	
MATÉRIAUX :			
Bandes en tôle, de 0.027 de largeur.	le mètre linéaire	0	22
— en zinc n° 12, de 0.027 de large, le rouleau de 100ᵐ, 11 fr.	—	0	11
— en zinc n° 10, à T, de 0.05 de développement	—	0	17

Matériaux	Unités	Déboursés	
Calicot blanc, de 0.84 à 1ᵐ de large	le mètre linéaire	0	40
— écru, de 0.95 de large	—	0	40
Colle de pâte.	le kilogr.	0	10
Molleton, largeur 1ᵐ40	le mètre linéaire	1	30
Papier gris, azuré, rose, pâte bien collée et sans bouton, pesant 21ᵏ la balle de 100 rouleaux, ayant chacun 8ᵐ × 0.50.	100 rouleaux	15	»
— bulle ou blanc, pesant 23 kilogr. la balle	—	19	»
— goudron Cardon	le mètre superf.	0	15
— bleu pour armoires ou rayons, la rame de 20 mains, donnant une surface de quatre mètres par main. . .	la rame	4	»
— métallique doublé d'étain, le rouleau de 8 feuilles de 100 × 0.50, pesant 1 kilogr.	le rouleau	4	»
Pointes, le paquet de 5 kilogr., 4 fr. 75	le kilogr.	0	95
— par moins de 5 kilogr.	—	1	40
Pointes galvanisées à zinc	—	1	70
Semences par paquet de 5 kilogr., 4 fr. 50	—	0	90
— par moins de 5 kilogr.	—	1	20
— galvanisées, par paquet, 6 fr. 75	—	1	35
— par moins de 5 kilogr.	—	1	80
Toile, dite de Paris, de 1.10 de largeur, la pièce de 64 mètres, 30 fils par décimètre carré, 8 fr. 75	le mètre linéaire	0	14
Toile forte, pour charnières de paravents, de 0.80 de largeur. .	—	0	80

SCULPTURE D'ORNEMENT
en carton-pierre, plâtre et staff

Heures — Matériaux	Unités	Déboursés
HEURE du mouleur en plâtre (9 heures par jour de travail effectif).	l'heure	1 fr. 25
— du cartonnier estampeur ou poseur (10 heures en été et 9 heures en hiver de travail effectif par jour).	—	1 20
MATÉRIAUX :		
Colle forte.	le kilogr.	0.90 à 1.25
Colle de peau double.	—	0 25
Craie pulvérisée	les 100 kilogr.	6 50
Gélatine.	le kilogr.	2.75 à 3.25
Huile cuite pour mouleurs	—	2 »
Plâtre fin du mouleur	les 100 kilogr.	5 »
Savon vert.	le kilogr.	0 60
Soufre en canon.	—	0 35
Étoupe.	—	0 90
Fils de zinc, suivant grosseur.	—	3 » à 3.60
Papier de soie	—	0 90
— d'oranges	—	0 70
— roux	—	0 40
Pointes en fer, le paquet de 5 kilogr. suivant longueur	les 5 kilogr.	6.75 à 5 »
— en zinc, id. id.	—	8.60 à 6.10

Matériaux	Unités	Déboursés
Talc de Venise.	le kilogr.	0 fr. 20
Toile écrue pour staff, par pièce de 75 mètres	la pièce	35 »
Zinc, par bottes de 5 kilogr. : P P.	les 5 kilogr.	15 50
P.	—	13 50
n° 1	—	12 50
n° 2	—	10 75
n° 3	—	7 50

PAVAGE

Heures — Matériaux	Unités	Déboursés
HEURE DE JOUR : de paveur ou dresseur (outillage compris).	l'heure	0 fr. 75
d'aide paveur.	—	0 50
de piqueur de grès	—	0 80
MATÉRIAUX :		
Cailloux, de 0.02 à 0.06 de grosseur	le mètre cube	7 50
Chaux hydraulique en poudre :		
1° De Beffes, de Bondy, de Châteauroux, des Moulineaux, de la Mancellière, d'Echoisy, pesant 600 kilos le mètre cube.	—	23 »

2° De Bougival, Berry-au-Bac, de Romainville, de Trouville, de Bar-le-Duc, pesant 500 kilogr. le mètre cube	le mètre cube	22 fr.	»
3° De Montreuil, d'Etampes, de Tournay, du Parc-des-Princes, pesant 500 kilogr. le mètre cube	—	20	»
4° Naturelle de Saint-Quentin	les 100 kilogr.	7	50
5° Du Teil, de Xeuilly	—	5	»
Ciment : Vassy	—	5	50
Portland, pesant 1100 kilogr., à prise lente	—	6	75
Gravier ou gravillon	le mètre cube	9	»
— dit mignonnette	—	12	»
Pavés de Fontainebleau :			
gros, de 0.22 à 0.23 sur les trois dimensions	le mille	580	»
bâtards, de 0.18 à 0.19 de face, sur 0.19 de hauteur . .	—	365	»
dits de deux, de 0.18 à 0.20 de côté et de 0.08 à 0.10 d'épaiss.	—	270	»
Pavés de la Juine ou de l'Yvette :			
gros pavés, de 0.22 en tous sens, 1ᵉʳ choix	—	750	»
id. id. 2ᵉ choix	—	660	»
de 0.14 × 0.20 × 0.16, 1ᵉʳ choix	—	460	»
id. 2ᵉ choix	—	395	»
de 0.10 × 0.16 × 0.16, 1ᵉʳ choix	—	290	»
id. 2ᵉ choix	—	235	»
Pavés cubiques, de 0.19 en tous sens	—	450	»
de 0.16 —	—	325	»
Pavés méplats, de 0.19 × 0.19 × 0.10	—	260	»
de 0.16 × 0.16 × 0.10	—	210	»
de 0.14 × 0.14 × 0.07	—	180	»

Matériaux	Unités	Déboursés	
Refente de vieux pavés : (500 gros pavés fendus donnent 1000 pavés de deux). — Refente de 500 pavés, compris 2 francs pour frais d'outils (déchet de refente, 20 pavés pour mille)	les 500	25 fr.	»
Pavés refendus	le mille	320	80
Pavés vieux, moitié prix des pavés neufs.			
Pavés en bois neufs, de 0.22 × 0.08 × 0.10 d'épaiss. (créosotés).	—	175	»
Pavés en bois vieux, de 0.11 à 0.14 de hauteur.	—	100	»
Sable de rivière	le mètre cube	6	75
Sable de plaine	—	5	50

STUC

Heures	Matériaux	Unités	Déboursés	
HEURE DE JOUR (été comme hiver) :				
de stucateur		l'heure	0 fr.	80
d'aide stucateur		—	0	55
de compositeur et tailleur de stuc.		—	0	90
de polisseur de stuc.		—	0	70
MATÉRIAUX :				
Brun Van Dyck				
Bleu d'outre-mer, ou bleu Guimet.		le kilogr.	1	80
		—	4	»

Chiffon	le kilogr.	1 fr. 50
Colle de Givet	—	2 »
Cire vierge	—	6 »
Eponge Gerby non dessablée, par chapelet de 18	le chapelet	7 »
— dessablée, blonde	le kilogr.	40 »
Jaune de chrome	—	4 25
Laque carminée	—	16 »
Noir d'Allemagne, fin	—	4 80
Noir broyé à l'eau	—	1 »
Ocre jaune et rouge	—	0 40
Pierre ponce	—	0 35
Prèle	—	3 »
Terre d'ombre et terre de Sienne calcinée	—	1 75
Plâtre d'albâtre	les 100 kilogr.	22 »
— de stucateur	—	5 »
Plâtre ciment :		
anglais, 1re qualité, beau blanc	—	26 15
— 2e qualité, rouge brique	—	16 15
français, 1re qualité, beau blanc	—	24 »
— 2e qualité, blanc moyen ou rose	—	11 »
— 3e qualité, commun, ton de pierre et ton rose pour hourdis et jointoiement	—	7 »

FUMISTERIE

Heures — Matériaux	Unités	Déboursés
HEURE DE JOUR (été ou hiver) :		
de compagnon fumiste	l'heure	0 fr. 70
de compagnon tôlier	—	0 80
de garçon fumiste ou tôlier	—	0 45
de briqueteur fumiste	—	0 725
de garçon briqueteur fumiste	—	0 50
MATÉRIAUX :		
Boisseaux Gourlier, circulaires, etc. (Voir Maçonnerie).		
Brique de Bourgogne, $0.22 \times 0.11 \times 0.054$, brune ou grise . . .	le mille	78 »
— Façon Bourgogne, rive gauche :		
de $0.22 \times 0.11 \times 0.054$ à 0.06, 1re qualité	—	58 »
id. 2e qualité	—	52 »
— lisse à table	—	64 »
— réfractaire, 1re qualité	—	100 »
2e qualité	—	80 »
Briquette, de $0.22 \times 0.11 \times 0.034$	—	55 »

Carreaux d'âtre carrés :			
de Bourgogne, de 0.16	le mille	70 fr.	»
de pays, de 0.16	—	60	»
Carreaux de faïence :			
de 0.11, 1ᵉʳ choix	—	70	»
2ᵉ choix	—	62	50
de 0.16, 1ᵉʳ choix	—	350	»
2ᵉ choix	—	300	»
de 0.20, 1ᵉʳ choix	—	490	»
2ᵉ choix	—	410	»
Carreaux carrés en faïence blanche, à émail transparent :			
de 0.10, 1ᵉʳ choix	—	136	35
2ᵉ choix	—	110	90
de 0.15, 1ᵉʳ choix	—	292	65
2ᵉ choix	—	200	»
de 0.20, 1ᵉʳ choix	—	545	50
2ᵉ choix	—	409	50
Chandelle	le kilogr.	1	20
Mitre, mitron (Voir Maçonnerie).			
Terre à four	le mètre cube	11	»

CHAPITRE V

PRIX DE RÈGLEMENT

DANS LES TRAVAUX DU BATIMENT

Observation générale. — Les prix de règlement ci-après sont composés :

1° Des déboursés pour la main-d'œuvre et les fournitures ;
2° Des faux frais calculés sur la main-d'œuvre seulement ;
3° Des bénéfices appliqués au prix de la main-d'œuvre, des fournitures et aux faux frais.

TERRASSE

Pour la terrasse, les faux frais sont fixés à 5 fr. 50 p. 0/0 ; le bénéfice à 10 fr. p. 0/0.

Heures	Unités	Prix de règlement
HEURE DE JOUR : de terrassier	l'heure	0 fr. 70
de puisatier.	—	0 87
d'aide puisatier	—	0 70

Aucun travail ne doit être exécuté à l'heure que sur ordre écrit ; des attachements journaliers constateront le temps passé et les travaux auxquels il aura été employé. L'entrepreneur devra dresser ses attachements en double et les faire reconnaître en temps utile.

HEURE SUPPLÉMENTAIRE :

Les heures supplémentaires jusqu'à 8 heures du soir se payent même prix que les heures de jour.

HEURE DE NUIT :

A partir de 8 heures du soir jusqu'à 6 heures du matin et à défaut des conventions spéciales, les heures sont payées double des heures de jour.

HEURE DE VOITURE :

à 1 cheval, conducteur compris . . . . l'heure	1 fr.	62
à 2 chevaux, — . . . . —	2	55
à 3 chevaux, — . . . . —	3	25

MATÉRIAUX (Ouvrages au mètre linéaire et au mètre superficiel) :

Ouvrages au mètre linéaire

Pour fouille en terrain ordinaire :

de 0.40 à 0.50 de largeur, pour pose de tuyaux en terre, grès, fonte et plomb, compris jet, reprise de terre en remblai et pilonnage, jusqu'à 0.50 de profondeur. 0 49

Chaque décimètre de profondeur en plus 0 12

Pour fouille dans le tuf résistant (moitié en sus des prix précédents).

Ouvrages au mètre superficiel

Fouille de chaussée macadamisée, de 0.15 d'épaisseur, avec rangement. . 1 40

Repiquage, ou déblai de terre, jusqu'à 0.05 d'épaisseur 0 11

Chaque épaisseur de 0.05 en plus, jusqu'à 0.25 exclusivement 0 04

Matériaux	Prix de règlement
Dressement et nivellement de sol :	
ordinaire avec pilonnage.	0 fr. 09
au rouleau à bras d'homme	0 35
Régalage en terre, sable, cailloux ou salpêtre :	
jusqu'à 0.05 d'épaisseur	0 06
de 0.05 à 0.15 d'épaisseur	0 08
de 0.15 à 0.25 —	0 09
Démolition de dallage en bitume avec arrangement, non compris béton. .	0 09

Ouvrages au mètre cube

	De terre ou gravois	De tuf	De terre glaise	Roche, gypse, etc.
Fouille, compris nivellement des faces et des fonds :				
En excavation ou déblai, de 0.25 d'épaisseur et au-dessus	0 fr. 56	0 fr. 73	0 fr. 98	2 fr. 44
En rigoles ou tranchées, jusqu'à 2^m de largeur au fond (compris jet sur berge)	1 14	1 71	2 »	3 66

Matériaux	Prix de règlement
Plus-values pour fouilles :	
dans l'embarras des étais	1/4
dans l'embarras des racines	3/4
dans l'eau sans embarras d'étais	1/2
dans l'eau avec embarras d'étais	3/4

	Prix de règlement		
	Terre ou gravois	De tuf	Terre glaise
Jet de pelle :			
sur berge	0 fr. 41	0 fr. 51	0 fr. 62
sur banquette, à partir de 1.80 de profondeur et par hauteurs successives de 1.80, compris échafaudages.	0 47	0 59	0 71
horizontal, jusqu'à 2ᵐ de distance	0 23	0 29	0 35
Pour chargement :			
en brouette	0 35	0 38	0 42
en tombereau	0 39	0 43	0 47
à la hotte ou au seau	0 70	0 77	0 84
Montage, le premier mètre de profondeur :			
à la hotte ou au seau	0 56	0 62	0 67
au treuil et au seau	0 33	0 36	0 40
à la corde et au seau	0 56	0 62	0 67
Plus-value pour chaque mètre de profondeur en plus :			
à la hotte ou au seau	0 26	0 29	0 31
au treuil et au seau	0 18	0 20	0 22
à la corde et au seau	0 30	0 33	0 36

Matériaux	Prix de règlement	Terre	Tuf	Terre glaise
Pilonnage : en excavation, rigoles, tranchées ou trous, par couches de 0.20 de hauteur.	0 fr. 14			
Par immersion, compris fourniture et transport de l'eau nécessaire . . .	0 11			
Régalage, compris dressement de terre, sable, cailloux ou salpêtre, de plus de 0.25 de hauteur	0 23			
Remblai, compris piochement nécessaire et jet pour remblai.	0 35			
Transport :				
A la brouette : par relais de 30 mètres sur un chemin horizontal ou descendant, ou de 20 mètres sur un chemin montant de plus d'un dixième, compris planchers nécessaires.		0 fr. 35	0 fr. 38	0 fr. 42
Pour chaque relais suivant commencé, mais incomplet, il sera déduit pour chaque quart de relais en moins (chaque quart commencé est dû en entier).		0 08	0 09	0 10
A la hotte ou au seau : pour chaque relais, comme ci-dessus.		0 53	0 58	0 63
Pour chaque quart en moins, comme il est dit ci-dessus.		0 13	0 14	0 15
Au tombereau, dans un endroit désigné à l'entrepreneur : à 100 mètres de distance, compris le temps du chargement et du déchargement		0 89	0 98	1 07
Chaque relais de 100 mètres en plus, jusqu'à 500 mètres.		0 19	0 21	0 23

Chaque relais de 100 mètres en plus des 500 premiers mètres.	0 fr. 11	0 fr. 12	0 fr. 13
Aux décharges publiques, à quelque distance que ce soit, non compris chargement, mais compris le temps perdu pendant le chargement, le déchargement et le droit de décharge.	4 49	4 94	4 49
Les prix ci-dessus s'appliquent à des cubes mesurés au vide de la fouille ou du déblai et comprennent un foisonnement de un quart; il en résulte que le prix de l'enlèvement de un mètre cube de terre mesuré dans le tombereau sera obtenu en réduisant de 1/5ᵉ les prix ci-dessus, soit	3 60	3 96	3 60

Construction moderne.

MAÇONNERIE

Pour la maçonnerie, les faux frais sont fixés à 17 fr. p. 0/0; le bénéfice à 10 fr. p. 0/0.

Heures	Prix de règlement
HEURE DE JOUR :	
de tailleur de pierre pour ravalement, compris outillage	1 fr. 30
de tailleur de pierre.	0 97
de poseur.	0 97
de contreposeur.	0 77

Heures — Matériaux	Prix de règlement
HEURE DE JOUR :	
de ficheur	
de pinceur	0 fr. 77
de bardeur	0 77
de moucheteur ou enduiseur	0 77
de maçon	1 25
de limousin	0 96
de garçon maçon ou limousin	0 77
de briqueteur	0 62
de garçon briqueteur, moucheteur ou enduiseur	0 94
de gardien de ruc	0 64
	0 55

Même observation que pour la terrasse, pour le travail à l'heure et les attachements journaliers.

HEURES DE NUIT :

Les heures de nuit sont payées le double des heures de jour.

TRAVAUX FAITS A LA LUMIÈRE :

Il sera accordé à l'entrepreneur une plus-value pour les fournitures d'éclairage déboursées par lui, en outre des stipulations ci-dessus.

Matériaux	Evaluat. en légers
MATÉRIAUX (Evaluation de légers ouvrages) :	
Aire en plâtre, de 0.03 d'épaisseur, non compris bardeaux	0ᵐ25
— compris bardeaux en chêne, de 0.04 × 0.07	0 50
Chaque centimètre en plus ou en moins	0 065

Auget ordinaire, ayant au moins 0.02 d'épaisseur au fond.	0ᵐ42
— cintré en gorge.	0 50
— en sous-œuvre, plus-value sur les évaluations ci-dessus	0 05
Cendrier de fourneau de cuisine.	0 50
Cloison en carreaux de plâtre, de 0.08 d'épaisseur, légère, avec deux lattis, les lattes espacées de 0.10 d'axe en axe et deux enduits en plâtre au sas.	1 »
Cloison, idem, mais enduite en plâtre au panier	0 92
Crépi plein, sur briques, moellons, meulières :	
en mur neuf.	0 17
en mur vieux, compris hachement de l'ancien crépi	0 25
Crépi moucheté au balai.	0 30
Crépi renfortis sur tuyaux de chute, de fumée, pour atteindre l'épaisseur réglementaire en plus de l'enduit (par chaque 0.01 d'épaisseur).	0 07
Enduit en plâtre au panier, compris crépi et gobetage, de 0.01 à 0.02 d'épaisseur : sur partie neuve, au-dessus de 0.35 de largeur.	0 21
sur partie vieille, au-dessus de 0.35, compris hachement de l'ancien enduit.	0 29
Enduit en plâtre au sas, sur briques, moellons, pans de bois, etc., compris gobetage et crépi :	
de 0.35 de large et au-dessous. Sur embrasure — sur partie vieille, compris hachement de l'ancien enduit.	0 41
sur partie neuve.	0 33
au-dessus de 0.35 de largeur. sur partie neuve	0 25
sur partie vieille, compris hachement de l'ancien.	0 33
sur plafonds et lambris neufs en bois ou en fer.	0 50
sur plafonds et lambris vieux, compris hachement.	0 58

Matériaux	Evalnat. en légers
Plus-values sur les évaluations ci-dessus :	
Pour tous crépis ou enduits en plâtre sur meulière	0ᵐ08
Circulaire à simple courbure sur mur, cloison, etc.	0 05
— à double courbure sur mur, cloison, etc.	0 15
— à simple courbure sur plafonds, lambris en bois ou fer . . .	0 075
— à double courbure sur plafonds, lambris en bois ou fer . . .	0 25
Pour simuler la brique, compris ocre avec joints tirés au crochet et remplis en blanc.	0 50
Pour emploi de plâtre teinté ton pierre ou autres	0 05
Entrevous enduit en plâtre : entre solives en bois, mesuré sans déduction des bois compris nus.	0 33
Entre solives en fer, mesuré sans déduction des fers compris nus	0 60
Hourdis plein, pour planchers et voûtes en bois et en fer, compris façon en augets cintrés sur le dessus et cintrage en planches dessous :	
En plâtre et plâtras fournis,	
de 0.12 d'épaisseur, pour planchers en bois.	0 60
pour chaque centimètre d'épaisseur en plus ou en moins.	0 045
de 0.08 d'épaisseur, pour planchers en fer.	0 55
pour chaque centimètre d'épaisseur en plus ou en moins.	0 045
En plâtras non fournis et plâtre,	
de 0.12 d'épaisseur, pour planchers en bois	0 50
pour chaque centimètre d'épaisseur en plus ou en moins.	0 03
de 0.08 d'épaisseur, pour planchers en fer	0 50

pour chaque centimètre d'épaisseur en plus ou en moins.	0ᵐ03

Jointoiement et crépi apparent :

sur mur neuf, compris dégradation nécessaire des joints	0 125
sur mur vieux, id.	0 17
sur brique neuve ou vieille, id.	0 17
sur carreaux de plâtre, id.	0 125

Lambourdes :

scellées dans l'aire	0 17
élevées et scellées sur l'aire avec solin de chaque côté	0 33
élevées et scellées sur petits murs avec solin de chaque côté et chaînes en travers espacées de 0.80 au plus avec écartement minimum de 0.45 d'axe en axe.	0 42
Plus-value pour scellements de 0.15 à 0.25 de hauteur, pour chaque centimètre en plus	0 01

Languette cintrée, pigeonnée et ravalée des deux côtés, de 0.06 d'épaisseur.	0 85
— de 0.06 d'épaisseur, ravalée d'un seul côté.	0 60
Pour chaque centimètre en moins de 0.06, il sera diminué	0 07

Lattis : espacé de 0.10 d'axe en axe, en cœur de chêne et cloué, pour cloison, pan de bois et plafond.	0 085
— jointif non cloué, pour aire	0 25
— — cloué avec lattes en travers, pour aire	0 33
— — cloué avec lattes en travers, pour cloison, pan de bois et plafond	0 45
— vieux non fournis, pour aire (montage et pose).	0 05
Paillasse, de fourneau de cuisine.	0 40

Matériaux	Evaluat. en légers
Plaque en fonte, de contre-cœur, pour pose, coulis, solins et scellement des pattes : jusqu'à 0.50 de surface.	0ᵐ45
au-dessus de 0.50 de surface	0 33
Recouvrement-enduit en plâtre, pour cloison, pan de bois et lambris :	
avec lattis espacé de 0.10 d'axe en axe	0 33
avec lattis jointif.	0 75
avec augets ordinaires sur lattis espacé.	1 »
de plafond rampant d'escalier, non compris hourdis. . .	1 »
de boisseaux ronds ou rectangulaires, pour tuyaux adossés, y compris garnissage des angles, de plus de 0.35 de largeur.	0 33

Évaluation du prix de l'unité :

La cloison légère de 0.08 d'épaisseur est prise pour unité de légers et vaut 4 fr. Cette cloison se divise dans les évaluations ci-dessus comme suit :

$$
\begin{array}{lrcl}
\text{Hourdis} . . . . & 0.33 \times 4^f & » = & 1^f 32 \\
\text{2 lattis chaque } 0.085 . . . . . . & 0.17 \times 4^f & » = & 0^f 68 \\
\text{2 enduits chaque } 0.25 . . . . . . & 0.50 \times 4^f & » = & 2^f » \\
\hline
\text{Total} . . . . . . & 1.00 \times 4^f & » = & 4^f »
\end{array}
$$

Donc, pour avoir le prix en argent du mètre superficiel de chacun des ouvrages évalués en légers, il suffit de multiplier l'évaluation par 4 francs, prix de l'unité.

Ex. : L'aire en plâtre vaut 0ᵐ25 de légers à 4 fr., soit 0ᵐ25 × 4ᶠ = 1 fr.

Évaluations au mètre linéaire

Pour obtenir le prix en argent du mètre linéaire de chacun des ouvrages évalués en légers, il suffit de multiplier l'évaluation par le prix de l'unité de légers, 4 francs.

Arête : droite.	0ᵐ05
— arrondie.	0 06
Bandeau saillant, simple, en plâtre	0 25
— — avec larmier	0 30
Crevasse hachée et bouchée en plâtre, jusqu'à 0.12 de largeur :	
en mur, pan de bois et cloison.	0 05
en plafond ou en ravalement.	0 08
à la corde nouée	0 15
Capucine.	0 25
Descellement au pourtour des bâtis, huisseries, dormants de croisées, etc.	0 015
Feuillure en plâtre	0 10
Joints tirés au crochet sur enduits.	0 03
Moulure, traînée au calibre, sur ravalement neuf ou vieux :	
chaque face plane, jusqu'à 0.05 de largeur	0 05
chaque face courbe, jusqu'à 0.10 de largeur	0 10
La moulure courant circulairement, soit sur un plan droit, soit sur une surface circulaire ou elliptique, sera évaluée 1/3 en sus de celle droite.	1 33
La moulure sur surface à double courbure sera évaluée au double de son développement	2 »
Pour l'emploi du plâtre passé au tamis de soie dans l'exécution des moulures, le produit en légers sera, s'il a été prescrit par ordre spécial écrit, multiplié par	1 10

Matériaux	Evaluat. en légers
Moulure :	
Les angles retournés, sur surfaces verticales ou horizontales, seront ajoutés à la longueur des moulures :	
l'angle saillant pour.	0^m15
l'angle rentrant pour	0 20
les amortissements pour.	0 05
Les angles formés par la rencontre d'une partie droite avec une partie circulaire seront comptés :	
l'angle saillant pour.	0 20
l'angle rentrant pour	0 35
Les angles formés par la rencontre de deux parties circulaires seront comptés :	
l'angle saillant pour.	0 30
l'angle rentrant pour	0 45
Naissance, sur mur :	
de 0.12 à 0.20 de largeur	0 08
de 0.21 à 0.30 —	0 15
de 0.31 à 0.35 —	0 20
Au-dessus de 0.35 les naissances seront comptées en surface.	
Naissance, sur plafond :	
dans les mêmes dimensions que celles sur mur, seront augmentées de moitié (y compris lardis de clous).	

Lardis de clous : sur deux rives (espacement de 0.10), sans fourniture de
clous. 0ᵐ015
Rejointoiement, sur vieille construction en pierre, compris la dégradation
des joints. 0 05
Solin ou *Calfeutrement* :
    au pourtour des dormants de croisée, des planchers en menuiserie,
      collets de marches. 0 05
    de mangeoires, tuyaux de descente. 0 10
    d'auvent et autres semblables 0 20

	Diamètres					
	0.11	0.13	0.16	0.19	0.22	0.25
Pot, dit tuyau à ventouse, en terre cuite, de 0.32 de hauteur, isolé ou réuni, fourni et posé :						
Posé nu	0ᵐ45	0ᵐ50	0ᵐ55	0ᵐ65	0ᵐ75	0ᵐ85
Avec chemise en plâtre, de 0.03 d'épaisseur, compris arêtes	0 70	0 80	0 90	1 »	1 20	1 30
Avec collets en mastic et chemise en plâtre, compris arêtes	0 80	0 90	1 05	1 15	1 40	1 55

Tranchée :
    sur moellon, meulière ou brique, pour former sommier devant rece-
      voir un arc ou une voûte. 0ᵐ10
—   et scellement en moellon ou plâtre, jusqu'à 0.40 à l'équerre. 0 10

Matériaux	Évaluat. en légers
Pose de tuyaux en fonte, compris trous et scellements de brides et crochets :	
pour chutes d'aisances de plus de 0.11 de diamètre, posé nu.	0ᵐ30
avec chemise en plâtre de 0.03 d'épaisseur.	0 80
pour ventouse ou descente d'eau de 0.11 de diamètre au plus, posé nu.	0 25
avec chemise en plâtre	0 60
posé à la corde à nœuds (compris la location, la pose et la dépose), posé nu, tuyaux de 0.22 et 0.11	0 50
avec collets en ciment, tuyaux de 0.11 au plus	0 55
— tuyaux de plus de 0.11	0 60
Dépose de tuyaux en fonte : moitié de la pose.	
Évaluation à la pièce	
Chambranle de cheminée à la capucine et à modillons, pour pose, compris trous et scellement des pattes : sans foyer	0 60
avec foyer	0 75
Pour dépose, avec rangement : sans foyer	0 20
avec foyer	0 25
Poissonnière (pose et scellement d'une).	0 20
Réchaud, pour pose et scellement	0 15
— économique, pour pose, rétrécissements et ventouse	0 50
Siège d'aisances, à effet d'eau et à bascule, pour pose, compris massif et solins.	0 50
— pot de siège ordinaire, compris massif et solins.	0 30
Trou, compris scellement : d'ancres, chaînes, tirants en moellon ou plâtras (le mètre linéaire).	0 10
— en moellon ou plâtras (à la pièce), jusqu'à 0.32 de côté et par centimètre de profondeur.	0 01

MORTIERS

Ouvrages au mètre cube

		Prix de règlement		
	N° 1. Composé d'une partie de ciment et de cinq parties de sable de rivière	N° 2. Composé d'une partie de chaux ou de ciment et trois parties de sable de rivière	N° 3. Composé d'une partie de chaux ou de ciment et deux parties de sable de rivière	N° 4. Composé d'une partie de chaux ou de ciment et une partie de sable de rivière
Mortiers (au mètre cube)				
De chaux hydraulique :				
A (de Montreuil-sous-Bois, du Parc aux Princes, de Tournay, d'Etampes (pesant 500 kilogr. le mètre cube)...	»f. »	17f.10	19f.30	20f.85
B (de Guérigny, de Trouville et Bar-le-Duc, de Bougival, de Bettrechies, de Romainville, de Berry-au-Bac (pesant 550 kilogr. le mètre cube) ...	» »	17 80	20 35	23 05
C (d'Argenteuil, de Beffes, de Bondy, de Château-roux, de Mussy, de Moulineaux, de Sou-langes, d'Ancy-le-Franc, naturelle des Lou-vières, de la Mancellière, de Ville-sous-la-Ferté (pesant 600 kilogr. le mètre cube)..	» »	18 25	20 85	25 45
D du Teil et de Xeuilley. ...	» »	31 65	39 70	42 »
E (naturelle de Saint-Quentin (marque Agom-bard) ...	» »	42 55	55 »	57 25

Mortiers (au mètre cube)

De ciments dits *romains*, ordinaires, à prise rapide :

	Prix de règlement			
	Nº 1. Composé d'une partie de ciment et de cinq parties de sable de rivière	Nº 2. Composé d'une partie de chaux ou de ciment et trois parties de sable de rivière	Nº 3. Composé d'une partie de chaux ou de ciment et deux parties de sable de rivière	Nº 4. Composé d'une partie de chaux ou de ciment et une partie de sable de rivière
F — d'Argenteuil, de Montreuil-sous-Bois, de Boulogne-sur-Mer, d'Auxerre, de Charenton, de la Grande-Chartreuse (marque Vicat et Cie), de Saint-Quentin (marque Gallet)	»f. »	29f. »	34f.85	44f.20
G — Ciments à prise rapide, de Vassy, de Courterolles, de l'Isle-Sainte-Colombe.	» »	32 30	39 40	50 87

De ciments dits *de Portland*, à prise lente, pesant plus de 1100 kilogr. le mètre cube :

H — surcuit du bassin de Paris (marques Barbier, Pincherat, Schacher), de Ville-sous-la-Ferté, de Deuremont (marque Candlot et Cie), du Teil, de Grenoble (marque Porte de France). .	» »	39 70	49 80	66 85

De ciments Portland, à prise lente, pesant plus de 1200 kilogr. le mètre cube :

du Pas-de-Calais, de Boulogne-sur-Mer (marques Demarle et Lonquety), Compagnie nou-

I — velle des ciments du Boulonnais (marque Sphinx), de Neufchâtel (marques Darsy, Lefèvre, Sollier), de Grenoble (marque de la Porte de France), de la Grande-Chartreuse (marque Vicat et Cie), de Frangey (marque Quillot frères)	33 f.40	48 f.40	62 f.85	84 f.55
De ciments Portland, à prise lente, pesant plus de 1200 kilogr. le mètre cube :				
J — de Grenoble (marque de la Porte de France n° 2), de Valbonnais (marque Pelloux et Cie).	36 10	52 95	68 20	93 70
K — Ciment artificiel de Vicat et Cie, de double cuisson.	42 50	63 75	83 10	115 45
Ciments de laitier, à prise lente et pesant plus de 1000 kilogr. le mètre cube :				
L — de Saulnes, de Vitry-le-François, de Donjeux, de Neuves-Maisons	31 85	45 80	55 47	75 20

BÉTONS :

de *cailloux*, composé de 0.500 de mortier A n° 2 et de 0.800 de cailloux lavés et sable, compris façon du mortier, du béton, lavage du caillou et pilonnage par couches de 0.20 d'épaisseur	20 fr.20
de *meulière*, composé comme ci-dessus, de 0.500 de mortier A n° 2 avec 0.800 de meulière, façon comme ci-dessus.	25 40

Plus-values sur les prix des bétons ci-devant, pour l'emploi de mortier n° 2 :

Avec chaux hydraulique				Avec ciment							
B	C	D	E	F	G	H	I	J	K	L
0 f. 36	0 f. 55	4 f. 15	8 f. 15	4 f. 31	6 f. 34	10 f. 50	14 f. 80	17 f. 05	22 f. 40	12 f. 65

Ces plus-values ne seront admises que sur la production d'ordres et attachements constatant bien la nature et l'emploi des chaux qui y sont visées.

OUVRAGES DIVERS

Bardage de la pierre (au mètre cube) :

Le bardage à 100 mètres faisant partie des éléments qui composent les prix de la pierre neuve ou vieille posée, il ne sera pas alloué de plus-value de bardage que lorsque la pierre aura été taillée dans un chantier autre que celui de la construction.

Le bardage par hommes ne sera admis que pour une distance maxima de 500 mètres.

1° Cas où ce chantier aura été cédé gratuitement à l'entrepreneur :
Si le bardage a été fait au moyen d'hommes, pour chaque relais de 100 mètres. . . . .

Prix de règlement

1 fr. »

Si le bardage a été fait au moyen de chevaux, pour chaque relais de 100 mètres	0 fr. 65	

2° Cas où le chantier aura été loué à l'entrepreneur ou lui appartiendra, quelle que soit la distance de ce chantier à pied d'œuvre, il lui sera tenu compte d'excédent de bardage, en ayant égard seulement à la zone dans laquelle se trouvera la construction, comme suit :

Si le chantier de construction se trouve dans les i^{er}, iie, iiie et ive arrondissements	8	»
Si le chantier de construction se trouve dans les ve, vi^{e}, viie, viiie, ixe, x^{e} et xie arrondissements.	6	50
Si le chantier se trouve dans les xiie, xiiie xive, xve, xvie, xviie, xviiie, xixe et xxe arrondissements	6	»

Montage de pierre (au mètre cube), compris transport et établissement des appareils quels qu'ils soient :

approche, brayage et débrayage.	1	55
pour chaque mètre de montage.	0	40

Brique pleine (au mètre cube) :

Les prix des briques sont établis en prévision de joints verticaux et horizontaux de 0.007 à 0.01 d'écartement.

Si les joints atteignent 0.01 à 0.015 d'écartement, les prix seront diminués de 6 0/0.

S'ils atteignent 0.02, les mêmes prix seront diminués de 10 0/0.

Ouvrages divers	Prix de règlement		
	Pour massif et mur en fondation	Pour mur en élévation jusqu'à 10 mètres de hauteur	Pour voûte en berceau, arc, hourdis de plancher, de comble, de poitrail
Brique pleine (au mètre cube) :			
Hourdée en plâtre ou en mortier A n° 2,			
De Bourgogne : de choix à arêtes vives, dite moule d'acier.	» f. »	75 f. 75	77 f. 35
ordinaire, brune ou grise, de 0.22 × 0.11 × 0.054	70 80	72 40	73 95
De Chambly :			
calibrée, de 0.22 × 0.11 × 0.055 à 0.06, blanche.	60 55	61 90	63 65
ordinaire. id. rouge.	55 75	57 10	58 90
dure, de choix, de 0.22 × 0.11 × 0.065	45 70	47 10	48 85
De Gournay :			
repressée, à arêtes vives, rouge ou blanche, de 0.22 × 0.105 × 0.062	60 60	61 95	63 75
grise, de 0.22 × 0.105 × 0.055	63 75	65 10	66 85
rouge ou blanche, de 0.22 × 0.105 × 0.055	61 75	63 10	64 85
De Montreuil-sous-Bois : de 0.22 × 0.11 × 0.06	49 65	51 »	52 80
De Paris, dite façon Bourgogne : de 0.22 × 0.11 × 0.054 à 0.060, avec marque du fabricant, rive gauche, 1re qualité	54 55	55 90	57 70

rive gauche, 2e qualité	50 f. 95	52 f. 30	54 f. 10
rive droite, 1re qualité	48 60	49 95	51 70
de qualité inférieure, dite de plaine	39 »	40 35	42 10
De Saint-Brice : de $0.22 \times 0.11 \times 0.065$	51 15	52 50	54 25
De Saint-Pierre-les-Elbeuf :			
malaxée, repressée, blanche, de $0.22 \times 0.11 \times 0.065$ . . .	53 30	54 65	56 40
repressée, rouge, de $0.22 \times 0.11 \times 0.06$.	54 25	55 60	57 35
rouge ordinaire, de $0.22 \times 0.11 \times 0.06$	49 65	51 »	52 80
De Sarcelles : rebattue, de $0.22 \times 0.11 \times 0.06$.	53 10	54 45	56 20
D'Essonnes, de $0.22 \times 0.11 \times 0.054$: grise rebattue	65 »	66 35	68 10
décorative, rouge ou blanche, à arêtes vives, pour brique-			
tage apparent	» »	72 40	73 90

Plus-values sur les prix des briques ci-dessus pour l'emploi dans le hourdis de mortier n° 2 :

Avec chaux hydraulique				Avec ciment et sable tamisé							
sans sable tamisé		et sable tamisé									
B	C	D	E	F	G	H	I	J	K	L
0 f. 14	0 f. 22	3 f. 05	5 f. 05	2 f. 60	3 f. 20	4 f. 55	6 f. 10	6 f. 90	8 f. 85	5 f. 30

Ouvrages divers	Prix de règlement		
	Pour mur en fondation	Pour mur en élévation	Pour voûtes, arcs, hourdis de plancher, comble, poitrail, etc.
Brique creuse (au mètre cube), percée de un ou plusieurs trous, hourdée en plâtre ou en mortier A n° 2 :			
Brique du bassin de Paris, bien faite, 1re qualité :			
de 0.22 et 0.15 × 0.045.	49 f. 95	51 f. 50	53 f. 80
de 0.22 et 0.16 × 0.045.	49 75	51 30	53 65
de 0.22 et 0.11 × 0.065.	50 »	51 55	53 85
de 0.22 et 0.11 × 0.11	42 25	43 05	45 40
de 0.22 et 0.16 × 0.08	40 45	40 90	43 25
de 0.30 et 0.15 × 0.045.	49 10	50 25	52 25
de 0.30 et 0.16 × 0.08	34 65	35 40	37 40
Brique de Gournay, de Sannois, de Bondy et d'Essonnes :			
de 0.22 et 0.15 × 0.04 à 0.045	52 60	54 20	56 15
de 0.22 et 0.11 × 0.055.	55 50	57 05	58 60
de 0.22 et 0.11 × 0.08	45 95	46 75	48 75
de 0.30 et 0.16 × 0.11	39 30	40 50	41 50
Brique non fournie, pleine ou creuse, hourdée en plâtre ou en mortier A n° 2 (au mètre cube) :			
de 0.22 × 0.065 à 0.045 d'épaisseur.	16 85	18 50	20 35
Brique creuse de toutes les autres dimensions	12 50	12 90	14 70

Brique (au mètre superficiel) *pleine* ou *creuse* :

Les parties de construction dont l'épaisseur ne dépassera pas la plus grande dimension de la brique employée, seront seules comptées au mètre superficiel.

Brique pleine, hourdée en plâtre ou en mortier A n° 2 :	Epaisseurs					
	0.22		0.11		0.06	
	Pour cloison	Pour voûte, arc, hourdis de plancher, comble ou poitrail	Pour cloison	Pour voûte, arc, hourdis de plancher, comble ou poitrail	Pour cloison	Pour voûte, arc, hourdis de plancher, comble ou poitrail
De Bourgogne : de choix, dite moule d'acier . .	17 f. 30	18 f. 30	8 f. 80	9 f. 40	4 f. 65	4 f. 95
Ordinaire, brune ou grise, de 0.22 × 0.11 × 0.054	16 60	17 50	8 40	9 05	4 45	4 75
De Paris, de 0.22 × 0.11 × 0.054 à 0.060 :						
rive gauche.	12 35	13 30	6 25	6 85	3 50	3 80
2ᵉ qualité.	11 50	12 45	5 80	6 45	3 30	3 60
rive droite, 1ʳᵉ qualité.	10 95	11 90	5 55	6 20	3 10	3 45
De Montreuil-sous-Bois, de 0.22 × 0.11 × 0.06 .	11 50	12 45	5 80	6 45	3 30	3 65
De Saint-Brice, de 0.22 × 0.11 × 0.065	11 45	12 40	5 80	6 45	3 55	3 85

Ouvrages divers

Brique creuse. Hourdée en plâtre ou en mortier A, n° 2 (au mètre superficiel).

	Brique du bassin de la Seine à un ou plusieurs trous avec marque du fabricant bien faite					
	Moule 0.22 × 0.15 × 0.045	Moule 0.22 × 0.16 × 0.045	Moule 0.22 × 0.11 × 0.065	Moule 0.22 × 0.11 × 0.11	Moule 0.22 × 0.12 × 0.10	Moule 0 22 × 0.15 × 0.07
De 0.22 d'épaisseur :						
Pour cloison.	11 fr. 40	10 fr. 95	11 fr. 25	9 fr. 75	9 fr. 80	11 fr. 20
Pour voûte, arc, plancher ou comble.	12 60	12 »	12 30	11 »	11 05	12 50
De 0.11 à 0.16 d'épaisseur :						
Pour cloison.	8 15	8 30	5 75	5 05	5 55	7 40
Pour voûte, arc, plancher ou comble.	9 15	9 30	6 55	5 60	6 30	8 25
De 0.045 à 0.105 d'épaisseur :						
Pour cloison.	2 50	2 40	3 55	5 05	4 80	4 10
Pour voûte, arc, plancher ou comble.	3 »	2 90	4 10	5 35	5 50	4 65

	Prix de règlement	
Parement dressé à la règle, pour brique devant rester apparente, les joints verticaux et horizontaux parfaitement réguliers, non compris jointoiement.	0 fr. 80	
Carreau de faïence uni ou à dessins (à la pièce).		
Pour fourniture seulement.	0	08
Pour pose seulement.	0	09
Pour fourniture et pose.	0	17
Avec sciotage, arrachements, tranchées et scellements pour pose seulement.	0	13
Pour fourniture et pose.	0	21
Carreau de plâtre.		
Plein pour cloison enduite sur les deux faces (au mètre superficiel).		
De 0.08 d'épaisseur.	4	»
De 0.09 à 0.10.	4	50
De 0.13 à 0.14.	5	25
De 0.16 à 0.17.	6	»
De 0.18 à 0.19.	6	55
— *Creux*, mêmes prix que ci-dessus augmentés de 0 fr. 10.	»	10

Onvrages divers

Chape en mortier n° 2 composé d'une partie de chaux ou de ciment et de trois parties de sable de rivière (au mètre superficiel).

	Avec chaux hydraulique					Avec ciment						
	A	B	C	D	E	F	G	H	I	J	K	L
Epaisseur 0.03. . .	1 f. 30	1 f. 30	1 f. 35	2 f. 05	2 f. 40	1 f. 70	1 f. 90	2 f. 20	2 f. 55	2 f. 75	3 f. 20	2 f. 35
Chaque centimètre en plus ou en moins.	0 30	0 30	0 35	0 60	0 70	0 40	0 50	0 60	0 75	0 80	0 95	0 68

Décrottage de brique, meulière, moellon, après démolition.

		Prix de règlement
Brique.	le mille.	6 fr. 10
Meulière.	le mètre cube.	4 »
Moellon..	—	1 75

Démolition (au mètre cube).

De massif, mur de clôture, mur en fondation, voûte, etc., jusqu'à 0.80 d'épaisseur, compris descente ou montage et sortie de gravois, triage et rangement des matériaux.

En plâtras.	1	85
En moellon.	2	50
En meulière, brique ou béton.	3	20
Pour reprise ou percement, avec montage ou descente des gravois.		
En plâtras.	2	15
En moellon.	3	20
En meulière, brique, béton.	3	90
Pour reprise ou percement, avec montage ou descente dans l'embarras des étais.		
En plâtras.	3	45
En moellon.	4	15
En meulière, brique ou béton.	4	85
Démolition de mur, voûte ou radier de fosse (matières infectées).		
En moellon.	5	55
En meulière, brique ou béton.	5	80
Plus-value sur les prix ci-dessus pour mur hourdé en ciment.	1	75

De légers ouvrages en plâtre suivant les évaluations ci-après :

Prix de l'unité de démolition. . . . . le mètre cube.

Les évaluations qui suivent se rapportent toutes à un mètre superficiel de démolition.

	Evaluations
Aire, compris foisonnement.	0 ^{m}. 05
Auget de plafond et de lambris sans déduction des bois, compris enduit.	0 05

Ouvrages divers	Evaluations	Prix de règlement
Auget de lambourdes, avec ou sans chaines sans déduction des bois.	$0^m.06$	
Cloison à claire voie, compris hourdis et deux enduits, compris descellement des bois.	0 07	
Corniche sur plancher et plafond démoli.	0 10	
— seule, sans démolition de plancher ou de plafond ; son pourtour réduit sur la saillie indiquée.	0 15	
Enduit de bois de charpente, de cloison sourde, de lambris.	0 05	
Hourdis plein, de plancher en bois sans déduction des bois.	0 10	
— de plancher en bois et bande de trémie.	0 15	
Languette en plâtre..	0 06	
— en brique, son épaisseur réelle et à défaut d'indication précise l'épaisseur de la brique augmentée de 0.01 pour chaque enduit.		
Pan de bois. Epaisseur réelle sur la superficie, déduction faite des vides ; le cube obtenu réduit aux 2/3 pour déduction des bois.		
Dalles en granit de 0.08 à 0.10 d'épaisseur, compris pose et arase en mortier n° 2 ou plâtre de 0.03 d'épaisseur, joints en ciment de Pouilly (le mètre superficiel)..		35 fr. 40
Chaque centimètre en moins d'épaisseur..		1 15

Dépose de pierre. Au mètre superficiel, jusqu'à 0.10 de hauteur.

    Avec soin pour être conservée.

— Sans rangement et compris roulage nécessaire.	1	»
— Avec rangement et transport jusqu'à 100 mètres.	1	75

    Au mètre cube.

    Avec soin pour être conservée.

— Sans rangement et compris roulage nécessaire.	6	»
— Avec rangement et transport jusqu'à 100 mètres.	11	75
— En démolition, sans aucune précaution pour la conservation de la pierre.	3	40

    Echafauds horizontaux ou verticaux.

Les prix de la présente série comprennent les échafauds nécessaires à l'exécution de divers ouvrages. Les prix ci-contre ne pourront être alloués que pour des échafauds spéciaux et exceptionnels (le mètre superficiel). . .	0	25

Emmétrage (au mètre cube).

De meulière, moellon, plâtras.	0	80

Enduit tyrolien, moucheté, jeté au balai, trois couches avec crépi de fond :

En mortier de chaux et sable de rivière tamisé.	2	75
En mortier de ciment de Portland et sable de rivière.	5	25

    Ces prix sont appliqués pour enduit sur moellon ou brique.

— Sur meulière neuve avec mortier de chaux.	3	»
— — avec mortier de ciment.	6	10

Enduit ordinaire en mortier n° 3 non dressé à la règle (le mètre superficiel).
    Les enduits sont comptés pour une épaisseur de 0.02 à 0.025 et les prix comprennent le garnissage des joints.

Ouvrages divers

Les enduits sur les murs vieux comprennent la dégradation nécessaire des joints, mais non le hachement des anciens enduits.

	Sur moellon neuf ou brique neuve	Sur moellon vieux ou brique vieille	Sur meulière neuve	Sur meulière vieille	Plus-value pour fosse d'aisance de 0.03 d'épaisseur y compris rocaillage des joints	Plus-value pour chaque centimètre au-dessus de 0.02 d'épaisseur
A	1 fr. 30	2 fr. »	1 fr. 65	2 fr. 30	1 fr. 20	0 fr. 35
B	1 35	2 »	1 70	2 35	1 20	0 35
C	1 35	2 »	1 70	2 35	1 20	0 35
D	1 75	2 95	2 30	3 30	1 85	0 55
E	1 95	3 05	2 50	3 50	1 85	0 55
F	1 60	2 40	2 »	2 80	1 45	0 40
G	1 70	2 55	2 15	3 »	1 55	0 45
H	1 95	2 90	2 40	3 40	1 80	0 50
I	2 15	3 25	2 70	3 75	2 05	0 60
J	2 30	3 40	2 85	4 »	2 15	0 65
K	2 60	3 85	3 25	4 50	2 45	0 75
L	2 05	3 05	2 55	3 55	1 90	0 55

Mortiers de chaux : A, B, C, D, E

Mortiers de ciment : F, G, H, I, J, K, L

	Prix de règlement
Gravois, enlevés aux décharges publiques, compris chargement (le mètre cube)	4 fr. 80
Jointoiement compris dégradation préalable et garnissage des joints en mortier n° 4 (au mètre superficiel).	

		Sur moellon		Sur meulière		Sur brique	
		neuf	vieux	neuve	vieille	neuve	vieille
Mortier de chaux hydraulique.. .	A	0 fr. 55	1 fr. 15	0 fr. 85	1 fr. 40	1 fr. 25	1 fr. 60
	B	0 60	1 15	0 85	1 45	1 25	1 60
	C	0 60	1 20	0 90	1 50	1 25	1 60
	D	0 90	1 55	1 20	1 90	1 30	1 70
	E	0 95	1 65	1 25	2 »	1 35	1 75
	F	0 75	1 45	1 10	1 80	1 30	1 70
	G	0 85	1 60	1 15	1 95	1 35	1 75
En mortiers de ciment.	H	1 »	1 80	1 35	2 10	1 40	1 80
	I	1 20	2 10	1 55	2 50	1 45	1 90
	J	1 30	2 20	1 65	2 70	1 50	1 90
	K	1 50	2 55	1 90	3 05	1 60	2 »
	L	1 10	1 95	1 45	2 30	1 45	1 85

Désignation des travaux				
	Sur parties neuves		Sur parties vieilles	
Joints apparents et réguliers (au mètre linéaire).	Lisses	Moulurées	Lisses	Moulurées
En mortier n° 4.. { A, B, C... { E, F, G, II.	0 fr.34 0 36	0 fr.50 0 53	0 fr.50 0 55	0 fr.70 0 75

DÉSIGNATION DES TRAVAUX :

Meulière hourdée en plâtre ou en mortier A n° 2.

	Fournie		Non fournie	
— Pour massif..	23 fr.65		10 fr.20	
— Pour mur de fondation, de soubassement, de cave, jusqu'au niveau du plancher du rez-de-chaussée ou de l'extrados des voûtes, jusqu'à 1ᵐ. d'épaisseur, pour mur de clôture jusqu'à 0.80 d'épaisseur et 3.20 de hauteur au-dessus du sol le plus élevé..				
— Pour mur en élévation à 10ᵐ. de hauteur et 0.80 d'épaisseur au plus.	27	10	13	90
— Pour voûte, compris scellement et descellement des cintres.	28 29	50 70	15 16	30 55

Moins-value, pour épaisseur supérieure à 1ᵐ. en fondation et à 0.80 pour murs en élévation, les prix ci-dessus seront diminués de 6 0/0,

Plus-value, pour faible épaisseur.

Pour toute construction à deux parements ayant moins de 0.40 d'épaisseur il sera alloué une plus-value :

	Prix de règlement
En meulière fournie, de.	1 fr. 10
En meulière non fournie, de.	0 90

Plus-value, pour emploi dans le hourdis de mortiers autres que le mortier A n° 2.

Mortier n° 2										Mortier n° 1			
Avec chaux hydraulique				Avec ciment							Avec ciment		
B	C	D	E	F	G	H	I	J	K	L	I	J	K	L
0 f. 22	0 f. 35	4 f. 35	7 f. 65	3 f. 60	4 f. 60	6 f. 80	9 f. 40	10 f. 75	14 f. »	8 f. 10	4 f. 90	5 f. 70	7 f. 65	4 f. 40

Mitre, mitron et lanterne (à la pièce).

Mitre en terre cuite ou en grès compris garnissage et solins.	Fourniture.	1	35
	Pose. . . .	0	65
Mitron rond en terre cuite de 0.25.	Fourniture.	1	10
	Pose. . . .	0	85
Mitron carré de 0.25 × 0.30.	Fourniture.	1	27
	Pose. . . .	1	35

Désignation des travaux	Fourni	Non fourni
Moellon, hourdé en plâtre ou en mortier A n° 2.		
— Pour massif.	21 fr. 80	8 fr. 60
— Pour mur en fondation, de soubassement, de soutènement, de cave comme pour la meulière. . . .	27 25	12 75
— Pour mur en élévation à 10ᵐ. de hauteur et au plus 0.80 d'épaisseur. . .	28 65	14 45
— Pour voûte, compris descellement des cintres.	29 40	14 70

	Prix de règlement
Moellon vieux fourni donnera lieu à une moins-value de.	4 fr. »
Moins-values, pour épaisseurs supérieures à { 1.00 en fondation.	6 0/0
{ 0.80 en élévation.	6 0/0
— Pour moellon inférieur d'Issy ou Vaugirard.	2 fr. »
Plus-values, pour toute construction ayant deux parements et moins de 0.40 d'épaisseur (par mètre cube).	
Pour moellon fourni.	1 10
Pour moellon non fourni.	0 90

— Pour emploi dans les hourdis des mortiers autres que celui A n° 2.

| Mortier n° 2 | | | | | | | | | | Mortier n° 1 | | | |
| Avec chaux hydraulique | | | | Avec ciment | | | | | | | Avec ciment | | |
B	C	D	E	F	G	H	I	J	K	L	I	J	K	L
0 f. 14	0 f. 23	2 f. 90	3 f. 10	2 f. 40	3 f. 05	4 f. 50	6 f. 25	7 f. 20	9 f. 35	5 f. 85	3 f. 25	3 f. 80	3 f. 10	2 f. 95

Moellon pour maçonnerie parementée, fourni, posé, hourdé, avec mortier A n° 2 ou en plâtre, compris plus-value de parement (au mètre superficiel).	De Souppes Comblanchien Château - Landon	Dur
De 0.25 à 0.30 de queue :		
Avec parement smillé sans ciselures.	22 fr. 80	21 fr. 70
— smillé entre ciselures non relevées au pourtour.	29 45	22 80
— smillé entre ciselures relevées au pourtour.	36 »	28 30
— à bossages sans ciselures.	22 80	21 70
— à bossages avec ciselures non relevées au pourtour.	29 40	23 90
— à bossages avec ciselures relevées au pourtour.	36 »	28 30
— bouchardé à la 100 dents avec ciselures relevées au pourtour.	37 10	29 40
— layé ou brettelé.	43 70	32 70

Désignation des travaux	Prix de règlement	
Moellon lancé compris refouillement hourdi et posé :		
Fourniture. . . . . la pièce.	0 fr.	80
Pose. . . . . la pièce.	0	45
Montage de pierre (au mètre cube), quel que soit le moyen employé, compris transport et établissement des appareils de montage quels qu'ils soient. Approche, brayage et débrayage.	1	55
— Pour chaque mètre de montage.	0	40
— Lorsque la quantité de pierre montée au-dessus de 2 mètres sera, pour un même point, inférieure à 6 mètres cubes, il sera alloué à l'entrepreneur pour équipement, transport, etc., une indemnité de.	5	50
Si le cube est inférieur à 4 mètres l'indemnité sera de.	6	50
Si le cube est inférieur à 2 mètres l'indemnité sera de.	8	»
Parements.		
— Piqué sur meulière, poreuse neuve fournie, compris déchets (le mètre superficiel).		
— Sur moellon neuf ordinaire en œuvre (au mètre superficiel).	14	65
Moellon neuf. Smillé. . . . . . . Fourni compris déchet. . Dur de roche.	1	85
Franc.	1	40
Non fourni sans déchet. Dur de roche.	1	55
Franc.	1	»
Piqué. . . . . . Fourni compris déchet. Dur de roche.	3	10
Franc.	2	70
Non fourni sans déchet. Dur de roche.	2	40
Franc.	1	95

Moellon neuf.	Bouchardé ou rustiqué sur moellon dur.	Fourni compris déchet.	Avec ciselures.	11	60
			Sans ciselures.	9	65

Pierre de taille neuve (au mètre cube).

Pour assises courantes, marches, seuils, appuis, piles isolées, colonnes, parpaings et dalles au-dessus de 0.10 d'épaisseur de toutes formes.

Les prix ci-après comprennent le transport, la taille des lits, joints, la main-d'œuvre nécessaire pour donner à la pierre la forme indiquée par l'appareil, le roulage, la pose, le fichage, l'enlèvement des déchets, l'établissement des échafauds nécessaires et leur descente.

Neuve.	Liais de		Bagneux, jusqu'à 0.50 de hauteur.	149	90
			Arrues, de 0.55 à 0.70.	135	95
			Clamart, de 0.20 à 0.40.	142	90
		Corgoloin et Comblanchien ne dépassant pas 2ᵐ. de longueur	jusqu'à 0.500 cube.	186	05
			de 0.500 à 1.00 cube.	220	05
			de 1.00 à 2.00 cube.	242	70
		Echaillon blanc	jusqu'à 1.50 cube ou 2.50 longueur.	283	»
			jusqu'à 2.50 cube ou 3.50 longueur ou 3.50 surface.	311	90
			jusqu'à 4.50 longueur ou 5.00 en surface.	352	75
	Roche de		Bagneux, jusqu'à 0.50 de hauteur.	125	35
			Boncourt, toutes dimensions.	142	20
			Château-Landon, jusqu'à 1.00 cube ou 2.00 longueur.	174	75
			Châtillon, banc de 0.40 à 0.50.	125	35

Pierre de taille neuve (au mètre) (suite).

Désignation des travaux	Prix de règlement
Roche de — Comblanchien, 1er choix, jusqu'à 0.500 cube.. . . .	171 fr. 40
— — de 0.500 à 1.00 cube ou 2.00 longueur..	182 85
— — de 1.01 à 2.00 cube ou 3.00 longueur..	188 60
Jolibois, toutes dimensions.	131 35
Lérouville, toutes dimensions.	116 75
Saint-Nom (roche dure), de 0.35 à 0.45 de hauteur.	155 95
Neuve. Béthisy-Saint-Pierre, différentes hauteurs.	80 50
Courson, toutes dimensions.	107 85
Genainville, jusqu'à 1.00 de hauteur.. . .	80 50
Mery, dur, de 0.35 à 1.00 de hauteur. . . .	104 10
— tendre, de 0.30 à 1.00 de hauteur..	86 80
Banc royal Quilly, de 0.60 de hauteur..	101 85
Saint-Leu, de 0.35 à 0.70 de hauteur.. . .	86 80
Saint-Maximin, banc de 0.40 à 0.60.	86 80
Trémont, banc de 0.80.	107 85
Vierzy, tendre, de 0.40 à 1.50 de hauteur.	81 80

Plus-values :

— Pour l'emploi dans une partie du bâtiment. de morceaux tous d'égale longueur, il sera alloué une plus-value de 2 1/2 0/0 de la valeur de la pierre avec augmentation de 10 0/0 pour bénéfice.

— Dans un dallage dont les bandes ont toutes la même largeur, on allouera la même plus-value que ci-dessus.

— Si les assises doivent avoir toutes la même hauteur, il sera alloué une plus-value de 8 0/0 sur la valeur de la pierre augmentée de 10 0/0 pour bénéfice.

Pierre de taille vieille (au mètre cube).

Non fournie pour assises courantes et de toutes formes comme il est dit pour la pierre neuve.

	Avec taille d'un lit		Avec taille des deux lits		Avec taille des joints		Avec taille des lits et des joints	
En pierre taille n° 1.	27 fr.	80	39 fr.	75	27 fr.	85	51 fr.	70
— — n° 2.	26	10	36	40	26	15	46	65
— — n° 3.	24	29	32	55	24	30	40	95
— — n° 4.	22	95	30	»	23	05	37	15
— — n° 5.	22	10	28	75	22	40	35	25
— — n° 6.	21	»	26	20	21	10	31	45
— — n° 7.	19	15	22	45	19	25	25	80
— — n° 8.	18	75	21	60	18	90	24	60
— — n° 9.	18	20	20	50	18	30	22	95

Désignation des travaux

Pierre de taille vieille (au mètre cube) (suite).

Plus-value pour fichage au mortier n° 4 (sable tamisé).

Avec chaux hydraulique					Avec ciment						
A	B	C	D	E	F	G	H	I	J	K	L
0 f. 25	0 f. 30	0 f. 32	1 f. 07	1 f. 85	1 f. 16	1 f. 40	2 f. 05	2 f. 07	3 f. 10	4 f. »	2 f. 35

Plus-value pour pose :

	Neuve		Vieille	
Dans l'embarras des étais.				
— en reprise sans incrustement..	4 fr. 50		4 fr. 50	
— en reprise avec incrustement :	6	75	6	75
De morceaux contigus :				
En pierre taille n° 1..	18	80	14	35
— — n° 2..	17	60	13	30
— — n° 3..	16	40	12	75
— — n° 4..	14	50	10	95

— — n° 5.	13	70	10	50
— — n° 6.	11	90	9	30
— — n° 7.	10	20	8	75
— — n°ˢ 8 et 9.	9	65	7	35

De morceaux isolés :

En pierre taille n° 1.	30	20	20	70
— — n° 2.	26	70	19	20
— — n° 3.	23	20	17	70
— — n° 4.	20	45	15	30
— — n° 5.	19	»	14	05
— — n° 6.	17	50	13	10
— — n° 7.	14	55	10	35
— — n°ˢ 8 et 9.	12	60	9	50

	Prix de règlement
Pierre posée, mesurée en œuvre, compris fichage et mortier :	
Pour assises courantes, parpaings, appuis, piles isolées, colonnes, dalles au-dessus de 0.10 de hauteur au mètre cube :	
Avec roulage sur le tas.	11 fr. 30
Avec roulage sur le tas et bardage à 100 mètres.	18 20
Les mêmes (au mètre superficiel) :	
Avec roulage sur le tas.	2 »
Avec roulage sur le tas et bardage à 100 mètres.	3 »

Désignation des travaux	Fournis	Non fournis
Plâtras et plâtre (au mètre cube).		
Plâtras hourdés en plâtre :		
Pour massif.	17 fr. »	10 fr. 45
Pour mur en fondation et mur de clôture jusqu'à 3.20 de hauteur au-dessus du sol.	18 65	12 05
Pour mur en élévation et renformis.	21 05	14 45
Pour voûte, compris scellement et descellement des cintres.	21 35	14 80

Désignation des travaux	Prix de règlement
Plâtre (au mètre cube).	
— au sac :	17 fr. »
Le sac, au panier.	
Le sac, au sas.	0 47
Pompe d'épuisement en location, compris pose et dépose avec huit mètres de tuyaux de 0.10 de diamètre :	0 52
Premier et dernier jour.	
Pour chaque journée intermédiaire. . . . . . . par jour.	4 50
Chaque mètre de tuyau en plus. . . . . . . —	2 »
Ces prix comprennent le transport à pied d'œuvre. —	0 25

Refouillement, non compris la sortie des gravois :

	A la pioche	Au poinçon
en briques de Bourgogne (au mètre cube)	13 fr. 85	20 fr. 75
en briques de pays	11 10	18 90
en meulière	13 85	20 75
en béton	13 85	20 75
en moellon dur	9 45	14 20
en moellon tendre	7 90	11 80
en plâtras	4 50	6 »

Renfermis (Voir à l'article des Légers ouvrages).

Rocaillage (au mètre superficiel) en mortier n° 4 :

Parement bien fait :

	Avec chaux				
	A	B	C	D	E
En plein, compris dégradation des joints et jointoiements en meulière brûlée posée à bain de mortier.	3 f. 85	3 f. 95	4 f. 05	4 f. 65	5 f. 20
En joints, compris dégradation des joints et jointoiements en meulière concassée posée à bain de mortier sur mur et voûte en meulière.	1 45	1 50	1 50	1 75	2 05

Désignation des travaux	Avec ciment							Prix de règlement
	F	G	H	I	J	K	L	
Rocaillage (au mètre superficiel) en mortier n° 4 :								
Parement bien fait :								
En plein, comme ci-dessus.	4 f. 75	5 f. »	5 f. 60	6 f. 25	6 f. 60	7 f. 40	5 f. 90	
En joints, comme avec chaux	1 85	2 »	2 25	2 55	2 70	3 10	2 40	
Taille de brique (au mètre superficiel) :								
Brique de Bourgogne								4 fr. 20
— façon Bourgogne ou autres								2 95
Taille de pierre neuve ou vieille (au mètre superficiel). Unités de taille :								
Pierre n° 1								
— n° 2								18 »
— n° 3								15 45
— n° 4								12 55
— n° 5								10 60
— n° 6								9 65
— n° 7								7 70
— n° 8								4 85
— n° 9								3 15
								2 50

ÉVALUATIONS DE LA TAILLE DE PIERRE
(Mesurage au mètre cube)

Taille superficielle

	Evaluation en surface de taille, compris taille des lits et joints, le rusticage ou dressement des faces obtenu par les abatages, recoupements, évidements, refouillements.	
	Sur le chantier à pied-d'œuvre	Sur le tas après montage
Abatage et recoupement, le mètre cube.	5^m »	5^{m}50
Évidement entre deux côtés, le mètre cube.	5 50	6 05
Refouillement à la pioche, le mètre cube.	6 05	6 55
— à la masse et au poinçon, le mètre cube . .	7 30	8 05

Mesurage au mètre superficiel

	Evaluat. en taille
Epannelage. Taille des premiers épannelages des moulures faits sur le chantier ou sur le tas avant la pose.	
Pour ce travail il sera alloué.	1^m »
Joint et lit en pierre dure, banc royal dur et banc franc.	0 30
— en pierre tendre et banc royal tendre.	0 40

Désignation des travaux	Evaluat. de taille
ÉVALUATIONS DE LA TAILLE DE PIERRE. Mesurage au mètre superficiel (suite)	
Parement droit. Pour les trois premiers numéros de taille, le parement évidé ou refouillé aura une plus-value de.	0ᵐ50
Taille à la boucharde à 100 dents avec arêtes bien dressées et ciselures au pourtour, pour les trois premiers numéros de taille, sauf pour le liais Grimault	0ᵐ50
Taille layée pour le liais Grimault et les nᵒˢ 4, 5, 6, 7, 8 et 9.	1 »
Taille rustiquée avec ciselures au pourtour.	1 »
Parement de sciage à la main pour les trois premiers numéros, sauf le liais Grimault.	0 80
Pour les liais Grimault et les nᵒˢ 4, 5, 6, 7, 8 et 9.	1 10
Ragrément :	1 »

A la ripe			Recoupement de Balèvres. avec frottage au grès et jointoiement de dalles, etc.
Des appuis, seuils, marches, etc.	Avec frottage au grès et jointoiement sur mur neuf	Avec frottage au grès et jointoiement sur vieux murs	
0ᵐ08	0ᵐ10	0ᵐ20	0ᵐ125

	Evaluat. de taille
Ragrément à vif, dit ravalement.	
Pour les trois premiers numéros de taille il sera compté 0^m10 de taille pour le passage successif d'une boucharde à l'autre et selon qu'il aura été fait usage de celles à 144, 196, 256, 324 ou 400 dents, l'opération étant amenée à 400 dents, compris égrisage ou préparation au poli.	0^m75
Egrisage sur parement de sciage.	0 15
Mesurage au mètre linéaire	
Arête. Arrondissement d'arète à la râpe.	0 01
— — au ciseau et à la râpe	0 03
Chanfrein, saillie, retraite, etc., jusqu'à 0.075 de largeur, avec arêtes bien dressées.	0 075
Gorges, pour fonds d'éviers, d'auges ou dessus d'appui	0 10
Moulures, sur pierres n°s 1, 2 et 3, sauf le liais Grimault :	
Celles faites à la boucharde à 400 dents entre ciselures ou au ciseau quand leur développement ne permet pas l'emploi de la boucharde.	2 »
Celles faites entièrement au ciseau avec égrisage.	3 »
Moulures, sur pierres n°s 4, 5, 6, 7, 8 et 9 et le liais Grimault :	
Taille complète, compris refouillement dans les premiers épannelages et taille sur le tas des derniers épannelages pour dégagement des moulures, compris ravalement et jointoiement.	1 35
Taille sans un très grand soin.	1 25

CARRELAGE

OBSERVATION GÉNÉRALE. — Pour le carrelage, les faux frais sont fixés à 20 fr. p. 0/0; le bénéfice à 10 fr. 0/0.

Heures	Désignation des travaux	Prix de règlement
HEURE DE JOUR : de carreleur, compris outillage.		1 fr. 05
de garçon carreleur.		0 72

DÉSIGNATION DES TRAVAUX (Ouvrages au mètre superficiel) :

Carrelage en carreaux ordinaires.

Pour travaux neufs ou en réparation, formant au moins un mètre de superficie, comprenant :

1° La fourniture et le montage à pied-d'œuvre de tous les matériaux nécessaires ;

2° La forme en poussière de plâtre de 0.05 d'épaisseur ;

3° La pose et le scellement au plâtre ;

4° Le nettoyage parfait ;

5° La descente de tous résidus, coupes ou gravois provenant du travail, sauf les gravois de surplus de forme.

Hexagones de 0.16 de côté, de :		Prix de règlement
	Bourgogne.	4 80
	Massy.	4 20
	Paris ferrugineux.	4 30
	Paris, 1re qualité, rouges.	4 »
	Beauvais.	5 »

Carrés ou à bandes de 0.16 de côté, de :	Beauvais.	5 fr. 15
	Fresnes-lès-Rungis.	4 30
	Massy.	4 10
	Paris, 1ʳᵉ qualité, rouges.	4 10

Plus-value pour carrelage scellé en ciment (non compris la forme en sable) :

en ciment romain.	0 80
— de Vassy.	0 90

Plus-value pour carrelage scellé en ciment sur forme en sable de 0.06 d'épaisseur et nettoyage à la sciure de bois :

en ciment romain.	1 35
— de Vassy.	1 45

Carrelage en carreaux vieux remaniés :

	Hexagones ou carrés		
	De 0.105 à 0.135	De 0.14 à 0.16	De 0.20 à 0.22
Avec décarrelage et décrottage.	1 fr. 80	1 fr. 85	1 fr. 90
Sans décarrelage ni décrottage	1 35	1 40	1 55

Plus-value pour scellement au ciment romain	0 fr. 80
— de Vassy	0 90

Désignation des travaux	Prix de règlement	
Décarrelage de carreaux grands ou petits non sortis de la pièce décarrelée, compris transport et rangement pour le remaniement immédiat ou l'enlèvement ultérieur des carreaux		
— Avec transport hors de la pièce décarrelée ou report dans la dite pièce, compris rangement.	0 fr.	09
— Avec descente ou montage à tous étages et rangement.	0	15
— De carreaux scellés au ciment.	0	16
Décrottage de carreaux de 0.18 à 0.22 le mille .	0	25
— de 0.14 à 0.17 —	10	90
— de 0.105 à 0.135 —	8	70
Démolition de forme : Sans descente ni sortie de gravois (le mètre cube).	7	25
Avec descente et sortie de gravois —	1	90
Carreaux neufs posés en recherche (à la pièce) :	2	40
Hexagones de 0.16 de côté, de : Paris, ferrugineux.		
Paris, 1re qualité, rouges.	0	18
Massy.	0	18
ou Bourgogne.	0	18
Beauvais	0	19
carrés de 0.105 Phocéens rouges.	0	19
— blancs ou noirs.	0	14
de 0.22 Bourgogne, Beauvais, Massy, Paris, 1re qualité.	0	18
Plus-value pour carreaux en recherche scellés en ciment.	0	32
	0	025

Carreaux remaniés, posés en recherche (à la pièce) :

	Prix
à pans ou carrés { de 0.105 à 0.135	0 fr. 12
de 0.14 à 0.17	0 14
de 0.18 à 0.22	0 16
Plus-value pour scellement en ciment	0 04

CHARPENTE EN BOIS

Heures	Prix de règlement
HEURE de charpentier (été comme hiver)	1 fr. 15
de fer de scie (id.)	1 75
JOURNÉE DE VOITURE (été comme hiver) :	
à 1 cheval, compris charretier	19 80
à 2 chevaux, id.	33 »

Les prix de règlement qui vont suivre comprennent :

1° Les déboursés pour la main-d'œuvre et les fournitures ;

2° Les faux frais calculés sur la main-d'œuvre seulement et fixés pour la charpente à 20 0/0 ;

3° Les bénéfices appliqués aux prix de la main-d'œuvre et des fournitures et aux faux frais, fixés à 10 0/0.

Désignation des travaux

OBSERVATIONS GÉNÉRALES

Les bois refaits et refeuillés ne seront admis comme tels que lorsqu'ils auront été expressément exigés.

La plus-value de réfection est exclusive de la plus-value de sciage qu'elle comprend implicitement.

Lorsque la pose des bois non assemblés n'aura pas été faite par les charpentiers, on déduira des prix ci-après, par stère :

Sans montage {	Chêne	4 fr. 95
	Sapin	4 70
Avec montage {	Chêne	9 75
	Sapin	8 75

Chêne de Champagne

	Prix de règlement						
Jusqu'à 8ᵐ de longueur.	Neuf fourni					Vieux	
	Ordinaire jusqu'à 0.30	De 0.30 à 0.39 de grosseur	De 0.40 à 0.41 de grosseur	De 0.42 à 0.50 de grosseur	Gros bois de 0.51 et au-dessus	Fourni seulement	Façon sans transport
Non assemblé :							
Sans montage	96 f. »	106 f. 45	117 f. 85	124 f. 65	154 f. 50	66 f. 25	14 f. 25

	Neuf loué					Vieux — Loué	Vieux — Façonné, compris pose et dépose
… planchers, combles	101 f.45	111 f.20	122 f.60	129 f.40	159 f.25	71 f.45	19 f. »
Pour barrière sans assemblage, mais avec taquets ou entailles	102 60	112 35	125 80	130 55	159 60	72 60	20 20
Assemblé à tenons et mortaises ou à entailles :							
Pour barrière sans montage	124 65	135 10	146 50	152 50	181 95	95 30	43 70
Pour plancher, pan de bois, combles avec montage à 10ᵐ	136 25	146 70	158 15	164 90	193 60	106 90	54 80
Non assemblé :							
Pour barrière sans assemblage	43 f.10	45 f.15	46 f.40	47 f.10	50 f.35	40 f.85	26 f.20
Pour couchis de cintre	32 20	33 25	34 45	35 20	38 40	29 15	14 30
Etais, étrésillons, couches	39 40	40 45	41 70	42 40	45 60	36 35	21 50
Chevalement	45 30	46 40	47 60	48 35	51 55	42 05	27 30
Echafauds difficiles	48 80	49 90	40 40	41 15	44 35	34 85	20 20
Echafauds ordinaires	38 10	39 20	51 10	51 85	55 05	45 55	30 90
Assemblé :							
Cintre, couchis, compris poteaux	63 05	64 10	65 35	66 05	69 30	59 80	45 15
Echafaud ordinaire	69 05	70 15	71 35	72 10	75 30	65 85	51 15
Echafaud difficile sans point d'appui sur le sol	98 75	99 85	101 05	101 80	105 »	95 55	80 85

Désignation des travaux		Prix de règlement
Chêne refait. Sciages sur 4 faces, de toutes longueurs (le stère) :		
Sans montage — non assemblé { jusqu'à 0.39 de grosseur		163 fr. 30
{ de 0.40 et au-dessus		203 45
assemblé { jusqu'à 0.39 de grosseur		201 60
{ de 0 40 et au-dessus		206 50
Avec montage à 10^m — non assemblé { jusqu'à 0.39 de grosseur		167 »
{ de 0.40 et au-dessus		207 75
assemblé { jusqu'à 0.39 de grosseur		205 85
{ de 0.40 et au-dessus		245 10
Moins-value. Si le bois refait comporte des flaches, on déduira par stère..		12 95

Sapin du Nord

De toutes longueurs (au stère).	Neuf fourni			Vieux	
	Jusqu'à 0.27 de grosseur	De 0.28 à 0.36	De 0.37 et au-dessus	Fourniture seulement	Façon sans transport
Non assemblé :					
Sans montage { brut.	84 f. 30	89 f. 50	100 f. 30	55 f. »	13 f. 05
{ refait (toutes grosseurs)					
Avec montage à 10^m { brut.	88 65	93 05	147 05	59 65	17 70
{ refait			104 95		
			151 »		

| | | | | Vieux | |
	Neuf loué			Loué	Façonné, compris pose et déposé
Sans montage, pour barrières sans assemblage, étais	89 f. 70	94 f. 95	105 f. 75	60 f. 40	18 f. 50
Assemblé :					
Pour barrières, sans montage . . .	112 45	117 70	127 85	83 20	41 25
Pour planchers, pans de bois, combles avec montage à 10m	122 30	127 55	138 35	93 30	51 10
Refait, sciages sur 4 faces, sans montage			181 40		
— avec montage à 10m			185 35		
Non assemblé :					
Barrière sans assemblage	40 f. 10	40 f. 60	41 f. 60	37 f. 50	24 f. 45
Couchis de cintre	28 80	29 30	30 25	26 20	13 35
Chevalement	40 95	41 55	42 50	38 45	24 95
Planchers d'échafaud ordinaire. .	34 20	34 75	35 75	31 65	18 80
— — difficile. . . .	43 95	44 55	45 50	41 40	28 60
Couches, chaises, étrésillons, étais.	36 80	37 25	38 25	34 15	21 15
Assemblé :					
Cintre, compris poteaux.	56 75	57 30	58 30	54 20	41 40
Echafaud ordinaire	63 90	64 45	65 45	61 35	48 50
— difficile.	91 10	91 70	92 65	88 95	75 70

Désignation des travaux	Prix de règlement		
	Tout chêne	Chêne et sapin. Limon on crémaillère en chêne	Tout sapin
Escaliers en bois (à la marche) :			
A limon, dit à la française, les marches scellées d'un bout, de 0.057 d'épaisseur, profilées d'un quart de rond, les contre-marches de 0.027 d'épaisseur.			
Pour quartier tournant, la marche de 1ᵐ d'emmarchement.	23 f. 10	21 f. 65	19 f. 90
Pour échelle de meunier, id.	18 05	16 »	16 05
A crémaillère, les marches profilées de face et d'un bout de 0.057 d'épaisseur, contre-marches de 0.027.			
Pour quartier tournant.	19 70	18 15	17 05
Pour échelle de meunier	15 80	14 60	13 25
Moins-value pour contre-marche en sapin, par contre-marche.			0 fr. 40

OUVRAGES DIVERS

Assemblages (à la pièce) :			
A trait de Jupiter, compris deux coins pour serrage, de 0.60 de longueur.			
de 0.80 —			6 20
A tenon et mortaise, fait sur place dans les bois non fournis, non dé-posés, non façonnés.			6 80
la mortaise.			1 »
le tenon			0 85

Brûlement de poteaux de barrière ou autres (la pièce). . . . . 0 fr. 80

Bûchement (au mètre superficiel) :

Sur le tas avec dressage de la surface,
jusqu'à 0.03 d'épaisseur. 4 75
chaque centimètre de recoupement en plus 0 50

Cale (la pièce) :

Petite, en bois brut, pour mettre de niveau les bois non façonnés. 0 40
Forte, en bois neuf refait pour poitrail. 1 10

Chanfrein sur le tas (le mètre linéaire). 0 55

— *sur le chantier* — 0 35

Chèvre en location (à la journée), compris cordages et agrès :

Le premier et le dernier jour, compris double transport. Chaque jour. . . 4 45
Chaque jour intermédiaire . . . . 2 »

Coltinage (au stère) :

Jusqu'à 100 mètres de distance, compris chargement et déchargement . . 1 90
Chaque 100 mètres en plus . . . . 1 »

Coupement sur le tas (à la pièce) :

A la scie { de chevron. 0 20
de solive, poteau, sablière. 0 40
de solive d'enchevêtrure, chevêtres, fort poteau 0 60

A l'ébauchoir, le double des prix de coupement à la scie.

A l'égoïne, la moitié en plus des prix de coupement à la scie.

Ouvrages divers		Prix de règlement
Dépose ou repose de bois (au stère) :		
Barrière	Dépose seule.	3 fr. 40
	Dépose et repose.	14 85
Couchis, plat bord	Dépose seule.	2 30
	Dépose et repose.	9 20
Etais, couches	Dépose seule.	4 45
	Dépose et repose.	13 65
Chevalement	Dépose seule.	6 80
	Dépose et repose.	18 20
Echafaud, compris clous.	Dépose seule.	5 70
	Dépose et repose.	12 75
Plancher, comble, cintre, échafaud ordinaire	Dépose seule.	6 35
	Dépose et repose.	21 60
Idem, avec descente à 10ᵐ	Dépose seule.	8 30
	Dépose et repose.	24 05
Echafauds difficiles, avec descente à 20ᵐ et plus	Dépose seule.	12 35
	Dépose et repose.	42 25

Bois non assemblé pour : Barrière, Couchis, Etais, Chevalement, Echafaud.

Bois assemblé avec descente partielle et rangement : Plancher, comble, cintre, échafaud ordinaire ; Idem, avec descente à 10ᵐ ; Echafauds difficiles.

Les prix de dépose ci-dessus comprennent les déchevillages et coupements nécessaires à la démolition.

Echantignole (la pièce).		0 85

Entaille, sur le tas (la pièce) :		
Pour corbeaux et étriers.	0 fr.	35
Pour chevron sur panne en fer.	0	45
A paume.	0	40
Pour moises	0	55
Feuillure (au mètre linéaire) :		
Au chantier.	0	50
Sur le tas	0	80
Brute sur bois brut.	0	35
Fourrure, en chêne brut, de 0.05×0.07, avec clous d'épingle.	0	50
Grains d'orge, faits sur le tas, dans le bois, non fournis ni façonnés (le mètre linéaire).	0	40
Goudron à une couche (le mètre superficiel) pour portée de pièce de charpente.	0	80
à deux couches, idem	1	45
à trois couches, idem	2	20
Moulure (le mètre linéaire) :		
Droite Sur chêne. Le centimètre de profil développé au cordeau. Faite au chantier.	0	15
Faite sur le tas.	0	20
Sur sapin. Un cinquième en moins que le prix du chêne.		
Cintrée. Le double des prix ci-dessus.		
A double courbure. Trois fois les prix ci-dessus.		
Replanissage de marches d'escalier (la pièce) :		
Jusqu'à 1ᵐ de longueur	0	45
De 1ᵐ01 à 1ᵐ50.	0	55

Ouvrages divers		Prix de règlement
Sciage (au stère) :		
Sur chêne, en plus-value sur le prix d'un stère de bois neuf, compris plus-value de déchet.	Sur une face. . . .	12 fr. 30
	Sur deux faces. . .	19 30
	Sur trois faces. . .	26 25
Sur sapin, en plus-value sur le prix d'un stère de bois neuf, compris plus-value de déchet.	Sur une face. . . .	8 60
	Sur deux faces. . .	13 50
	Sur-trois faces. . .	18 40
Sur vieux bois non fournis, mêmes prix que ci-dessus, l'absence de déchet compensée par la difficulté de sciage que présentent les clous qui se trouvent dans les vieux bois.		
Taquet (la pièce) pour étais ou échafaud (en location)		0 35
Percement de trous de boulons de 0.10 de longueur, compris pose desdits boulons (la pièce).		
Chaque centimètre en plus.		0 30
Chaque décimètre en plus . . .		0 05
Encastrement des têtes desdits boulons (la pièce).		0 30
— des écrous (la pièce).		0 15
Plus-value de voyage de voiture à un cheval pour moins de 1 stère 500. . .		0 20
— pour 2 stères au moins de bois fournis seulement		3 90
Barrière, sapin en fourniture (le mètre superficiel) :		5 50
Pour barrière de clôture, coupé, posé, jointif, compris pose et fourniture de clous		3 20

COUVERTURE
Ardoises et Tuiles

Les prix de règlement ci-après sont composés :

1° Des déboursés pour la main-d'œuvre et la fourniture;

2° Des faux frais calculés sur la main-d'œuvre seulement, fixés pour la couverture (ardoises et tuiles) à 25 0/0;

3° Des bénéfices appliqués aux prix de la main-d'œuvre, des fournitures et aux faux frais, fixés à 10 0/0.

Heures	Désignation des travaux	Prix de règlement
HEURE DE JOUR : de compagnon couvreur, été		1 fr. 15
— hiver		1 29
de garçon couvreur, été		0 69
— hiver		0 85
de garçon gardien de rue, été		0 53
— hiver		0 60
DÉSIGNATION DES TRAVAUX :		
Ardoise.		
Ardoise neuve, première carrée,	Sur volige neuve en peuplier	5 57
demi-forte, deuxième modèle,	Sur plâtre.	5 09
de 0.297 × 0.216 (pureau de 0.11)	Sur moitié de volige neuve	5 20
clouée avec clous en fer	Sur volige vieille reclouée.	4 84
(le mètre superficiel)	Sur volige vieille moitié reclouée. . .	4 66
	Sur volige vieille non reclouée. . . .	4 47

Désignation des travaux	Prix de règlement
Ardoise remaniée — Sur volige neuve en peuplier.	2 fr. 82
— Sur plâtre.	2 34
— Sur moitié de volige neuve.	2 46
— Sur volige vieille reclouée	2 10
— Sur volige vieille demi-reclouée.	1 91
— Sur volige vieille non reclouée	1 73
Plus-values sur les prix ci-dessus pour emploi d' :	
Ardoises premier modèle (0.297 × 0.216 × 0.0028 à 0.004 d'épaisseur).	0 17
Ardoises grand modèle (0.324 × 0.222 × 0.0027 à 0.0035 d'épaisseur).	0 22
— Pour emploi de voliges en sapin :	
de 0.013 × 0.11	0 05
de 0.010 × 0.11	0 07
— Pour ardoises clouées avec clous en cuivre (sur les prix ci-dessus).	0 20

	GRAND MOULE		PETIT MOULE	
Tuile plate de Bourgogne (le mètre superficiel) :	Neuve	Remaniée	Neuve	Remaniée
Sur lattis neuf.	5 fr. 90	1 fr. 66	6 fr. 05	2 fr. 10
Sur plâtre.	6 25	2 »	6 66	2 56
Sur moitié de lattis neuf	5 72	1 32	5 82	1 72
Sur vieux lattis recloué.	5 60	1 16	5 60	1 33
Sur vieux lattis demi-recloué.	5 45	1 09	5 42	1 32

	Neuve		Remaniée	
	Sur liteau neuf	Sur liteau vieux	Sur liteau neuf	Sur liteau vieux
Sur vieux lattis non recloué.	5 fr.38	0 fr.98	5 fr.35	1 fr.25
Moins-value pour emploi de vieille tuile non fournie.	2 52	» »	2 25	» »
Tuile à recouvrement ou à emboîtement, posée sur liteau, de 0.025 × 0.027 :				
Tuile d'Ivry, marque Muller. Grand moule	4 fr.20	3 fr.80	0 fr.90	0 fr.60
— — Petit moule.	5 20	4 60	1 55	1 15
— de Choisy-le-Roy.	4 05	3 60	0 90	0 60
— de Fresnes.	3 70	3 15	» »	» »

Arêtier (le mètre linéaire), devant être recouvert en zinc ou en plomb :

Sur ardoise fournie.	0 fr.85
Sur ardoise non fournie.	0 70
— Compris deux tranchis biais et plâtre dessous, avec façon des approches :	
Sur ardoise fournie.	1 50
Sur ardoise non fournie.	1 20
— Avec plâtre dessus et dessous et deux tranchis non apparents :	
Sur tuile neuve fournie	1 50
Sur tuile vieille fournie	1 35
Sur tuile non fournie	1 25
Sur tuile ou ardoise non descellée.	0 60

Désignation des travaux	Prix de règlement
Arêtier, en faîtières à recouvrement :	
Neuves, sur tuile fournie.	4 fr. 50
— sur tuile non fournie.	3 90
— sur tuile d'Ivry, compris faîtières.	4 60
Remaniées, sur tuile d'Ivry, sans faîtières	1 50
Egout (le mètre linéaire) :	
Une pièce compris plâtre pour scellement et basculement : — En tuile — Neuve — Grand moule	0 93
Petit moule.	0 95
En tuile — Remaniée — Grand moule	
Petit moule.	
En ardoise neuve : 1re carrée, 2e modèle	0 72
En ardoise remaniée id.	0 39
Chaque pièce en plus de la première : — En tuile — Neuve — Grand moule	0 90
Petit moule.	0 93
En tuile — Remaniée — Grand moule	0 40
Petit moule.	0 59
En ardoise neuve : 1re carrée, 2e modèle. . . .	0 70
En ardoise remaniée id. . . .	0 38
Faitage (le mètre linéaire) :	
Neuf, avec plâtre, pour embarrures des deux côtés et crêtes, en faîtières de — Bourgogne, 1re qualité.	3 22
Montereau, à recouvrement.	3 05
Bourgogne, à bourrelets	3 45

Faîtage remanié.

	fr. c.
Les faîtières non descellées, compris plâtre, pour embarrures des deux côtés.	0 fr. 95
— non descellées, avec plâtre, pour embarrures et crêtes. . . .	1 35
— descellées et rescellées, avec plâtre, pour scellement, embarrures et crêtes	1 55
— à bourrelets, descellées et rescellées, avec plâtre, pour scellement et embarrures	1 15
— à recouvrement ou à emboîtement, compris plâtre, pour embarrures.	0 80
Emoussage et nettoyage du comble (le mètre superficiel)	0 10
Découverture, compris descente des matériaux (le mètre superficiel).	
En ardoise. Les voliges conservées ou arrachées :	
de combles entiers ou de parties de combles, compris arrachage des clous à ardoise et à volige	0 23
En tuile plate. Les lattes conservées ou arrachées :	
de combles entiers ou de parties de combles, compris arrachage des clous à lattes	0 20
En tuile à emboîtement. Les liteaux arrachés ou conservés.	0 10
Nota. — Allocation supplémentaire pour mille ardoises conservées entières, rangées et propres à être réemployées	5 50
— Pour mille tuiles conservées entières, rangées et propres à être réemployées	3 30
Faîtière de Bourgogne (la pièce), ordinaire :	
Pour fourniture seulement.	0 66
Pour fourniture, scellement et pose, compris crêtes et embarrures. .	1 43
Non fournie, pour scellement et pose, compris crêtes et embarrures .	0 77

Désignation des travaux	Prix de règlement	
Faitière de Bourgogne (la pièce), à bourrelet, neuve :		
Pour fourniture seulement.	0 fr.	77
Pour fourniture et pose, compris embarrures	1	34
Non fournie, pour scellement et pose avec embarrures.	0	57
Tranchis (le mètre linéaire), apparent :		
Sur ardoise neuve, fournie, 1re carrée.	0	46
— non fournie, id.	0	33
Sur tuile neuve, fournie.	0	84
— vieille, fournie.	0	74
— non fournie.	0	66
— fait à la scie, sur tuile à emboîtement ou à recouvrement, fournie.	3	43
Parement en plâtre, au droit des tranchis apparents (le mètre linéaire)	0	40
Filet et solin, compris plâtre, pour scellement et tranchis (le mètre linéaire) :		
Sur tuile neuve, fournie.	0	95
Sur tuile vieille, fournie.	0	90
Sur ardoise neuve, fournie.	0	90
Sur tuile ou ardoise, non fournie.	0	85
Ruellée, compris tranchis non apparent, plâtre dessus et dessous (le mètre linéaire) :		
Sur tuile neuve, fournie.	1	13
— vieille, fournie.	1	06
— non fournie	1	»
— non descellée.	0	62

Liteau, fourni seulement, avec clous (le mètre linéaire).	0 fr.	09
Latte (de 1ᵐ30), la pièce :		
Fournie seulement, avec clous.	0	05
Fournie et posée.	0	15
Non fournie, compris clous et pose	0	10
Plâtre pour fourniture seulement, le sac dit coulé	0	47
au sas.	0	55
Volige en recherche (la pièce) :		
Pour fourniture seulement.	0	24
— compris clous.	0	25
— compris clous et pose.	0	45
Non fournie, compris clous et pose.	0	21
Moins-value. Lorsque la volige fournie aura moins de 0.013 d'épaisseur, il sera fait sur le prix ci-dessus une diminution de.	0	025
Voligeage (le mètre superficiel) :		
Jointif, en voliges de peuplier, de 0.013 d'épaisseur	1	65
— de sapin, de 0.013 d'épaisseur.	1	70
Vue de faîtière (la pièce) :		
Neuve, compris plâtre et pose	1	74
Vieille, compris plâtre et pose	1	08
Crochet d'échelle (la pièce) :		
Pour fourniture seulement.	3	50
Pour pose, avec façon et pose de noquets en plomb.	0	82

Désignation des travaux	Prix de règlement
Châssis à tabatière, en fer, dormant en tôle, petits bois, crémaillère, piton et mentonnet, mesuré à l'intérieur des dormants (le mètre linéaire). . .	5 fr. »
Plus-value pour dormant en fer laminé, de 0.0025 d'épaisseur (le mètre linéaire).	
Pose de châssis tabatière (le mètre linéaire)	0 20
Dépose avec pattes conservées (le mètre linéaire).	0 30
	0 15

Zinc

Heures — Désignation des travaux	Prix de règlement
HEURE DE JOUR : de zingueur et plombier, été	1 fr. 15
hiver.	1 29
de garçon zingueur et plombier, été.	0 69
hiver.	0 86

DÉSIGNATION DES TRAVAUX :

Zinc (au kilogramme) :

Neuf, pour bandes de toutes natures, couvertures, couvre-joints, gouttières, etc., sera compté suivant le cours du jour diminué de la remise de 4 francs pour 100 kilogr., augmenté de 1/40ᵉ pour déchet et de 10 0/0 de bénéfice.

Vieux, repris en compte, moins 4 0/0 pour déchet, moitié du prix du cours net du zinc neuf.

Bandes en zinc, du n° 10 au n° 16. Façon (au mètre linéaire) :

D'agrafe, pour façon, clouage et pose.	0 fr. 26
Dépose desdites.	0 03
Repose.	0 15
De solin, d'égout et à cheval, pour façon et pose comprenant un ourlet par le bas, un angle arrondi et relevé avec pince rabattue, clouage, deux pattes d'agrafe en zinc fourni, trous et tampons nécessaires au besoin et soudure de jonction (toutes longueurs.	0 58
Dépose desdites.	0 10
Repose.	0 25
De recouvrement, d'appui, d'attique, de bandeau, etc. Pour toute façon, coupe et pose, compris un ourlet sur la rive, un angle relevé avec biseau ou pince rabattue, engravure remplie en plâtre ou ciment, ou clouage avec clous à piston, trois pattes d'agrafure en zinc fourni, soudure des jonctions en l'absence de coulisseau :	
jusqu'à 0.15 de largeur	1 10
de 0.16 à 0.25 de largeur	1 25
de 0.26 à 0.50 —	1 48
de 0.51 à 0.65 —	1 67

   Dépose desdites bandes : 1/10e du prix de façon des bandes neuves.
   Repose desdites bandes : 2/5e du prix des bandes neuves.

Clouage (le mètre linéaire), de zinc ou plomb, avec clous à piston :

Espacés, de 0.01 à 0.02.	0 70
— de 0.05.	0 34

16.

Désignation des travaux	Prix de règlement
Couvre-joints : Dépose.	0 fr. 03
Repose.	0 12
Façon et pose de couvre-joints neufs en réparation.	0 20
Chatière en zinc n° 12, avec fond sphérique, revêtement circulaire, bague emboutie, grille en zinc perforée. Pour fourniture seulement :	
de 0.19 × 0.29.	1 40
de 0.23 × 0.34.	1 65
de 0.27 × 0.37.	2 30
de 0.32 × 0.40.	3 »
Pour pose, ajustement et soudures.	0 90
Coupement de la volige et percement du zinc.	0 45
Couverture. Façon (au mètre carré), d'après la surface du zinc développé :	
Zinc neuf. Pour façon, montage et pose des feuilles, couvre-joints, faîtages, arêtiers, noues, etc., compris toute main-d'œuvre accessoire pour la dilatation, y compris fourniture des pattes à tasseaux, des pattes d'agrafe, calotins ou gaines, clous, etc., sans autre déchet que celui de 1/40e ni talons et contre-talons qui sont payés à part.	
En feuille de 0.80, pour maison ordinaire, comprenant des évidements et reliefs aux pénétrations des trappes, châssis, souches, etc.	1 21
— Pour hangar sans pénétrations de cheminées, châssis, etc..	0 88
En feuilles de 0.50, pour maison ordinaire, comme ci-dessus.	1 61
— pour hangar, comme ci-dessus.	1 38

Zinc vieux, redressé, retaillé, refaçonné et reposé, avec toutes les fournitures comme ci-dessus, non compris découverture :

En feuilles de 0.80, pour maison ordinaire, comme ci-dessus	1 fr.	80
— pour hangar sans pénétration	1	21
En feuilles de 0.50, pour maison ordinaire	2	42
— pour hangar	1	84

OUVRAGES DIVERS

Angle soudé, au droit des châssis, lucarnes, souches, bandes de recouvrement, bandeau, etc. (la pièce)	0	15
— avec gousset rapporté	0	30
Calotin en zinc, avec broche en fer, fourni et soudé (la pièce)	0	05
Coupe à la griffe (le mètre linéaire) :		
Droite, faite sur le zinc en place	0	20
Circulaire, id.	0	30
Talon ou tête de couvre-joint, fourni et soudé (la pièce)	0	20
Percement de trou circulaire, avec relief de 0.01 de hauteur, façonné, battu et relevé au marteau (la pièce) :		
Pour mitron de 0.22 de diamètre	0	82
— de 0.19 —	0	72
— de 0.16 —	0	65
Contre-talon en zinc neuf fourni et soudé (la pièce)	0	15
Crochet pour gouttière ordinaire (pour fourniture en plus de 2 par mètre) :		
de 0.16 développé (la pièce)	0	13
de 0.25 —	0	17
Pose en travaux neufs	0	15
— en réparation (la gouttière en place)	0	35

Désignation des travaux	Prix de règlement	
Crochet à pointe, pour tuyaux de 0.05 de diamètre (la pièce).	0 fr.	11
— 0.08 —	0	14
— 0.11 —	0	17
Pose en travaux neufs	0	10
— en réparation	0	20
Découverture de zinc avec rangement (le mètre carré) :		
avec réemploi.	0	26
pour démolition.	0	10
Gouttières, façon et pose :		
Ordinaire, compris soudure de jonction et fourniture et pose de 2 crochets par mètre :		
de 0.16 de développement (le mètre linéaire).	1	36
de 0.25 —	1	56
Plus-value, pour les fonds, 0.15 de longueur en plus.		
pour les équerres, 0.20 de longueur en plus.		
En réparation (le mètre linéaire) :		
pour nettoyage et redressage sur place	0	16
pour dépose, compris dépose des crochets, descente et rangement	0	16
pour dépose et repose, compris nettoyage et redressage, dépose et repose des crochets	0	65
pour dépose et repose, avec soudure et redressage complet au mandrin, dépose et repose des crochets	1	13
Nez en zinc pour tuyau de descente, compris soudure et pose (la pièce)	0	20

Pattes d'agrafe en cuivre rouge étamé, de 0.07 à 0.10 de longueur sur 0.03 à 0.05 de largeur, compris façon, pose et soudure :

pour bandes en plomb (la pièce)		0 fr.	30	
pour bandes en zinc.		0	50	
Points de soudure en recherche (la pièce)	0	10 à 0	20	
Solin en plâtre sur zinc, avec arête (le mètre linéaire).		0	72	
Soudure sur zinc neuf (le mètre linéaire)		0	68	
— vieux.		0	75	

Tasseau en sapin du Nord, compris clous et pose :

de 0.027 de grosseur (le mètre linéaire).	0	30	
de 0.040 —	0	32	
de 0.050 —	0	43	
pour dépose et repose	0	15	

— en sapin du Nord évidé, pour faîtage ou arêtier :

de 0.06 de grosseur (le mètre linéaire)	0	77	
de 0.08 —	1	09	
pour dépose et repose	0	20	

Tuyau en zinc (le mètre linéaire), pour façon et pose, compris pose des crochets à pointes :

de 0.05 de diamètre.	1	07	
de 0.08 —	1	23	
de 0.11 —	1	41	

Plus-value pour façon et déchet de zinc :

pour bagues : 0.20 de longueur en plus.
pour coude : 0.15 —
pour coude cintré : 0.40 —

Désignation des travaux	Prix de règlement
Tuyau en zinc, en réparation :	
pour dépose, compris dépose des crochets, descente et rangement . .	0 fr. 16
— repose, redressage et dépose et repose des crochets. . .	0 52
— compris dépose, repose des crochets, avec soudure et redressage complet au mandrin.	1 13
Voligeage, en voliges de sapin du Nord, de 0.11 de largeur, dressées, dits jointifs :	
de 0.011 d'épaisseur.	1 50
de 0.013 —	1 70
de 0.018 —	2 »
Dévoligeage pour réemploi, compris rangement.	0 30
pour démolition	0 09
Voligeage en vieilles voliges, compris toutes coupes droites ou biaises . . .	0 68
— en recherche, compris dépose de la partie remplacée	0 26

Plomb

Plomb neuf en table, pour fourniture :

Suivant le cours du jour, sans déchet, diminué de 4 fr. de remise par 100 kilogr., et augmenté de 1/40ᵉ pour déchet et de 10 0/0 de bénéfice.

— neuf en échange de 104 kilogr. de vieux plomb	10 »

Couverture en plomb (au kilogramme) :

Neuf, pour façon, coupe, montage et pose pour chéneau, compris battage des gorges, des ressauts et cuvettes :

en parties droites avec reliefs droits	0 fr.	10
en parties cintrées en gorge	0	19
en parties cintrées ou circulaires	0	31
Terrasse ou balcon	0	06
Tuyau, pipe, etc.	0	24
Façon de bandes en plomb, pour bandes de solin, de larmier, battellement, etc. (le kilogramme) :		
en parties droites	0	16
en parties circulaires	0	25
Façon de plomb, en recouvrement de moulures mises en charpente, menuiserie, etc. (le kilogramme) :		
en parties droites	1	»
en parties circulaires ou ovales	1	85
Plomb vieux :		
déposé, jeté et rangé pour bâtiment en démolition	0	020
déposé, descendu et rangé	0	029
rebattu, retroussé et reposé	0	039
déposé sans descente, rangé, repris et reposé	0	059
Plomb, monté ou descendu, façonné, battu, posé (le mètre superficiel) :		
neuf pour alaise, bavette, etc.	1	58
vieux pour alaise, déposé, rangé, repris et reposé	1	74
vieux, rebattu, sans dépose	0	30
Embase de pied de balcon (à la pièce) :		
en plomb fondu, fourniture et pose	3	10
en zinc, compris manchette, etc., fourniture et pose	2	20

MENUISERIE & PARQUETAGE

OBSERVATION GÉNÉRALE. — Les prix de règlement sont composés :

1° Des déboursés pour la main-d'œuvre et les fournitures ;

2° Des faux frais calculés sur la main-d'œuvre seulement, fixés à 22.50 0/0 pour la menuiserie ;

3° Des bénéfices appliqués aux prix de la main-d'œuvre et des fournitures et aux faux frais, fixés à 10 0/0.

Heures	Désignation des travaux	Prix de règlement
HEURE DE JOUR : de menuisier		0 fr. 94
de parqueteur		1　15
DÉSIGNATION DES TRAVAUX :		
	OUVRAGES EN VIEUX BOIS (au mètre superficiel)	
Dépose, avec ou sans échelle, compris arrachage des clous, transport dans l'établissement et rangement.	De portes, croisées, châssis, persiennes, tablettes, etc.	0　25
	De portes cochères ou charretières, de 0.054 à 0.08 d'épaisseur, dont la dépose aura exigé l'emploi de plusieurs hommes.	0　64
	Par suite du mauvais état des parties remplacées par des menuiseries neuves ou immédiatement reposées, ou pour dépose en grande quantité, pour portes, croisées, etc.	0　16

Cloison à claire-voie pour remplissage :

retaillée, posée	0 fr. 40
débitée et refendue dans du vieux bois et posée	0 71

Cloisons et barrières en bois de bateau :

posées et espacées de 0.04 à 0.05 et clouées : sapin	0 46
— chêne	0 57
posées jointives et clouées : sapin	0 57
— chêne	0 70
coupées de longueur et posées : sapin.	0 66
— chêne.	0 79
coupées, dressées sur les rives et posées : sapin.	0 98
— chêne.	1 29
posées jointives, clouées et rainées : sapin	1 18
— chêne	1 49

Cloisons, tablettes, châssis, croisées, persiennes, portes et lambris :	Jusqu'à 0.041	De 0.054	De 0.08
posé.	0 fr. 66	0 fr. 86	0 fr. 99
coupé, ajusté, posé.	1 04	1 35	1 56
coupé, équarri sur 3 ou 4 faces et posé	1 23	1 60	1 85

Désignation des travaux	Prix de règlement

Cloison et tablette en vieux bois uni, façonné entièrement et posé :

	SAPIN					CHÊNE			
	Brut, rainé	Un parement			2ᵉ parement	Brut. rainé	Un parement			2ᵉ parement
		Dressé	Rainé	Rainé et collé			Dressé	Rainé	Rainé et collé	
0ᵐ013	0ᶠ95	1ᶠ65	1ᶠ95	2ᶠ10	0ᶠ70	1ᶠ05	2ᶠ60	3ᶠ05	3ᶠ20	1ᶠ30
0ᵐ018	1 10	1 85	2 20	2 40	0 70	1 30	2 95	3 40	3 65	1 40
0ᵐ027	1 25	2 10	2 50	2 80	0 75	1 55	3 35	3 95	4 25	1 50
0ᵐ034	1 55	2 40	2 90	3 20	0 80	1 85	3 80	4 50	4 90	1 65
0ᵐ041	1 80	2 75	3 95	3 75	0 90	2 25	4 40	5 30	5 75	1 90
0ᵐ054	2 80	3 55	4 90	5 35	1 10	3 45	5 50	7 20	7 75	2 10

NOTA. — Les parties assemblées à tenons et mortaises, ainsi que celles emboîtées, sont assimilées aux parties pleines.

Les assemblages seront payés séparément, avec augmentation de 0.10 par franc pour travaux en réparation.

Les emboîtures seront comptées comme alaises, suivant leur nature, augmentées de 0.10 par mètre de longueur pour travaux en réparation.

Dans les parties en sapin emboîtées en chêne, les assemblages seront payés comme chêne avec augmentation de 0.10 par franc pour travaux en réparation.

Portes pleines ou volets emboîtés haut et bas, ou barrés et emboîtés, rajustés, équarris et reposés :

	Jusqu'à 0.041	De 0.054	De 0.08
Déchevillés et rechevillés seulement	1 fr. 80	2 fr. 35	2 fr. 70
Déchevillés, retaillés sur la hauteur, rechevillés. .	2 60	3 40	3 90
Idem, mais retaillés sur tous sens	2 80	3 65	4 20

Parquets, équarris, rainés en bout, compris pose des lambourdes et fourniture des clous, sans replanissage :

	Frise de 0.085 à 0.11		Frise de 0.065 à 0.08	
	0.025	0.032	0.025	0.032
	A l'anglaise			
en sapin.	1 40	1 fr. 60	» fr. »	» fr. »
en chêne.	2 »	2 20	2 20	2 60
	En point de Hongrie			
	Écartement mesuré perpendiculairement aux joints des travées			
En chêne, écartement de :				
0.45 et au-dessus	3 fr. 70	4 fr. 45	4 fr. 40	5 fr. 25
0.40 à 0.449.	4 05	4 90	4 85	5 40
0.35 à 0.399.	4 85	5 50	5 80	6 55

En frise :

Désignation des travaux	Prix de règlement	
Parquet en feuilles, équarri, rainé, ajusté et reposé	3 fr. 35	
Replanissage de parquets vieux, déposés ou non :		
à l'Anglaise et en point de Hongrie.	0	65
retourné sur tous sens et en feuilles	0	85
Dépose de parquet avec soin, pour être reposé :		
à l'Anglaise ou en feuilles, compris dépose des lambourdes et rangement dans l'étage.	0	30
en point de Hongrie au-dessous de 0.40 d'écartement.	0	40
— de 0.40 et au-dessus	0	35
retourné en tous sens	0	75

	Jusqu'à 0.041 d'épaisseur	De 0.054 d'épaisseur
Châssis vitré, rajusté, équarri et reposé :		
Déchevillé et recheville.	1 fr. 75	2 fr. 30
— retaillé en hauteur et recheville	2 45	3 20
— — en largeur et recheville.	2 75	3 60
— — en hauteur et largeur et recheville	3 75	4 90

	Châssis de 0.034 et 0.041 dormants de 0.054 à 0.06 d'épaisseur	Châssis de 0.054, dormants jusqu'à 0.08
Croisée avec dormants, rajustée, équarrie, reposée :		
Déchevillée et recheville.		

— retaillée sur la hauteur, rechevillée	3 fr. »	4 fr. »
— — sur la largeur, rechevillée	3 60	4 80
— — sur la hauteur et largeur, rechevillée	4 50	6 »

Persienne, rajustée, équarrie et reposée :

	Jusqu'à 0.041	De 0.054
Déchevillée et rechevillée	2 fr.25	2 fr.95
— retaillée sur la hauteur, rechevillée	2 68	3 40
— — sur la largeur, rechevillée	3 60	4 70
— — sur la hauteur et largeur, rechevillée	4 40	5 75

Jalousies :

déposées	0 fr.30
déposées et reposées	0 65
déposées, démontées, remontées avec les cordes vieilles et reposées	1 60
déposées, démontées, remontées avec les chaînes et cordes vieilles et reposées	2 55
déposées, démontées, remontées avec chaînes vieilles avec fourniture de cordes	2 95

Lambris et porte d'assemblage, compris rajustement, équarrissage et pose :

	Jusqu'à 0.041	De 0.054	De 0.08
A glace { Déchevillés, rechevillés	2 fr.35	3 fr.05	3 fr.50
Retaillés en hauteur ou largeur	3 »	3 90	4 50
— en hauteur et largeur	3 45	4 50	5 20

Désignation des travaux	Prix de règlement		

Lambris et porte d'assemblage, compris rajustement, équarrissage et pose (suite) :

	Jusqu'à 0.041	De 0.054	De 0.08
Arases { Déchevillés, rechevillés	2 fr. 50	3 fr. 25	3 fr. 75
Arases { Retaillés en hauteur ou largeur	3 25	4 25	4 90
Arases { — en hauteur et largeur	3 80	4 95	5 70
A petit cadre { Déchevillés, rechevillés	2 65	3 45	4 »
A petit cadre { Retaillés en hauteur ou largeur	3 45	4 50	5 20
A petit cadre { — en hauteur et largeur	4 10	5 35	6 15
A grand cadre { Déchevillés, rechevillés	3 75	4 90	5 65
A grand cadre { Retaillés en hauteur ou largeur	4 80	6 30	7 20
A grand cadre { — en hauteur et largeur	5 75	7 50	8 65

OUVRAGES EN VIEUX BOIS (au mètre linéaire)

Dépose :

de plinthes, baguettes, bandeaux, cimaises, moulures, coulisses et entretoises	0 fr. 10
de corniches volantes faites à l'échelle	0 11
de bâtis, huisseries et chambranles, déchevillés et repérés	0 13

NOTA. — Lorsque les bâtis, les huisseries et les chambranles n'auront point été déchevillés ils seront payés.

	0 10

Tasseaux :

reposés seulement.	0 fr. 15
coupés de mesure et posés	0 20
façonnés entièrement et posés : en chêne.	0 40
— en sapin	0 30

Coulisses, barres et entretoises, jusqu'à 0.041 d'épaisseur, sur 0.08 à 0.12 de largeur :

reposées	0 19
reposées et retaillées	0 26
façonnées entièrement et reposées : chêne.	0 88
— sapin.	0 60

Plinthe, champs, tringle, battements, avant et arrière-corps, bâtis de tenture et pilastres, de 0.013 à 0.027 d'épaisseur, jusqu'à 0.12 de largeur :

reposés : sapin	0 24
chêne.	0 29
façonnés entièrement et posés : chêne.	0 55
— sapin.	0 40

Bâtis, huisseries, jusqu'à 0.12 de largeur, pour portes d'armoires, cloisons en menuiserie, etc. :

	Jusqu'à 0.041	De 0.054	De 0.08
Non posés dans les plâtres, reposés : sapin.	0 fr. 29	0 fr. 36	0 fr. 45
— chêne	0 34	0 42	0 57
Posés dans les plâtres, reposés : sapin.	0 35	0 44	0 56
— chêne.	0 42	0 55	0 72
Façonnés entièrement, reposés : sapin.	0 70	0 90	1 22
— chêne.	1 13	1 43	2 »

Désignation des travaux	Prix de règlement
Poteau de remplissage :	
ajusté et posé : sapin	0 fr. 36
— chêne	0 47
façonné entièrement et posé : sapin	0 80
— chêne	1 23
Cimaises, moulures, bordures et corniches ordinaires, sans coupes d'onglet :	
reposées : sapin	0 32
chêne	0 25
Dans les moulures, bordures, cimaises, etc., pour chaque angle à deux coupes, il sera ajouté à la longueur réelle :	
Pour ceux d'onglet, 0.50.	
Pour ceux à faux onglet, 0.75.	
Chambranles ravalés, reposés :	
Ils seront payés le même prix que les bâtis et huisseries, suivant qu'ils sont ou non posés dans les plâtres avec une addition au développement de 0.20 par mètre.	
Cadres pour figurer panneaux. Ils seront payés comme les moulures, cimaises, etc., en plus-value pour le tracé comme aux ouvrages en bois neuf.	
Corniche volante, n'excédant pas 0.12 de largeur, mesurée sur l'inclinaison :	
reposée : sapin	0 36
chêne	0 47

Pour chaque 0.02 ou fraction de 0.02 de largeur en plus, il sera ajouté 0.10 par franc.

Alaise collée : posée, sapin.	0 fr. 24
chêne.	0 30
— façonnée entièrement et posée, sapin.	0 64
— chêne.	1 »

NOTA. — Les rainures et languettes, ainsi que le collage pour les réunions des alaises aux portes vieilles, font partie du prix desdites alaises.

Emboiture : rainée, assemblée, reposée et rechevillée.	0 40
façonnée entièrement et reposée.	1 »

OUVRAGES EN VIEUX BOIS (à la pièce)

Arrondissement en bout des tasseaux, compris profilement de chanfrein, fini à la lime : en sapin	0 05
en chêne.	0 07

Assemblage carré, à tenon et mortaise ou à queues :

	Sapin	Chêne
0.027.	0 fr. 22	0 fr. 30
0.034.	0 24	0 34
0.041.	0 27	0 38
0.080.	0 35	0 51
0.110.	0 40	0 60

Les assemblages faits sur le tas seront payés 0.20 par franc en plus des prix ci-dessus.

Désignation des travaux	Prix de règlement
Plus-values sur les assemblages carrés à tenons et mortaises :	
Assemblages, biais relevés sur plan. . . . . 0.40 par franc	
— d'onglets, à travers champs . . . . 0.80 —	
— à faux onglets à travers champs . . . . . 1.00 —	
— d'onglets jusqu'à la moulure. . . . . 0.50 —	
— à trait de Jupiter, trois fois le prix des assemblages carrés.	
Jeu donné (les objets démontés et remontés) à une porte d'armoire { 1 vantail	0 fr. 35
2 vantaux.	0 45
à une porte ordinaire { 1 vantail	0 40
2 vantaux.	0 55
à une croisée et persienne { 1 vantail	0 45
2 vantaux.	0 70
OUVRAGES EN BOIS NEUF	
Bois de qualité inférieure, dit bois de bateau (au mètre superficiel) :	
Cloison à claire-voie, en sapin, plein ou vide, de 0.027 d'épaisseur	1 40
— sur champs, pour cloison de 0.10 à 0.12 d'épaisseur, compris entailles.	2 75

Cloison, plancher, tablette :	Sapin		Chêne			
	0.027	0 034	0.027	0.034	0.041	0.054
Brut, coupé, posé.	3f 05	» »	3f 55	5f 45	7f 75	9f 90
Brut, dressé des rives.	3 40	» »	3 95	6 05	8 70	11 15
Brut, rainé.	3 75	» »	4 40	6 70	9 60	12 80

Bon bois pour *cloisons, tablettes, planchers,* etc., au-dessus de **0.23** de largeur; *porte en planches entières,* compris languettes rapportées dans les fortes épaisseurs, posé :

	Brut aux deux parements			Un parement			Plus-values	
	Coupé	Dressé des rives	Rainé	Dressé	Rainé	Rainé, collé	2e parement	Joints chevanchés
Sapin de 0m010 .	1f 85	2f 20	2f 45	2f 90	3f 20	3f 40	0f 60	0f 35
0 013 .	2 10	2 40	2 70	3 15	3 45	3 60	0 60	0 35
0 018 .	2 40	2 80	3 10	3 55	3 95	4 15	0 60	0 35
0 027 .	3 05	3 50	3 90	4 40	4 85	5 10	0 60	0 40
0 034 .	4 30	4 85	5 40	5 85	6 45	6 75	0 70	0 50
0 041 .	4 95	5 60	6 25	6 70	7 40	7 75	0 75	0 55
0 054 .	6 20	7 10	8 30	8 45	9 85	10 30	0 95	0 65
0 080 .	8 05	9 30	11 10	11 »	12 75	13 30	1 15	0 85
Chêne de 0m013 .	4f 40	4f 65	5f 45	6f 15	6f 70	6f 90	1f 10	0f 55
0 018 .	6 35	6 65	7 30	8 30	8 95	9 20	1 15	0 60
0 027 .	7 85	8 30	9 05	10 10	10 90	11 20	1 25	0 70
0 034 .	9 80	10 40	11 30	12 35	13 40	13 75	1 40	0 80
0 041 .	11 10	11 80	12 90	14 05	15 25	15 70	1 60	0 95
0 054 .	14 20	15 15	17 »	17 80	19 85	20 40	1 75	1 10
0 080 .	18 30	19 65	22 05	22 95	25 55	26 25	1 95	1 35

Désignation des travaux	Prix de règlement

Plus-values :

De partie pleine faite par frises de largeur régulière de 0.11 en moyenne :

non rainée, la surface réelle sera augmentée de 0.10 par mètre.

rainée, la surface réelle sera augmentée de 0.15 par mètre ; si ces ouvrages sont exécutés en frises de parquet et qu'ils soient admis par l'architecte, il n'y aura pas lieu à cette plus-value.

De circulaire en plan pour les parties unies, la surface réelle sera augmentée de 0.50 par mètre pour celles en bois montant et de 1.00 par mètre pour celles en bois couché.

Pour petites parties :

à toutes parties pleines au-dessous de 0.30 de surface, il sera ajouté à la superficie 0.01 pour chaque 0.03 en moins.

Les parties au-dessous de 0.06 de surface seront comptées pour 0.06.

		Chêne	Sapin
Châssis vitré, sans dormant ravalé de moulures sur un parement, ayant jusqu'à deux carreaux par mètre, de :	0^m027	8 fr. 85	5 fr. 35
	0 034	10 45	6 50
	0 041	12 10	7 50
	0 054	15 40	9 55

Nota. — Les châssis en sapin sont avec petits bois en chêne.

Les dormants des châssis seront développés et comptés au mètre linéaire comme bâtis à quatre parements (les assemblages en plus de un par mètre seront comptés séparément).

Les châssis sans petits bois qui produiront un mètre superficiel et au-dessus seront comptés au mètre linéaire et payés aux prix des bâtis à quatre parements.

Les châssis sans moulures seront payés les prix ci-dessus diminués de 0.05 par mètre.

Châssis à tabatière :

Ils seront payés comme bâtis, suivant les natures auxquelles ils appartiendront.

Porte et cloison vitrée :

Les parties vitrées seront mesurées jusqu'au milieu de la traverse d'appui et comptées comme châssis aux prix qui précèdent.

Les panneaux seront payés comme lambris de l'espèce à laquelle ils appartiendront suivant les prix ci-après.

Croisées en sapin, moulurées sur un parement ouvrant à noix et gueule-de-loup, avec dormant, jets d'eau et pièce d'appui, sans petits bois :

Châssis 0.034. Dormant 0.041 × 0.065		8 fr. 60
— 0.034. — 0.054 × 0.054		8 90
— 0.041. — 0.054 × 0.060		9 60
— 0.054. — 0.080 × 0.080		11 50

— Avec petits bois en chêne : Elles seront payées aux prix des croisées en sapin augmentés de 20 0/0.

Croisées en chêne, moulurées sur un parement, ouvrant à noix et gueule-de-loup, avec dormant, sans petit bois :

Jeu d'eau et pièce d'appui, { Châssis 0.034. Dormant 0.041 × 0.065 . .		14 10
0.08 × 0.085. { — 0.034. — 0.054 × 0.054 . .		14 25
{ — 0.041. — 0.054 × 0.060 . .		15 75

Désignation des travaux	Prix de règlement
Croisées en chêne, sans petits bois (suite) :	
Jeu d'eau et pièce d'appui, 0.08 × 0.10 { Châssis 0.054. Dormant 0.080 × 0.080. .	19 fr. »

Dans les croisées en chêne avec petits bois, pour chaque traverse de petits bois ordinaires jusqu'à 0.05 de largeur, il sera ajouté à la hauteur réelle des croisées 0.07 ; lorsque ces traverses auront plus de 0.04 de largeur, le surplus sera ajouté à la hauteur.

Dans les croisées avec petits bois montants, la valeur ci-dessus sera augmentée de 0.03 par chaque rang de petits bois montants.

Chaque angle arrondi intérieur d'une croisée sera payé en plus, compris déchet, assem-blage, ajustements et profils en raccord :

Jusqu'à 0.034 d'épaisseur : chêne.	1f25
sapin.	1.00
Jusqu'à 0.041 — chêne.	1.50
sapin.	1.20
Jusqu'à 0.054 — chêne.	1.80
sapin.	1.45

Porte-croisée :

Les parties vitrées avec leurs dormants seront mesurées jusqu'au milieu de la traverse d'appui et comptées comme croisées aux prix précédents.

Les parties d'appui seront payées comme lambris du dessous de la traverse du bas jusqu'au milieu de la traverse d'appui. Le restant des bâtis dormants sera compté au mètre linéaire et payé aux prix des bâtis à quatre parements.

Persienne sans dormant, compris feuillures et baguettes de fermeture :

Lames et bâtis en chêne, de : { 0ᵐ027.	18 fr.	25
0 034.	20	35
0 041.	24	»
Lames en sapin et bâtis en chêne, de : { 0ᵐ027	15	15
0 034	17	»
0 041	19	»
Lames et bâtis en sapin, de : { 0ᵐ027.	10	20
0 034.	11	45
0 041.	12	50

Au-dessous de 0.45 de largeur, il sera ajouté à la surface 0.04 par mètre pour chaque centimètre de largeur en moins.

Persienne brisée, établie mécaniquement à entailles arrêtées, lames arrondies sur les deux rives formant tenon, sans dormant, compris feuillures et baguette de fermeture, 10 0/0 en moins des prix précédents.

Jalousie garnie de septain et rubans dits tirants de bottes ou chaînettes étamées :

Lames, tête et pavillon chantourné, le tout peint à l'huile, trois couches : chêne.	11	50
sapin.	9	80
Moins-values : pour peinture à l'huile non faite	1	»
— pour emploi de corde au lieu de septain.	0	50

Désignation des travaux	Prix de règlement					

Lambris d'assemblage à glace, sans plates-bandes et ayant jusqu'à un panneau par mètre superficiel, avec battants et traverses de 0.10 de largeur :

	Bâtis et panneaux sapin		Bâtis chêne et panneaux sapin		Bâtis et panneaux chêne	
	Le 2ᵉ parement		Le 2ᵉ parement		Le 2ᵉ parement	
	brut	à glace	brut	à glace	brut	à glace
Bâtis 0ᵐ027. Panneaux 0ᵐ013.	5ᶠ85	6ᶠ45	8ᶠ80	9ᶠ70	11ᶠ15	12ᶠ35
— 0 034. — 0 018.	6 90	7 50	10 40	11 30	14 »	15 20
— 0 041. — 0 027.	8 25	8 85	12 30	13 30	16 55	17 85
— 0 054. — 0 034.	10 80	11 50	15 80	16 90	20 75	22 15
— 0 080. — 0 041.	13 55	14 35	19 85	21 10	25 70	27 25

Lambris d'assemblage arasé, sans plates-bandes et ayant jusqu'à un panneau par mètre superficiel, avec battants et traverses de 0.10 de large :

	Bâtis et panneaux sapin			Bâtis chêne et panneaux sapin			Bâtis et panneaux chêne		
	Le 2ᵉ parement			Le 2ᵉ parement			Le 2ᵉ parement		
	brut	à glace	arasé	brut	à glace	arasé	brut	à glace	arasé
Bâtis 0ᵐ027. Panneaux 0ᵐ018.	6f 40	6f 95	7f 25	9f 30	10f 15	10f 45	13f 05	14f 05	14f 40
— 0 034. — 0 027.	7 90	8 50	8 80	11 35	12 25	12 55	15 75	17 »	17 45
— 0 041. — 0 034.	9 70	10 30	10 65	13 70	14 70	15 05	18 75	20 05	20 60
— 0 054. — 0 041.	11 95	12 65	13 25	17 »	18 20	18 75	22 75	24 15	24 95
— 0 080. — 0 054.	15 50	16 30	17 10	22 35	23 60	24 40	29 60	31 10	32 20

Nota. — Les lambris comportant des chanfreins ordinaires avec ou sans arrêts seront payés aux prix des lambris à petits cadres. Les profils de ces arrêts seront seuls payés à part.

| Désignation des travaux | | | | | | | | | | | | | Prix de règlement |

Lambris d'assemblage à petits cadres, sans plates-bandes et ayant jusqu'à un panneau par mètre superficiel, avec battants de 0.10 de largeur et traverses intermédiaires et basses de 0.13, compris cadre de 0.025 à 0.035 de profil :

Bâtis	Panneaux	Bâtis et panneaux sapin				Bâtis chêne et panneaux sapin				Bâtis et panneaux chêne			
		Le 2ᵉ parement			Aux 2 parements	Le 2ᵉ parement			Aux 2 parements	Le 2ᵉ parement			Aux 2 parements
		brut	à glace	arasé		brut	à glace	arasé		brut	à glace	arasé	
0ᵐ027.	0ᵐ013.	6ᶠ80	7ᶠ40	7ᶠ65	8ᶠ15	10ᶠ55	11ᶠ45	11ᶠ75	12ᶠ45	12ᶠ70	13ᶠ95	14ᶠ35	15ᶠ »
0 034.	0 018.	8 05	8 65	9 »	9 50	12 40	13 30	13 60	14 30	15 90	17 15	17 60	18 15
0 041.	0 027.	9 60	10 25	10 60	11 10	14 55	15 50	15 85	16 80	18 80	20 05	20 60	21 25
0 054.	0 034.	12 45	13 20	13 75	14 30	18 65	19 85	20 40	21 35	23 50	24 95	25 70	26 45
0 080.	0 041.	15 60	16 45	17 25	17 85	23 80	25 15	25 95	27 20	29 25	30 85	31 95	32 85

Lambris d'assemblage à grands cadres, embrevés, sans plates-bandes et ayant jusqu'à un panneau par mètre superficiel avec battants et traverses de 0.08 de largeur apparente :

Bâtis 0.027, Panneaux 0.013, Cadres 0.041 de profil. Epaisseur des cadres : 1 parement 0.034, 2 parements 0.041.	Bâtis, cadres et panneaux sapin	le 2ᵉ parement	brut. . . .	8 fr. 30
			à glace. . .	9 »
			arasé. . . .	9 25
		aux deux parements		10 »
	Bâtis chêne, cadres et panneaux sapin	le 2ᵉ parement	brut. . . .	11 25
			à glace. . .	12 30
			arasé. . . .	12 55
		aux deux parements		13 30
	Bâtis, cadres en chêne et panneaux sapin	le 2ᵉ parement	brut . . .	13 10
			à glace. . .	14 20
			arasé. . . .	14 45
		aux deux parements		15 55
	Bâtis, cadres et panneaux chêne	le 2ᵉ parement	brut . . .	15 15
			à glace. . .	16 50
			arasé. . . .	16 90
		aux deux parements		17 85

Désignation des travaux	Prix de règlement
Lambris d'assemblage, etc. :	
Bâtis 0.034, Cadres 0.054 de profil, Panneaux 0.013. Epaisseur des cadres : 1 parement 0.047, 2 parements 0.054.	
Bâtis, cadres et panneaux sapin — le 2ᵉ parement — brut.	9 fr. 85
à glace.	10 60
arasé.	10 90
aux deux parements	11 80
Bâtis chêne, cadres et panneaux sapin — le 2ᵉ parement — brut.	13 30
à glace.	14 35
arasé.	14 65
aux deux parements	15 55
Bâtis, cadres en chêne et panneaux sapin — le 2ᵉ parement — brut.	15 90
à glace.	17 15
arasé.	17 45
aux deux parements	18 95
Bâtis, cadres et panneaux chêne — le 2ᵉ parement — brut.	17 70
à glace.	19 10
arasé.	19 55
aux deux parements	21 »

Lambris d'assemblage, etc. :

Bâtis 0.041,
Cadres 0.067 de profil,
Panneaux 0.018.

Epaisseur des cadres :
1 parement 0.060,
2 parements 0.067.

			fr.	
Bâtis, cadres et panneaux sapin	le 2ᵉ parement	brut. . . .	11 fr.	70
		à glace. . .	12	45
		arasé. . . .	12	85
	aux deux parements		14	25
Bâtis chêne, cadres et panneaux sapin	le 2ᵉ parement	brut. . . .	15	70
		à glace. . .	16	85
		arasé. . . .	17	20
	aux deux parements		18	60
Bâtis, cadres en chêne et panneaux sapin	le 2ᵉ parement	brut. . . .	19	15
		à glace. . .	20	35
		arasé. . . .	20	70
	aux deux parements		22	80
Bâtis, cadres et panneaux chêne	le 2ᵉ parement	brut. . . .	21	85
		à glace. . .	23	30
		arasé. . . .	23	85
	aux deux parements		25	80

Désignation des travaux				Prix de règlement	
Lambris d'assemblage, etc. :					
Bâtis 0.054, Cadres 0.080 de profil, Panneaux 0.027. — Epaisseur des cadres : 1 parement 0.073, 2 parements 0.080.	Bâtis, cadres et panneaux sapin	le 2ᵉ parement	brut	15 fr.	»
			à glace	15	85
			arasé	16	40
		aux deux parements		18	25
	Bâtis chêne, cadres et panneaux sapin	le 2ᵉ parement	brut	20	45
			à glace	21	65
			arasé	22	40
		aux deux parements		24	30
	Bâtis, cadres en chêne et panneaux sapin	le 2ᵉ parement	brut	25	55
			à glace	26	85
			arasé	27	45
		aux deux parements		30	25
	Bâtis, cadres et panneaux chêne	le 2ᵉ parement	brut	28	60
			à glace	30	15
			arasé	30	95
		aux deux parements		33	55

Lambris d'assemblage, etc. :

	Bâtis, cadres et pan-neaux sapin	le 2ᵉ parement	brut. . . .	21 fr.40
			à glace. . .	22 25
			arasé. . . .	23 05
		aux deux parements		26 60
Bâtis 0.080, Cadres 0.10 de profil, Panneaux 0.034.	Bâtis chêne, cadres et panneaux sapin	le 2ᵉ parement	brut. . . .	28 10
			à glace. . .	29 50
			arasé. . . .	30 30
		aux deux parements		33 80
Epaisseur des cadres : 1 parement 0.095, 2 parements 0.110.	Bâtis, cadres en chêne et panneaux sapin	le 2ᵉ parement	brut. . . .	36 25
			à glace. . .	37 70
			arasé. . . .	38 50
		aux deux parements		44 65
	Bâtis, cadres et pan-neaux chêne	le 2ᵉ parement	brut. . . .	39 80
			à glace. . .	41 50
			arasé. . . .	42 55
		aux deux parements		48 70

Nota. — Pour chaque centimètre de largeur en plus ou en moins dans le profil des cadres, il sera ajouté ou retranché aux prix composés du lambris 0.05 par franc.

Désignation des travaux	Prix de règlement

Porte ordinaire d'assemblage pour appartements, battants et cadres comme aux lambris, compris feuillures, à un vantail ou à deux vantaux :

Porte dite d'armoire, tout sapin, les battants jusqu'à 0.10, deux panneaux dans la hauteur ayant au moins $2^m \times 0.65$, et exécutée en nombre supérieur à six.

	A glace aux 2 parements	Arasé et à glace
Bâtis 0.027. Panneaux 0.013	6 fr. 70	7 fr. »
— 0.027. — 0.018	7 35	7 65
— 0.034. — 0.018	7 85	8 35

Porte à petit cadre, battants jusqu'à 0.10, ayant jusqu'à trois panneaux dans la hauteur, plates-bandes simples, ayant au moins $2^m \times 0.65$, et exécutée en nombre supérieur à six.

	Petits cadres et à glace	Petits cadres et arasée	Petits cadres 2 parements
Bâtis sapin 0.034. Panneaux sapin 0.018 . . .	10 fr. 50	10 fr. 80	12 fr. »
Bâtis chêne 0.034. Panneaux sapin 0.018 . . .	15 »	15 60	16 75

Porte cochère. Suivant leur nature, les guichets et faux guichets seront pris dans les lambris auxquels ils appartiendront. Les gros bâtis seront comptés au mètre linéaire aux prix des bâtis à quatre parements.

OUVRAGES AU MÈTRE LINÉAIRE
Bois neuf brut

	SAPIN		CHÊNE	
	De 0.10 de large	Chaque centimètre en plus ou en moins	De 0.10 de large	Chaque centimètre en plus ou en moins
0.013. .	0 fr. 33	0 fr. 025	0 fr. 55	0 fr. 045
0.018. .	0 36	0 029	0 72	0 062
0.027. .	0 44	0 035	0 84	0 071
0.034. .	0 55	0 046	1 02	0 089
0.041. .	0 65	0 054	1 15	0 099
0.054. .	0 79	0 065	1 47	0 124
0.080. .	1 01	0 084	1 72	0 147
0.110. .	1 56	0 138	2 88	0 256

Barre, chevron, fourrure, soliveau, tringle, couvre-joint, etc., coupés de longueur, ajustés et posés, jusqu'à 0.23 de largeur.

Désignation des travaux	Prix de règlement			
	SAPIN		CHÊNE	
Bois neuf brut (suite) :	De 0.10 de large	Chaque centimètre en plus ou en moins	De 0.10 de large	Chaque centimètre en plus ou en moins
0.013. .	0 fr. 38	0 fr. 030	0 fr. 63	0 fr. 052
0.018. .	0 44	0 033	0 81	0 067
Barre, bâtis, chevrons, soliveaux, 0.027. .	0 53	0 040	0 92	0 077
assemblés à entailles ou à sifflet 0.034. .	0 69	0 052	1 13	0 097
jusqu'à un demi-assemblage par 0.041. .	0 74	0 058	1 26	0 108
mètre. 0.054. .	0 88	0 070	1 59	0 134
0.080. .	1 11	0 090	1 86	0 157
0.110. .	1 68	0 145	3 06	0 267
0.018. .	0 49	0 036	0 88	0 075
0.027. .	0 56	0 042	0 98	0 085
Bâtis bruts, huisseries, assemblés à 0.034. .	0 70	0 055	1 19	0 102
tenons et mortaises jusqu'à un 0.041. .	0 77	0 062	1 34	0 117
demi-assemblage par mètre. 0.054. .	0 93	0 074	1 66	0 142
0.080. .	1 17	0 097	1 97	0 167
0.110. .	1 76	0 151	3 17	0 278

NOTA. — Les assemblages en plus d'un demi-assemblage par mètre seront comptés séparément.

Bandeaux, champs, tringles, plinthes, assemblés d'onglet et à tringles jusqu'à 0.23 de largeur, pour champs et stylobates,

	SAPIN		CHÊNE	
	De 0.10 de large	Chaque centimètre en plus ou en moins	De 0.10 de large	Chaque centimètre en plus ou en moins
à trois parements, de :				
0.010 d'épaisseur	0 fr. 52	0 fr. 034	» fr. »	» fr. »
0.013 —	0 54	0 036	0 98	0 069
0.018 —	0 61	0 041	1 20	0 088
0.027 —	0 72	0 046	1 39	0 103
0.034 —	0 88	0 059	1 65	0 123
0.041 —	0 99	0 068	1 88	0 135
0.054 —	1 21	0 084	2 29	0 176
0.080 —	1 53	0 101	2 88	0 213
0.110 —	2 25	0 162	4 29	0 241
à quatre parements, de :				
0.010 d'épaisseur	0 58	0 035	» »	» »
0.013 —	0 60	0 037	1 07	0 084
0.018 —	0 66	0 042	1 32	0 102
0.027 —	0 77	0 051	1 50	0 118
0.034 —	0 92	0 063	1 77	0 138
0.041 —	1 02	0 075	2 »	0 151
0.054 —	1 23	0 086	2 45	0 190
0.080 —	1 56	0 110	3 05	0 237
0.110 —	2 27	0 168	4 51	0 358

Désignation des travaux	Prix de règlement

Ouvrages en bois neuf, corroyés sans assemblages et assemblés

	SAPIN		CHÊNE	
Bâtis et contre-bâtis ou *huisserie*, à trois parements, jusqu'à un demi-assemblage par mètre et 0.23 de largeur; jusqu'à 0.32 de largeur pour bâtis de 0.11 (compris nervures pour plâtres), de :	De 0.10 de large	Chaque centimètre en plus ou en moins	De 0.10 de large	Chaque centimètre en plus ou en moins
0.018 d'épaisseur	0 fr. 69	0 fr. 044	1 fr. 40	0 fr. 100
0.027 —	0 88	0 053	1 69	0 124
0.034 —	1 08	0 074	1 99	0 161
0.041 —	1 18	0 080	2 22	0 179
0.054 —	1 39	0 099	2 69	0 218
0.080 —	1 71	0 119	3 33	0 272
0.110 —	2 43	0 193	4 83	0 396
Huisserie, *bâtis* à quatre parements et *chambranle à la capucine*, jusqu'à un assemblage par mètre (quelle que soit la largeur), de :				
0.013 d'épaisseur	0 83	0 048	1 42	0 090
0.018 —	0 90	0 059	1 70	0 118
0.027 —	1 06	0 065	1 94	0 142

0.034 —	1 fr. 24	0 fr. 087	2 fr. 27	0 fr. 163
0.041 —	1 36	0 092	2 55	0 183
0.054 —	1 62	0 111	3 06	0 221
0.080 —	2 »	0 136	3 65	0 276
0.110 —	2 89	0 202	5 52	0 411

Coulisse à deux parements rainés et dressés
sur les deux rives, de :

0.013 d'épaisseur	0 49	0 029	0 81	0 054
0.018 —	0 55	0 032	1 05	0 074
0.027 —	0 64	0 037	1 24	0 089
0.034 —	0 80	0 050	1 48	0 110
0.041 —	0 88	0 055	1 68	0 125
0.054 —	1 06	0 066	2 11	0 155
0.080 —	1 34	0 084	2 67	0 194

— à trois parements rainés, de :

0.013 d'épaisseur	0 59	0 034	1 »	0 073
0.018 —	0 66	0 037	1 26	0 092
0.027 —	0 75	0 043	1 46	0 108
0.034 —	0 91	0 063	1 70	0 128
0.041 —	1 01	0 068	1 95	0 149
0.054 —	1 20	0 079	2 38	0 178
0.080 —	1 52	0 102	2 99	0 224

Désignation des travaux	Prix de règlement			
	SAPIN		CHÊNE	
	De 0.10 de large	Chaque centimètre en plus ou en moins	De 0.10 de large	Chaque centimètre en plus ou en moins
Entretoises et *poteaux de remplissage*, à deux parements, nervés sur deux rives, jusqu'à un demi-assemblage par mètre, de :				
0.018 d'épaisseur	0 fr. 69	0 fr. 045	1 fr. 31	0 fr. 101
0.027 —	0 78	0 051	1 52	0 117
0.034 —	0 95	0 064	1 80	0 144
0.041 —	1 04	0 075	1 97	0 156
0 054 —	1 28	0 086	2 47	0 186
0.080 —	1 58	0 111	3 03	0 232
Entretoises et *poteaux de remplissage*, à trois parements, nervés sur deux rives, jusqu'à un demi-assemblage par mètre, de :				
0.018 d'épaisseur	0 79	0 052	1 48	0 109
0.027 —	0 88	0 057	1 68	0 124
0.034 —	1 05	0 069	1 94	0 144
0.041 —	1 12	0 075	2 14	0 164
0.054 —	1 39	0 095	2 55	0 194
0.080 —	1 67	0 119	3 22	0 241

Barre d'appui :

Profil olive de 0.055 × 0.034 { chêne . . . . 1 fr. 30
noyer 1   60

Profil à gorge de 0.059 × 0.041 { chêne 1   50
noyer 1   . 90

Baguettes d'angle, posées, clouées sans coupe d'onglet :

	Sapin	Chêne
de 0.015 de diamètre	0 fr. 27	0 fr. 45
0.020 —	0 30	0 55
0.025 —	0 36	0 60

Demi-baguettes et quart de rond, posées, clouées sans coupe d'onglet :

	Sapin	Chêne
de 0.015 de diamètre	0 fr. 24	0 fr. 40
0.020 —	0 26	0 45
0.025 —	0 29	0 55

NOTA. — Pour coupe d'onglet double aux baguettes et demi-baguettes d'angle, il sera ajouté à la longueur de celles-ci :

En sapin 0.12
En chêne 0.08

Désignation des travaux	SAPIN		CHÊNE	
Prix de règlement	De 0.10 de large	Chaque centimètre en plus ou en moins	De 0.10 de large	Chaque centimètre en plus ou en moins
Alaises, embrasements, frises de parquets po-sées isolément, pilastres, avant et arrière corps, rainés, collés, sauf les frises de par-quet non collées mais rainées, de :				
0.013 d'épaisseur	0 fr. 68	0 fr. 034	1 fr. 16	0 fr. 073
0.018 —	0 77	0 037	1 43	0 092
0.027 —	0 89	0 051	1 65	0 108
0.034 —	1 08	0 063	1 96	0 136
0.041 —	1 21	0 068	2 20	0 156
0.054 —	1 45	0 086	2 71	0 186
Cimaises, corniches, bordures, moulures, figu-rant chambranles, ajustées, posées, sans coupes d'onglet, pris dans les modèles du commerce :				
0.013 d'épaisseur	0 73	0 048	1 33	0 106
0.018 —	0 82	0 052	1 59	0 125
0.027 —	0 93	0 057	1 84	0 156
0.034 —	1 13	0 070	2 15	0 176
0.041 —	1 26	0 092	2 43	0 195
0.054 —	1 53	0 103	2 95	0 233
0.080 —	1 94	0 128	3 73	0 287
0.110 —	2 74	0 184	5 25	0 420

Cadres, figurant panneaux. Lorsque les moulures qui précèdent seront employées pour figurer panneaux ajustés, etc., ayant exigé une division préalable sur place, il sera ajouté aux prix ci-dessus une plus-value de 0 fr. 06 par mètre linéaire de moulure (sapin ou chêne), quelles que soient ses dimensions.

Chambranles à quatre parements et ravalés de moulures avec socles et rainures d'embrèvement, assemblés d'onglet (compris collage), de :

	SAPIN		CHÊNE	
	De 0.10 de large	Chaque centimètre en plus ou en moins	De 0.10 de large	Chaque centimètre en plus ou en moins
0.018 d'épaisseur	1 fr. 34	0 fr. 079	2 fr. 16	0 fr. 173
0.027 —	1 53	0 095	2 45	0 189
0.034 —	1 73	0 110	2 86	0 224
0.041 —	1 88	0 127	3 18	0 252
0.054 —	2 30	0 142	3 91	0 284
0.080 —	2 86	0 189	4 96	0 331
0.110 —	3 84	0 284	7 10	0 504

Désignation des travaux	Prix de règlement			
	SAPIN		CHÊNE	
	De 0.10 de large	Chaque centimètre en plus ou en moins	De 0.10 de large	Chaque centimètre en plus ou en moins
Corniches volantes, d'une ou plusieurs pièces de bois, compris rainures, languettes d'embrèvement, collage, sans coupe d'onglet, quel que soit le profil. de :				
0.013 d'épaisseur	0 fr. 95	0 fr. 065	1 fr. 51	0 fr. 121
0.018 —	1 04	0 068	1 78	0 147
0.027 —	1 21	0 074	2 04	0 163
0.034 —	1 38	0 086	2 37	0 183
0.041 —	1 48	0 099	2 65	0 204
0.054 —	1 83	0 119	3 26	0 241
0.080 —	2 29	0 144	4 15	0 296
0.110 —	3 15	0 190	6 07	0 436

Plus-value pour coupes d'onglets. Pour chaque angle à deux coupes ajusté et ragréé, il sera ajouté à la longueur :

Pour ceux d'onglet : chêne 0.08
    —   sapin. 0.12
Pour ceux à faux onglet : chêne. 0.12
    —   sapin. 0.20
Pour raccords circulaires, le double de ceux de faux onglet.

	fr.	c.
Crémaillère, hêtre ou chêne :		
parties élégies d'entailles de 0.027	1 fr.05	
— — de 0.034	1	25
Tasseau (compris chanfreins) :		
Corroyé : en sapin	0	35
en chêne	0	57
— brut, jusqu'à 0.030 × 0.030, 30 0/0 en moins que ceux corroyés.		
Mains-courantes à double profil :		
Profil olive, de 0.055 × 0.034 et au-dessous. { En noyer ou en merisier non verni	6	60
En acajou verni, 1er choix	8	60
Chaque 0.0023 en plus	0	30
Profil à gorge, de 0.059 × 0.041 et au-dessous. { En noyer ou en merisier non verni	8	50
En acajou verni, 1er choix	10	65
Chaque 0.0023 en plus : { pour le noyer ou merisier .	0	30
pour l'acajou verni, 1er ch. .	0	35
Baguette prise dans la masse, en plus du profil	1	90
Chaque membre de moulure, en sus de la gorge	2	15
Lorsqu'il ne sera exécuté qu'une longueur de main-courante inférieure à 6m, il sera accordé une plus-value de 10 0/0 sur les prix précédents.		
Vernissage et ponçage de main-courante, sur bois naturel jusqu'à 0.15 développé	0	78
Mise au noir des mains-courantes, compris polissage jusqu'à 0.15 développé.	1	70
Parquet et plancher, en bois neuf, compris pose des lambourdes, sans replanissage (au mètre superficiel) :		
Plancher par planches entières, en sapin de 0.027 d'épaisseur et 0.16 à 0.32 de largeur	3	40

Désignation des travaux	Prix de règlement			
	Frises de 0.085 à 0.110		Frises de 0.065 à 0.080	
	0.025	0.032	0.025	0.032
Parquet et plancher (suite) :				
Parquet (1er choix).				
A l'anglaise				
Sapin	3 fr. 80	4 fr. 80	» fr. »	» fr. »
Pitchpin	5 25	» »	5 35	» »
Chêne	9 10	11 70	9 60	12 05
A point de Hongrie				
Chêne, écartement de 0.45 et au-dessus .	10 65	13 70	11 50	14 35
— de 0.40 à 0.449 . . .	10 90	13 75	11 90	14 50
— de 0.35 à 0.399 . . .	11 65	14 65	12 75	15 50
Pitchpin, de 0.45 et au-dessus	7 »	» »	7 45	» »
— de 0.40 à 0.449 . . .	7 25	» »	7 80	» »
— de 0.35 à 0.399 . . .	7 70	» »	8 15	» »
A point de Hongrie, retourné sur tous sens, compris frises d'encadrement				
Chêne, de 0.45 et au-dessus	15 45	19 »	16 75	20 55
— de 0.40 à 0.449 . . .	15 90	19 50	18 »	21 40
— de 0.35 à 0.399 . . .	17 30	21 20	19 35	23 30

Nota. — L'écartement est mesuré perpendiculairement aux joints des travées.

Les prix des parquets retournés sur tous sens comprennent les plus-values des frises d'encadrement et des ébrasements soit à losanges ou autres et l'encadrement des bouches de chaleur.

Replanissage de parquets (au mètre superficiel) :		
à l'anglaise et point de Hongrie ordinaire.	0 fr.	55
retournés sur tous sens	0	75
Si les frises n'auront été qu'affleurées, il sera payé	0	20
Parquet sur bitume, en frises de bonne qualité, sans aubier, nœuds, etc., compris montage ou descente des gravois nécessaires pour la forme.		
A bâton rompu, posé par frises, jusqu'à 0.11 de largeur sur 0.35 à 0.50 de longueur, sur forme en gravois passés au crible non fournis de 0.05 à 0.10 d'épaisseur, scellé à bain de bitume (sans lambourdes), compris affleurage avant ou après le travail des peintres :		
En sapin de 0.020 d'épaisseur	7	70
En chêne de 0.025 d'épaisseur	9	80
A point de Hongrie, même système, en frises de 0.50 × 0.025.	10	20
Parquet avec languettes en fer, à bâton rompu ou à l'anglaise, en frises de 0.11 × 0.50, posées en bain de bitume de 0.013 d'épaisseur :		
en chêne de 0.025 d'épaisseur	10	60
en sapin —	8	»
A point de Hongrie, même système :		
en chêne de 0.025 d'épaisseur	11	10
en sapin —	8	50
Retourné sur tous sens, pour chaque losange (à la pièce), plus-value. . .	1	50

Désignation des travaux	Prix de règlement
Lambourdes, pour valeur du bois (la pose étant comprise dans les prix de parquets) en chêne flotté, composées de 1/3 de bon bois et de 2/3 de bois de rebut (le mètre linéaire) :	
de 0.07 à 0.08 de largeur sur 0.027 d'épaisseur.	0 fr. 35
de 0.07 à 0.08 — 0.034 —	0 43
de 0.07 à 0.08 — 0.041 —	0 59
de 0.07 à 0.08 — 0.054 —	0 85
de 0.07 à 0.08 — 0.080 —	0 92
Plus-value pour pose de clous à bateau sur les deux faces.	0 08
— compris fourniture des clous.	0 12
Moins-value de 40 0/0 sur les prix ci-dessus si les lambourdes ne sont pas en chêne flotté.	
Scellement des lambourdes, en bitume sous parquets, compris augets et solins de 0.015 d'épaisseur :	
à l'anglaise (le mètre superficiel).	3 25
à point de Hongrie.	3 45
retourné sur tous sens.	4 40

OBSERVATION. — Les prix de règlement ci-après sont composés :
1° Des déboursés pour la main-d'œuvre et les fournitures ;
2° Des faux frais appliqués à la main-d'œuvre seulement et fixés à 22 0/0.
3° Des bénéfices appliqués aux prix de la main-d'œuvre et des fournitures et aux faux frais fixés à 10 0/0.

Heures — Désignation des travaux	Prix de règlement
HEURE DE JOUR :	
de forgeron (grande forge)	1 fr. 14
de frappeur ou tireur de soufflet (grande forge)	0 74
de forgeron (petite forge)	0 94
de frappeur ou tireur de soufflet (petite forge)	0 67
d'ajusteur, ferreur. de charpentier en fer et d'homme de ville ou d'ouvrier sans désignation d'espèce.	0 97
de perceur ou d'homme de peine	0 70
DÉSIGNATION DES TRAVAUX :	

Quincaillerie

OUVRAGES DIVERS (compris pose) à la pièce, au mètre superficiel et au mètre linéaire

Anneaux (à la pièce) :

D'écurie, en fer poli ou étamé.	0 85
à crochet étamé.	1 73
avec vis à bois ou à scellement brut de 0.08 de diamètre. . . .	0 58

Désignation des travaux	Prix de règlement	
Anneaux (à la pièce) (suite) :		
De trappe, à charnière entaillée à fleur de bois de 0.08 de diamètre . . .	1 fr.	99
— — — de 0.11 de diamètre . . .	2	29
à charnière à entailler à fleur de bois et sur platine de 0.08. .	2	66
— — — — de 0.11. .	3	38
En cuivre, pour tiroir ou volet à vis.	0	44
avec écrou.	0	85
pour écurie de 0.08 de grosseur et 0.08 de diamètre avec boule de 0.027	2	39
pour écurie de 0.10 de grosseur et de 0.066 de diamètre avec boule de 0.035	3	49
Rosace en cuivre poli, sous les anneaux de 0.070 de diamètre	0	95
Agrafes (la pièce) :		
Avec contre-panneton de volets intérieurs	1	11
— à patte entaillée à fleur de bois.	2	09
Arrêts pour persiennes :		
A broche et chaînette avec crampon à deux pointes et scellement fort. . .	0	22
En fonte à anneau et paillette en acier faisant mouvoir le mentonnet garni de sa tige à scellement (non posé)	0	82
En fonte renforcée ou tout acier	1	»
En fonte malléable, avec mentonnet de 0.055 de longueur.	1	»
Pour chaque 0.45 de longueur en plus	0	11

Arrêts pour portes, a galets en cuivre, mentonnet à lyre en fer monte sur
platine :

n° 1	1 fr.	90
n° 2	3	47
n° 3	4	02
n° 4	5	39

Battement en fonte malléable (à la pièce) :

à tête élargie en demi-rond à pointe ou à scellement.	0	11
à deux coudes à pointes ou à scellements.	0	16
pour porte de cave à scellement fer de $40 \times 9 \times 0.15$ de longueur . .	0	56

Chainette en cuivre (à la pièce) :

Ronde, de 0.055 de diamètre.	2	50
0.060 —	2	60
0.070 —	2	85
0.080 —	3	40

Montée sur platine en fer, à ressort avec rosette entaillée :

Platine 0.105×0.050	2	35
0.115×0.057	2	45
0.122×0.062	2	60
0.130×0.080	2	70
Carrée, encloisonnée en fer poli, avec rondelles au fouillot de 0.070 de largeur	4	25

Charnières (à la pièce) :

En fer, carrées longues, en feuillure :

ordinaires, de : 0.06 à 0.08 de longueur	0	30
0.095 —	0	40

Désignation des travaux	Prix de règlement
Charnières en fer, ordinaires (suite), de :	
0.110 de longueur.	0 fr. 45
0.120 —	0 55
0.140 —	0 63
0.160 —	0 85
renforcées, de : 0.08 à 0.095 de longueur.	0 40
0.110 —	0 50
0.120 —	0 60
0.140 —	0 65
0.160 —	0 95
à broches profilées (plus-value), en fer	0 10
en cuivre.	0 20
En fer, toutes carrées ou à pans, entaillées sur le plat :	
ordinaires, de : 0.07 et au-dessous	0 35
0.08 de longueur	0 45
0.095 —	0 60
0.110 —	0 70
renforcées, de : 0.07 et au-dessous	0 35
0.08 de longueur	0 45
0.095 —	0 60
0.110 —	0 [illegible]

En cuivre, pour volets de devanture, avec penture à pivot en fer, de 0.35 de branche :

Largeur de la lame	Hauteur de la lame	Hauteur du collet		
0^{m}035	0^{m}100	0^{m}046	2 fr. 30	
0 040	0 100	0 047	2	45
0 045	0 105	0 048	2	55
0 050	0 110	0 050	2	65
0 055	0 115	0 052	3	05
0 060	0 120	0 054	3	20

En cuivre :

de 0.060 de longueur	0	60
0.067 —	0	65
0.080 —	0	75
0.095 —	0	90
0.110 —	1	30

En cuivre fondu à nœuds ronds :

de 0.060 de longueur	0	70
0.070 —	0	80
0.080 —	0	90
0.090 —	1	»
0.095 —	1	10
0.100 —	1	20
0.110 —	1	33

Désignation des travaux	Prix de règlement	
Charnières en cuivre fondu, à nœuds ronds (suite), de :		
0.120 de longueur	1 fr.	60
0.140 renforcée	2	90
Pour pose sur chêne poli (par pièce)	0	15
Crochets (à la pièce) :		
Plat, poli, posé avec vis et piton de 0.08 de longueur	0	35
0.09 —	0	40
0.11 —	0	45
Rond avec ses deux tire-fond de : 0.11 —	0	35
0.14 —	0	40
0.16 et 0.19 —	0	45
0.22 —	0	50
0.25 —	0	60
0.28 —	0	70
Les mêmes, renforcés en plus	0	10
Entailles dans le bois pour équerres, paumelles et autres comptées au kilogramme, jusqu'à 0.011 de profondeur :		
Ordinaire, de 0.02 de largeur (le mètre linéaire)	1	05
Chaque centimètre en plus sur la largeur	0	15
Bien faite, de 0.03 de largeur pour paumelle de façon, équerre limée, pivot de porte cochère, etc. (le mètre linéaire)	1	70
Chaque centimètre en plus sur la largeur	0	20

Equerres (à la pièce) :

Simples, renforcées à entaille, posées avec vis à garnir :

	fr.	
de 0.16 × 0.10 de branche	0 fr.	17
de 0 19 × 0.10 —	0	19
de 0.22.	0	27

Doubles : ordinaires, de 1.00 de développement. — 1 30
renforcées, de 1.00 — — 1 80

A té double, de 1.00 de développement. — 1 95

Fortes de façon, sans congé, coudées, sur plat ou sur champ, entaillées et posées avec vis :

de 0.005 d'épaisseur et jusqu'à 0.025 de largeur :
pour 0.20 de développement — 1 20
par mètre de longueur en plus. — 3 10

de 0.006 d'épaisseur jusqu'à 0.03 de largeur :
pour 0.20 de développement — 1 55
par mètre de longueur en plus. — 3 50

de 0.007 d'épaisseur et jusqu'à 0.035 de largeur :
pour 0.20 de développement — 1 75
chaque mètre de longueur en plus — 4 25

Fortes de façon, à congé, coudées sur plat seulement, les arêtes bien dressées, demi-branchies, entaillées et posées avec vis :

de 0.005 d'épaisseur jusqu'à 0.025 de largeur :
pour 0.20 de développement — 1 50
pour chaque mètre de longueur en plus — 3 20

Désignation des travaux	Prix de règlement
Equerres, fortes de façon, à congé (suite) :	
de 0.006 d'épaisseur jusqu'à 0.03 de largeur :	
pour 0.20 de développement	1 fr. 80
pour chaque mètre de longueur en plus	3 50
de 0.007 d'épaisseur jusqu'à 0.035 de largeur :	
pour 0.20 de développement	2 »
pour chaque mètre de longueur en plus	4 40
Espagnolettes à poignée verticale, de 2.00 de longueur, garniture en fonte unie, tringle ronde, noire, avec deux embases et crochets de rappel :	
de 0.016 de diamètre	12 »
plus-values : pour poignées en cuivre.	5 45
par mètre de longueur en plus. . . .	1 10
pour chaque embase, en fonte . . .	1 30
— en cuivre. . . .	3 60
de 0.018 de diamètre	13 35
plus-values : pour poignée en cuivre.	6 05
par mètre de longueur en plus . . .	1 35
pour chaque embase, en fonte. . . .	1 70
— en cuivre	4 15
de 0.020 de diamètre	18 30
plus-values : pour poignée en cuivre	7 60
par mètre de longueur en plus	1 65

plus-values : pour chaque embase, en fonte. . . . . 2 fr. »
—   en cuivre 4 70
pour panneton de volet en fonte. 0 55
—   en cuivre 1 75
pour pannetons et agrafes (la paire). 1 30
pour gâche simple à baguette. 0 30
pour gâche à rouleau en fonte. 0 55

Fiches (à la pièce) :

A bouton avec broche, posée sur tréteaux en tôle de 0.001 d'épaisseur :

de 0.095 à 0.110 de longueur 0 50
de 0.125   — 0 60
de 0.135   — 0 65
de 0.160   — 0 90

A broche tournée avec boule et nœuds polis :

de 0.12 de longueur. 0 70
de 0.14   — 0 75
de 0.16   — 0 90
Plus-value pour fiche à deux boules tournées. 0 05
Posées sur huisseries, plus-value sur celles posées sur tréteaux :
de 0.095 à 0.110 de longueur 0 15
de 0.125 à 0.160   — 0 20
Posées à l'échelle, plus-value sur celles posées sur tréteaux :
de 0.095 à 0.110 de longueur 0 20
de 0.125 à 0 160   — 0 30

Désignation des travaux	Prix de règlement	
Gâches (à la pièce) :		
A pattes ou à pointes (compris trous tamponnés) :		
pour bec de cane	1 fr.	»
pour serrure à tour et demi, à pêne dormant ou à deux pênes.	1	10
pour serrure de sûreté.	1	20
A scellement :		
pour bec-de-cane	0	55
pour serrure à pêne dormant, à tour et demi ou à deux pênes	0	65
pour serrure de sûreté.	0	75
A pattes, fortes, blanchies pour verrou à ressort et targette :		
de 0.035 de hauteur entre coudes	0	50
0.040 et 0.045 —	0	55
0.050 —	0	60
A pattes, renforcées, polies à arêtes vives :		
de 0.035 de hauteur entre coudes	0	60
0.040 —	0	70
0.045 —	0	85
0.050 —	0	90
0.08 à 0.10 —	1	45
Gâche S T, en cuivre à douille mobile pour tapis, à trou carré, rond, demi-rond, entaillée et fixée avec vis.	3	10

Gonds (à la pièce) :

Pour paumelles à repos :

à scellement sans pose de 0.16 à 0.19 de longueur.	0 fr.	25
de 0.19 à 0.25 —	0	30
à pointe, posé de 0.16 à 0.19 de longueur.	0	50
de 0.19 à 0.25 —	0	55
à patte, posé jusqu'à 0.65.	0	75
au-dessus de 0.65.	1	30

Pour pentures ordinaires :

jusqu'à 0.65 à scellement sans pose	0	50
à pointe, posé.	1	»
à patte, posé	0	85
au-dessus de 0.65 à scellement sans pose	0	75
à pointe, posé	1	05
à patte, posé.	1	20

Pour pentures entaillées :

jusqu'à 0.65 à scellement	0	75
à pointe, posé.	1	45
à patte, posé	1	90
au-dessus de 0.65 à scellement.	0	95
à pointe, posé	1	65
à patte, posé	2	30

Désignation des travaux						Prix de règlement

Loquet (à la pièce) :

LONGUEUR	Ordinaire, demi-léger à bouton rond, compris crampon et rosette	Demi-fort, à bouton rond avec crampon et rosette. Pêne de 0.045×0.05 d'épaisseur	Renforcé, à bouton rond avec crampon et rosette. Pêne de 0.055 d'épaisseur	Très fort, à bouton, à patère, à gorge		
				Pêne de 0.007 d'épaisseur	Pêne de 0.009×0.035 d'épaisseur	Pêne de 0.010×0.036 d'épaisseur
0m32.	1 fr. 60	1 fr. 85	2 fr. 35	» fr. »	» fr. »	» fr. »
0 40.	1　75	1　95	2　50	3　80	»　»	»　»
0 50.	1　85	2　10	2　70	4　05	4　60	5　70
0 60.	»　»	2　25	2　85	4　15	4　75	5　80
0 65.	»　»	»　»	3　10	4　60	4　90	»　»
0 70.	»　»	»　»	»　»	»　»	5　35	6　25
0 80.	»　»	»　»	»　»	»　»	»　»	6　80

Loqueteau (à la pièce) :

Coudé, monté sur platine, compris anneau, tirage et conduit :

		Prix
de 0.040 de largeur		
de 0.047	—	1 fr. 05
de 0 055	—	1　25
		1　35

A douille, à pans en fonte, renforcé, œil en cuivre, avec gâche, anneau et tirage :

de 0.060 de longueur	1 fr.	35
de 0.068 —	1	45
de 0.080 —	1	80

A pompe :

boîte en fonte, avec mentonnet en cuivre : de 0.095 de longueur . .	0	90
— de 0.110 — . .	0	95
boîte en acier avec mentonnet en acier	1	30

Droit, en fonte, à panneton, grand anneau en cuivre, avec mentonnet, tirage et anneau :

de 0.095 de longueur	2	20
de 0.110 —	2	75

Moraillon avec lacet et tire-fond (à la pièce). Ordinaire :

de 0.16 de longueur	0	85
de 0.19 —	0	90
de 0.22 —	0	95
de 0.25 —	1	»

Renforcé :

de 0.16 de longueur	1	05
de 0.19 —	1	15
de 0.22 —	1	20
de 0.25 —	1	25
de 0.28 —	1	35
de 0.30 —	1	50
de 0.32 —	1	60

Désignation des travaux	Prix de règlement
Pattes (à la pièce) :	
A scellement, posées, entaillées et fixées avec vis :	
droites : de 0.14 de longueur	
de 0.16 à 0.20 de longueur	0 fr. 25
coudées, en plus	0 25
pour huisseries, posées, entaillées et fixées avec vis :	0 04
de 0.16 à 0.20 de longueur, en fer, de 0.04×0.007	
de 0.21 à 0.24 —	0 75
A chambranle, à vis et à scellement, droites ou coudées non posées en place :	0 80
de 0.11 à 0.14 de longueur	
de 0.15 à 0.18 —	0 11
avec pose : de 0.19 à 0.25 de longueur, en fer, de 20×6	0 16
de 0.26 à 0.33	0 60
Plates-bandes (au mètre linéaire) :	0 70
D'assemblage de limon d'escalier, dressées, entaillées et posées, avec fortes vis, en fer doux :	
de 0.027 de largeur sur 0.005 d'épaisseur	
de 0.034 — 0.005 —	4 05
de 0.041 — 0.007 —	4 15
de 0.047 — 0.009 —	5 40
de 0.055 — 0.010 —	5 70
	7 95

Droites pour réunion de bâtis, tablettes, etc., entaillées et posées avec vis :

	fr.	c.
noire bien dressée en fer :		
de 0.005 d'épaisseur sur 0.025 de largeur	2 fr.	75
de 0.006 — 0.030 —	3	10
de 0.007 — 0.035 —	3	45
demi-blanchies à arêtes vives en fer :		
de 0.025 de largeur sur 0.005 d'épaisseur	3	10
de 0.030 — 0.006 —	3	60
de 0.035 — 0.007 —	4	35

Paumelles (à la pièce), entaillées ou chanfreinées sans entaille, compris gonds à scellement et fixées avec vis :

	fr.	c.
Simple, à T :		
de 0.14 de hauteur de branche	0	70
0.16 —	0	75
0.19 —	0	80
0.22 —	0	90
0.25 —	1	20
0.27 —	1	35
0.30 —	1	55
non entaillée, ni chanfreinée, en moins.	0	15
avec nœuds coudés, en plus	0	05
Double, à T, ordinaire, entaillée et fixée avec vis :		
de 0.14 de hauteur de branche	0	95
0.16 —	1	»
0.19 —	1	05
0.22 —	1	20

Désignation des travaux	Prix de règlement
Paumelles (à la pièce). Double, à T, ordinaire (suite) :	
de 0.25 de hauteur de branche	1 fr. 60
0.27 —	1 75
0.30 —	2 15
0.35 —	3 15
0.40 —	3 90
0.50 —	5 40
non entaillée, ni chanfreinée, en moins	0 25
Simple, à équerre, avec gonds à scellement, entaillée et fixée avec vis :	
de 0.19 de hauteur de branche et 0.25 d'équerre	1 40
0.22 — 0.29 —	1 60
0.25 — 0.32 —	1 80
0.27 — 0.35 —	1 90
0.30 — 0.40 —	2 10
0.35 — 0.48 —	3 35
0.40 — 0.55 —	4 35
0.50 — 0.60 —	6 05
non entaillée, ni chanfreinée, en moins	0 40
Double, à équerre, ordinaire, entaillée et fixée avec vis :	
de 0.19 de hauteur de branche et 0.25 d'équerre	1 85
0.22 — 0.29 —	1 95
0.25 — 0.32 —	2 25
0.27 — 0.35 —	2 50

		fr.	c.
0.30 — 0.40 —		2 fr.	70
0.35 — 0.48 —		4	30
0.40 — 0.55 —		5	70
0.50 — 0.60 —		7	45

non entaillée, ni chanfreinée, en moins sur celles :

	fr.	c.
de 0.19 à 0.27 de branche	0	45
0.30 à 0.50 —	0	70

Simple, à boules et à gond, broche-bague fer d'une seule pièce, pivotant sur dé d'acier taraudé et goupillé :

à scellement, entaillée et fixée avec vis : de	fr.	c.
0.16	1	35
0.19	1	60
0.22	1	80
0.25	2	25
0.27	2	35
0.30	2	90
0.35	4	10
0.40	5	45
0.50	7	70
0.60	11	50

Simple, à boules, à double gond, broche, etc. :

entaillée et fixée avec vis : de	fr.	c.
0.50 de hauteur de branche	9	50
0.60 —	15	60
0.70 —	19	05
0.80 —	24	75

Désignation des travaux	Prix de règlement
Pentures (à la pièce) :	
Ordinaire, non compris gonds, élargie ou non au collet, chanfreinée au marteau, posée sans entailles avec clous :	
de 0.35 de longueur pesant 0.500	
0.40 — de 0.650 à 0.700.	1 fr. 05
0.50 — 0.950 à 1.000.	1 15
0.60 — 1.300 à 1.400.	1 30
0.70 — 1.600 à 1.700.	1 50
0.80 — 2.100 à 2.200.	2 »
0.90 — 2.500 à 2.600.	2 40
1.00 — 3.000 à 3.100.	2 75
	3 15
Elargie au collet, en congé, dressée à la lime sur l'épaisseur, entaillée ou chanfreinée et posée avec vis et clous rivés :	
de 0.35 de longueur pesant de 0.500 à 0.550.	
0.40 — 0.750 à 0.800.	1 50
0.50 — 0.950 à 1.000.	1 75
0.60 — 1.250 à 1.350.	2 15
0.70 — 1.800 à 1.900.	2 75
0.80 — 2.300 à 2.400.	3 40
0.90 — 3.100 à 3.200.	4 20
1.00 — 4.000 à 4.100.	5 40
	5 90

Pivot (à la pièce) :

A équerre ordinaire, en congé, en fer forgé non blanchi, entaillé et posé avec vis :

de 0.16 de branche	1 fr.	»
0.19 —	1	40
0.22 —	1	65
0.25 —	1	90
0.28 —	2	10
0.30 —	2	40
0.35 —	2	95
0.40 —	3	25
0.50 —	3	75

Crapaudine forgée pour ce pivot :

à scellement, sans pose	0	22
à pointe, posée	0	60
à pattes, posée avec vis	1	10

A équerre, à boules, en fer blanchi, entaillé et posé avec vis :

de 0.16 de branche	2	30
0.19 —	2	40
0.22 —	2	75
0.25 —	3	20
0.28 —	3	40
0.30 —	3	90
0.35 —	4	25
0.40 —	5	25
0.50 —	6	35

Désignation des travaux	Prix de règlement	
Pivot (à la pièce) (suite) :		
Crapaudine forgée pour pivot à équerre, à boules, etc. :		
à scellement non posée : pour pivot de 0.16 à 0.28 de branche	1 fr.	05
de 0.30 à 0.50 —	1	60
à pointe tournée posée : pour pivot de 0.16 à 0.28 de branche	0	85
de 0.30 à 0.50 —	1	»
Poignées (à la pièce), à pattes posées avec vis :		
en fer de 0.080 de longueur ou de 0.095	0	30
— de 0.110.	0	35
— de 0.140.	1	30
— de 0.160.	1	45
A olive, tournante sur platine à repos ou non, entaillée et posée :		
de 0.16 de longueur de platine	0	65
0.19 —	0	85
0.22 —	1	05
sur platine renforcée, en plus	0	11
A talon carré :		
de 0.19 de longueur de platine.	1	05
0.22 —	1	40
En fer demi-rond, à charnière sur platine polie et entaillée à fleur bois :		
de 0.14 de longueur de platine.	1	95
0.19 —	2	10
0.22 —	2	30

Rampes d'escalier, à barreaux ronds, espacés de 0.16 en 0.16 et recouvertes d'une plate-bande en bandelette (au mètre linéaire) :

A pointes, sur limon, les barreaux ornés d'une astragale en cuivre, compris percement des trous dans la bandelette, pour la main-courante sans fourniture des vis en bois :

	fr.	c.
barreaux de 0.016 de diamètre	8 fr.	20
— de 0.018 —	8	60

A col de cygne :

avec rosace et astragale en cuivre : barreaux de 0.016.	9	95
0.018.	10	35
avec rosace en fonte légère et forte astragale : barreaux de 0.018. .	11	05
avec rosace fonte, chapiteau et astragale cuivre : barreaux de 0.018.	14	40
avec rosace, ornement de milieu et chapiteau à boule, tout en cuivre : barreaux de 0.018.	18	»

A piton en fonte :

avec rosace et chapiteau à boule : barreaux de 0.016	19	60
0.018	22	60
avec garniture forte : barreaux de 0.020	25	75
avec garniture très forte : barreaux de 0.023	28	20

Ressorts :

A barillet, pour porte battante avec branche méplate ou ronde, portant galet de renvoi et compris coulisse :

boîte de 0.054 de diamètre et de 0.075 de hauteur.	10	20
0.060 — 0.080 —	12	70
0.065 — 0.095 —	14	60
0.070 — 0.110 —	16	05

Désignation des travaux	Prix de règlement
Ressorts (suite) :	
A torsion en acier, limé, trempé, posé avec pattes :	
pour portes battantes (le mètre linéaire)	2 fr. 10
En acier, pour fermeture de vantail d'armoire, compris mentonnet (la pièce)	0 70
Boule de rampe (à la pièce) :	

DIAMÈTRE	Unie en cuivre, ajustée et goupillée	En cristal blanc massif, pied uni, côtes plates, 1er choix
0m050	1 fr. 95	» fr. »
0 055	2 05	» »
0 060	2 20	» »
0 070	2 55	» »
0 080	3 25	12 80
0 090	3 90	15 »
0 100	5 10	16 60
0 110	6 05	20 50
0 120	8 40	23 80
0 135	» »	29 30

Plus-value pour sous-plaque	1 fr. 95

Bouton double (à la pièce) :

En cuivre, ovale creux renforcé :

n° 1 de 0.047 sur 0.029 et 0.040 de saillie	1 fr. »
2 de 0.051 sur 0 031 et 0.043 —	1 05
3 de 0.054 sur 0.033 et 0.046 —	1 15
4 de 0 057 sur 0.035 et 0.049 —	1 55
5 de 0.060 sur 0.038 et 0.053 —	1 70
6 de 0.064 sur 0.040 et 0.054 —	1 80
plus-value pour montage avec tige à vis, à bague de rallonge, sans goupille	1 55

A olive, creux extra, avec monture ordinaire, marque R. I. V., T. F., L. C., ou autres renforcés :

de 0.054 × 0.032	1 55
0.057 × 0.034	1 60
0.060 × 0.037	1 65
0.064 × 0.038	1 70

A olive, creux à tiges à vis, bague de rallonge, sans goupille :

de 0.054 × 0.033	2 50
0.060 × 0.035	2 70
0.065 × 0.037	3 20

A olive, demi-creux, différentiel, marque D. N. :

de 0.055	2 70
0.060	2 90
0.065	3 15

Désignation des travaux	Prix de règlement
Bouton double (suite) :	
A olive, creux à bague de serrage, sans goupille, ou avec ajustement variable et vis d'arrêt.	
Plus-value de 4/10 sur les boutons à olive, creux extra, marque R. I. V., T. F., L. C., ou autres renforcés.	
En composition dite porcelaine :	
rond de 0.045 à 0.050 ou ovale de 0.055 à 0.060 : blanc.	1 fr. 25
marque S. Z.	1 55
ébène.	1 45
marque S. Z.	1 80
ovale de 0.065 ou rond de 0.055 : blanc	» »
marque S. Z.	1 80
ébène	» »
marque S. Z.	2 10
En cristal blanc taillé :	
à 6 pans, sans rosace, soudé dans la boîte : de 0.045 de diamètre	2 75
0.050 —	3 05
0.055 —	3 40
à 8 pans, sans rosace, soudé dans la boîte, de 0.045 —	3 40
taillé en pointe de diamant, sans rosace, soudé dans la boîte, de 0.050 de diamètre ou taillé en ovale, de 0.055 de diamètre.	3 95

Becs-de-cane, compris gâche à baguette, posés avec vis (à la pièce) :

De tirage, en cuivre encloisonné, à queue sans gâche :

de 0.025 × 0.060	1 fr.	25
0.030 × 0.065	1	40
0.040 × 0.080	1	80

De volet, en cuivre, à anneau, posé avec vis, compris gâche en fer ou en cuivre, de 0.050 à 0.060 de longueur ... 3 50

De volet, en cuivre, à cuvette, servant aussi de verrou, compris gâche :

de 0.045 de longueur	2	10
0.050 —	2	15
0.060 —	2	30
0.080 —	2	85

Ordinaire poli, cloison de 0.02 × 0.075 de hauteur :

de 0.08 à 0.11 de longueur	2	38
0.14 —	3	04
0.16 —	3	78

Ordinaire en long, cloison de 0.02 × 0.075 de hauteur :

de 0.08 de largeur	3	48
0.095 —	3	94

Première qualité revêtue d'une estampille aux initiales de J. P. M., F. V., J. D., G. C., D. E. F., et Union des quincailliers, marques B. L., A. T., L. C., L. D., C. S., T. A. :

cloison de 0.020 × 0.08 :

de 0.09 à 0.11 de long	2	65
0.14 —	3	31
0.16 —	4	16

Désignation des travaux	Prix de règlement
Becs-de-cane, première qualité (suite) :	
en long : de 0.05 à 0.08 × 0.11 de largeur	3 fr. 75
de 0.09 à 0.11 de largeur	4 30
à bascule : de 0.02 à 0.04 × 0.11 de largeur	4 19
à cylindre et avec pêne à nervure, chanfrein, 32 degrés, marqué T. F. :	
de 0.11 de longueur	4 88
de 0 14 —	5 70
Première qualité, plus-value sur les becs-de-cane ci-dessus, ordinaires ou de qualité :	
pour rosette de cuivre	0 30
pour rondelle tournée au foliot :	
sur ceux ordinaires	0 50
sur ceux de première qualité	0 55
pour pêne à 32°	0 28
pour verrou de nuit à bouton de coulisse, aux becs-de-cane	0 80
pour rouleaux, cuivre ou acier, aux gâches	0 65
Becs-de-cane marqués S. T. :	
Avec fouillot en bronze comprimé, de 0.07 à 0.08 de hauteur, cloison de 0.017 à 0.20, chanfrein à 45° sans rondelles :	
de 0.05 à 0 08 de large	3 65
de 0.11 de longueur sur 0.08 de large	3 85
de 0.14 de longueur sur 0.08 de large	4 50
de 0.16 de longueur sur 0.08 de large	5 05

En long, à mouvement de bascule, chanfrein de 32° et à rondelle de 0.020 à 0.050 de largeur, très fort ressort pour béquille de 0.115 . . . . — 6 fr. 75

A mortaises, fouillot à deux branches, gâche plate de 0.05 à 0.08 de long. — 4 40

Béquille (à la pièce) :

Simple, pour bec-de-cane ou serrure :

	fr.	c.
en fer en pans et à boule n° 1.	1	90
n° 2.	2	05
n° 3.	2	15
n° 4.	2	25
en cuivre à volute n° 3 0.070.	2	15
n° 4 .0.075.	2	40
— à boule renforcée n° 1 0.065.	1	70
n° 2 0.070.	1	75
n° 3 0.075.	1	90
n° 4 0.080.	2	05

Double, pour becs-de-cane :

	fr.	c.
carré de 0.008 : manche buffle, garnitures polies	5	30
— — nickelées.	6	60
— manche ivoire, garnitures nickelées	19	90
carré de 0.012 : manche buffle, garnitures polies	9	05
— — nickelées.	10	15
— manche ivoire, garnitures nickelées	42	»

Serrures ordinaires, compris pose et vis (la pièce) :

D'armoire, blanchie avec entrée et gâche, pène au milieu, posée avec vis :

	fr.	c.
à broche, de 0.070 à 0.080 de longueur.	2	75
de 0.095 .	3	15

Désignation des travaux	Prix de règlement
Serrures ordinaires (suite) :	
Plus-value sur les prix ci-dessus, pour serrure à canon polie, à broche, ou polie, canon	0 fr. 15
A demi-tour, pour cabinets d'aisance, avec une clef, compris entrée et gâche :	
de 0.110 de longueur	2 95
Chaque clef en plus	0 90
A pêne dormant, noire, sans gâche, avec entrée :	
ordinaire sans bouterolle, de 0.14 de longueur	2 80
— de 0.16 —	3 25
demi-forte à bouterolle, cloison de 0.003 d'épaisseur :	
de 0.14 de longueur	3 40
de 0.16 —	3 95
renforcée à bouterolle, cloison de 0.005 d'épaisseur :	
de 0.14 de longueur	3 95
de 0.16 —	4 40
de 0.19 —	6 15
Clef en chiffre et faux fond en cuivre :	
de 0.14 de longueur	5 30
de 0.16 —	6 15
de 0.19 —	7 »

De sûreté avec entrée, sans gâche, blanchie :	
de 0.14 de longueur.	6 fr. 15
de 0.16 —	6 80
A tour et demi, pène au milieu, à bouton de coulisse, entrée et gâche encloisonnée :	
de 0.11 et 0.14 de longueur.	3 25
de 0.16	3 95
De sûreté, à bouton coudé en cuivre, deux clefs forées avec entrée et gâche encloisonnée :	
à garnitures simples blanchies ou cintrées : de 0.14 de longueur. .	6 65
— de 0.16 — . .	7 75
en long, avec entrée, gâche et clefs forées, à garnitures droites ou cintrées :	
de 0.045 à 0.08 de largeur	8 40
de 0.09 à 0.11	10 20
De sûreté à gorges :	
à quatre gorges, à bouton coudé, avec entrée et gâche à baguette, clef bénarde de 0.14.	6 65
— de 0.16.	7 75
à six gorges, clef bénarde de 0.14	7 75
— de 0.16	8 85
Plus-value pour clef forée	2 »
Serrure estampillée ou marquée, compris pose et vis :	
D'armoire, compris entrée et gâche :	
polie à canon, de 0.07 de longueur.	3 10
— de 0.08 —	3 20

Désignation des travaux	Prix de règlement	

Serrure estampillée ou marquée (suite) :

A pêne dormant :

noire, à gorges, à boutcrolle avec entrée sans gâche :

de 0.14 de longueur.		
de 0.16 —	4 fr.	20
de 0.19 —	4	65

A pêne dormant de sûreté :

garnitures blanchies, de 0.14 de longueur . . . . | 6 | 20 |

garnitures blanchies, de 0.14 de longueur	6	20
de 0.16 —	7	30

A tour et demi :

forée à verrou dite de sûreté de comble, de 0.14 de longueur. . . .

forée à verrou dite de sûreté de comble, de 0.14 de longueur. . . .	8	15
de 0.16 —	6	20
en long, de 0.040 de longueur à 0 080	7	05
de 0.095 — à 0.110	6	05

De sûreté : dite bon poussé, avec entrée, rosette en fer, gâche et baguette, deux clefs, garnitures droites blanchies ou garnitures cintrées :

cloison de 0.022, de 0.14 de longueur.	7	40
de 0.16 —	7	75
cloison de 0.022, de 0.045 à 0.080 de longueur.	8	60
de 0.09 de longueur.	9	40
de 0.11 —	9	95
cloison de 0.022 à fouillot, de 0.14 de longueur.	10	50
de 0.16 —	9	60
	10	45

cloison de 0.022 à fouillot en long, de 0.045 à 0.08	11 fr. 30
— de 0.095	11 80
— de 0.110	12 40
De sûreté à gorges mobiles : à 6 gorges avec entrée et gâche à baguette :	
clef bénarde, bouton coudé, de 0.14	8 30
— de 0.16	9 15
clef bénarde à fouillot, de 0 14	10 20
— de 0.16	11 »
clef forée sans garnitures, bouton coudé, de 0.14	11 05
— de 0.16	11 90
clef forée sans garnitures à fouillot, de 0.14	12 45
— de 0.16	13 75
clef forée, garnitures baroques, bouton coudé, de 0.14	14 35
— de 0.16	15 20
clef forée, garnitures baroques, à fouillot, de 0.14	16 25
— de 0.16	17 05
Marquées S. T. (à la pièce) :	
d'armoire, poussé à canon, compris entrée et gâche :	
de 0.055 à 0.060 de longueur	3 80
de 0.070 et 0.080 —	3 90
de 0.110 —	4 55
A pêne dormant, à bouterolle sans gâche et sans faux fond :	
en fer forgé, de 0.11 de longueur	4 10
de 0.14 —	4 40
de 0.16 —	5 75

Désignation des travaux	Prix de règlement
Serrure estampillée ou marquée, à pêne dormant (suite) :	
à faux fond en cuivre, clef en chiffre, de 0.11 de longueur	6 fr. 05
— — de 0.14 —	7 10
— — de 0.16 —	8 65
— clef forée, de 0.11 de longueur.	6 85
— — de 0.14 —	7 95
— — de 0.16 —	8 20
pour porte de cave et endroits humides, deux tours, frottement fer sur bronze, barbes en bronze :	
de 0.14 de longueur.	6 10
de 0.16 —	7 95
A demi-tour, à verrou, chanfrein 45° avec gâche, à canon et à clef, de 0.11 de longueur	6 40
A tour et demi, à bouton de coulisse, canon perfectionné, sans gâche, clef forgée :	
chanfrein 45°, de 0.14 de longueur.	4 70
chanfrein 32°, de 0.14 —	5 10
De sûreté :	
pour porte de chambre à tour et demi, garnitures blanchies, gâche à baguette, chanfrein 32°, bouton de coulisse et verrou, avec une seule clef forée, de 0.14 de longueur	7 20
pour porte d'entrée d'appartement, chanfrein 32°, canon de 0.04, garnitures blanchies, à queue, à bouton et deux clefs forgées :	

	fr.	
cloison de 0.020, de 0.14 sur 0.08	10 fr.	50
— de 0 16 sur 0.08	11	60
cloison de 0.027, de 0 16 sur 0.095	16	50
à fouillot en bronze :		
cloison de 0.020, de 0 14 × 0.08	12	30
— de 0.16 × 0.08	13	40
cloison de 0.027, de 0.16 × 0.095	18	90
De sûreté, à six gorges mobiles :		
deux clefs bénardes, demi-tour à nervure, chanfrein 32° avec queue à bouton et gâche à baguette :		
cloison de 0.020, de 0 14 × 0.08	13	50
— de 0.16 × 0.08	14	60
cloison de 0.027, de 0.16 × 0.095	19	»
avec fouillot, deux clefs forgées, gâche à baguette :		
cloison de 0.020, de 0.14 × 0.08	15	80
— de 0.16 × 0.08	16	85
cloison de 0.027, de 0.16 × 0.095	21	75
Targette (à la pièce) :		
En fer, platine à chapeau, noire, avec crampon à pattes ou à pointes :		
demi-forte, picolet carré, bouton tourné :		
de 0.040 et au-dessous (de largeur de platine)	0	70
de 0.048 de largeur de platine	0	75
de 0.055 —	0	85
de 0.060 —	0	90
de 0.070 —	0	95
de 0 080 —	1	10

Désignation des travaux	Prix de règlement	
Targette (à la pièce) en fer, platine à chapeau, etc. (suite) :		
renforcée, picolet demi-rond, plus-value	0 fr.	06
demi-forte, picolet rond, bouton à patère :		
de 0.040 de largeur de platine.	0	85
de 0.048 —	0	90
de 0.055 —	0	95
de 0.060 —	1	»
de 0.070 —	1	10
de 0.080 —	1	50
Verrou (à la pièce) :		
A ressort, en fer blanchi, compris conduit à pattes, bouton tourné à patère, de 0.035 de diamètre avec gâche :		
quart placard, pêne de 0.40 × 0.018.	1	45
— par décimètre de tige en plus ou en moins	0	17
demi-placard, pêne de 0.40 × 0.023.	1	65
— par décimètre de tige en plus ou en moins	0	17
trois quarts placard, pêne de 0.40 × 0.028.	2	25
— par décimètre de tige en plus ou en moins . .	0	22
placard, pêne de 0.40 × 0.031.	2	60
— par décimètre de tige en plus ou en moins	0	28
A arrêt à vis :		
pêne de 0.40 × 0.008 × 0.032	2	80
par décimètre de tige en plus ou en moins	0	28

par décimètre de tige en plus ou en moins . . . . [illegible]

	fr.	c.
pêne de 0.40 × 0.016 × 0.044	3	90
par décimètre de tige en plus ou en moins	0	39

A tige demi-ronde, blanchie, bouton tourné à patère :

	fr.	c.
quart placard, pêne de 0.40 × 0.018.	1	80
— par décimètre de tige en plus ou en moins	0	28
demi-placard, pêne de 0.40 × 0.023	2	10
— par décimètre de tige en plus ou en moins.	0	28
trois quarts placard, pêne de 0.40 × 0.028.	2	80
— par décimètre de tige en plus ou en moins . .	0	28
placard, pêne de 0.40 × 0 032 × 0.075	3	30
— par décimètre de tige en plus ou en moins.	0	28
plus-value pour chaque conduit à pattes en cuivre fixé avec vis. . .	0	40

A tige demi-ronde, polie, avec bouton tourné à patère :

	Boite en fonte		Boite en cuivre	
de 0.40 × 0.025	1 fr. 80		2 fr. 70	
par décimètre de tige en plus ou en moins	0	11	0	11
chaque conduit à pattes	0	30	0	40
de 0.40 × 0.028	2	20	2	65
par décimètre de tige en plus ou en moins	0	11	0	11
chaque conduit à pattes	0	40	0	50
de 0.40 × 0.032	2	35	3	55
par décimètre de tige en plus ou en moins	0	13	0	13
chaque conduit à pattes	0	40	0	50
de 0.40 × 0.036	3	05	5	50
par décimètre de tige en plus ou en moins	0	17	0	17
chaque conduit à pattes	0	45	0	65

Désignation des travaux							Prix de règlement			

Crémone, jusqu'à 2m de longueur (à la pièce) :

DIAMÈTRE	Ordinaire	De Paris. marquée L. R., D. P.	Marque S. T. à tringle indépendante		A levier, marquée T. F., corps en fonte malléable, tringle fer 1/2 rond		Plus-values			
			Bouton fonte	Bouton cuivre ciselé	Modèle tout fonte	Modèle uni, poignée cuivre	Pour chaque mètre de longueur en plus	Pour chaque conduit en plus de 1 par 2 mètres	Pour tringles blanchies	Pour contre-panneton de volet
0m014 . . .	2f »	2f40	»f »	»f »	»f »	»f »	0f44	0f17	0f55	1f10
0 016 . . .	2 20	2 60	5 15	8 15	8 70	14 »	0 50	0 17	0 65	1 10
0 018 . . .	2 45	2 90	5 40	9 80	9 25	14 85	0 60	0 17	0 75	1 10
0 020 . . .	3 25	3 80	5 70	10 35	10 45	16 30	0 70	0 17	0 95	1 10

Crémone D. N., jusqu'à 2m de longueur :

Excentrique en fonte d'acier, tringle indépendante demi-ronde :

de 0.014 de diamètre	2 fr. 40
de 0.016 —	2 55
de 0.018 —	2 80

	fr.	c.
de 0.020 —	3 fr. 70	
Mêmes plus-values que ci-dessus.		
Tringles en fer coupé et dressé pour châssis de vitrage sans assemblage (le mètre linéaire) :		
noire de 0.009 de diamètre	0	45
0.010 —	0	50
0.011 —	0	53
0 012 —	0	55
0.013 —	0	65
0.014 —	0	80
0.016 —	1	05
0.018 —	1	15
0 020 —	1	35
0.022 —	1	50
blanchie, plus-value sur les prix ci-dessus	0	65
polie, plus-value sur les prix ci-dessus	1	30
Œil pour tringles.	0	50
Assemblage, complet pour châssis :		
— à goujons brasés et à vives arêtes, sur fer brut, chaque.	0	90
— à tenons enlevés à même le fer, sur fer brut, chaque	0	75
— sur fer blanchi	0	90
— sur fer poli	1	05
Vis à bois (la pièce) :		
à tête carrée, compris pose, de 0.06 de longueur.	0	34
0.07 —	0	44
0.08 —	0	55

Désignation des travaux	Prix de règlement	
Vis à bois (la pièce) (suite) :		
à tête carrée, compris pose, de 0.09 de longueur.	0 fr.	57
0.10 —	0	59
0.11 —	0	61
0.12 —	0	74
0.13 —	0	77
0.14 —	0	81
0.15 —	0	87
0.16 —	0	93
0.18 —	1	07
0.20 —	1	11
0.22 —	1	33
Vis à métaux, à têtes plates, rondes, ou gouttes de suif, compris recoupement, repassage à la filière et pose (sauf les trous et taraudages payés à part) :		
prix moyen de tous numéros de 0.010 de longueur	0	19
0.015 —	0	21
0.020 —	0	25
0.025 —	0	26
0.030 —	0	29
0.035 —	0	32
0.040 —	0	33
0.045 —	0	34

de 0.050	—	. . . .	0 fr. 35
0.055	—	. . . .	0 37
0.060	—	. . . .	0 40

Ferronnerie

OUVRAGES AU KILOGRAMME

Prix moyen des fers :

$$\left. \begin{array}{l} \text{1}^{\text{re}}\text{ classe. } \ldots \ldots \ 17 \text{ fr. } \text{»} \\ \text{2}^{e}\text{ classe. } \ldots \ldots \ 18 \quad \text{»} \\ \text{3}^{e}\text{ classe. } \ldots \ldots \ 19 \quad \text{»} \\ \text{4}^{e}\text{ classe. } \ldots \ldots \ 20 \quad \text{»} \end{array} \right\} \frac{74 \text{ fr. »}}{4} = 18 \text{ fr. } 50$$

Gros fers du bâtiment (au kilogramme) :

Coupés de longueur, seulement montés et posés pour fentons de planchers en fer.	0	21
Coupés de longueur et dressés en fer carré ou rond pour ancres de toutes sortes, linteaux, cales, etc., pour fourniture, façon et pose	0	25
Pour chevêtres, chaînes, bandes de trémie, harpons, plates-bandes, manteaux de cheminée, ceintures de fourneaux, compris clous ou entailles de talons ou pattes, avec montage et pose	0	34
Pour fermes de planchers, poitrails, compris boulons, montage et pose. .	0	53
Pour embrasures ou étriers, chapeaux de colonne, cales, etc., compris clous, entailles, montage et pose	0	44
Pour combles en fer ordinaire ou cintré aux ajustements seulement, avec cornières reliant les coupes, y compris pannes et chevronnage, boulons, rivets et toutes fournitures ou main-d'œuvre nécessaires	0	60

Désignation des travaux	Prix de règlement
Fers spéciaux (au kilogramme) :	
Pour planchers composés de solives en fer à double T ordinaire de 0.08 à 0.22 de hauteur, jusqu'à 10^m de long, coupés de longueur seulement et posés sans entretoises ni fentons	0 fr. 29
Pour planchers à solives assemblées avec des cornières en fer ou à solives non assemblées, garnies de tirants, montés et posés	0 33
Pour pans de fer, assemblés avec ou sans poteaux cornières, montés et posés à tous étages, compris plaques de raccords, sabots de pieds et de têtes, cornières, boulons, rivets, percement des trous, etc.	0 44
Pour poitrails, filets ou poutrelles, les solives assemblées par brides ou boulons avec croisillons en fer ou fonte	0 35
Pour chevronnage, pannes ou plates-formes, assemblées en fer à double T pour comble droit ou circulaire	0 46
Fers à vitrage, prix moyen 22 fr. 85 les 100 kilogrammes, compris pattes en fer forgé, percement des trous taraudés et fraisés, vis à métaux, garde verre :	
Pour marquises, appentis sur supports et sommiers en fer ordinaire. . .	0 72
Pour lanternes, marquises et combles à deux égouts avec ou sans chéneaux.	0 98
Pour lanternes de combles, à trois ou quatre croupes.	1 12
Grilles en fer à barreaux ronds de 0.16 et au-dessus :	
Les barreaux à scellement de chaque bout, les trous percés à froid sur les traverses	0 44

Dormantes pour baies de croisée :

composées de deux sommiers et d'une ou deux traverses sans arcs-boutants.	0 fr.	46
composées de deux sommiers et d'une ou deux traverses avec arcs-boutants.	0	54
composées de deux sommiers et de deux ou trois traverses avec lances par le haut et pontets par le bas, en fonte sur modèle, sans arcs-boutants.	0	57
composées comme ci-dessus, avec arcs-boutants.	0	67
composées de deux sommiers et de deux traverses assemblées, barreaux ronds assemblés par le bas ou terminés en pontets, le haut terminé en pointes forgées, remplissage entre chaque barreau en fer forgé fixé par des vis à métaux, colliers ou gaines.	1	49
Plus-values :		
pour trous renflés (par kilogramme)	0	04
pour parties ouvrantes, compris colliers et crapaudines (par kilogramme).	0	17
pour barreaux carrés (par kilogramme).	0	32
Terrasses et balcons, sans mains-courantes (au kilogramme) :		
Avec ou sans arcs-boutants, à congés, châssis en fer carré, remplissage en barreaux ronds, sans panneaux ni frise.	0	58
Avec ou sans arcs-boutants, etc., avec double châssis par le haut et frise en fonte.	0	74
Avec ou sans arcs-boutants, etc., avec remplissage en panneaux de fonte ornée de commerce, avec ou sans frise ou double châssis.	0	91
Balcons saillants, pour baies, jusqu'à 1ᵐ50 de largeur	1	13

Désignation des travaux	Prix de règlement
Fers forgés, sans entailles (au kilogramme) :	
Pour pentures :	
ordinaires ou renforcées, collets non élargis, compris chanfreins . .	0 fr. 69
à collets élargis dressés, compris collets et vis ; charnières longues et soudées, fléaux de porte cochère	0 83
Pour pivots, bourdonnières et équerres de porte cochère, compris rivets et vis.	1 15
Pour armatures de pompes, embrasures de stalles.	1 40
Grain ou grenaille pour scellements (le kilogramme).	0 07
Rappointis pour les maçons (le kilogramme).	0 34
Clous (au kilogramme) :	
A bateaux, ordinaires	0 45
D'épingles de 0.11 à 0.16.	0 62
Doux à charpentier, chevillettes, d'épingles ordinaires, de 0.054 à 0.11. .	0 67
Clous d'épingles fins.	1 »
Fonte suivant cours, compris transport au bâtiment sans pose :	
Balcons, suivant les modèles du commerce ou suivant modèles à créer (ces derniers payés à part) :	
sans feuilles détachées	0 40
avec feuilles détachées (le balcon comme ci-dessus), les feuilles détachées	0 89
Balcons de croisées, panneaux de balcon et balustrades, sans cadre pour mettre en saillie :	

sans feuilles détachées	0 fr.	43
avec feuilles détachées, le balcon comme ci-dessus, les feuilles détachées,	0	89
Balcons à motifs cintrés en plan :		
flèche inférieure au 1/20e de la longueur	0	56
flèche supérieure au 1/20e de la longueur	0	67
à motifs cintrés en élévation	0	84
à motifs cintrés en élévation et en plan	1	77
Barres d'appui	0	40
Colonnes pleines sans moulures	0	19
— pleines à double étage sans moulures	0	20
— creuses de 0.03 d'épaisseur de fonte	0	23
— — d'épaisseur au-dessus de 0.03	0	29
Pose des colonnes en fonte (au kilogramme) :		
Pleine. Une colonne pleine de 500 kilogr. revient à 10 francs pour la pose, soit par kilogramme	0	02
Creuse ou à deux étages	0	03
Plomb (au kilogramme) :		
Vieux, fourni pour scellement de grille	0	11
Vieux, non fourni, pour scellement de grille, compris charbon, résine ou coulement	0	14

SONNETTES ET OUVERTURES DE PORTES

Sonnettes ordinaires :		
Ronde avec ressort et supports à pointe de 0.052 de diamètre	1	60
0.060 —	1	80
0.064 —	2	»

Désignation des travaux	Prix de règlement
Sonnettes ordinaires (suite) :	
Ronde avec ressort et supports à pointe de 0.070 de diamètre.	2 fr. 25
0.074 —	2 45
0.082 —	2 80
0 088 —	3 »
0.095 —	3 40
0.102 —	3 90
0.105 —	4 40

Timbre brut ou poli, à échappement à un ou deux, monté sur plaque en tôle forte et fixé avec vis :

Diamètre en centimètres	8	9	10	11	12	13	14	15	16
Brut, la pièce	3f 05	3f 30	3f 65	4f 25	4f 85	5f 30	6f 10	6f 95	7f 60
Poli, la pièce.	3 20	3 45	3 85	4 50	5 15	5 65	6 50	7 50	8 25
Poli, monture en bout, la pièce.	4 20	4 55	5 10	6 »	7 15	8 25	9 75	11 50	13 05
Poli à échappement, pied de biche, va et vient.	3 60	3 85	4 30	5 »	5 65	6 30	7 10	8 15	9 05

	Prix de règlement
Arrêt forgé ou pointe d'arrêt :	
Posé sur trou tamponné, la pièce, pour sonnette	
pour ouverture	0 fr. 08
A goujon épaulé et rivé sur plaque, la pièce	0 18
A scellement, posé en fouille, la pièce	0 45
	0 60

Arrêt ou bouton tourné, rivé sur branche de mouvement ou bascule, pour attaches dans l'épaisseur des murs, la pièce . . . . 0 fr. 25

Bascule droite ou cintrée. Branches en cuivre. De l'axe de la branche à l'œil :

	Petit modèle jusqu'à 0.041	Moyen modèle de 0.042 à 0.053	Grand modèle de 0.054 à 0.068	Grand tirage de 0.069 à 0.083
Simple, à fourreau, garni en cuivre . .	1 fr. 75	1 fr. 90	1 fr. 95	2 fr. 45
A fourreau, entaillée et scellée, compris colliers et entailles	2 75	2 90	2 95	3 40
De coulisseau, à fourreau, avec branches ajustées et fixées avec vis au fond des fouilles	3 25	3 40	3 50	4 35

Boucle de jonction en fil de fer, nᵒˢ 8 à 10, la pièce . . . . 0 fr. 20

Coulisseau de sonnette, en cuivre uni à poucier :
    hauteur 0.095 × 0.016 de largeur, la pièce 1 90
    hauteur 0.110 × 0.018   — 2 20

Mouvement en cuivre, monté sur bout ou sur côté, à congé, brasé, à tourniquet, ou en V, la pièce :

	Petit modèle jusqu'à 0.041	Moyen modèle de 0.042 à 0.053	Grand modèle de 0.054 à 0.068	Grand tirage de 0.069 à 0.083
Posé à pointe	0 fr. 40	0 fr. 65	0 fr. 85	1 fr. »
Posé sur support entaillé	0 60	0 80	1 »	1 25
Posé sur platine entaillée	1 35	1 75	2 25	2 75

Désignation des travaux	Prix de règlement
Mouvement en cuivre (suite) :	
A charnière et ressort, dit pied de biche, à échappement, sonnant en ouvrant :	
à pointe monté sur bout ou côté, la pièce.	2 fr. 75
à pointe monté sur bout ou côté, mais à arrêt, la pièce.	3 05
Fil de fer étiré, recuit, cuivré, posé sur mur avec conduits à deux pointes :	
n°s 8 à 10, le mètre linéaire, ordinaire	0 09
— étamé ou galvanisé.	0 11
Fil de laiton n° 8, le mètre linéaire.	0 13
Plus-value pour fils de fer ou de laiton posés en tuyau, en plus	0 07
Ressort de renvoi pour portes cochères :	
Posé en feuillures, la pièce.	1 80
A paillette, posé sur bois.	2 35
Ressort de rappel :	
En cuivre, à pompe pour sonnette, la pièce	0 40
En cuivre, à pompe, très fort pour ouvertures	0 60
En acier, sur support à pointe à queue forgée :	
pour sonnette, noir.	0 60
— étamé	0 70
monté sur platine.	2 30

Tuyau, en fer blanc (au mètre linéaire) :

	DIAMÈTRE	
	De 0.010 à 0.015	De 0.016 à 0.020
Non entaillé, compris colliers à pointe.	0 fr. 75	1 fr. 20
Entaillé, en plâtre, pierre tendre, compris scellements et raccords.	1 85	2 15
Entaillé, en pierre dure, bois, briques, compris scellements et raccords	3 10	3 50

Percement de trou, à la mèche, pour passage de tuyaux, au mètre linéaire :

En pierre tendre, plâtras, moellon, de 0.010 à 0.015 de diamètre	3 fr. 50
— de 0.016 à 0.020 —	4 »
En pierre dure, briques, bois, meulière, de 0.010 à 0.015 de diamètre . .	4 50
— de 0.016 à 0.020 — . .	5 »

MARBRERIE

OBSERVATION. — Les prix de règlement ci-après sont composés :
Des déboursés pour la main-d'œuvre et fournitures ;
Des faux frais calculés sur la main-d'œuvre seulement et fixés à 20 0/0 ;
Des bénéfices appliqués aux prix de la main-d'œuvre et des fournitures et aux faux frais, fixés à 10 0/0.

Heures	Prix de règlement
HEURE DE JOUR :	
de marbrier	1 fr. 06
de polisseur	0 92

Désignation des travaux	Prix de règlement
DÉSIGNATION DES TRAVAUX :	
Marbres fins du commerce, débités en tranches de 0.021 d'épaisseur, à deux sciages, compris déchet de sciage et de croûte, le mètre superficiel :	
Nature du marbre — Provenance	
Blanc ordinaire de Saint-Béat. . . . . Pyrénées. . .	24 fr. 75
Blanc statuaire de Saint-Béat (1er choix). . . . . — . . .	42　15
— — (2e choix) . . . . . — . . .	34　50
Campan mélangé et Campan vert. . . . . — . . .	47　50
Grand antique. . . . . — . .	54　20
Rouge antique. . . . . — . .	47　30
Brocatelle jaune. . . . . Jura.	31　85
Brocatelle violette . . . . — . .	34　70
Jaune fleuri. . . . . — . . .	31　85
Brocatelle jaune. . . . . Espagne. . .	42　»
Brocatelle violette . . . . —	45　60
Blanc clair . . . . Italie	25　65
Bleu fleuri . . . . — . .	31　60
Bleu turquin . . . . — . . .	31　60
Vert d'Egypte . . . . — . .	49　20
Vert de Gênes . . . . —	51　15

Marbres ordinaires du commerce, par tranches de 0.020 à 0.060 d'épaisseur :	Epaisseur de					
	0.020	0.030	0.040	0.050	0.055	0.060
Bleu aspin	22f »	29f 50	37f 90	46f 25	50f 40	54f 60
Grand antique du Nord	18 70	25 »	31 95	38 95	42 40	45 90
Granit Feluil	14 85	19 95	25 60	31 25	34 10	36 80
Joinville	16 50	21 80	27 70	33 60	36 55	39 50
Napoléon gris et rose.	18 15	24 05	30 65	37 20	40 45	43 75
Noir boule de neige	14 30	18 80	23 85	28 90	31 40	38 90
Noir français	13 75	17 95	22 60	27 25	29 55	31 95
Rosé clair.	25 30	32 65	40 80	49 »	53 10	57 15
Marbres fins :						
Blanc clair	25 »	32 05	39 10	46 20	49 70	53 25
Blanc de Saint-Béat, ordinaire.	24 15	30 90	37 60	44 35	47 70	51 10
Blanc de Saint-Béat, statuaire	40 50	53 »	65 55	78 05	84 30	90 55
Bleu fleuri	30 75	40 »	49 25	58 50	63 15	67 75
Bleu turquin	30 75	40 »	49 25	58 50	63 15	67 75
Brocatelle jaune (Jura).	30 70	39 45	48 25	57 05	61 40	66 80
Brocatelle jaune d'Espagne.	41 40	54 25	61 10	80 10	86 40	92 85
Brocatelle violette (Jura).	34 25	44 40	54 60	64 65	69 70	74 80
Brocatelle violette d'Espagne	44 95	59 15	73 40	87 60	94 70	103 05
Onyx blanc.	79 45	106 80	134 20	161 55	175 20	188 90
Onyx vert du Brésil	125 »	175 »	225 »	275 »	300 »	325 »
Rosé vif.	30 35	38 45	46 55	54 65	58 70	62 75
Rouge antique.	46 45	60 75	75 05	89 30	96 45	103 60
Vert de Gênes.	50 25	65 25	80 25	95 30	102 80	110 30
Vert d'Egypte.	48 30	63 30	78 30	93 35	100 85	108 35

Désignation des travaux	Prix de règlement	
Taille des marbres (au mètre cube), perte pour main-d'œuvre sans déchet en :		
Abatage ou ébauche :		
pour chanfrein, pan coupé, parties convexes, etc., sur marbre blanc pris comme base.		
Sur tous les autres marbres, suivant classement de taille.	214 fr.	»
Evidement entre deux faces conservées :		
pour angle et dégagement de sculpture.	321	»
Refouillement entre trois, quatre et cinq faces conservées pour cuvettes, bassins, lavabos, etc., jusqu'à 0.40 de profondeur.	428	»
Pour chaque 0.10 en plus en profondeur.	42	80
Sciage des marbres (au mètre superficiel) :		
Chez les marbriers, fait à la main, valeur du trait.	22	45
Aux scieries mécaniques, le trait par lames multiples.	6	»
— le trait isolé.	9	»
Mode de mesurage :		
Tout trait de moins de 0.15 de hauteur sera compté pour cette hauteur.		
Tout trait de moins de 1.30 de longueur sera compté pour cette longueur.		
Classes de sciage :		
Première classe, jusqu'à 2ᵐ64, unité.		
Deuxième classe, jusqu'à 3 20, unité.	1ᵐ	»
Troisième classe, de 3.21 à 4.90, fait à deux hommes, unité.	1ᵐ50	
Quatrième classe, de 4.91 et au-dessus, à estimer suivant leurs dimensions.	2ᵐ	»

Taille des marbres (au mètre superficiel), unité . . . . 21 fr. 40

Evaluation par rapport à la dureté :

	Evaluat. des tailles
Marbres d'Italie, blanc, unité	1ᵐ »
— des Pyrénées, bleu fleuri, bleu turquin, unité.	1 10
— noir ordinaire et onyx, unité.	1 40
— vert d'Egypte, unité.	1 50
— noir fin et brèche violette, unité.	1 75

Polissage des marbres (compris ingrédients) :
Le mètre superficiel de polissage, bien fait . . . . 13 »
— — ordinaire 8 80

Classification du polissage par rapport à la dureté (à l'unité) :

	Eval. des polissages
Ordinaires : Marbres blanc clair ou veiné	1ᵐ »
— du Nord ou de Belgique	1 10
— du Pas-de-Calais	1 20
Fins : Marbres d'Italie ou de France et onyx. . .	1 40
— vert et les brèches.	1 50
— noir fin de Dinant.	1 75
Main-d'œuvre de polissage :	
Egrisage et passage au rabat doux (par rapport à l'unité).	0 30
Ponçage et adoucissage.	0 20
Piquage au plomb et à l'émeri.	0 25
Relevé et lustrage	0 25

Désignation des travaux	Prix de règlement
Carrelage pour fourniture, façon et pose, y compris forme en plâtras ou sable et mortier (au mètre superficiel) :	
Calcaire lithographique avec remplissage blanc ou bleu et bande de pourtour de 0.030 d'épaisseur :	
carreaux carrés, de 0.30 à 0.40 de largeur.	16 fr. 70
0.25 —	17 35
0.20 —	18 »
0.15 —	18 65
carreaux hexagones de 0.26 de largeur	17 80
carreaux octogones de 0.30 de largeur.	17 25
0.245 —	17 85
0.215 —	18 05
0.162 —	18 45
Carrelage à façon avec fourniture de plâtre (le mètre superficiel) :	
Carreaux carrés en marbre noir et pierre de Tonnerre :	
de 0.325 de largeur.	
0.298 —	2 95
0.244 —	3 35
0.217 —	4 15
0.162 —	4 50
Carreaux octogones en marbre noir et pierre de Tonnerre :	5 30
de 0.325 de largeur.	
0.298 —	2 15
	2 30

de 0.244 de largeur	[illegible]	
0.217 —	2	85
0.162 —	3	25
Les bandes posées à part sans les carreaux seront payées au prix moyen de	3	45
Nettoyage de carrelage neuf (le mètre superficiel) :		
Frottage au grès sur liais de Senlis, Tonnerre, marbre noir	1	»
Frottage au grès sur tout marbre	1	10
Plus-value pour pose sur forme, en sable de rivière tamisé, de 0.02 d'épaisseur et hourdi en ciment pur, le mètre superficiel	2	35

PEINTURE

OBSERVATION GÉNÉRALE. — Les prix de règlement ci-après sont composés :

1° Des déboursés pour la main-d'œuvre et fournitures ;
2° Des faux frais évalués sur la main-d'œuvre seulement et fixés à 20 0/0.
3° Des bénéfices appliqués aux prix de main-d'œuvre et des fournitures et aux faux frais fixés à 10 0/0.

Heures	Prix de règlement	
HEURE DE JOUR :		
De peintre en bâtiment, été et hiver, compris outillage	1 fr.	»
De peintre en décors, bois et marbres.	1	25
De garçon gardien de rue.	0	55
Les heures de nuit seront payées le double des heures de jour.		
Les heures supplémentaires, même prix que celles de jour.		
Les matériaux pour fourniture seulement seront comptés aux prix de déboursés augmentés du bénéfice de 10 0/0.		

Désignation des travaux

MANIÈRE DE MESURER LES TRAVAUX

Les travaux comptés au mètre superficiel seront mesurés comme suit :

1° Suivant les mesures réelles et avec déduction de tous les vides dans leurs dimensions réelles.

2° En ajoutant les épaisseurs et les développements des dormants, des feuillures, noix, gueules-de-loup, jets d'eau, moulures, etc.

3° Il ne sera fait aucune déduction pour les verres ayant moins de 0.66 à l'équerre. Les verres ayant plus de 0.66 seront déduits suivant leurs dimensions, diminuées de 0.05 sur les deux sens. Les petits bois encadrant les verres seront développés et comptés pour l'excédent réel de la surface.

4° Les persiennes seront comptées sans développements ni épaisseurs, compris toutes ferrures, sauf celles réchampies dans les ravalements en pierre qui seront comptées à part. On comptera ainsi :

Persienne à deux vantaux, 3 faces pour 2.
— à quatre vantaux, 4 faces pour 2.
— à six vantaux et au-dessus, 5 faces pour 2.

5° Les treillages seront comptés, y compris deux faces de poteaux, dont les deux autres faces seront comptées pour leur surface réelle, de la façon suivante :

Treillages à maille : de 0.05 et au-dessous, 3 faces pour 2.
de 0.051 à 0.08, 2 faces 1/2 pour 2.
de 0.081 à 0.11, 2 faces pour 2.

de 0.111 à 0.15, 1 face 1/2 pour 2.
de 0.151 à 0.20, 1 face pour 2.

6° Les grillages avec châssis d'encadrement seront mesurés :
Ceux à mailles de 0.019 et au-dessous, 3 faces pour 2.
de 0.020 à 0.024, 2 faces 1/2 pour 2.
de 0.025 à 0.029, 2 faces pour 2.
de 0.030 à 0.040, 1 face 1/2 pour 2.
de 0.041 à 0.050, 1 face pour 2.

Les ornements seront comptés à trois fois la surface réelle, la mesure prise sans aucun développement.

Tous les travaux préparatoires, les couches de peinture et de vernis comprendront l'époussetage préalable.

TRAVAUX PRÉPARATOIRES (au mètre superficiel)	Prix de règlement
Epoussetage sur plafonds, murs et boiseries.	0 fr. 04
Egrenage de plâtres neufs, compris époussetage	0 06
Au grattoir affilé pour unir d'anciens fonds à l'huile.	0 20
Grattage à vif :	
De papiers ordinaires.	0 20
De papiers à dessins veloutés ou gaufrés.	0 42
De papiers veloutés, cuir repoussé	0 53
Grattage et brûlage de vieilles peintures cloquées et faïencées, ou vieilles détrempes vernies avec lessivage nécessaire :	
sur parties unies	1 95
sur parties moulurées compris dégorgement des dites	3 20

Désignation des travaux	Prix de règlement
Grattage et brûlage de vieilles peintures, etc. (suite) :	
Brûlage au réchaud à gaz, le gaz fourni par le propriétaire :	
sur parties unies.	1 fr. 71
sur parties moulurées.	2 70
D'ancien dépoli avec lessivages nécessaires.	0 50
De vieilles peintures salpêtrées	0 20
Lavage à l'eau :	
De peintures à l'huile vernies ou non.	0 10
De détrempe, sur plafonds ou murs.	0 12
— sur parties moulurées.	0 15
Rebouchage :	
Au mastic à la colle.	0 12
— à l'huile, teinté ou non, à plusieurs couches.	0 23
— à une couche.	0 13
— céruse ou zinc, à plusieurs couches.	0 30
— à une couche (entretien)	0 16
— au vernis et à la céruse, pour peintures polies	1 05
Enduit au mastic :	
Ordinaire à l'huile, à une couche, non compris ponçage, sur mur ou plafond.	
sur parties moulurées, les moulures non comprises	0 60
Soigné, à deux couches, au blanc de céruse mélangé de blanc de Meudon, compris rebouchages, ponçages et dégorgement de moulures :	0 84

	fr.	c.
sur plafonds, murs ou boiseries unies	1 fr.	12
sur parties moulurées, les moulures rebouchées, mais non enduites	1	70
— avec les moulures enduites	2	30
Enduit au vernis, sur bois, marbre et décors	2	20
Lessivage :		
A l'eau seconde, compris époussetage	0	14
A la potasse pure, sur d'anciens fonds pour enlever le vernis ou l'encaustique	0	23
Ponçage :		
A sec, pour travaux ordinaires, au papier de verre	0	12
sur plâtre cru, sur corniche, pour travaux soignés	0	15
A l'eau, à la pierre ponce :		
sur parties unies	2	05
— moulurées	4	10
Echafauds :		
Pose et dépose, échafauds volants jusqu'à 10 mètres	12	50
au-dessus de 10 mètres (le mètre linéaire)	1	25
Location par jour de 1 à 5 mètres	2	»
au-dessus de 5 mètres (le mètre linéaire)	0	40

OUVRAGES A LA CHAUX (au mètre superficiel)

	fr.	c.
Badigeon à la chaux et à l'alun, compris époussetage et égrenage :		
deux couches	0	30
sur ravalement extérieur à la corde à nœuds	0	35
pour grattage à vif de l'ancien badigeon	0	40
sur moellons vieux	0	32

Désignation des travaux	Prix de règlement
OUVRAGES A LA COLLE	
Encollage à la colle de peau, une couche.	0 fr. 14
Blanc ou *détrempe*, sur plafonds, boiseries et murs :	
Ordinaire, une couche sur une couche d'encollage.	0 15
Blanc de zinc pour travaux soignés, par chaque couche. . . .	0 20
OUVRAGES A L'HUILE	
Huile bouillante :	
En première couche, le mètre superficiel	0 39
En deuxième couche, —	0 30
Huile :	
Pour impression, une couche	0 35
Pour travaux ordinaires, chaque couche sur ancien fond	0 38
Pour travaux soignés, chaque couche sur impression ou ancien fond, compris rebouchage et ponçage avant chaque couche. . . .	0 50
Plus-values pour emploi de couleurs fines, chaque couche. . . .	0 05 à 0 20
Pour peintures au vernis, par couche.	0 08
Pour chaque réchampissage.	0 10
Teinte dure pour travaux polis, chaque couche.	0 40
Peinture sur fer ou fonte :	
Au minium, oxyde de fer ou goudron, chaque couche.	0 35
Noir au vernis, chaque couche.	0 47

	fr.	c.
Vernis :		
Ordinaire, copal n° 1 ou gras n° 1,		
pour intérieurs, chaque couche.	0 fr.	44
Ordinaire gras n° 1 et vernis supérieur,		
pour extérieurs et intérieurs, chaque couche.	0	49
Vernis supérieur n° 2, pour travaux soignés, chaque couche	0	62
— dit surfin, chaque couche	0	70

PARQUETS ET CARREAUX MIS EN COULEUR

	fr.	c.
Siccatif brillant, à l'esprit-de-vin, une couche.	0	45
— en deuxième couche.	0	40
A la colle, une couche.	0	14
Chaque couche en plus.	0	10
A l'huile, une couche	0	32
Chaque couche en plus.	0	29
Parquet :		
Balayé et frotté.	0	12
Lavé à l'eau.	0	08
Gratté et lavé.	0	13
Gratté et lavé et passé partiellement à la paille de fer.	0	18
Passé à fond à la paille de fer, compris grattage et lavage.	0	40
Mis à l'encaustique, à la cire et à l'eau, teinté ou non et frotté	0	20
A la cire et à l'essence et frotté	0	40
Marche, encaustiquée à la cire et à l'eau et frottée (la pièce).	0	18
— encaustiquée à la cire et à l'essence et frottée	0	30

Désignation des travaux	Prix de règlement
Carreaux :	
Lavés à l'eau.	0 fr. 08
Grattés et lavés.	0 12
Lavés et passés au grès avec carreaux noirs passés à la cire ou à l'huile.	0 65
Lessivés à l'eau seconde et passés à l'huile ou à la cire.	0 65
Lessivés à l'esprit de sel et passés au grès.	0 50
OUVRAGES DE DÉCORS	
Filage	
Coupe de pierre sans frottis, compris tracé et fourniture de couleurs (au mètre superficiel) :	
A un filet d'un seul ton	0 45
A un filet, deux tons mélangés.	0 50
A trois filets gravés pour les refends horizontaux, avec filet d'un seul ton pour les refends verticaux	0 80
A trois filets pour les refends horizontaux et verticaux.	0 95
Plus-value pour coupe de pierre avec frottis d'appareil.	0 17
Briques sur fond à l'huile, compris tracé et fourniture de couleurs :	
Avec filets d'appareil sans frottis (le mètre superficiel).	1 75
Plus-value pour frottis ordinaire.	0 25
Filet et *galon* (au mètre linéaire) :	
Tracé préparatoire au crayon pour figurer panneaux au moyen de fausses moulures, lambris ou sur papier marbre, à l'essence.	0 05

	fr.	c.
Filet sec, à l'huile pour joints d'assises.	0 fr.	10
Filet étrusque de toutes couleurs à une couche, jusqu'à 0.01 de large.	0	11
jusqu'à 0.08 de large.	0	19
pour chaque centimètre en plus.	0	01
Filet repiqué et adouci :		
Pour tables saillantes ou renfoncées et filets d'épaisseur.	0	18
Avec épaisseurs ou ombres de 0.03 à 0.05 de largeur.	0	24
Corde (au mètre linéaire) :		
Feintes modelées à un ton.	2	»
Feintes sur baguettes.	2	75
Barreaux en fer, jusques et y compris 0.14 de développement :		
Lessivé, compris grattage.	0	02
En minium, compris égrenage, une couche.	0	05
Enduit soigné, poncé.	0	25
A l'huile, pour chaque couche	0	05
Vernis, une couche	0	06
Bronzé à l'effet pour façon, compris fourniture de couleur.	0	17
Bronzé en plein à la poudre sur une couche de mixtion.	0	25
Plus-value pour emploi de couleurs fines pures, sans mélange de blanc, 1/10 des prix ci-dessus.		
Moulures en blanc d'argent, chaque couche.	0	11
En laque ou vermillon, chaque couche.	0	14
Plinthes et *bandeaux* à deux rives de 0.15 de large au plus :		
Lessivé seulement.	0	02
Enduit soigné et poncé.	0	20

Désignation des travaux	Prix de règlement
Plinthes et *bandeaux* à deux rives, etc. suite :	
Huile, une couche avec rebouchage.	0 fr. 09
— chaque couche en plus.	0 06
Vernis, une couche.	0 07
Façon décor.	0 22
Raccordé en décor avec frottis et par touches.	0 02
Encaustiqué et lustré.	0 07
OUVRAGES A LA PIÈCE	
Anglaise. De toutes couleurs ou plaques de propreté, au vernis.	0 21
Contre-cœur de cheminée, à la colle, compris nettoyage.	0 34
— à la mine de plomb.	0 40
Chambranle de cheminée :	
Nettoyé, à la capucine, compris foyer.	0 32
— à modillons, consoles ou pilastres.	0 48
Encaustiqué, à la cire, à l'essence et frotté, à la capucine.	0 35
— à modillons, etc.	0 40
Persienne. à deux ou quatre vantaux :	
Déposée et reposée, ou peinte sur place jusqu'à 2.50 de hauteur (la paire).	0 60
Au-dessus de 2.50 de hauteur.	0 85
Pièces de ferrure :	
Réchampies à l'huile ou au vernis, chaque couche.	0 05
En décor ou en bronze, y compris la plus-value de réchampissage.	0 12
Nettoyée à l'alcali (ferrure dorée au four), la pièce.	0 10

LETTRES PEINTES

Lettres peintes à une couche de toutes couleurs :

Romaines, capitales, à plat :

jusqu'à 0.30 de hauteur, le mètre linéaire	0 fr. 80
de 0.31 à 0.50 —	1 »
de 0.51 à 1.00 —	1 25
au-dessus de 1.01 —	1 50

Jaunes ou blanches, à deux couches, moitié en plus.
Spaltées ou ombrées, moitié en plus des prix ci-dessus pour chaque opération.
Repiquées, un tiers en plus.
Sur étoffe (sauf celles sur calicot), plâtre cru ou crépi, un quart en plus.
Egyptiennes monstres, un quart en plus.

De toutes couleurs et de toutes formes, imitation relief et gravure.	3 »
De toutes couleurs, relevées d'épaisseur, en or.	5 »

Lettres dorées unies :

jusqu'à 0.15 de hauteur, le mètre linéaire	6 »
de 0.16 à 0.35 —	7 »
de 0.36 à 0.65 —	11 »
de 0.66 à 1.00 —	15 »

Lettres dorées platinées, 1/5 en plus des lettres dorées unies.

TENTURE

Heures — Désignation des travaux	Prix de règlement
HEURE DE JOUR : de colleur, compris outillage (été comme hiver)	1 fr. »
MATÉRIAUX :	
Papier fourni, collé sur mur :	
— gris bis, le rouleau.	0 56
— bulle, blanc azuré ou rose, le rouleau.	0 61
— goudron, le mètre carré.	0 43
— bleu, le rouleau.	0 62
Plus-value pour collage en plafond, le rouleau.	0 06
— pour collage du papier bleu dans les armoires. . . .	0 20
Papier métallique doublé d'étain :	
Fourni et collé à la colle de pâte (le mètre carré).	
Fourni et collé à la céruse, y compris l'impression à l'huile et l'encollage avant la tenture.	2 »
Plus-value pour plafond.	3 70
Toile (le mètre superficiel) :	0 33
neuve, fournie, tendue, cousue, compris marouflage et remplis, mais sans bordage.	
vieille, détendue et retendue, marouflée, sans bordage. . . .	0 43
Plus-value pour plafond.	0 26
Bandes, pour fourniture et pose :	0 04
En papier gris, posées à l'eau pour bordage de toile et de porte sous tenture.	0 05

	fr.	c.
En double papier gris, posées à l'eau sur huisseries et bois apparents	0 fr.	06
Plus-value pour pose en plafond.	0	015
De toile forte de 0.10 de largeur, fournie et collée à la colle de pâte.	0	18
En tôle de 0.027 de largeur, fournie et posée avec vis.	0	46
En zinc n° 12. de 0.027 de largeur, fournie et clouée.	0	32
dépose, redressage et clouage à neuf.	0	20

Collage (au rouleau de 8ᵐ de longueur d'impression effective) :
De papier, de 0.47 de largeur d'impression :

	fr.	c.
naturel, sans impression.	0	46
ordinaire, imprimé, sans fond ou sur fond mat ou satiné dont le prix d'achat est inférieur à 1 fr. 50.	0	53
le même, mais dont le prix d'achat est supérieur à 1 fr. 50.	0	59
imprimé sur fond ou verni ou doré.	0	59
imprimé sur fond mat et verni ou doré.		
imprimé en velouté sur fond mat ou satiné.	0	66
fond uni mat, satiné clair ou bronzé.		
carton à relief, velouté, collé à joints vifs, compris sous-joints.	1	32
cuir repoussé à joints vifs et sous-joints	1	58

Collage par panneaux, d'un seul morceau de papier mat, satiné, velouté ou cheviotte, le mètre carré. 0 66

Par lès de papier dont le dessin n'occupe que partiellement la hauteur du lè. Ce papier, donnant 2, 3 ou 4 lès au rouleau, le lè sera payé 3/4, 1/2 ou 3/8 du collage d'un rouleau de même nature.

Collage de cuir japonais :

	fr.	c.
de 0.57 de largeur, le mètre carré.	0	50
de 0.90 —	0	70

Désignation des travaux	Prix de règlement
Pose de toile peinte ou imprimée, clouée et tendue, le mètre carré.	0 fr. 46
Plus-value en plafond	0 13
De molleton, le mètre carré.	0 24

DORURE

OBSERVATION GÉNÉRALE. — Pour la dorure, les faux frais sont fixés à 15 0/0 ; les bénéfices à 10 0/0.

Heures	Désignation des travaux	Prix de règlement
HEURE DE JOUR : de doreur.		1 fr. 25

MODE DE MESURAGE DE LA DORURE

Tous les travaux sur parties unies ou moulurées seront mesurés suivant leur surface réelle en œuvre développée, sans plus-value pour la difficulté pour atteindre les fonds.

Pour les moulures sculptées, la surface s'obtiendra en pourtournant toutes les sinuosités de la sculpture dans le sens de la longueur, la largeur étant seulement prise en considérant seulement la forme du profil. Si la partie sculptée présente une surface assez grande pour y appliquer la feuille d'or entière, elle sera comptée comme une partie unie.

Dorure à l'eau (au mètre superficiel) :

Or jaune, au titre de 925, pesant 12 grammes les mille feuilles de 0.085 × 0.085.

	fr.	c.
Dorure mate : sur parties unies sur apprêts.	71	77
— sur parties sculptées avec apprêts.	84	54
Dorure brunie sur parties unies.	88	98
— sur parties sculptées.	119	53

Dorure à l'huile :

Or jaune, au titre de 925, pesant 12 grammes les mille feuilles de 0.085 × 0.085,

	fr.	c.
sur parties unies.	29	32
sur parties sculptées.	40	10

Dorure au cuivre :

	fr.	c.
sur parties unies avec apprêts composés d'un époussetage, une couche de mixtion et dorure au cuivre.	12	64
sur parties sculptées avec même apprêt	17	94

VITRERIE

OBSERVATION GÉNÉRALE. — Pour la vitrerie, les faux frais sont fixés à 15 0/0 ; les bénéfices à 10 0/0.

Heures	Prix de règlement
HEURE DE JOUR : de vitrier.	1 fr. 01

Désignation des travaux	Prix de règlement
OUVRAGES AU MÈTRE SUPERFICIEL ET LINÉAIRE	
Dépolissage de verres simples, demi doubles et doubles, compris risques de casse, dans les mesures du commerce.	1 fr. 50
— de verres hors mesures, unis, striés, etc., avec risques.	2 45
— à l'acide, toutes dimensions.	4 »
Liens de plomb fournis et posés, la pièce.	0 04
Nettoyage de carreaux. Chaque face de moins de 1.10 à l'équerre, la pièce.	0 02
— de 1.10 à 1.60 à l'équerre.	0 04
— au delà de 1.60 à l'équerre (le mètre superficiel).	0 10
Nettoyage de glace étamée ou non (le mètre superficiel)	0 15
Pose de verre à façon, compris fourniture des accessoires; et dans les travaux d'entretien, la dépose des anciens mastics et l'enlèvement de tous résidus du travail.	
Châssis verticaux en bois, croisées, portes, etc. (au mètre superficiel) :	
Verre simple, demi-double, double, cannelé, dépoli, dans les mesures du commerce :	
par surface de plus de 4 mètres : neuf.	1 10
— entretien.	2 10
par surface de moins de 4 mètres : neuf	1 70
— entretien	2 70

Blanc, mousseline, à relief, losangé, strié, hors mesures :
    par surface de plus de 4 mètres : neuf. . . . . 1 fr. 35
    —   entretien. 2 55
    par surface de moins de 4 mètres : neuf 2 05
    —   entretien 3 25
Châssis inclinés en bois ou fer, combles, marquises, etc. :
  Verre simple, demi-double, double, cannelé, dépoli, dans les mesures du
    commerce :
    par surface de plus de 4 mètres : neuf. 1 65
    —   entretien. 3 15
    par surface de moins de 4 mètres : neuf 2 25
    —   entretien 3 75
Blanc, mousseline, à relief, losangé, strié, hors mesures :
    par surface de plus de 4 mètres : neuf. 1 95
    —   entretien. 3 75
    par surface de moins de 4 mètres : neuf 2 70
    —   entretien 4 50
Dépose de verre (compris démasticage) :
  Ordinaire, à relief, cannelé, etc., le mètre carré. . . . . 1 »
Démasticage et remasticage, les verres anciens restant en place :
  sur châssis verticaux, le mètre linéaire. 0 10
  —   inclinés,   — 0 25

Désignation des travaux	Prix de règlement					

Verre demi-blanc, dans les mesures du commerce, pour fourniture et pose, compris toutes fournitures accessoires, par surface de plus de 4 mètres dans le même chantier :

	2ᵉ choix		3ᵉ choix		4ᵉ choix	
	Travaux neufs	Entretien	Travaux neufs	Entretien	Travaux neufs	Entretien
Châssis verticaux, croisées, portes en bois :						
verre simple	4 fr. 20	5 fr. 22	3 fr. 36	4 fr. 37	3 fr. 13	4 fr. 14
verre demi-double	5 76	6 78	4 50	5 51	4 17	5 18
verre double	7 34	8 35	5 64	6 66	5 20	6 21
Châssis inclinés, combles, lanternes, marquises bois et fer ou tout fer. Posé à bain de mastic et recoupé en dessous :						
verre simple	4 76	6 28	3 92	5 44	3 69	5 21
verre demi-double	6 33	7 84	5 06	6 57	4 73	6 25
verre double	7 90	9 42	6 20	7 72	5 76	7 27

Verre demi-blanc pour fourniture seulement :

Dans les mesures du commerce, prix moyen : simple	0 fr. 43
— — demi-double	0 64
— — double	0 86

OBSERVATION. — Le verre demi-blanc, 3ᵉ choix, sera employé toutes les fois qu'aucun ordre n'a été donné pour le choix du verre.

Les verres de choix seront employés sur ordre écrit de l'architecte.

Verre dépoli ou cannelé, pour fourniture seulement.

Le prix sera celui de déboursé augmenté de 10 0/0 pour déchet de casse et 10 0/0 de bénéfice.

Recouvrement de verre pour châssis de comble, marquises, etc.

Garnis au mastic à la céruse et trou de buée réservé, le mètre linéaire.	0 fr. 45
Bande de plomb ou d'étain collée à la céruse :	
à cheval sur le joint vif ou non, chaque face, le mètre linéaire. . .	0 25
sur le petit bois et recouvrant les mastics, par petits bois, le mètre linéaire	0 35

MIROITERIE

OBSERVATION GÉNÉRALE. — Pour la miroiterie, les faux frais sont fixés à 15 0/0 ; les bénéfices à 10 0/0.

Heures — Désignation des travaux	Prix de règlement
HEURE DE JOUR : du miroitier seul (1er ouvrier).	1 fr. 01
(2e ouvrier ou aide)	0 89

OUVRAGES DIVERS

Dalles brutes en glace, unies ou quadrillées, coulées ou moulées, pesant 25 kilogrammes par mètre carré et par centimètre d'épaisseur :	
Fourniture seulement : unies, le kilogr.	0 60
quadrillées, le kilogr.	0 70

Désignation des travaux	Prix de règlement

Dalles brutes en glance (suite) :

Pose à bain de mastic, ou de ciment, compris contre-masticage à l'échelle ou à l'échafaud et impression des feuillures au minium :

	Epaisseur en millimètres				
	14 à 19	20 à 24	25 à 29	30 à 34	35 et au-dessus
Jusqu'à 1 mètre de surface, le mètre carré.	7 fr. »	7 fr. 50	8 fr. »	9 fr. »	à la pièce

Pose des pavés-dalle de 0.12 à 0.16, prix moyen, la pièce.	0 fr. 75
Lorsque la surface des pavés posés dépassera 1 mètre superficiel dans le même endroit, la pièce.	0 60

Verres cathédrales, unis ou sablés à relief, rayés ou losangés, épaisseur de 4 à 6 millimètres.

Fourniture : En volumes ayant jusqu'à 3 mètres de longueur et 0.99 de largeur, ne dépassant pas 2 mètres superficiels, le mètre carré. . . .	4	85
A grands losanges dans les mesures ci-dessus, —	5	95

Pose comme pour la vitrerie.

Glaces brutes pour toitures, pour fourniture, pour les dimensions de moins de 10 mètres superficiels :

    épaisseur de 6 à 8 millimètres, le mètre carré . . . .   7 fr. 80
    —   de 10 à 13   —   —   8   90

Pose. Elle se traite de gré à gré suivant les difficultés d'accès et la hauteur des combles.

Glaces neuves non étamées, mais polies aux deux faces, compris coupes droites, dans les mesures du tarif des manufactures françaises de Saint-Gobain, Recquignies. Jeumont, Aniche et Maubeuge :

Fournies sans défauts, prix du tarif au 1er janvier 1884. Il sera fait les rabais suivants sur les prix du tarif :

    Miroiterie, 1er choix, 5 0/0.
    —   2e choix, 15 0/0.
    Glaces de vitrage, 25 0/0.

Ces prix seront augmentés de 10 0/0 pour bénéfice.

Etamage des glaces neuves ou vieilles :

Au mercure et à l'étain, 32 fr. 0/0 de la valeur des glaces.

A l'argent, une couche, une couche de vernis rouge et une couche de vernis marron, 16 fr. 0/0 du prix des glaces.

Désignation des travaux	Prix de règlement
Baguettes, compris coupes d'onglets ou autres et pose :	
En sapin, 1/4 de rond, le mètre linéaire.	0 fr. 30
En chêne, 1/4 de rond, —	0 45
Masticage en remplacement des baguettes, le mètre linéaire.	0 15
Contre-masticage — —	0 10
Plaques de propreté :	
Pose de plaques de propreté, compris fourniture et pose de vis avec rosaces, os, façon ivoire, buffle, cristal, cuivre, etc., la pièce.	0 30
Dépose et repose des plaques de propreté pour les nettoyer aux deux faces, la pièce.	0 15
Dépose pour suppression et rangement.	0 08
Percement (à la pièce) :	
pour entrée de clef.	0 75
pour passage de bouton.	0 60
Entaille ou encoche (à la pièce) :	
ordinaire.	0 55
d'équerre pour gâche de 0.08 à 0.09 × 0.04.	1 25

Plaques de propreté en glace, compris biseau et deux trous de vis, pour fourniture seulement, compris risques, à la pièce :

Hauteur en centimètres	Largeur en centimètres							
	5	6	7	8	9	10	11	12
15	0 fr.50	0 fr.55	0 fr.65	0 fr.70	0 fr.75	0 fr.90	1 fr. »	1 fr.05
18	0 60	0 65	0 70	0 75	0 80	0 95	1 05	1 15
21	0 65	0 75	0 80	0 85	0 90	1 »	1 10	1 25
24	0 70	0 85	0 90	1 »	1 05	1 10	1 20	1 30
27	0 85	0 90	0 95	1 05	1 15	1 25	1 35	1 40
30	0 90	1 05	1 10	1 25	1 35	1 40	1 50	1 60
33	1 »	1 10	1 20	1 35	1 40	1 55	1 70	1 75
36	1 05	1 20	1 30	1 50	1 55	1 65	1 75	2 »
39	1 10	1 25	1 40	1 55	1 65	1 80	1 90	2 10
42	1 20	1 35	1 50	1 70	1 80	1 95	2 10	2 25
45	1 30	1 40	1 60	1 80	1 95	2 »	2 25	2 45

Coupes droites ou biaises (au mètre linéaire) :

	Pour glaces d'une superficie de					
	0 à 1ᵐ	1.01 à 2ᵐ	2.01 à 3ᵐ	3.01 à 4ᵐ	4.01 à 5ᵐ	5.01 à 6.60
Glaces non fournies ou vieilles en blanc, compris risques	1 fr.50	2 fr.20	2 fr.50	3 fr.75	5 fr. »	6 fr.25
Glaces étamées, compris risques. .	1 90	2 75	3 15	4 70	6 25	7 80

VITRAUX

OBSERVATION GÉNÉRALE. — Pour les vitraux, les faux frais sont fixés à 25 0/0; les bénéfices à 10 0/0.

Heures / Désignation des travaux	Prix de règlement
HEURE DE JOUR :	
de coupeur.	1 fr. 19
de monteur.	1 10
OUVRAGES AU MÈTRE SUPERFICIEL	
Vitraux en verre blanc demi-double :	
Panneaux composés de parallélogrammes rectangles :	
ayant au mètre superficiel 50 pièces	11 50
— 100 —	14 50
— 150 —	17 75
Panneaux composés de losanges :	
ayant au mètre superficiel 100 pièces	14 25
— 150 —	18 80
— 200 —	21 50
Panneaux composés d'hexagones allongés, modèle dit fuseau :	
ayant au mètre superficiel 100 pièces	18 »
— 200 —	21 50
— 300 —	25 »

Panneaux composés d'octogones et de carrés :		
ayant au mètre superficiel 100 pièces	18 fr.	75
— 200 —	23	»
— 300 —	27	50
Panneaux écailles arrondies :		
ayant au mètre superficiel 100 pièces	21	»
— 200 —	25	»
— 300 —	29	50
Panneaux composés d'hexagones et de trapèzes, dit à ruban :	25	50
ayant au mètre superficiel 100 pièces	31	50
— 200 —	33	75
— 300 —		

OUVRAGES AU MÈTRE LINÉAIRE ET A LA PIÈCE

Bordure, en verre blanc, demi-double, 2e choix (au mètre linéaire) :		
un filet de 1 à 3 centimètres.	0	75
un double filet.	1	25
un triple filet de 3 à 4 centimètres.	1	90
Plus-value pour emploi de verres de couleur au lieu de verre blanc demi-double basée sur la différence de prix de déboursés entre le verre blanc demi-double et le verre de couleur employé, augmenté de 5 0/0 pour déchet et 10 0/0 pour bénéfice.		
Cives et cabochons, toutes nuances non bordées, la cive compris accessoires.	0	75
Pose des vitraux avec attaches soudées sur tringles ou vergettes, le mètre superficiel.	3	30

Désignation des travaux	Prix de règlement
TRAVAUX EN RÉPARATION	
Dépose de vitraux, le mètre superficiel.	
Masticage sur deux faces et nettoyage, le mètre superficiel.	1 fr. 15
Remontage à neuf, sans fourniture de verre, moitié des prix des vitraux neufs.	1 15
Attaches en plomb ou en fil de fer galvanisé, soudées, l'une	
Soudure sur ancien panneau.	0 09
Repiquage sur place des pièces de verre blanc.	0 03
— de verre de couleur	0 50
	0 60

SCULPTURE D'ORNEMENT
en carton-pierre, plâtre et staff

OBSERVATION GÉNÉRALE. — Pour la sculpture d'ornement, les faux frais sont fixés à 18 0/0 ;
les bénéfices à 10 0/0.

Heures	Prix de règlement
HEURE DE JOUR :	
de mouleur en plâtre.	
de cartonnier, estampeur et poseur.	1 fr. 62
	1 56

OUVRAGES EN CARTON-PIERRE

Agrafe simple, pour cadres de 0.20 de large, la pièce.	4 fr.	»
— *riche*, avec branches, feuillages, chutes ou rinceaux.	7	25

Angles de corniches :
À feuilles simples, acanthe ou autres :

de 0.15 de hauteur, la pièce		1	40
de 0.20 — —		2	»
de 0.25 — —		2	50
de 0.30 — —		3	»
de 0.40 — —		5	»
de 0.50 — —		6	»

À feuilles riches ou cartouches, posés dans l'angle des gorges et accompagnés de rinceaux, de brindilles, de feuillages, etc.

Longueur de l'ensemble du motif	Développement de la gorge		
1m00	0m12	4	»
1 20	0 18	5	50
1 50	0 22	6	50
1 60	0 25	8	»
2 00	0 30	10	»
2 20	0 35	13	»
2 80	0 40	16	50

Clous pendentifs (à la pièce) :

de 0.05.		0	50
de 0.06.		0	65
de 0.07.		0	80

Désignation des travaux	Prix de règlement	
Clous pendentifs (à la pièce) (suite) :		
de 0.08		
de 0.09	0 fr 95	
de 0.10	1	10
Entrelacs :	1	25
Plats sur fond non découpé (au mètre linéaire) :		
de 0.07 de largeur		
de 0.08 —	2	»
de 0.09 —	2	30
de 0.10 —	2	60
de 0.12 —	2	80
de 0.15 —	3	20
de 0.20 —	5	»
Découpés à jour, au mètre linéaire :	5	60
de 0.07 de largeur		
de 0.08 —	2	35
de 0.10 —	2	70
de 0.12 —	3	30
de 0.15 —	4	»
de 0.20 —	5	50
	6	50
Frises, sur fond non découpé à jour et découpé à jour. Comme entrelacs de même nature.		
Grecques, même observation.		

Rosaces (à la pièce) :

Pleines de 0.05 de diamètre	0 fr.	50
— de 0.20 —	2	»
Avec culots ou fleurons :		
de 0.20 de diamètre	2	50
de 0.40 —	6	»
A ornements, sur fond non découpé à jour :		
de 0.40 de diamètre	4	»
de 0.80 —	8	»
Découpées avec cœur et motifs séparés, estampés isolément, réunis et ajustés à la pose :		
de 0.50 de diamètre	5	50
de 0.70 —	8	»
de 0.90 —	12	»
de 1.10 —	17	»
de 1.50 —	31	»
de 2.00 —	55	»

ORNEMENTS EN PLATRE ET EN STAFF

Entrelacs (au mètre linéaire) :

En relief et grande saillie :		
de 0.06 de largeur	3	50
de 0.08 —	4	60
de 0.10 —	5	50
de 0.12 —	7	20

Désignation des travaux	Prix de règlement	
Godrons et oves (au mètre linéaire) :		
En relief et grande saillie :		
de 0.06 de largeur	2 fr.	65
de 0.07 —	3	»
de 0.08 —	3	50
de 0.10 —	4	»
de 0.12 —	5	»
Tores. Mêmes prix que les entrelacs.		
Clés : de 0.30 de hauteur, la pièce	5	»
— de 0.40 —	6	50
— de 0.50 —	8	»
Clés riches et mascarons :		
de 0.35 de hauteur, la pièce	10	»
de 0.35 à 0.40 de hauteur, la pièce	12	»
de 0.40 à 0.50 —	15	»
de 0.50 à 0.70 —	18	»
Consoles unies : de 0.15 à 0.20 de hauteur, la pièce	2	50
— de 0.30 à 0.40 —	5	»
— de 0.40 à 0.50	6	»
Rosaces Scipion :		
de 0.08 de diamètre, la pièce	1	»
de 0.10 —	1	50
de 0.15 —	2	»

		Prix de règlement
de 0.20 —		2 fr. 50
de 0.30 —		6 »
Décoration en staff, pour plafonds à caissons, compartiments, solives apparentes, etc., le mètre superficiel.		10 »

Dans ce prix sont compris les fournitures de plâtre, étoupe, toile, fil de fer et tous les accessoires indispensables à l'établissement du staff, sauf les ossatures en bois ou fer à poser sur les parties à recouvrir de staff qui seront payées à part.

STUC

OBSERVATION GÉNÉRALE. — Pour le stuc, les faux frais sont fixés à 17 0/0; les bénéfices à 10 0/0.

Heures	Désignation des travaux	Prix de règlement
HEURE DE JOUR :		
de stucateur		1 fr. 03
d'aide stucateur		0 71
de compositeur et tailleur de stuc		1 15
de polisseur de stuc		0 90
OUVRAGES AU MÈTRE CUBE ET SUPERFICIEL		
Stuc pour saillie masse appliqué et taillé sur place, ou moulé estampé à l'atelier ou sur l'établi :		
ton de pierre ordinaire		191 65

Désignation des travaux	Prix de règlement
Stuc pour saillie masse, etc. (suite) :	
blanc statuaire, blanc veiné et imitation de pierre dure telle que Château-Landon, Echaillon, etc.	239 fr. 90
campan rouge ou vert, marbre antique, noir fin, porphyre rose ou vert et granits divers.	498 30
Stuc à la brosse, compris dressage et polissage :	
en plâtre d'albâtre, blanc statuaire, le mètre carré.	12 75
en plâtre à stuc, de couleur, tons unis.	13 40
— à la truelle :	
de 0.007 d'épaisseur en moyenne non polis mais passés au grès :	
en imitation de pierre ordinaire, uni, le mètre carré.	6 90
— de pierre dure, le mètre carré.	7 90
Taille de stuc (le mètre superficiel) :	
A la truelle, pour dégager et tailler les moulures dans la masse :	
sur stuc en imitation marbre, pierre polie et sur pierre passée au grès, posé par assises alternées.	5 »
sur stuc imitation marbre noir fin, granits.	6 15
sur stuc à la brosse.	2 50
sur stuc à la truelle, ton pierre ordinaire, uni, passé au grès, avec taille des angles et petites parties.	2 50
Piquage :	
sur briques et pierre dure.	1 25
sur briques ordinaires, pierre tendre ou plâtre	0 50

piochage pour recevoir les ornements en staff.	3 fr.	50
Ravalements neufs rectifiés et redressés :	2	»
sur parties unies ou moulurées, en pierre dure.		
— — en pierre tendre.	0	80
Stuc à la fresque, en chaux et poussière de marbre, de 0.001 d'épaisseur, fait sur enduit en plâtre au sas ou sur mortier poli au fer chaud ou à la truelle :		
ton uni, une seule couleur.	5	60
en imitation marbre	6	60

PAVAGE

Observation générale. — Pour le pavage, les faux frais sont fixés à 17 0/0; les bénéfices à 10 0/0.

Heures	Prix de règlement
HEURE DE JOUR :	
de compagnon paveur, compris outillage.	0 fr. 97
d'aide paveur.	0 67
de piqueur de grès	1 03

OUVRAGES AU MÈTRE SUPERFICIEL

Pavage en pavés neufs ou remaniés (non compris la forme), compris le sablage sur le dessus des pavés en sable de plaine de 0.01 d'épaisseur et enlèvement de tous les résidus du travail :

Désignation des travaux	Posés avec sable de plaine dans les joints		Plus-value avec hourdis et joints en mortier de			
					Ciment	
	Neufs	Remaniés	Chaux	Mortier bâtard	Portland	de Boulogne
En gros pavés, de 0.225 sur les trois faces (17 pavés au mètre) :						
de Fontainebleau.	12 fr. 10	1 fr. 27	0 fr. 44	0 fr. 62	0 fr. 88	1 fr. 20
de l'Yvette, 1er choix.	15 30	1 27	0 44	0 62	0 88	1 20
En pavés de deux, de 0.18 à 0.20 de côté (22 pavés au mètre) :						
de Fontainebleau.	8 »	1 61	0 63	0 86	1 23	1 65
de l'Yvette ou de la Juine. . . .	7 05	1 61	0 63	0 86	1 23	1 65
En pavés bâtards, de 0.18 à 0.19 sur les trois faces (24 au mètre carré) :						
de Fontainebleau.	10 95	1 38	0 63	0 86	1 23	1 65
de l'Yvette.	11 35	1 38	0 63	0 86	1 23	1 65

pavés de 0.14×0.16×0.20, 1er ch.	16 fr.92		2 fr.16		0 fr.63		0 fr.86		1 fr.23		1 fr.65	
pavés de 0.10×0.16×0.16, 1er ch.	19	70	2	40	0	63	0	86	1	23	1	65
En pavés refendus, de 0.225 × 0.225 ×0.10 à 0.11 d'épaisseur, provenant de gros pavés.	7	70	1	61	0	63	0	86	1	23	1	65
En pavés cubiques de l'Yvette, posés en rangées droites :												
de 0.16 au panneau (37 au mètre).	15	35	2	20	0	85	1	19	1	72	2	36
de 0.19 au panneau (26 au mètre).	14	55	1	75	0	65	0	92	1	31	1	80
En pavés méplats de l'Yvette, posés en rangées droites :												
de 0.14 au panneau ×0.14 d'épaisseur (49 au mètre)	12	20	2	60	0	87	1	22	1	75	2	39
de 0.16 au panneau ×0.10 d'épaisseur (37 au mètre)	10	65	2	17	0	78	1	10	1	58	2	17
de 0.19 au panneau ×0.10 d'épaisseur (26 au mètre)	9	10	1	72	0	65	0	92	1	31	1	80

Moins-value pour chaque centimètre d'épaisseur en moins de :

0.220 pour les gros pavés.	0 fr.30	
0.180 pour les pavés bâtards	0	30
0.110 pour les pavés de deux	0	30
Plus-values pour petites surfaces, jusqu'à 10 mètres superficiels, le mètre.	0	80
— de 10 à 20 mètres, le mètre	0	25
pour pavés cubiques de 0.19 ou méplats, posés en losange, le mètre superficiel	0	40

Désignation des travaux	Prix de règlement
Plus-values (suite) :	
pour jointoiement sur pavage vieux non remanié, compris dégarnissage des joints, les joints en chaux pour pavés de 0.19, le mètre superficiel	
pour joints en ciment, le mètre superficiel	1 fr. »
	1 50

Désignation des travaux	Pavés posés sur sable	Pavés posés en mortier de chaux avec décrottage	Pavés posés en ciment avec décrottage
Dépavage (le mètre superficiel) :			
Sans transport, avec rangement.	0 fr. 12	0 fr. 24	0 fr. 38
Avec transport à 50 mètres, compris rangement.	0 42	0 55	0 66

Désignation des travaux	Prix de règlement
Forme sous pavage (le mètre superficiel) :	
En sable de rivière, de 0.10 d'épaisseur réduit à 0.08 par tassement.	0 fr. 88
chaque centimètre en plus ou en moins	0 08
En sable de plaine, dans les mêmes conditions.	0 75
chaque centimètre en plus ou en moins.	0 06

OUVRAGES AU MÈTRE LINÉAIRE

Bordure formée avec des boutisses en gros pavés, posée sur sable de plaine, joints en ciment :

	fr.	c.
De 0.20 de largeur et 0.28 de hauteur, compris joints en ciment surcuit :		
neuve	6	05
vieille	3	75
remaniée	1	40
neuve de Château-Landon	8	50
vieille	5	»
neuve en grès piqué	8	35
vieille	4	75
remaniée	1	20
Caniveau et bande en grès piqué de 0.30 de largeur sur 0.22 d'épaisseur :		
neuf, posé sur sable et joints en ciment	10	»
remanié	1	50
Plus-values : pour bordures, bandes et caniveaux neufs, fournis circulaires en plan, un tiers en plus des prix ci-dessus.		
pour emploi de sable de rivière	0	04
pour arase en mortier de chaux hydraulique et sable de rivière	0	30
Dépose des bordures, caniveaux et bandes, avec rangement	0	15

OUVRAGES A LA PIÈCE

	fr.	c.
Dés, de 0.45 × 0.45 × 0.23 d'épaisseur, posé sur forme en sable de plaine et scellé sur mortier hydraulique, sans percement des trous :		
En grès	7	10
Château-Landon	7	90
Remanié, compris dépose	0	75
Joint refait sur vieille bordure, bande ou caniveau	0	85

Désignation des travaux	Prix de règlement
Pavés refendus en deux, provenant de la refente de gros pavés de Fontainebleau :	
pour fourniture avec transport, le cent.	35 fr. 75
— avec double transport, le cent.	39 20

Pavage en bois (au mètre superficiel), compris une forme en béton de cailloux et ciment de Portland, une chape en mortier de ciment de 0.02 d'épaisseur, la fourniture et la pose des pavés, le garnissage des joints en mortier de ciment, garnissage de la bordure en terre glaise, le sablage de dessus en gravillon et l'enlèvement des résidus du travail :

	Sur forme neuve		Sur forme ancienne, compris arrachage des anciens pavés	
	En béton de 0.10 d'épaisseur	En béton de 0.15 d'épaisseur	Chape conservée	Chape refaite
Pavés en bois neuf :				
de 0.10 de hauteur.	16 fr. »	17 fr. 40	13 fr. 10	14 fr. 60
de 0.15 —	20 70	21 95	17 85	19 35
Pavés en bois vieux fournis, de 0.11 à 0.14 de hauteur.	10 40	12 70	8 50	10 »

VIDANGE

Désignation des travaux	Prix de règlement	
Vidange par tous systèmes autorisés de fosses fixes (de jour et de nuit) :		
De matières ordinaires, le mètre cube.	4 fr.	50
Plus-value à débattre d'avance pour fosse située à une distance très grande du tonneau ou à une profondeur anormale :		
De matières fortes, le mètre cube.	14	»
Enlèvement d'appareil diviseur :		
sur égout intérieur.	1	50
— extérieur.	2	»
Location et entretien, par an, d'appareils mobiles complets, compris pose et installation :		
d'un tonneau mobile de 280 litres, la pièce.	30	»
d'un appareil métallique de 95 à 100 litres, la pièce.	20	»
Vidange des tinettes :		
de repérage, la pièce	1	50
de siège, la pièce.	2	»
de tonneaux mobiles, la pièce	2	50

FUMISTERIE

OBSERVATION GÉNÉRALE. — Pour la fumisterie, les faux frais sont fixés à 25 0/0.
les bénéfices à 10 0/0.

Heures / Désignation des travaux	Prix de règlement
HEURE DE JOUR :	
de compagnon fumiste ou poêlier.	0 fr. 96
de compagnon tôlier.	1 10
de garçon fumiste ou tôlier	0 62
de briqueteur fumiste.	1 »
de garçon briqueteur fumiste	0 69
de gardien de rue	0 55
DÉSIGNATION DES TRAVAUX :	
Arrangement d'une cheminée :	
Rétrécie en trois plaques, avec goussets, soubassement, glacis et façon de l'âtre dans bâtiment neuf, la pièce.	9 05
De cuisine, avec pose et scellement des plaques, double soubassement, ventouse, jeu d'orgue et console séparative en plâtre, trous et scellement des fers jusqu'à un mètre d'ouverture, la pièce :	
dans bâtiment neuf.	11 35
dans bâtiment vieux, non compris démolition.	14 50

D'appartement, rétrécie en plâtre, contre-cœurs en briques neuves à sable de 0.06 d'épaisseur, frottées, jointoyées, soubassement, goussets, pose du châssis à rideau, du contre-soubassement en tôle, de la plaque en fonte, façon de l'âtre, etc., jusqu'à un mètre d'ouverture, la pièce :

pour bâtiment neuf.	10 fr. 05
pour bâtiment vieux, non compris démolition.	14 80

D'appartement, rétrécie en faïence :

pour bâtiment neuf, jusqu'à un mètre d'ouverture, la pièce.	11 25
— chaque fraction de 0.20 d'ouverture en plus.	3 20
pour bâtiment vieux, jusqu'à un mètre d'ouverture, la pièce	14 40
— chaque fraction de 0.20 d'ouverture en plus.	4 »

D'appartement, en faïence, avec façade en fonte ornée, rétrécie à l'intérieur, avec trois plaques de fonte, pose, scellement des fontes et fournitures des pattes à plaques :

pour bâtiment neuf, la pièce.	16 25
pour bâtiment vieux, non compris démolition, la pièce.	19 40

— avec pose d'appareils à tubes prismatiques, jusqu'à 0.50 de largeur, pose des tuyaux, du réservoir d'air, des bouches de chaleur, y compris trous, tranchées et scellements, à l'exception de ceux en marbre, compris garnissage du chambranle, la pièce :

pour bâtiment neuf.	19 65
pour bâtiment vieux, non compris démolition.	24 30
Plus-value pour largeur de 0.55 à 0.70.	2 65

Atre de cheminée, compris dressage de la forme, à la pièce :

Carreaux du pays, façon seulement.	1 75
— carreaux seulement	1 »
— fourniture et pose.	2 75

Désignation des travaux	Prix de règlement
Atre de cheminée (suite) :	
Carreaux de Bourgogne, fourniture.	1 fr. 15
— pose.	1 75
— fourniture et pose.	2 90

Boisseau de colonne, de 0.30 de hauteur (sans pose), en faïence 1er choix :

DIAMÈTRE	0.14	0.15	0.16	0.18	0.21	0.25
La pièce . . .	2 fr. 80	3 fr. 10	3 fr. 70	4 fr. 25	5 fr. »	6 fr. »

NOTA. — Aux colonnes en faïence, les bases et chapiteaux comptent pour une pièce. Les boisseaux portant base ou chapiteau comptent pour une pièce et demie.

Bouchement d'une cheminée, en plâtre, la pièce	1 fr. 45
— d'un trou de poêle, sur coffre, la pièce.	0 50

Bouche de chaleur, en cuivre, ronde (non compris pose), à la pièce, les mesures prises aux douilles :

	Ciselées dites à jour	A charnière avec grillage en laiton	A tourniquet		A bascule s'ouvrant en dedans	A papillon s'ouvrant en dedans
			sans grillage	avec grillage		
de 0^m050 de diamètre . .	0 fr. 65	» fr. »	» fr. »	» fr. »	» fr. »	» fr. »
0 060 — . .	0 70	1 40	1 40	» »	» »	» »

de 0ᵐ068 de diamètre . .	0 85	1 50	1 50	» »	1 fr. 70	1 fr. 80
0 080 — . .	1 45	1 85	1 85	» »	2 05	2 40
0 095 — . .	1 65	2 50	2 50	3 75	2 55	2 80
0 110 — . .	2 45	3 35	3 35	4 70	2 65	3 25
0 120 — . .	3 »	3 85	3 85	5 85	3 55	3 85
0 135 — . .	3 90	5 15	5 15	6 35	4 40	4 75
0 160 — . .	5 50	7 »	7 »	10 30	6 30	6 65
0 220 — . .	10 45	15 65	15 65	21 95	» »	» »
0 240 — . .	11 45	» »	» »	» »	» »	» »
0 250 — . .	» »	23 »	23 »	31 30	» »	» »

Briques pour fourniture seulement :

	De Bourgogne		Réfractaires		Lisses à sable	Façon Bourgogne	
	1ʳᵉ qualité	2ᵉ qualité	1ʳᵉ qualité	2ᵉ qualité		1ʳᵉ qualité	2ᵉ qualité
La pièce . . .	0 fr.09	0 fr.085	0 fr.11	0 fr.09	0 fr.07	0 fr.07	0 fr.06

Carreau d'âtre, pour fourniture seulement (la pièce) :

En terre cuite, de 0.16 carrés, de Bourgogne 0 fr.09
— de pays 0 07
Pour fourniture et pose, de Bourgogne 0 19
— de pays 0 17

Désignation des travaux	Prix de règlement		

Carreau carré en faïence ordinaire, uni ou à dessins, pour fourniture seulement (la pièce) :

	De 0.11	De 0.16	De 0.20
de 1er choix	0 fr. 08	0 fr. 39	0 fr. 54
de 2e choix.	0 07	0 33	0 45

Carreau carré en faïence blanche, à émail transparent, dite porcelaine opaque (la pièce) :

	De 0.20	De 0.15	De 0.10
Pour fourniture, 1er choix	0 fr. 60	0 fr. 30	0 fr. 15
— 2e choix	0 45	0 22	0 12
Pose au plâtre, faïence ordinaire	0 18	0 25	0 15
— faïence fine	0 35	0 16	0 135

Cendrier de poêle en tôle ordinaire,
  Pour poêles portatifs :
    de 0.35 × 0.45, la pièce . . . .   2 fr. 55
    de 0.27 × 0.38   —   2   05

Pour poêles sur place. Forme pelle, à bavette, sans fourneau :

de 0.25 × 0.22, la pièce.	2 fr. 90
de 0.45 × 0.22 —	3 45
de 0.55 × 0.22 —	4 05
— en tôle ordinaire avec bavette et encadrement en fonte ornée et bouton :	
de 0.35, la pièce.	4 60
de 0.40 —	5 20
de 0.50 —	5 80

Cercle de poéle (au mètre linéaire) :

En tôle, jusqu'à 0.035 de largeur.	0 40
— de 0.036 à 0.055 —	0 70

En cuivre poli, non compris pose ni fourniture des vis (au mètre linéaire) :

Largeurs	Ordinaire		Renforcée	
De 0.024. . . .	0 fr. 70		» fr. »	
0.027. . . .	0	75	0	85
0.030. . . .	0	85	1	»
0.032. . . .	1	»	1	55
0.034. . . .	1	10	2	»

Désignation des travaux	Prix de règlement	
	Châssis en tôle de 13/10e de millimètre d'épaisseur. Cadre cuivre de 8/10e de millimètre d'épaisseur.	Châssis en tôle de 9/10e de millimètre d'épaisseur. Cadre cuivre de 5/10e de millimètre d'épaisseur.
Châssis à rideau, en tôle douce planée, à lames biscautées, coulisseaux, contre-poids et chaîne, cadres en cuivre poli de 0.04 de largeur :		
A un seul contre-poids, ou à crémaillère de :		
0.40 × 0.40.	7 fr. 40	5 fr. 85
0.40 × 0.45.	8 10	6 40
0.45 × 0.45.	8 80	6 75
0.45 × 0.50.	9 40	7 20
0.50 × 0.50.	9 80	7 60
0.50 × 0.55.	10 30	7 95
0.55 × 0.55 ou 0.50 × 0.60.	10 80	9 45
0.55 × 0.60.	12 20	10 45
A deux contre-poids, de :		
0.60 × 0.60.	12 80	10 85
0.60 × 0.65.	13 50	11 15
0.65 × 0.65.	14 20	11 75
0.65 × 0.70.	14 85	11 95
0.70 × 0.70.	15 50	12 30
0.70 × 0.75.	16 25	12 90
0.75 × 0 75.	16 90	13 20
0.80 × 0.80.	17 55	13 70

	0 fr.30	0 fr.20	
Plus-values pour chaque 0.005 de largeur de moulure en plus de 0.04, le mètre linéaire			
Pour coins ronds :			
largeur des moulures, 0.04		2	31
— 0.05		3	»
— 0.06		3	85
Pour deux socles en cuivre aux moulures d'encadrement :			
largeur des moulures, 0.04		0	66
— 0.05		0	83
— 0.06		1	10
— 0.07		1	65
Chaîne en fil de fer rendoublé pour châssis sans pose :			
n° 11, le mètre linéaire.		0	22
n° 12 —		0	25
n° 13 —		0	29
n° 14 —		0	33
Chevrettes, au-dessous de 0.19 de longueur, la pièce.		0	65
— de 0.20 à 0.24 — — . . .		0	85
— de toutes dimensions, au kilogramme		0	90
Conduit d'air froid (le mètre linéaire) :			
En plâtre.		1	38
Recouvert en tuile de Bourgogne		2	24
Formé par deux murs en briques, façon Bourgogne et plâtre, et couvert d'un plancher en doubles tuiles avec glacis au-dessus (le mètre linéaire) :			
de 0.33 × 0.25 de section et 0.06 d'épaisseur		5	65

Désignation des travaux	Prix de règlement
Conduit d'air froid, formé par deux murs en briques, etc. (suite) :	
de 0.25×0.22 de section et 0.06 d'épaisseur.	4 fr. 40
de 0.25×0.18 — —	4 16
Construction d'un poêle sur place :	
A trois faces ou dans une niche, avec revêtement en faïence ou biscuit, et garnissage intérieur en briques de 0.06 d'épaisseur, compris pose,	
de $1.02 \times 0.65 \times 0.45$ . . . . 29 fr. 60	
Soit au mètre cube 99 30	
En réparation, de $1.02 \times 0.65 \times 0.45$. 34 04	
Soit le mètre cube 113 85	
2° De $1.02 \times 1.00 \times 0.60$ ou $0^{m3}612$. 44 95	
Soit au mètre cube. 68 55	
En réparation, pour 0.612 cubes. 48 25	
Soit le mètre cube 78 85	
Les prix à appliquer pour les poêles à construire sur place, en faïence ou en biscuit, seront par conséquent les suivants :	
Pour poêles cubant plus de 0.425 :	
En travaux neufs, le mètre cube.	68 55
En réparation —	78 85
Pour poêles cubant moins de 0.425 :	
En travaux neufs, la pièce	29 60
En réparation —	34 04

Coulisse en tôle à coulisseaux et scellements :
  Pour fourniture seulement montée avec plaque en tôle forte et quatre
    pattes à scellement :
    0.15 × 0.19, la pièce . . . . 1 fr. 20
    0.16 × 0.22   —   1   40
    0 19 × 0.22   —   1   60
    0.19 × 0.27   —   1   85

Couvercle rond ou carré, pour réchaud :	0.14	0.16	0.19	0.22	0.24	0.25	0.32
en tôle, la pièce . .	0 fr. 70	0 fr. 80	0 fr. 95	1 fr. 10	1 fr. 35	1 fr. 75	2 fr. »
en fonte — . .	0 40	0 45	0 55	0 65	0 70	0 90	1 »

	0.16 × 0.14	0.16 × 0.16	0.16 × 0.19	0.16 × 0.22	De 0.15 × 0.40
Oblong, pour poissonnière :					
en tôle, la pièce . .	1 fr. 90	2 fr. 30	2 fr. 65	3 fr. 05	2 fr. 70
en fonte — . .	0 90	1 10	1 20	1 40	1 15

Bouchement d'une crevasse (au mètre linéaire), recherchée, hachée, bouchée :
  A l'intérieur des coffres de cheminées. . . . . 0 fr. 70
  Sur combles ou sur ravalement, avec échafaudage ou à la corde à nœuds. 0   60
Fonte neuve (au kilogramme) :
  Pour plaques unies, de toutes dimensions 0   18
  Moulé, en province, pour appareils de calorifères, sur modèle. Tampons,
    serpentins avec collets, y compris percement des trous de boulons et
    pose desdits boulons. 0   45

Désignation des travaux	Prix de règlement
Fonte neuve (au kilogramme) (suite) :	
Pour foyers avec baie, devanture avec portes, cuvettes, grilles et cendriers, compris montage de la baie.	0 fr. 35
Pour cloches avec gueulard, avec cercle et grille de foyer, etc., de 0.80 à 0.45 de diamètre.	0 31
Pour tuyaux ovales, par bouts entiers.	0 22
— par coude et raccords.	0 24
Pour tuyaux ronds, par bouts entiers.	0 20
— par coude et raccords.	0 21
Pour barreaux droits et barreaux de cloches.	0 33

Flamme ou *palmette* avec ou sans socle (sans pose) :

DIAMÈTRE	0.14	0.15	0.16	0.18	0.21	0.25
En faïence. La pièce.	2 fr. 80	3 fr. 10	3 fr. 70	4 fr. 25	5 fr. »	6 fr. 10

Fil de fer d'agrafes, recuit, le kilogramme	0 fr. 56
— galvanisé —	0 69
Hachement de suie calcinée à l'intérieur de cheminée (le mètre superficiel).	0 80

Languettes en plâtre :
  A l'intérieur des coffres de cheminées, compris arrachement :

de 0.25 à 0.35 de largeur, le mètre linéaire.	1 fr. 90
de 0.36 à 0.50 — —	2 84

Mitre en terre cuite ou en grès du commerce, sans pose, la pièce. . . . . | 1 35 |
  Pose compris solins et garnissage. . . . . | 1 20 |

Mitron en terre cuite de 0.33 de hauteur :

	Fourni	Posé
Rond, à la pièce, de 0.25.	1 fr. 10	1 fr. 25
0.22.	1 05	1 20
0.19.	0 99	1 »
0.16.	0 77	0 85
0.13.	0 66	0 70
0.11.	0 61	0 70

Les prix de pose comprennent les solins et les garnissages, les bûche-
ments, entailles et raccords sur les souches.
— en tôle galvanisée de 1 millimètre 1/2 d'épaisseur avec emboîture et collerette de 0.35 de hauteur au-dessus de la collerette (la pièce) :

de 0.16 de diamètre.	4 fr. 30
de 0.19 —	4 80
de 0.22 —	5 30
de 0.26 —	5 80

Moulure en cuivre poli de 0.04 de largeur, sans pose ni assemblage :

de 8/10 de millimètre d'épaisseur, le mètre linéaire.	1 80
de 5/10 — —	1 30

Désignation des travaux	Prix de règlement
Nettoyage d'un poêle, non compris nettoyage des tuyaux :	
D'une cheminée portative avec colonne	1 fr. 25
D'un calorifère fonte ou tôle, avec démontage et remontage du système intérieur	3 »
D'un fourneau : d'office ou fourneau sans étuve	1 50
— 1 service (1 four et 1 étuve)	3 »
— 2 services (2 fours et 2 étuves)	5 »
D'un poêle portatif	1 »
D'un poêle à cylindre ou à cheminée : sans étuve	1 50
— — avec étuve	2 »
De tuyaux : dépose, le mètre linéaire	0 10
— repose —	0 15
— brûlage —	0 20
— noircissage —	0 10
D'une cheminée : lessivage des faïences, récurage des cuivres, noircissage du rideau, la pièce	0 55
Façade de cheminée en fonte ornée, noircie à la mine de plomb	1 20
Peinture en noir à l'huile, une couche :	
Pour tuyaux extérieurs ou sur combles (le mètre carré)	0 55
D'un montant de tuyau (la pièce)	0 40
Plâtre au détail, coulé ou au sas, compris double transport, prix moyen, le sac	0 52

Panneaux en faïence blanche, 1er choix, à la pièce.

Dimensions	0.14	0.16	0.19	0.22	0.25	0.27	0.30	0.33	0.35	0.40	0.45	0.50	0.55	0.60	0.65
0m40	»f »	»f »	»f »	»f »	»f »	»f »	»f »	»f »	»f »	5f 20	»f »	»f »	»f »	»f »	»f »
0 45	» »	» »	» »	» »	» »	» »	» »	» »	» »	5 54	» »	» »	» »	» »	» »
0 50	» »	» »	» »	» »	» »	» »	» »	» »	» »	5 89	» »	7 28	» »	» »	» »
0 55	» »	» »	» »	» »	» »	» »	» »	» »	» »	6 24	» »	8 31	9 82	» »	» »
0 60	» »	» »	» »	» »	» »	» »	» »	» »	» »	6 58	7 62	9 36	10 86	» »	» »
0 65	» »	» »	» »	» »	» »	» »	» »	» »	» »	6 93	8 66	10 40	12 01	13 86	15 02
0 70	2 20	2 66	3 12	3 58	4 04	4 51	5 08	5 31	6 01	7 39	9 70	11 55	13 28	15 32	17 33
0 75	2 66	3 12	3 58	4 04	4 51	5 08	5 66	6 01	6 70	8 55	10 86	12 94	14 67	17 90	20 79
0 80	3 12	3 58	4 04	4 51	4 97	5 66	6 24	6 70	7 39	9 70	12 13	14 32	16 17	20 21	24 26
0 85	3 58	4 04	4 51	4 97	5 54	6 24	6 93	7 51	8 09	10 86	13 40	15 82	17 90	23 10	» »
0 90	4 04	4 51	4 97	5 43	6 12	6 93	7 62	8 32	8 89	12 13	14 78	17 33	20 33	26 57	» »
0 95	4 62	4 97	5 43	6 01	6 82	7 62	8 43	9 13	9 82	13 40	16 17	18 88	23 10	28 88	» »
1 »	5 31	5 66	6 01	6 58	7 51	8 43	9 24	10 05	10 86	14 78	17 90	20 33	28 88	32 34	» »
1 05	» »	» »	6 47	7 28	8 20	9 24	10 05	10 97	11 90	16 17	» »	» »	» »	» »	» »
1 10	» »	» »	7 22	8 09	9 01	10 16	10 97	11 90	13 05	17 56	21 37	23 10	34 63	» »	» »
1 15	» »	» »	8 09	8 95	9 82	11 09	12 13	12 94	14 32	18 94	» »	» »	» »	» »	» »
1 20	» »	» »	8 95	9 82	10 68	12 13	13 28	14 44	15 32	20 33	27 72	28 88	41 58	» »	» »
1 25	» »	» »	» »	10 97	12 13	13 28	14 78	16 17	17 90	21 71	» »	» »	» »	» »	» »
1 30	» »	» »	» »	12 42	13 28	14 44	16 75	18 48	20 21	23 68	» »	» »	» »	» »	» »
1 40	» »	» »	» »	» »	16 46	18 48	19 64	23 10	25 44	28 88	» »	» »	» »	» »	» »
1 50	» »	» »	» »	» »	» »	21 95	24 89	28 88	31 19	41 58	» »	» »	» »	» »	» »
1 60	» »	» »	» »	» »	» »	» »	29 51	34 65	36 96	46 20	» »	» »	» »	» »	» »

Désignation des travaux	Prix de règlement
Plus-values :	
Pour panneaux en faïence de couleur, de tons unis.	50 0/0
Pour panneaux en faïence figurant fausses briques, avec filets blancs. . .	60 0/0
Pour panneaux en faïence de couleur, à plusieurs tons, 15 0/0 en plus du prix de facture, pour déchets, risques et bénéfices.	
Pose de panneaux en faïence, le mètre superficiel :	
Sur murs, compris tranchées et scellement :	
à joints vifs verticaux ou horizontaux, compris dressage des rives.	12 fr. »
à joints vifs verticaux et horizontaux	16 75
à joints cachés par des couvre-joints en fer ou en cuivre, non fournis, mais posés.	8 85
Porte (sans pose), à la pièce :	
En tôle, pour fourneaux à réchaud, avec coulisse d'air et ferrures montées sur châssis en fer :	
de 0.22 × 0.22	4 77
de 0.22 × 0.25	4 90
de 0.22 × 0.30	5 10
de 0.22 × 0.35	5 33
de 0.22 × 0.40	5 83
de 0.22 × 0.45	6 09

Porte pour poêles de construction sur place, avec châssis et contre-porte en fonte avec boutons à coulisse :

	De 0.25 hors cadre, sur			
	0.28	0.30	0.32	0.335
Porte tout en fonte unie ou ornée.	6 fr.75	7 fr.25	7 fr.80	8 fr.50
Porte doublée cuivre avec cadres en cuivre fondu . .	12 50	13 80	15 50	16 50

Pose de tuyaux à l'intérieur de coffre, compris attaches, le mètre linéaire.	0 fr.	90
— horizontaux ou verticaux, sur mur — .	0	50
— à la corde à nœuds, jusqu'à 0.33 de diamètre, compris trous et scellement des colliers, le mètre linéaire. . . .	1	80
— d'un montant de tuyau sur comble, compris fourniture de fil de fer et attaches, non compris solins de 1 mètre de hauteur	0	80
— de bouche ou de grille ronde ou carrée, compris scellement et garnissage en plâtre :		
jusqu'à 0.20	0	90
de 0.20 à 0.40	1	40
de 0.40 et au-dessus	2	»
— d'un appareil à coquille en fonte, à l'intérieur d'une cheminée, compris scellements et raccords.	1	75
— d'une cheminée portative, d'un poêle, d'un fourneau, compris raccords, sans pose des colonnes et tuyaux	1	50

Désignation des travaux	Prix de règlement
Pose (suite) :	
— d'une colonne de poêle, en faïence, compris socle et palmettes	1 fr. 80
— d'une colonne de poêle, en tôle	1 »
— d'une tablette de cheminée, de poêle, d'un foyer, en liais ou en marbre, compris tasseaux, calfeutrement et plâtre	1 40

Tampon en tôle à anneaux, avec virole, douille à double bord, sans pose :

	Tampon		Virole	
de 0.11 de diamètre ou de côté, la pièce	0 fr. 90		0 fr. 50	
de 0.13 — —	1	05	0	60
de 0.16 — —	1	30	0	75
de 0.19 — —	1	65	0	95
de 0.22 — —	2	05	1	15

Désignation des travaux	Prix de règlement
Terre à four, compris double transport, le sac	0 fr. 45
Transport d'un poêle non fourni, de l'atelier au bâtiment ou inversement, chaque voyage	2 »
Trappe en tôle, montée sur cadre en fonte, avec tringle et crémaillère en fer, fourniture seule (la pièce) :	
de 0.22 × 0.22	3 »

	fr.	c.
de 0.22 × 0.25	3 fr.	30
de 0.22 × 0.28	3	55
de 0 22 × 0.30	3	85
de 0.22 × 0 32	4	10
de 0.22 × 0.35	4	50
de 0.22 × 0.38	4	85
de 0.22 × 0.40	5	20
de 0.22 × 0.45	5	60
de 0.22 × 0.50	6	50
— forte, dite de porte-cochère :		
de 0.25 × 0.40	10	»
de 0.25 × 0.48	11	75
de 0.25 × 0.57	14	»
Tuile de Bourgogne (la pièce), sans pose	0	12
Tuyaux :		
En tôle ordinaire, de 0.33 de hauteur, sans pose :		
jusqu'à 0.08 de diamètre, le bout	0	40
de 0.10 — —	0	50
de 0.11 — —	0	55
de 0.125 — —	0	60
de 0.14 — —	0	70
de 0.16 — —	0	90
Buse, chaque pièce sera évaluée pour :		
buse ordinaire, 1 bout 1/2.		
buse oblique, 3 bouts.		
Coude d'équerre, sera évalué pour 1 bout 1/2.		

Désignation des travaux	Prix de règlement	
Tuyaux (suite) :		
Soupape à clef en fer sera évaluée pour 1 bout 1/2.		
En cuivre rouge plané et rivé, le kilogramme	4 fr. 25	
— pour coudes de tuyaux plané et rivé, le kilogramme. . .	4 75	
Ventouses grillagées en fonte unie ou ornée :		
rondes de 0.16, la pièce.		
— de 0.19 —	0 45	
— de 0.22 —	0 80	
rectangulaires de 0.11 × 0.12, la pièce	1 10	
— de 0.11 × 0.27 —	0 45	
— de 0.11 × 0.32 —	0 65	
— Pose. Prix moyen, compris raccords	0 95	
	0 85	

Vis à deux écrous, pour cercle de poêle, sans pose :

	En fer	En cuivre
n° 1, la pièce.	0 fr. 50	1 fr. 50
n° 2, —	0 55	1 75
n° 3, —	0 60	2 20

	Prix de règlement	
Visite de cheminée pour connaître la direction ou rechercher la cause de la fumée :		
pour une cheminée seulement, compris déplacement exprès	2 fr. 45	
pour plusieurs cheminées ensemble, chaque cheminée	1 10	

CHAPITRE VI

Analyse des Lois ou des Décrets relatifs à la Législation du Bâtiment

---

Des Etablissements dangereux, insalubres ou incommodes

Les établissements qui présentent des dangers d'explosions, d'incendies ou d'exhalaisons, ou enfin ceux qui peuvent causer un dommage aux propriétés voisines et même simplement gêner les propriétaires, sont mis au rang des établissements *dangereux, insalubres* ou *incommodes*.

Pour exercer certaines professions présentant des dangers pour le voisinage, il faut y être préalablement autorisé.

Les établissements en activité avant le décret du 15 octobre 1810 ont pu continuer à être exploités. Mais s'ils suspendaient leurs travaux pendant plus de six mois, ils seraient tenus à faire une demande d'autorisation (voir le décret).

On a divisé en trois classes les établissements dangereux, insalubres ou incommodes, relativement aux formalités à remplir ou à observer pour la mise en activité.

Première classe. — Cette classe comprend les établissements qu'on doit éloigner des habitations à la distance déterminée par l'autorisation.

L'article 1ᵉʳ du décret du 15 octobre 1810 dit que l'industriel doit faire sa demande d'autorisation : au préfet du département, ou au préfet de police pour Paris, Sèvres, Meudon et Saint-Cloud.

On affiche les demandes pendant un mois à la porte des mairies et dans un rayon de cinq kilomètres du lieu de l'établissement; pendant ce temps, les intéressés doivent présenter leurs moyens d'opposition ; à la fin du mois, les mairies expédient aux sous-préfets et ces derniers aux préfets, les oppositions ou observations faites par les intéressés.

Le préfet continue l'instruction, demande l'avis du conseil de préfecture, et transmet les pièces au ministre compétent.

Lorsque le ministre ne juge pas à propos de soumettre la demande d'autorisation au Conseil d'Etat, il peut la rejeter, sur l'avis du préfet, par ordonnance. Cette ordonnance ne peut être d'aucun recours devant le Conseil d'Etat (*Conseil d'Etat*, 20 juin 1816, 19 juillet 1825, 2 janvier 1835). Le ministre qui ne rejette pas la demande, la soumet au Conseil d'Etat qui accorde ou refuse l'autorisation.

Les tiers intéressés peuvent attaquer l'ordonnance d'autorisation par opposition devant le Conseil d'Etat, mais seulement dans le cas où toutes les formalités ne sont pas remplies (*Conseil d'Etat* des 13 février 1840, 19 juillet 1826).

Si un tiers vient à élever une construction près ou autour d'un établissement insalubre, après que sa formation en aura été autorisée, il n'est plus admis à en solliciter l'éloignement (décret du 15 octobre 1810, art. 9).

Deuxième classe. — Cette deuxième catégorie comprend les établissements qui ne sont pas obligés d'être édifiés loin des habitations, mais qui ne peuvent être établis que munis d'autorisation du préfet, et après une enquête de *commodo* et *incommodo*.

On doit adresser sa demande au sous-préfet.

Les industries faisant partie de cette catégorie ou seconde classe, peuvent être établies dans les grandes villes, sauf à l'administration à pourvoir à la sûreté publique.

Troisième classe. — Cette classe comprend les établissements qui peuvent être placés partout, même dans les maisons locatives, pourvu que leur voisinage n'offre aucun inconvénient pour la sûreté et la salubrité publiques, mais qui sont soumis à une surveillance de la police.

Ces établissements sont autorisés sous enquête, par les préfets et sous-préfets; et à Paris par le préfet de police.

Nomenclature des Etablissements dangereux ou incommodes

PREMIÈRE CLASSE

Désignation des industries	Inconvénients
Abattoir public	Odeur et altération des eaux.
Acide arsenic (fabrique de l') au moyen de l'acide arsénieux et de l'acide azotique, quand les produits nitreux ne sont pas absorbés.	Vapeurs nuisibles.
Acide chlorhydrique (production de l'), par décomposition des chlorures de magnésium, d'aluminium et autres, quand l'acide n'est pas condensé.	Emanations nuisibles.
Acide oxalique (fabrication de l'), par l'acide nitrique, sans destruction des gaz nuisibles	Fumée.
Acide picrique, quand les gaz nuisibles ne sont pas brûlés.	Vapeurs nuisibles.
Acide stéarique (fabrication de l'), par distillation	Odeur et danger d'incendie.
Acide sulfurique (préparation de l'), par combustion du soufre et des pyrites	Emanations nuisibles.
Affinage de l'or et de l'argent par les acides.	Id.
Aldéhyde (fabrication de l').	Danger d'incendie.
Allumettes (fabrication des).	Danger d'explosion et d'incendie.
Amidonneries, par fermentation	Odeur, émanations nuisibles et altération des eaux.

Désignation des industries	Inconvénients
Amorces fulminantes (fabrication des).	Danger d'explosion.
Arséniate de potasse (fabrication de l'), au moyen du salpêtre, quand les vapeurs ne sont pas absorbées.	Emanations nuisibles.
Artifices (fabrication des pièces d')	Danger d'incendie et d'explosion.
Bâches imperméables avec cuisson des huiles	Danger d'incendie.
Bains et Boues provenant du dérochage des métaux, traitement sans condensation des vapeurs.	
Baryte caustique, par décomposition du nitrate si les vapeurs ne sont ni condensées ni détruites.	Emanations nuisibles.
Boues et immondices (dépôts).	Vapeurs nuisibles.
Boyauderies (travail des boyaux frais pour tous usages)	Odeur.
Carbonisation des matières animales en général	Odeur, émanations nuisibles.
Celluloïd et produits nitrés analogues (fabrication):	Odeur.
Cendres gravelées, avec dégagement des fumées au dehors.	Danger d'incendie et vapeurs nuisibles.
Chairs, débris et issues (dépôts de), provenant de l'abatage des animaux	Fumée, odeur.
Chiens (infirmeries de).	Odeur.
Chiffons (traitement des), par la vapeur de l'acide chlorhydrique non condensé.	Odeur et bruit.
Chrysalides (ateliers pour l'extraction des parties soyeuses des).	Emanations nuisibles.
Chlorure de soufre.	Odeur.
	Id.

Coke (fabrication du), en plein air ou en fours non fumivores. .	Fumée et poussière.
Colle forte (fabrication de la).	Odeur, altération des eaux.
Collodion.	Danger d'incendie, odeur.
Combustion des plantes marines dans les établissements per- manents.	Odeur et fumée.
Cretons (fabrication des)	Odeur et danger d'incendie.
Cuirs vernis (fabrication des).	Id.
Cyanure de potassium et bleu de Prusse (fabrication du), par la calcination directe des matières animales avec la potasse . . .	Odeur.
Dégras ou huiles épaisses à l'usage des chamoiseurs et corroyeurs (fabrication de).	Odeur, danger d'incendie.
Dégraissage des tissus et déchets de laines, par les huiles de pé- trole ou hydrocarbures.	Incendie.
Eaux grasses (extraction des huiles contenues dans les), en vases ouverts	Odeur, danger d'incendie.
Echaudoirs, pour la préparation industrielle des débris d'animaux.	Odeur.
Encre d'imprimerie (fabrique d')	Odeur, danger d'incendie.
Engrais (fabrique d'), au moyen des matières animales.	Odeur.
Engrais (dépôts d'), au moyen des matières provenant de vidanges ou de débris d'animaux, non préparés ou en magasin non couvert	Id.
Equarrissage des animaux	Odeur, émanations nuisi- bles.
Ether (fabrication et dépôt d').	Danger d'incendie et d'ex- plosion.
Etoupilles (fabrication d') avec matières explosives	Id.

Désignation des industries	Inconvénients
Feutres et visières vernies (fabrication de).	Odeur, danger d'incendie.
Fulminate de mercure (fabrication du).	Danger d'explosion et d'incendie.
Goudrons (usines pour l'élaboration des) d'origines diverses. . .	Odeur, danger d'incendie.
Goudrons et brais végétaux d'origines diverses (élaboration des).	Id.
Graisses à feu nu (fonte des).	Id.
Graisses pour voitures (fabrication des)	Id.
Grillage des minerais sulfureux.	Fumée, émanations nuisibles.
Guano (dépôts de), quand l'approvisionnement excède 25.000 kil.	Odeur.
Huiles de pétrole, de schiste et de goudron, essences et autres hydrocarbures employées pour l'éclairage, le chauffage et tout autre usage (fabrication et dépôt d').	Odeur et danger d'incendie.
a) Substances très inflammables, c'est-à-dire émettant des vapeurs susceptibles de prendre feu à une température de moins de 35 degrés, si la quantité emmagasinée est, même temporairement, de 1.050 litres ou plus	Id.
b) Substances s'enflammant à une température supérieure à 35 degrés, si la quantité emmagasinée, même temporairement, est supérieure à 10.500 litres.	Id.
Huiles de pieds de bœuf (fabrication des), avec l'emploi des matières en putréfaction	Odeur.
Huiles de poisson (fabriques d').	Odeur, danger d'incendie.
Huiles de résine (fabrication des)	Id.

Huiles et corps gras extraits des débris des matières animales. .	Id.
Huiles (mélange à chaud ou cuisson des), en vases ouverts. . . .	Id.
Huiles rousses (fabrication des), par extraction des cretons et débris de graisse à haute température.	Id.
Incinération des lies de vin.	Fumée.
Lignites (incinération des)	Fumée, émanations nuisibles.
Mares ou charrées de soude.	Emanations nuisibles.
Mèches pour mineurs (dépôt), 100 kilogrammes de poudre. . . .	Danger d'explosion et d'incendie.
Ménageries	Danger des animaux.
Nitrates métalliques (fabrication des), lorsque les vapeurs nuisibles ne sont pas absorbées ou décomposées.	Emanations nuisibles.
Noir d'ivoire et noir animal (distillation des os ou fabrication du) lorsqu'on n'y brûle pas les gaz	Odeur.
Orseille (fabrication de l'), en vases ouverts.	Id.
Os (torréfaction des), pour engrais, lorsque les gaz ne sont pas brûlés.	Odeur et danger d'incendie.
Os frais (dépôt d'), en grand	Odeur, émanations nuisibles.
Phosphore (fabrication de)	Danger d'incendie.
Poudres et matières fulminantes	Danger d'explosion et d'incendie.
Porcheries.	Odeur, bruit.
Poudrette (dépôts de).	Odeur.

Désignation des industries	Inconvénients
Poudrette (fabrication de) et autres engrais, au moyen des matières animales	Odeur et altération des eaux.
Résines, galipots et arcansons (travail en grand pour la fonte et l'épuration des)	Odeur, danger d'incendie.
Rouge de Prusse et d'Angleterre	Emanations nuisibles.
Rouissage en grand du chanvre et du lin	Emanations nuisibles et altération des eaux.
Sabots (ateliers à enfumer les), par la combustion de la corne ou d'autres matières animales, dans les villes	Odeur et fumée.
Sang : 1° ateliers pour la séparation de la fibrine, de l'albumine, etc.	Odeur.
2° (dépôts de), pour la fabrication du bleu de Prusse et autres industries	Id.
3° (fabrique de poudre de), pour la clarification des vins.	Id.
Sel ammoniac et sulfate d'ammoniaque, par les matières animales.	Odeur, émanations nuisibles.
Sinapismes avec distillation	Odeur.
Soies de porc, préparées par fermentation	Id.
Soudes brutes, résidus	Emanations nuisibles.
Soudes brutes de varech (fabrication des), dans les établissements permanents	Odeur et fumée.
Suif brun (fabrication du)	Odeur, danger d'incendie.
Suif en branches (fonderies de), à feu nu	Id.

Suif d'os (fabrication du)	Odeur, altération des eaux, danger d'incendie.
Sulfate de cuivre (fabrication du), par grillage des pyrites . . .	Emanations nuisibles et fumée.
Sulfate de mercure (fabrication du), quand les vapeurs ne sont pas absorbées	Emanations nuisibles.
Sulfate de soude, par la décomposition du sel marin par l'acide sulfurique, sans condensation de l'acide chlorhydrique	Id.
Sulfure de carbone (fabrication du)	Odeur, danger d'incendie.
Sulfure de carbone (manufactures où l'on emploie en grand le).	Danger d'incendie.
Sulfure de carbone (dépôts de), comme le régime des pétroles. .	Id.
Tabac (incinération des côtes de)	Odeur et fumée.
Taffetas et toiles vernis ou cirés (fabrication de)	Odeur et danger d'incendie.
Terres pyriteuses et alumineuses (grillage des)	Fumées et émanations nuisibles.
Tourbe (carbonisation de la), à vases ouverts.	Odeur et fumée.
Tourteaux d'olives (traitement par le sulfure de carbone). . . .	Danger d'incendie.
Triperies annexes des abattoirs	Odeur et altération des eaux.
Vernis gras (fabrique de)	Odeur et danger d'incendie.

DEUXIÈME CLASSE

Acide arsénique (fabrique de l'), au moyen de l'acide arsénieux et de l'acide azotique, quand les produits nitreux sont absorbés.	Vapeurs nuisibles.
Acide chlorhydrique (fabrication de l'), par décomposition des chlorures de magnésium, d'aluminium et autres, quand l'acide est condensé.	Emanations accidentelles.

Désignation des industries	Inconvénients
Acide fluorhydrique (fabrication de l')	Emanations nuisibles.
Acide lactique	Id.
Acide oxalique (fabrique d'), par la sciure de bois et la potasse.	Fumée.
Acide pyroligneux (fabrication de l'), quand les gaz ne sont pas brûlés.	Fumée et odeur.
Acide pyroligneux (épuration de l')	Odeur.
Acide salicylique, au moyen de l'acide phénique	Id.
Acide stéarique, par saponification.	Odeur et danger d'incendie.
Agglomérés ou briquettes de houille (fabrication des), au brai gras.	Id.
Alcool (rectification de l').	Danger d'incendie.
Alizarine artificielle, au moyen de l'anthracite.	Odeur.
Allumettes chimiques (dépôts d'), au-dessus de 25 mètres cubes.	Danger d'incendie.
Amidonneries, par séparation du gluten, et sans fermentation.	Altération des eaux.
Argenture des glaces avec vernis aux hydrocarbures	Odeur et danger d'incendie.
Arséniate de potasse (fabrication de l'), au moyen du salpêtre, quand les vapeurs sont absorbées	Emanations nuisibles.
Asphaltes et bitumes, brais et matières bitumineuses solides (dépôts d').	Odeur, danger d'incendie.
Bâches imperméables (fabrication de), sans cuisson des huiles.	Danger d'incendie.
Baryte (sulfate de), décoloration du, au moyen de l'acide chlorhydrique, à vases ouverts.	Emanations nuisibles.
Battage des tapis en grand	Bruit et poussière.

Blanchiment des fils, des toiles et de la pâte à papier par le chlore.	Odeur, émanations nuisibles.
Blanchiment des fils et tissus de laine et soie, par l'acide sulfureux	Emanations nuisibles.
Bleu de Prusse et cyanure de potassium (fabrication du), par l'emploi des matières préalablement carbonisées en vase clos.	Odeur.
Baryte caustique, par décomposition du nitrate, si les vapeurs sont condensées ou détruites	Emanations nuisibles.
Boyaux sales	Odeur.
Bougies et autres objets en cire et en acide stéarique.	Danger d'incendie.
Carbonisation du bois :	
1° A l'air libre, dans des établissements permanents et autre part qu'en forêt	Odeur et fumée.
2° En vase clos, avec dégagement dans l'air des produits gazeux de la distillation	Id.
Caoutchouc (travail du), avec l'emploi d'huiles essentielles ou du sulfure de carbone.	Odeur, danger d'incendie.
Celluloïd et produits nitrés analogues.	Danger d'incendie.
Cendres gravelées avec combustion ou condensation des fumées.	Fumée et odeur.
Chamoiseries.	Odeur.
Chapeaux de soie ou autres préparés au moyen d'un vernis. .	Danger d'incendie.
Chaux (fours à) permanents.	Fumée, poussière.
Chlore (fabrication du	Odeur.
Chlorure de chaux (fabrication du), en grand	Id.
Chlorures alcalins, eau de javelle (fabrication des).	Id.
Cocons (traitement des frisons de).	Altération des eaux.
Coke (fabrication du), en fours fumivores	Poussière.

Désignation des industries	Inconvénients
Corroieries.	Odeur.
Cornes et sabots (aplatissement des).	Bruit.
Crayons de graphite	Poussière.
Crins en soies de porc (préparation des), sans fermentation	Odeur et poussière.
Cuirs verts et peaux fraîches (dépôt de)	Odeur.
Cyanure de potassium (voir bleu de Prusse).	
Déchets de filature de lin et de chanvre et de jute.	Danger d'incendie.
Eaux grasses (extraction des huiles contenues dans les), pour la fabrication du savon, etc., en vases clos	Odeur, danger d'incendie.
Encre d'imprimerie, sans cuisson d'huile à feu nu.	Danger d'incendie, odeur.
Engrais (dépôts d', au moyen des matières provenant de vidanges ou de débris d'animaux, desséchés ou désinfectés et en magasin couvert, quand la quantité est supérieure à 25,000 kilog.	Odeur.
Ether (dépôt d'), quand la quantité est supérieure à 100 litres et inférieure à 1,000 litres	Danger d'incendie et d'explosion.
Faïence (fabrique de), avec fours non fumivores	Fumée.
Feutre goudronné (fabrication du).	Odeur, danger d'incendie.
Forges et chaudronneries de grosses œuvres employant des marteaux mécaniques	Fumée, bruit.
Fourneaux (Hauts-)	Fumée, poussière.
Galons et tissus d'or et d'argent (brûleries en grand des), dans les villes	Odeur.

Gaz d'éclairage et de chauffage (fabrication du), pour l'usage public.	Odeur, danger d'incendie.
Glycérine extraite des eaux de savonneries et de stéarineries . .	Odeur.
Goudrons (traitement des), dans les usines à gaz.	Odeur et danger d'incendie.
Goudrons (dépôts de), et matières bitumineuses fluides	Id.
Huiles de pétrole, de schiste et de goudron, essences et autres hydrocarbures si la quantité est supérieure à 150 litres et n'atteint pas 1,050 litres, et dont les vapeurs s'enflamment à une température inférieure à 35 degrés	Id.
Huiles de pétrole, etc., s'enflammant à une température supérieure à 35 degrés, si la quantité emmagasinée est supérieure à 1,050 litres et n'atteint pas 10,500 litres.	Id.
Huiles de pieds de bœuf (fabrication d'), quand les matières employées ne sont pas putréfiées	Odeur.
Huiles (mélange à chaud ou cuisson des), en vases clos.	Id.
Laiteries en grand dans les villes	Id.
Lessives alcalines des papeteries.	Id.
Lies de vin avec combustion ou condensation des fumées	Fumées accidentelles.
Liquides pour l'éclairage (dépôts de), au moyen de l'alcool et des huiles essentielles	Danger d'incendie et d'explosion.
Machines et wagons (ateliers de construction des)	Bruit, fumée.
Morues (sécheries des)	Odeur.
Mèches de sûreté pour mineurs quand la quantité manipulée ou conservée est inférieure à 100 kilogrammes	Danger d'incendie.

Désignation des industries	Inconvénients
Miroirs métalliques ou autres ateliers analogues employant des moutons.	Bruit.
Murexide (fabrication de la), en vases clos, par la réaction de l'acide azotique et de l'acide urique du guano.	Emanations nuisibles.
Nitrates métalliques	Id.
Nitrobenzine, aniline et matières dérivant de la benzine (fabrication de la).	Odeur, émanations nuisibles et danger d'incendie.
Noir de raffineries et de sucreries (revivification du)	Odeur, émanations nuisibles.
Noir de fumée (fabrication du), par la distillation de la houille, des goudrons, bitumes, etc.	Fumée, odeur.
Noir d'ivoire et noir animal (distillation des os ou fabrication du), lorsque les gaz sont brûlés.	Odeur.
Oignons (dessiccation des), dans les villes.	Id.
Os (torréfaction des), pour engrais, lorsque les gaz sont brûlés.	Odeur et danger d'incendie.
Plâtre (fours à) permanents.	Poussière et fumée.
Pâte à papier au moyen de la paille et autres matières combustibles	Altération des eaux.
Pipes à fumée (fabrication des), avec fours non fumivores	Fumée.
Poissons salés (dépôts de).	Odeur incommode.
Porcelaine (fabrication de), avec fours non fumivores.	Fumée.
Potasse (fabrication de), par calcination des résidus de mélasse.	Fumée et odeur.
Protochlorure d'étain (fabrication du)	Emanations nuisibles.
Raffineries et fabriques de sucre	Fumée, odeur.

Réfrigération par l'acide sulfureux	Odeur.
Rogues (dépôts de salaisons liquides connues sous le nom de). .	Id.
Rouissage en grand du chanvre et du lin par l'action des acides, de l'eau chaude et de la vapeur.	Altération des eaux et émanations nuisibles.
Salaisons (ateliers pour les) et saurage des poissons	Odeur.
Sardines (fabrication de conserves de), dans les villes.	Id.
Saucissons (fabrication en grand de)	Id.
Saurage des harengs	Id.
Séchage et gonflement des vessies nettoyées	Id.
Secrétage des peaux ou poils de lièvre et de lapin.	Id.
Sel ammoniac et sulfate d'ammoniaque, par l'emploi des matières animales.	Odeur, émanations nuisibles.
Sel d'ammoniaque extrait des eaux d'épuration du gaz (fabrique spéciale).	Odeur.
Sinapismes à l'aide des hydrocarbures, sans distillation.	Odeur et danger d'incendie.
Soufre (fusion ou distillation du	Emanations nuisibles et danger d'incendie.
Suif en branches (fonderies de), au bain-marie ou à la vapeur .	Odeur.
Sulfate de peroxyde de fer (fabrication du), par le sulfate de protoxyde de fer et l'acide nitrique.	Emanations nuisibles.
Sulfate de soude (fabrication du), par la décomposition du sel marin, par l'acide sulfurique, avec condensation complète de l'acide chlorhydrique	Id.
Sulfure d'arsenic, vapeurs condensées	Id.
Sulfure de sodium	Id.

Désignation des industries	Inconvénients
Tabacs (manufactures de)	Odeur et poussières.
Tanneries	Odeur.
Terres émaillées (fabrication de), avec fours non fumivores	Fumée.
Teillage du lin, du chanvre et du jute en grand	Poussière et bruit.
Toiles grasses pour emballage, tissus, cordes goudronnées, papiers goudronnés, cartons et tuyaux bitumés, travail à chaud	Odeur, danger d'incendie.
Tonnellerie en grand, opérant sur des fûts imprégnés de matières grasses et putrescibles	Bruit, odeur et fumée.
Torches résineuses (fabrication de)	Odeur et danger de feu.
Tourbe (carbonisation de la), en vases clos	Odeur.
Tueries d'animaux	Danger des animaux et odeur.
Tuiles métalliques	Bruit.
Vernis à l'esprit de vin (fabrique de)	Danger d'incendie et odeur.
Verreries, cristalleries et manufactures de glaces, avec fours non fumivores	Fumée et danger d'incendie.

TROISIÈME CLASSE

Désignation des industries	Inconvénients
Acide nitrique (fabrication de l')	Emanations nuisibles.
Acide oxalique (fabrication de l'), par l'acide nitrique et avec destruction des gaz nuisibles	Fumée accidentelle.
Acide picrique avec destruction des gaz nuisibles	Vapeurs nuisibles.
Acide pyroligneux (fabrication de l'), quand les produits gazeux sont brûlés	Fumée et odeur.

Acide sulfurique de Nordhausen, par la décomposition du sulfate de fer.	Emanations nuisibles.
Acier (fabrication de l').	Fumée.
Agglomérés ou briquettes de houille (fabrication des), au brai sec.	Odeur.
Albumine (fabrication de l'), au moyen du sérum frais du sang.	Id.
Alcools autres que le vin, sans travail de rectification.	Altération des eaux.
Alcools (distilleries agricoles).	Id.
Allumettes chimiques (dépôts de 5 à 25 mètres cubes).	Danger d'incendie.
Amidon grillé	Odeur.
Ammoniaque (fabrication de l'), par la décomposition des sels ammoniacaux	Id.
Appareils de réfrigération :	
à l'ammoniaque	Id.
à éther ou autres liquides volatils et combustibles	Danger d'explosion et d'incendie.
Asphaltes, bitumes, brais, matières bitumineuses solides (dépôts d')	Odeur, danger d'incendie.
Battage, cardage et épuration des laines, crins et plumes de literie	Odeur et poussière.
Battage des cuirs (marteaux pour le)	Bruit et ébranlement.
Battage et lavage (ateliers spéciaux pour les), des fils de laine, bourres et déchets de filature de laine et de soie, dans les villes.	Bruit et poussière.
Batteurs d'or et d'argent	Bruit.
Battoir à écorces, dans les villes	Bruit et poussière.
Betteraves (dépôt de pulpes humides)	Odeur.
Blanc de zinc (fabrication du), par la combustion du métal. . .	Fumées métalliques.

Désignation des industries	Inconvénients
Blanchiment des fils et tissus de lin, de chanvre et de coton, par les chlorures alcalins.	Odeur, altération des eaux.
Blanchiment des fils, etc., par l'acide sulfureux	Emanations nuisibles.
Bocards à minerais ou à crasses.	Bruit et poussière.
Bougies de paraffine et autres d'origine minérale (moulage des).	Odeur, danger d'incendie.
Boules au glucose caramélisé	Odeur.
Boutonniers et autres emboutisseurs de métaux, par moyens mécaniques.	Bruit.
Brasseries	Odeur.
Briqueteries avec fours non fumivores.	Fumée.
Buanderies.	Altération des eaux.
Café (torréfaction du), en grand.	Odeur et fumée.
Cailloux (fours pour la calcination des)	Fumée.
Carbonisation du bois en vases clos, avec combustion des produits gazeux de la distillation.	Odeur et fumée.
Cartonniers	Odeur.
Celluloïd.	Danger d'incendie, odeur.
Cendres d'orfèvre (traitement des), par le plomb	Fumées métalliques.
Céruse ou blanc de plomb (fabrication de la).	Emanations nuisibles.
Chandelles (fabrication des).	Odeur, danger d'incendie.
Chantiers de bois à brûler dans les villes	Danger d'incendie, émanations nuisibles.
Chapeaux de feutre (fabrication des).	Odeur et poussière.
Charbon de bois dans les villes (dépôts ou magasins de).	Danger d'incendie.

Chaux (fours à), ne travaillant pas plus d'un mois par an.	Fumée et poussière.
Chiffons	Emanations nuisibles, danger d'incendie.
Chlorure de chaux (fabrication de), dans les ateliers fabricant au plus 300 kilogrammes par jour	Odeur.
Choucroute	Id.
Chromate de potasse (fabrication du)	Id.
Ciment (four à), ne travaillant pas plus d'un mois par an.	Poussière et fumée.
Cochenille ammoniacale (fabrication de la).	Odeur.
Coton et coton gras (blanchisserie de déchets de).	Altération des eaux.
Cuivre (dérochage du), par les acides	Odeur, émanations nuisibles.
Cyanure de potassium ou prussiate rouge de potasse	Emanations nuisibles.
Déchets des matières filamenteuses (dépôts de), en grand dans les villes.	Danger d'incendie.
Distilleries en général, eau-de-vie, genièvre, kirsch, absinthe et autres liqueurs alcooliques	Id.
Dorure et argenture sur métaux	Emanations nuisibles.
Echaudoirs, pour la préparation des parties d'animaux propres à l'alimentation	Odeur.
Email sur métaux.	Fumée.
Emaux (fabrication d'), avec fours non fumivores.	Id.
Engrais (dépôts d', au moyen des matières provenant de vidanges ou de débris d'animaux, desséchés ou désinfectés et en magasin couvert, quand la quantité est inférieure à 25,000 kilogrammes	Odeur.
Engraissement des volailles dans les villes (établissements pour l').	Id.

Désignation des industries	Inconvénients
Eponges (lavage et séchage des)	Odeur et altération des eaux.
Epaillage des laines et draps	Emanations nuisibles.
Etamage des glaces	Id.
Etoupes (transformation des) en cordages	Poussière.
Faïence (fabrique de), avec fours fumivores	Fumée accidentelle.
Fanons de baleine (travail des)	Emanations incommodes.
Féculeries	Odeur, altération des eaux.
Fer (dérochage du)	Odeur, émanations nuisibles.
Fer (galvanisation du)	Fumées métalliques.
Fer-blanc (fabrication du)	Fumée.
Filature des cocons (ateliers dans lesquels la) s'opère en grand, c'est-à-dire employant au moins six tours	Odeur, altération des eaux.
Fonderie de cuivre, laiton et bronze	Fumées métalliques.
Fonderie en 2ᵉ fusion	Fumée.
Fonte et laminage du plomb, zinc et cuivre	Bruit, fumée.
Fromages (dépôts dans les villes de)	Odeur.
Gaz d'éclairage pour l'usage particulier	Odeur, danger d'incendie.
Gazomètre pour usage particulier non attenant aux usines de fabrication	Danger d'incendie, odeur.
Gélatine alimentaire et gélatine provenant des peaux blanches et de peaux fraîches non tannées (fabrication de la)	Odeur.
Guano (vente au détail)	Id.

Harengs (saurage des)	Id.
Hongroieries	Id.
Huileries ou moulins à huile	Odeur, danger d'incendie.
Huiles (épuration des)	Id.
Lard (atelier à enfumer le)	Odeur et fumée.
Lavoirs à houille	Altération des eaux.
Lavoirs à laine	Id.
Lavoirs à minerai	Id.
Litharge (fabrique de)	Poussière nuisible.
Maroquineries	Odeur.
Massicot (fabrication du)	Emanations nuisibles.
Matières colorantes par l'aniline	Altération des eaux.
Mégisseries	Odeur.
Mélanges d'huiles (voir huiles).	
Minium (fabrication du)	Emanations nuisibles.
Miroirs métalliques et ateliers où les marteaux ne pèsent pas 25 kilogrammes et n'ont pas un mètre de chute	Bruit.
Moulins à broyer le plâtre, la chaux, les cailloux et les pouzzolanes	Poussière.
Nitrate de fer lorsque les vapeurs nuisibles sont absorbées	Emanations nuisibles.
Noir minéral provenant des schistes bitumineux	Odeur et poussière.
Olives (confiserie des)	Altération des eaux.
Orseille (fabrication de l'), à vases clos et employant de l'ammoniaque à l'exclusion de l'urine	Odeur.
Os secs (dépôts d')	Id.

Construction moderne.

Désignation des industries	Inconvénients
Ouates (fabrication des).	Poussière et danger d'incendie.
Papiers (fabrication de).	Danger d'incendie.
Pâte à papier au moyen de la paille et autres matières combustibles	
Parcheminerics.	Altération des eaux.
Peaux de mouton (séchage des)	Odeur.
Perchlorure de fer par dissolution du peroxyde de fer.	Odeur et poussière.
Phosphate de chaux	Emanations nuisibles.
Pileries mécaniques des drogues.	Poussière, odeur.
Pipes à fumer (fabrication des), avec fours fumivores.	Bruit et poussière.
Plâtre (fours à), ne travaillant pas plus d'un mois par an.	Fumée accidentelle.
Porcelaine (fabrication de), avec fours fumivores.	Fumée et poussière.
Poteries de terre (fabrication des), avec fours non fumivores.	Fumée accidentelle.
Pouzzolane artificielle (fours à)	Fumée.
	Id.
Salaison des viandes et préparation.	Odeur.
Salaisons (dépôts dans les villes).	Id.
Savonneries.	Id.
Scieries mécaniques	Id.
Sel de soude (fabrication du), avec le sulfate de soude.	Bruit et poussière.
	Fumée, émanations nuisibles.
Sirops de fécule et glucose (fabrication des)	Odeur.
Soies de porcs sous fermentation	Id.

Soufre (pulvérisation et blutage de)	Poussière, danger d'incendie.
Soufre (lustrage des chapeaux au)	Id.
Sulfate de fer ou couperose verte, par l'action de l'acide sulfurique sur la ferraille (fabrication en grand du)	Fumée, émanations nuisibles.
Sulfate de fer, d'alumine et alun (fabrication par le lavage des terres pyriteuses et alumineuses grillées du)	Fumée et altération des eaux.
Tabatières en carton (fabrication des)	Odeur et danger d'incendie.
Tan (moulins à)	Bruit et poussière.
Teinturiers	Odeur, altération des eaux.
Teinturiers de peaux	Odeur.
Terres émaillées (fabrication des), avec fours fumivores	Fumée accidentelle.
Toiles grasses pour emballage, tissus goudronnés, papiers goudronnés, cartons et tuyaux bitumés, travail à froid	Odeur, danger d'incendie.
Toiles peintes (fabrique de)	Odeur.
Tôles et métaux vernis	Odeur, danger d'incendie.
Tréfileries	Bruit et fumée.
Tuileries avec fours non fumivores	Fumée.
Vacheries dans les villes	Odeur et écoulement des urines.
Verdet ou vert-de-gris au moyen de l'acide pyroligneux	Odeur.
Verreries, cristalleries et manufactures de glaces, avec fours fumivores	Danger d'incendie.

SECONDE PARTIE

CHAPITRE VII
Architecture proprement dite

Histoire abrégée de la période architectonique, du Ve au XVIIIe siècle

Il faut, pour bien voir, regarder attentivement, il ne faut pas confondre toutes les formes ; apprenons donc à bien voir et à ne rien confondre.

Pour ne pas être trop long et cependant pour mettre l'étudiant à même de reconnaître à première vue l'époque d'un monument, et ne pas le laisser dans cette ignorance qui le pousse à croire que les murs les plus chargés de sculptures sur les édifices les plus ouvragés, sont ceux de plus ancienne date, nous allons indiquer comment se sont développées l'architecture et la sculpture en France.

Jetons un regard attentif sur les figures 124 et 125 du texte et nous pourrons établir une division très nette dans l'histoire monumentale.

C'est un fait reconnu que jusqu'au xiie siècle les principes de l'architecture ancienne ont été assez rigoureusement suivis ; les monuments existants en France et ceux que l'on va toujours admirer en

Grèce et en Italie, sont autant de preuves valables qui le démontrent.

A partir du xiie siècle, un arrangement nouveau, tout différent de formes et de principes, donne au monde du moyen âge une seconde architecture monumentale.

Ces deux architectures ont leur point de démarcation bien distinct de formes et d'emplois ; les baies ou ouvertures de portes ou de croisées sont du ve au xiie siècle, fermées par le haut, en plein cintre, ainsi que l'indique la figure 124 du texte.

A partir du xiie siècle, ou seconde époque d'architecture monumentale, les cintres élèvent leur flèche sans augmenter le nombre de leurs cordes, et par leur aiguïté triangulaire, établissent cette

Fig. 124.

démarcation irréprouvable que nous donne l'arc triangulaire ou ogival. Voir figure 125 du texte.

Ainsi nous reconnaissons et acceptons pour la première époque du ve au xiie siècle, le *plein-cintre*.

Pour la deuxième époque, c'est-à-dire à partir du xiie siècle, l'*ogive*. Cette démarcation bien comprise, voyons maintenant le moyen de reconnaître les âges de cette

Fig. 125.

foule de monuments percés de pleins cintres et d'ogives.

26.

Les productions des deux *écoles* que nous venons de citer caractérisent les époques monumentales par les différents styles qui se sont succédé. Nous allons voir maintenant par quels principes nous reconnaîtrons ces différents âges relatifs.

Les différentes et nombreuses vicissitudes par lesquelles l'architecture, la sculpture et la peinture ont eu à passer depuis la naissance de l'ère romane jusqu'à nos jours, constituent ce qu'on appelle l'histoire de l'art.

Cette histoire se divise naturellement en plusieurs périodes qui sont :

L'histoire de l'art chez les Egyptiens, chez les Grecs, chez les Romains, chez les peuples de l'Occident depuis la domination romaine jusqu'à l'envahissement des barbares ; l'histoire de l'art en France depuis l'invasion des barbares jusqu'au xiie siècle, l'histoire de l'art depuis le xiie siècle jusqu'à François Ier, 1400 à 1500 ; enfin l'histoire de l'art depuis François Ier jusqu'au retour aux formes classiques, xvie siècle.

Moyen Age

On appelle moyen âge la partie de temps comprise entre le ve et le xvie siècle, époque du retour aux formes classiques.

Aux premiers siècles du moyen âge, c'est-à-dire du ve au ixe inclusivement, l'architecture offre tous les caractères de l'architecture romaine, mais dégénérant dès son début et s'abâtardissant toujours de plus en plus. C'est ce que l'on appelle l'architecture romane, dont le type se retrouve encore dans les monuments du xie au xiie siècle.

Le moyen âge architectonique ou artistique a donc eu de 6 à 7 siècles d'existence, c'est-à-dire du vi° à la deuxième moitié du xii° siècle, moment où commence l'époque de transition entre le style roman et le style ogival définitif et primitif.

I. — ARCHITECTURE ROMAINE

Cette architecture est composée des cinq ordres dont nous avons déjà parlé au chapitre premier de cet ouvrage. (Voir à l'*Atlas*, pl. 28.)

Ces cinq ordres sont :

Le Toscan, le Dorique, qui ont pris naissance en Italie. On les appelle aussi ordres latins.

Le Ionique, le Corinthien, le Composite, qui ont pris naissance en Grèce. On les appelle aussi ordres grecs.

Chacun de ces ordres se compose de trois membres : le piédestal, la colonne et l'entablement (voir fig. 1, pl. 28), où ces trois membres sont indiqués sur la ligne A, avec cotes données en modules et fractions de modules. (Voir *pour l'obtention du module des différents ordres, les principes donnés à la planche* 1ʳᵉ). La ligne A indique les subdivisions des membres qui constituent les ordres. Les figures 1, 2, 3, 4 et 5, représentent les profils des différents ordres à l'aide desquels, et avec les principes donnés à la planche 1ʳ, on peut faire le tracé complet d'un des cinq ordres. Nous donnerons à la planche 29 le tracé des moulures, les principes des archivoltes et des impostes qui ornent les baies de portiques ; et à la planche 30 le tracé des cannelures de fûts de colonnes.

L'ordre Toscan ne prend jamais d'ornementation

Le Dorique est quelquefois orné dans ses princi
pales moulures, et l'on décore quelquefois de can
nelures le fût de sa colonne.

Le Ionique s'orne presque toujours et ses canne
lures portent un champ.

Le Corinthien et le Composite, qui presque tou
jours sont employés comme ornementation, son
ornés même dans leur frise, et leur fût est cannelé
comme celui de l'ordre Ionique.

L'ordre Dorique porte un changement dans so
chapiteau lorsqu'il s'agit de denticules pour sa
corniche. Voir les détails B et C de la figure 2.

L'ordre Composite ne s'emploie que pour les
décorations intérieures, telles que grands salons
de réception, salles de concert et de théâtres, ou
pour les façades dans les étages en attique ou en
couronnement.

Les figures de la planche 29 représentent toutes
les principales moulures composant les différents
membres des ordres d'architecture ; nous en avons
indiqué le tracé par principes géométriques.

Les ordres d'ornementation ou de circonstance
spéciale sont : le Poestum, qui est remarquable par
sa simplicité, tout en accusant un caractère de no-
blesse qui lui est propre ; la façade antérieure du
Parthénon et les Prophylées sont faits de cet ordre.
C'est une espèce de dorique sans base, et n'ayant
pas d'astragale saillante dans son chapiteau. (Voir
pl. 30, fig. 1).

L'ordre Rustique, qui est l'un des ordres toscan
ou dorique, avec bossages ou refends dans les fûts
de colonne. (Voir fig. 2, même planche).

L'ordre Persique remplace ses fûts de colonne par des figures d'esclaves persans.

L'ordre Cariatide qui a des figures de femmes en fûts de colonne.

L'Attique est un ordre de pilastres qui, par ses courtes proportions, composées de Ionique, de Corinthien ou de Composite, ne s'emploie qu'à l'étage supérieur des édifices.

Origine et proportions principales des cinq ordres d'architecture

Ordre Toscan. — Le plus simple et celui qui semble offrir le plus de solidité nous vient des Lydiens, qui, à l'époque où ils se fixèrent en Italie, bâtirent plusieurs temples en Toscane ; les premiers de ces temples donnèrent le type de l'ordre Toscan.

La hauteur, du socle au listel supérieur de la corniche, est de 22 modules 2 parties.

Ordre Dorique. — Le temple de Junon, élevé dans Argos (Grèce) par les ordres de Dorus, roi d'Achaïe, donna un nouveau type architectural appelé Dorique, ce nom dérivant de celui de l'ordonnateur.

Le temple d'Apollon, à Delos, et celui de Jupiter à Olympe, appartenaient à l'ordre Dorique. La frise était quelquefois ornée de têtes ou d'instruments de musique et de sacrificateurs. Cet ordre est le plus ancien et le plus régulier.

Le théâtre de Marcellus fut édifié de cet ordre. Nous voyons par là combien les Romains l'estimaient, quoique grec d'origine. Ce qui reste à Rome d'anciens édifices, atteste avec ce théâtre la nature mâle de cet ordre.

La hauteur, du socle au listel de couronnement de l'ordre, est de 25 modules 4 parties.

Ordre Ionique. — Il s'éleva à Ephèse, la plus grande ville de la province de Ionie, trois temples (en l'honneur de Diane, d'Apollon et de Bacchus) d'un ordre nouveau, qui fut appelé Ionique. Cet ordre tient le milieu entre les ordres mâles et les ordres délicats.

Sa hauteur totale est de 28 modules 9 parties.

Ordre Corinthien. — D'après Vitruve, une jeune fille de Corinthe étant morte, sa nourrice plaça sur son tombeau une corbeille dans laquelle elle avait mis quelques petits vases et bijoux que l'enfant avait aimés ; elle avait couvert la corbeille d'une tuile pour préserver ces objets des injures du temps. Au printemps suivant, une plante d'achante, placée sous la corbeille, venant à croître, les feuilles l'environnèrent et grandirent en se recourbant sous la saillie formée par la tuile. Le sculpteur Callimachus ayant remarqué cet arrangement, en conçut l'idée du chapiteau corinthien.

La hauteur totale de l'ordre corinthien est de 32 modules.

Ordre Composite. — Cet ordre nous vient des Romains, qui prirent tout ce qu'il y avait de beau dans les ordres Ionique et Corinthien pour le composer ; de là lui vient le nom de Composite romain. Il a les mêmes proportions que le Corinthien, quelques détails seulement varient.

Les détails relatifs aux impostes et archivoltes ornant les arcs et les pieds-droits des portiques, sont donnés à la planche 29. Les côtés de profil partent toujours du milieu des colonnes.

Classification des styles architectoniques pendant la période du moyen âge

M. de Caumont, directeur de la société française pour la conservation des monuments historiques, a si heureusement fait cette classification, qu'il serait ingrat de ne pas la reproduire. Tout le monde sait les services rendus par cet infatigable travailleur, pour l'étude si complexe sur les recherches archéologiques. Cet artiste distingué s'exprime ainsi :

« On peut diviser la période de six siècles (du ve au xiie), à laquelle je donne le nom de romane, en trois époques principales : la première, qui s'étend depuis le ve jusqu'au xe siècle inclusivement ; la seconde qui commence à la fin du xe siècle et se prolonge jusqu'à la fin du xie siècle ; la troisième qui comprend le xiie siècle.

« Ce fut vers la fin du xiie siècle qu'une grande révolution, dont il est facile de suivre le cours, vint changer entièrement l'architecture. L'arc en tiers-point, appelé ogive, fut alors substitué au plein cintre romain ; cette différence capitale dans la forme des arcades, jointe à plusieurs autres, établit un caractère essentiellement distinctif entre l'architecture romane et l'architecture nouvelle, que je désigne sous la dénomination de style ogival.

« Le style ogival a régné en France depuis le xiie siècle jusqu'au xvie siècle, époque à laquelle une autre révolution dans le goût et dans les idées, ramena les artistes à l'imitation de l'architecture grecque et de l'architecture romaine. Cette période de trois siècles et demi peut être divisée elle-même en trois époques, eu égard aux variations de l'architecture ogivale dans les XIIIe, XIVe, XVe et XVIe siècles. Le style ogival de la première époque est appelé primitif ; les mots secondaire et tertiaire distinguent les deux autres époques. »

Tableau de division des styles

ARCHITECTURE ROMANE

Classification des styles	Durée des styles
Primordiale	Depuis le Ve siècle jusqu'au Xe siècle.
Secondaire.	Depuis la fin du Xe siècle jusqu'au commencement du XIIe siècle.
Tertiaire ou de transition.	XIIe siècle.

ARCHITECTURE OGIVALE

Primitive	XIIIe siècle.
Secondaire.	XIVe siècle.
Tertiaire.	XVe et XVIe siècles (1re moitié).

II. ÈRE ROMANE PRIMITIVE

Cachet du style architectonique du Ve au Xe siècle. Eglises.

Les basiliques qui servaient de tribunaux ou de lieux de réunions, furent, à cette époque, transformées en églises, et les constructions nouvelles destinées au culte, calquées sur ces basiliques.

Les basiliques d'alors étaient divisées dans le sens de la longueur, en trois parties inégales ; celle du milieu, la plus large, était, au fond, terminée en hémicycle qui prit le nom d'abside, et réservée principalement aux prêtres. L'intervalle entre l'abside et l'entrée, formant partie du milieu, fut appelé nef dans laquelle, près de cette abside, on établit le chœur. Les trois parties longitudinales étaient séparées par des colonnes, et formaient, de chaque côté, deux longues galeries qui furent appelées bas-côtés ou petites nefs. L'office se célébrait sur un autel élevé sous la voûte de l'abside.

En Occident comme en Orient, les églises furent bâties en forme de croix, c'est-à-dire que le vaisseau entre l'abside et les nefs s'élargit pour former les transepts.

On fit aussi, dès l'origine, des églises circulaires; les baptistères, séparés des églises, étaient érigés sur le même plan.

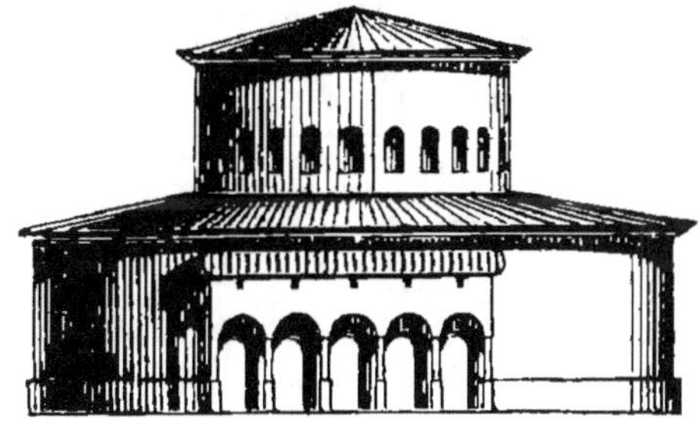

Fig. 126.   Style roman, ve siècle.

L'église Saint-Etienne-le-Rond, construite à Rome au ve siècle, est un type encore existant, que nous reproduisons à la fig. 126 du texte.

Les appareils de l'époque étaient : 1° le petit appareil régulier en petits blocs, ne donnant pour parement de face que celle d'une grande brique. (Voir figure 127 du texte).

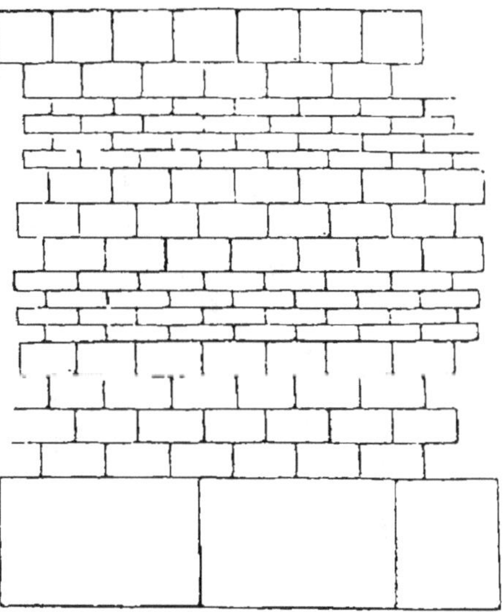

Fig. 127.   Petit appareil avec zones en briques.

2° L'appareil en feuilles ou en arête de poisson. (Voir fig. 128 du texte).

3° Enfin l'appareil recticulé. (Voir fig. 129).

Fig. 128. Appareil en arête de poisson.   Fig. 129. Appareil recticulé.

Les murs en grand appareil furent plus fréquents dans le midi de la France.

La brique fut ainsi employée dans la construction des murs du moyen âge, on l'établissait aux

Fig. 130. Construction en briques au vıᵉ siècle.

zones horizontales de quelques rangs qui maintenaient ainsi le petit appareil.

Les constructions de maisons d'habitation ou de palais se faisaient pour la plupart tout en briques ; les colonnes, lorsqu'il y en avait, étaient en pierre ou en marbre (Voir fig. 130).

La couverture des édifices était composée de tuiles à rebord et de tuiles rondes (Voir fig. 131 et 132).

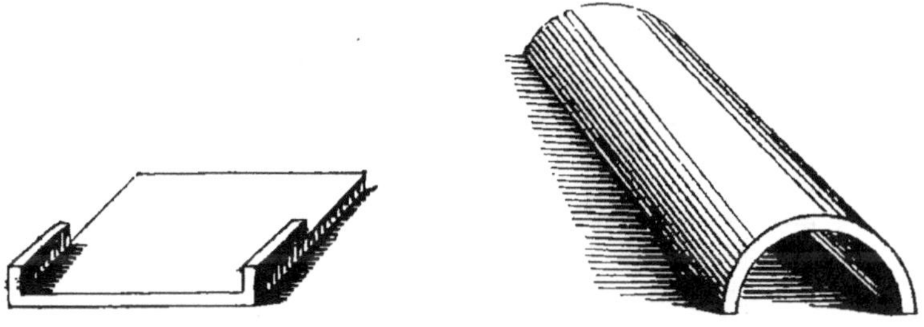

Fig. 131 et 132.   Tuile à rebord et tuile ronde.

Les tuiles rondes servaient de recouvrement des joints formés par les rebords des tuiles carrées.

Le rebord des tuiles carrées était rompu au tiers de sa longueur pour le recouvrement.

Les figures 133, 134, 135, 136 et 137 du texte représentent différents motifs de sculpture de la première période romane.

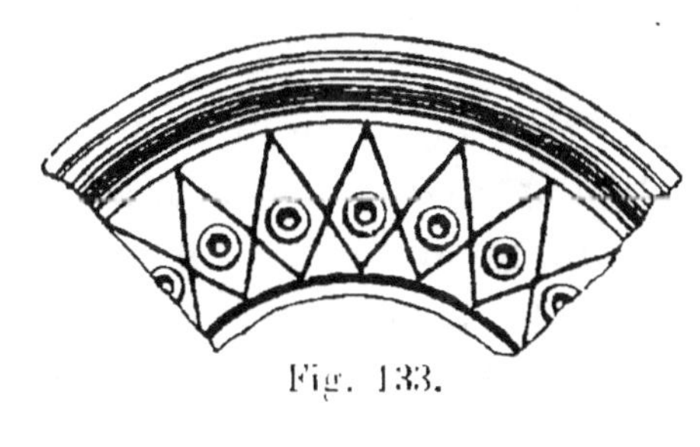

Fig. 133.

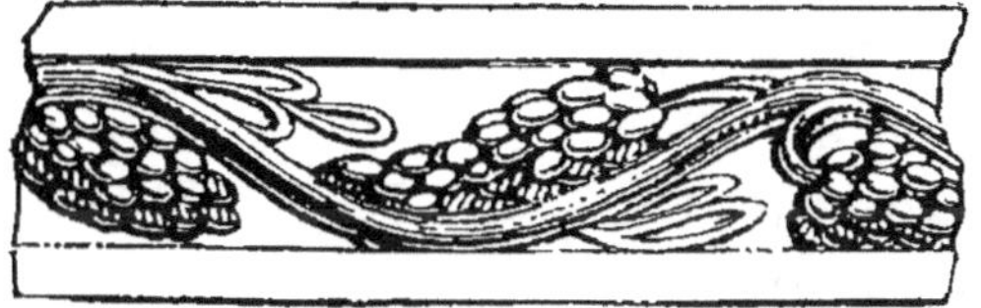

Fig. 134.

Fig. 135.　Frise du viiᵉ siècle.

Fig. 137.

Fig. 136.

ÈRE ROMANE SECONDAIRE.

(*Du* xᵉ *au* xiiᵉ *siècle*).

La construction et l'ornementation des xᵉ et xiiᵉ siècles changent complètement de face. On remarque, dès le commencement du xiᵉ siècle, une recherche toute particulière dans l'arrangement des moulures, elles se cisèlent en mutation de fleurs et de plantes naturelles, qui ont fait donner à la sculpture de cette époque le nom d'ornementation végétale orientale : la construction est plus ferme, les murs se montent en grand appareil, les contre-forts viennent arc-bouter les murs et donner aux façades un tout autre cachet. Les arcs qui, dans les archivoltes du vᵉ au xᵉ siècle ne portaient que rarement des moulures, s'ornent du xᵉ au xiiᵉ de profils tourmentés. Les tympans, au-dessus des portes, se couvrent de sujets sculptés, les chapiteaux et les bases des colonnes sont richement décorés. On remarque, pendant cette période, que les tailloirs des chapiteaux sont très peu saillants, et les pattes joignant les tores aux socles des bases des colonnes qui déjà avaient paru tout unis au viiiᵉ siècle, sont du xᵉ au xiᵉ très façonnés, en imitation de feuilles s'épanouissant.

Au vᵉ et au ixᵉ siècle, quelques tours avaient été érigées ; on ne cite comme remarquable par sa hauteur que celle que fit faire Etienne III sur l'église Saint-Pierre de Rome en 770.

Ce fut au xᵉ siècle que les tours prirent le plus d'extension, elles étaient presque toutes carrées et se terminaient pyramidalement. Au xiiᵉ siècle seulement, on les exhaussa de plusieurs étages, les murs étaient ornés d'arcades murées et de fenêtres supérieures pour laisser sortir le son des cloches.

Fig. 138. — Clocher ou tour du xiᵉ siècle.

Nous ne donnons (fig. 138) qu'un seul modèle de

tour, renvoyant aux ouvrages de M. de Caumont qui en donnent une remarquable collection.

Les figures 139 à 161 du texte représentent différents titres d'architecture romane des XIᵉ et XIIᵉ siècles.

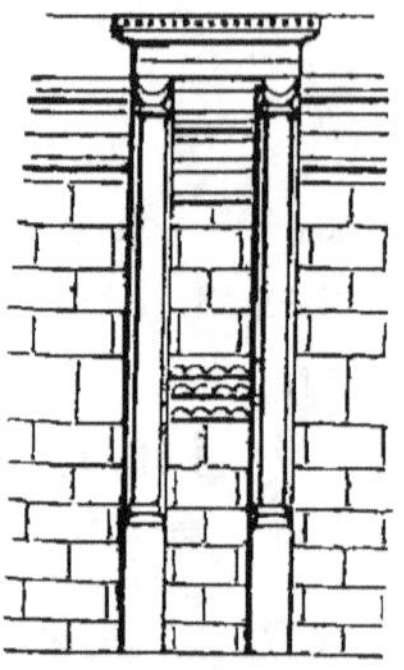

Fig. 139. Contre-fort
au XIᵉ siècle.

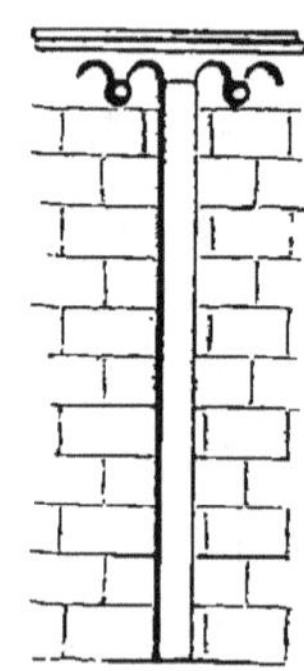

Fig. 140. Contre-fort plat
de l'Alsace.

Fig. 141. Croisées du rez-de-
chaussée au XIᵉ siècle.

Fig. 142. Croisées accouplées
des XIᵉ et XIIᵉ siècles.

Fig. 143. Croisées avec linteau en pierre et colonne
de soutènement, XIᵉ siècle.

Fig. 144. Arcade de cloître.

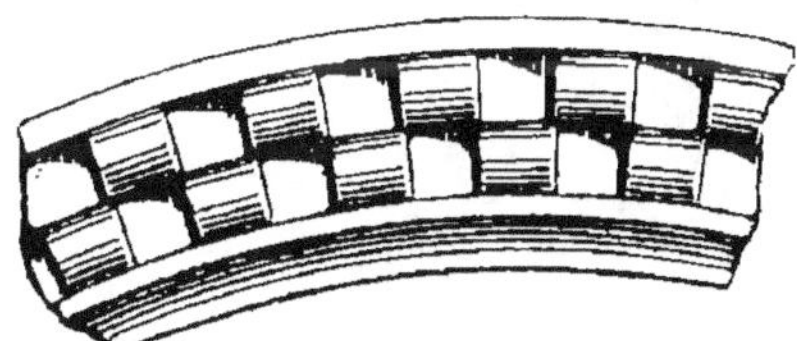

Fig. 145. Ornementation d'archivoltes aux xi[e]
et xiie siècles.

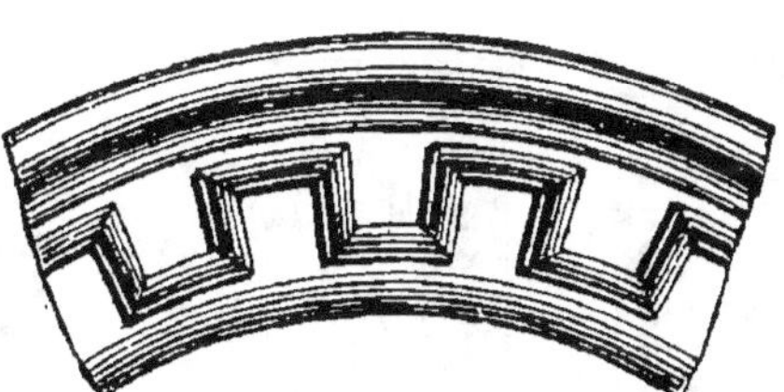

Fig. 146.

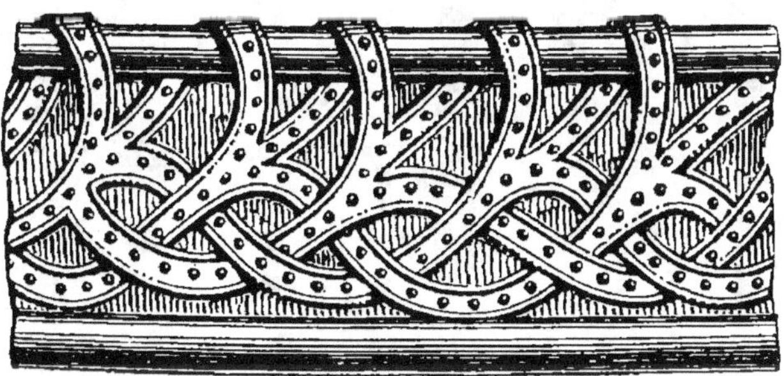

Fig. 147.

Motifs du XIe siècle.

Fig. 148.

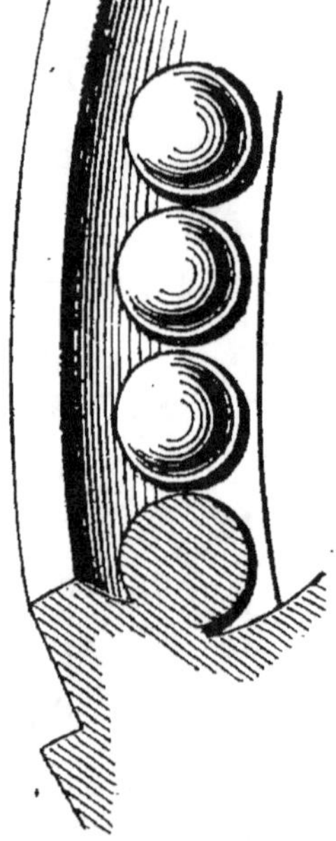

Fig. 149.

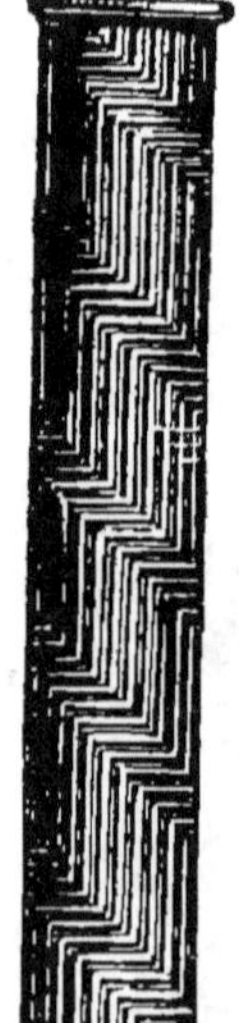

Fig. 150.

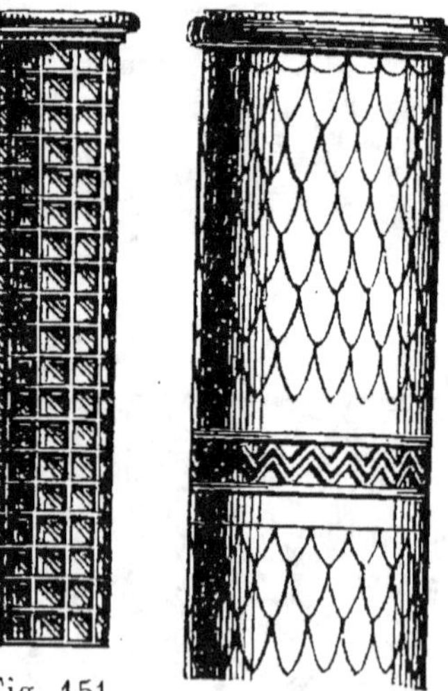

Fig. 151.

Fig. 152.

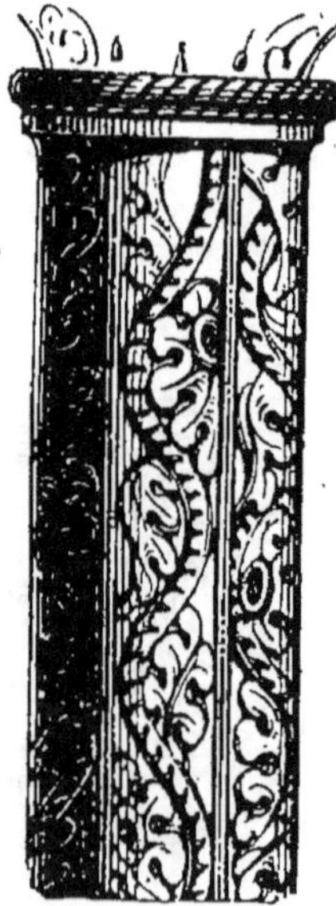

Fig. 153.

Fig. 154.

Fig. 155.

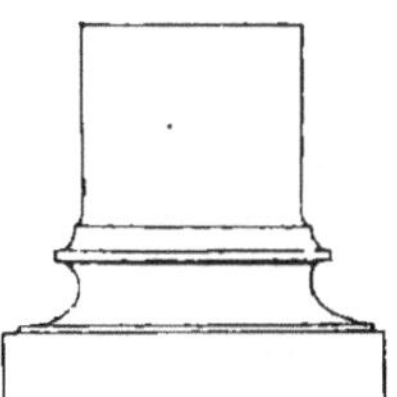

Fig. 156.

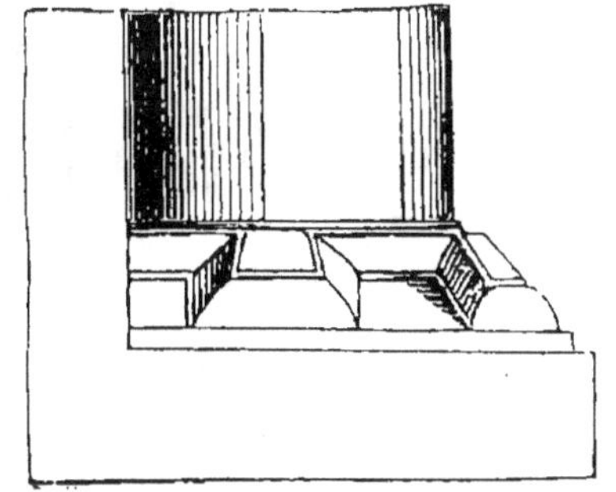

Fig. 157.

27.

Fig. 158.

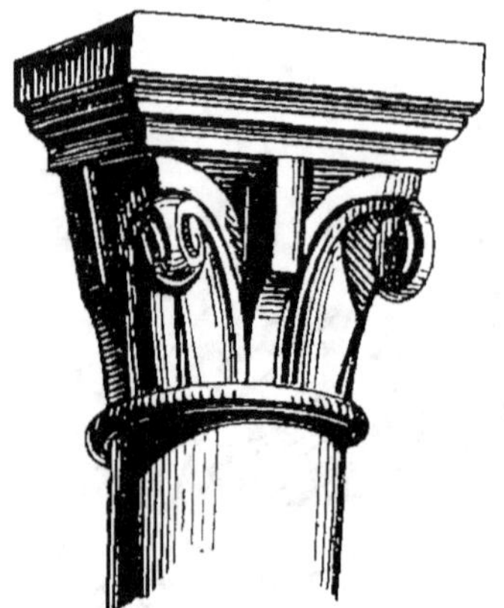

Fig. 159.

Fig. 160.

Fig. 161.

III. ARCHITECTURE OGIVALE
(XIIIᵉ, XIVᵉ, XVᵉ *et* XVIᵉ *siècles*)

Ce n'est guère qu'au milieu du XIIIᵉ siècle que l'architecture ogivale paraît avec toute la légèreté et l'élégance propres aux édifices de cette époque, et préférable au style ogival postérieur. Jusqu'à la moitié du XIIIᵉ siècle, l'architecture, tout en employant l'ogive, conserve la physionomie de l'ancien style.

C'est à partir de 1350 environ que le chœur des églises occupe plus d'espace en longueur et que l'on borde de chapelles les collatéraux autour du sanctuaire. C'est ainsi dès ce moment que la chapelle placée derrière le chœur sur l'axe de l'édifice, est agrandie et destinée à la Vierge.

Les arcs-boutants paraissent extérieurement ; avant cette époque, lorsqu'on en faisait, ils étaient cachés sous les toitures des bas-côtés.

Les arcs-boutants du XIIIᵉ siècle s'appuyant sur les contreforts des petites nefs ou collatéraux, allaient en s'élevant et formant des arcs pour soutenir les murs du grand comble et pour maintenir la poussée de la

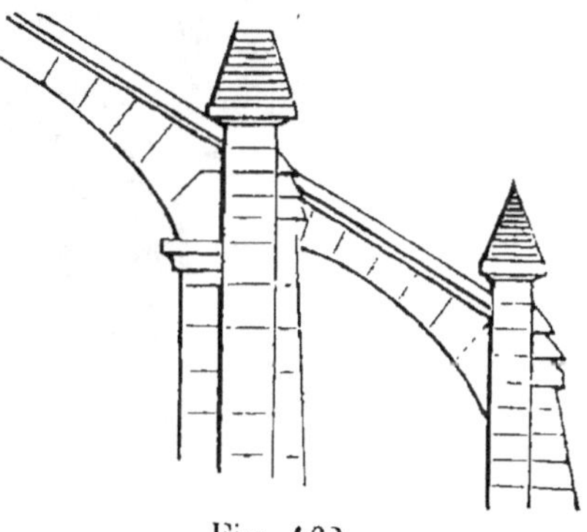

Fig. 162.

voûte. Les contreforts recevant la butée de ces arcs-boutants s'élevaient au-dessus des toits comme de petites tours surmontées de flèches pyramidales. (Voir fig. 162 du texte).

Les eaux pluviales du grand comble se déversaient sur la pente des arcs-boutants, creusée à cet effet en un petit canal conduisant à une gouttière en pierre saillante nommée gargoielle.

L'ornementation au xiiie siècle suivit le progrès de la construction architectonique. Les végétaux indigènes servirent de modèles.

Les principales feuilles que l'on retrouve dans la sculpture du xiiie siècle sont : le trèfle, la renoncule, le nénuphar, la vigne, le chêne, le saule, le fraisier, le rosier, le lierre, l'aulne, etc.

Nous donnerons quelques figures qui aideront à reconnaître les types de la sculpture de cette époque. (Voir figures 163 à 168 du texte).

Sculpture au xiiie siècle.

Fig. 163.

Fig. 164.

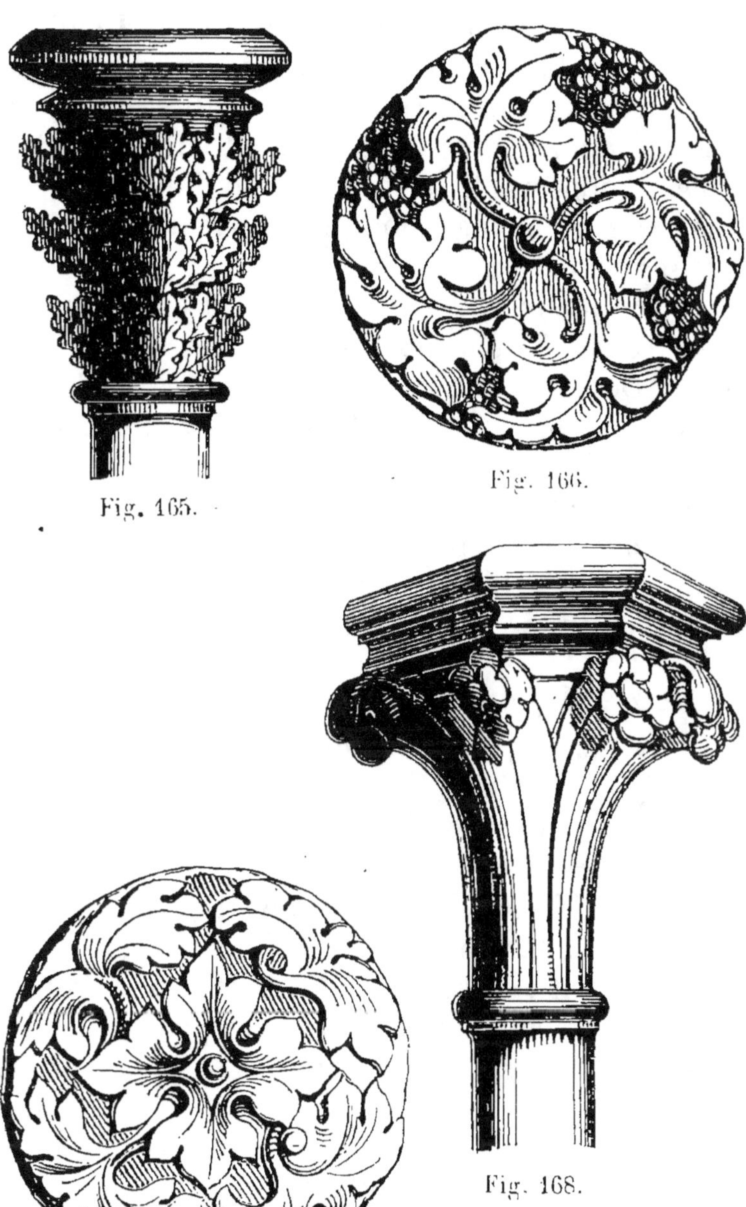

Fig. 165.

Fig. 166.

Fig. 167.

Fig. 168.

Au treizième siècle, les maisons particulières sont surmontées sur les façades et aux angles, par des tourelles rondes terminées en toitures coniques, le grand appareil est généralement employé, l'arc en ogive domine, le plein cintre s'oublie de plus en plus, et le galbe des moulures devient plus léger, plus gracieux.

Les sculpteurs du XIIIe siècle ont considérablement travaillé dans les bas-reliefs et dans la statuaire. Dès la première moitié de ce siècle, on trouve dans les sujets de la souplesse et des poses animées, des niches se forment au pourtour des édifices et se meublent de personnages en pierre.

C'est aussi au XIIIe siècle que les pierres tumulaires se généralisent et que naît l'idée de graver au trait la figure du défunt.

Style ogival secondaire, de 1300 à 1400.

Au XIVe siècle, un rang de chapelles s'établit le long des bas-côtés de la nef. Quelques églises de ce temps ont une déviation dans l'axe du chœur par rapport à celui de la nef. On suppose que les architectes voulurent par cette déviation représenter l'inflexion de la tête du Christ, du côté droit.

La disposition des contreforts et des arcs-boutants est la même qu'au XIIIe siècle, seulement les clochetons sont souvent remplacés par des aiguilles garnies de crochets.

Les arcs du cloître se divisent en plusieurs baies trilobées, surmontées de roses de 3 à 8 lobes.

Les fenêtres carrées se croisillonnent en pierre, environ aux deux tiers de leur hauteur.

Les pavés en terre cuite émaillée sont en grand

usage pour le dallage des salles, les émaux sont peints en imitation de fleurs de lys, de fleurs ordinaires et d'animaux.

Les abbayes se fortifient par de puissantes ceintures de murailles, quelques-unes même établissent des donjons ou des tourelles de protection et de refuge, en les plaçant au centre.

Les meneaux ou colonnettes divisant les grandes baies deviennent plus élancés, et les roses plus grandes de diamètre.

Les flèches s'élèvent davantage, les arêtes se garnissent de crochets saillants imitant des feuilles, et les surfaces se percent d'ouvertures en trèfle ou en rosaces. Les angles des tours se garnissent aussi à la base de la grande aiguille de petites aiguilles en clochetons, et les faces des grandes aiguilles se percent de lucarnes couronnées.

La peinture sur verre n'est pas aussi belle au XIVe siècle qu'au XIIIe, quant aux effets, mais le dessin devient plus régulier, plus naturel, plus artistique.

Style ogival tertiaire, de 1500 à 1600.

En observant particulièrement les moulures, on remarquera une tendance à la forme prismatique très prononcée et qui leur donne une apparence de maigreur qui n'existait pas aux XIIIe et XIVe siècles, c'est le signe le plus marquant pour reconnaître l'architecture du XVe siècle. Les trèfles ne se terminent plus par une pointe arrondie, mais par une pointe très aiguë. (Voir fig. 169).

Les ornements prennent un tout autre caractère, l'ornementation végétale est formée de feuilles de

choux frisés, de chardons, de vigne, etc. Les moulures sont ornées de ces feuillages refouillés avec
un art tout particulier se détachant presque entièrement du mur.

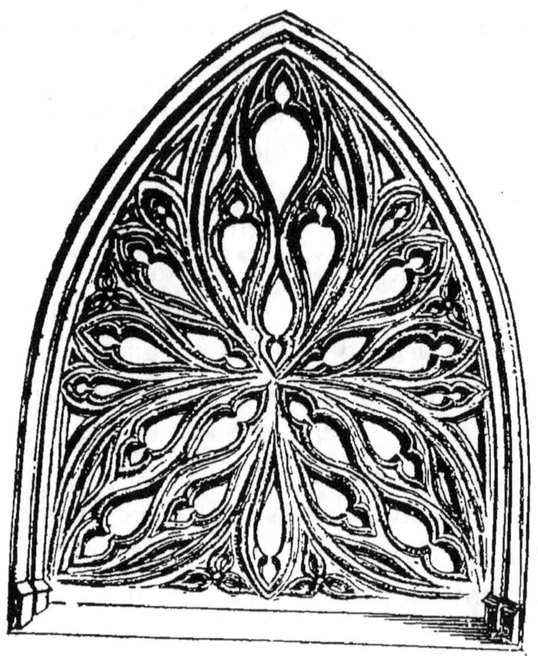

Fig. 169.

Les figures 170 à 175 mettent parfaitement à
même de reconnaître le cachet de la sculpture du
XVe siècle.

Fig. 170.

Fig. 171.

Fig. 172.

Fig. 173.

Fig. 174.

Les arcades sont surmontées d'un fronton pyra-
midal et garnie d
crochets en feuille
de choux ou de tête
de dauphins. Ce
frontons sont relié
aux archivoltes de
arcatures par de
anneaux renversés
Les balustrade

Fig. 175.

sont découpées à jour et forment le plus souven
des arcatures. (Voir fig. 173).

Les contreforts sont ornés de pinacles soutenu;
par des animaux au bas de leurs frontons.

Les murs sont souvent incrustés en panneaux de
moulures saillantes prenant le dessin des balus-
trades.

Les voussures des portes se découpent en festons
ou moulures pendantes ornementées.

Les colonnes sont elliptiques et non cylindriques,
comme dans les siècles précédents, la base inférieure est modelée en doucine très allongée.

Les roses sont formées de parties rondes et d'autres aiguës ressemblant à des flammes.

C'est à l'aiguïté des vides que forment toutes les
incrustations qu'il faut rapporter le nom de gothique flamboyant, donné au style ogival tertiaire.

En Alsace, les ouvertures des fenêtres sont extrêmement hardies, garnies de meneaux très minces
et subtrilobés à leur extrémité, c'est-à-dire sans
chapiteaux.

Les arceaux des voûtes se découpent en moulures
très saillantes.

On a fait aussi des clochers arcades dans lesquels on employait beaucoup de briques.

Les tours de la fin du xv° siècle sont remarquables par leur légèreté, telles sont celles de Thann (Haut-Rhin), et de Fribourg en Brisgau, dont la pyramide est entièrement à jour.

Caudebec, Chartres, Strasbourg et Anvers possèdent aussi des pyramides à jour d'une élévation et d'une élégance admirables, sans que la solidité en soit aucunement compromise. Elles datent toutes de 1500 à 1502.

Les manoirs et les hôtels du xv° siècle avaient très souvent leurs escaliers dans des tourelles formant saillie sur les façades.

Les fenêtres sont presque toujours carrées et les croisées en pierre à moulures prismatiques.

Les fenêtres de lucarnes portaient frontons pyramidaux.

Au xv° siècle, les maisons de bois étaient plus nombreuses que celles en pierre ; elles étaient à la seconde moitié de ce siècle d'une richesse de ciselure ou de sculpture remarquable, les étages des maisons en bois étaient toujours en saillie l'un sur l'autre.

IV. STYLE RENAISSANCE, XVI° SIÈCLE

On appelle Renaissance le retour aux formes antiques, le plein-cintre va renaître.

Les manuscrits de Vitruve que l'on découvre, les travaux importants des Alberti, Brunelleschi et tant d'autres architectes italiens, le grand esprit d'innovation qui fermentait chez tous les artistes des temps de Louis XII et de François Ier, ont préparé tous les esprits au grand changement.

— Ce style a son caractère unique, qui lui est propre. L'architecture n'imita pas seulement les formes et les détails antiques, les ordres se superposèrent, et les revêtements de marbre furent les principaux caractères de l'introduction de la Renaissance en France.

Nous donnons quelques figures de 176 à 181 qui indiquent le changement opéré à cette époque et qui caractérisent le style Renaissance.

Fig. 176.

Fig. 177. XVIᵉ siècle, cul-de-lampe.

Fig. 178.
Décoration des poutres soutenant les combles.

Fig. 179.

Fig. 180. Arabesque du xvi⁰ siècle.

Fig. 181. Lucarne au xvi⁰ siècle.

Nous donnons à la planche 31 les profils des principales moulures employées dans les styles architectoniques du v⁰ au xvi⁰ siècle. On pourra, par la vue de ces figures, se rendre compte des progrès de l'art.

CHAPITRE VIII
Composition architectonique

—

SOMMAIRE. — I. Moyens à employer pour étudier la distribution d'un édifice quelconque. — II. Décoration et ornementation des appartements et des façades de bâtiments. — III. Maisons de campagne. — IV. Disposition des écuries, des remises et des escaliers. — V. Saillies sur la voie publique et hauteurs entre planchers.

On entend par composition architectonique, l'art de la distribution, de la décoration des édifices.

Pour bien étudier une distribution, il importe de connaître à fond les intentions et les moyens du propriétaire pour lequel on a une construction à faire; s'il s'agit d'un monument public, il faut saisir toutes les exigences relatives à la destination réelle de ce monument. On doit encore, pour faire une bonne étude, avoir préalablement en tête, avec la forme du terrain sur lequel on veut bâtir, toute sa distribution raisonnée au point de vue de la commodité, de la salubrité et de l'économie.

Lorsque l'on veut étudier la distribution d'un édifice quelconque, il faut sur le périmètre examiner quel est le parti le plus avantageux à tirer de l'espace que l'on a à employer et s'arranger sans se rendre positivement esclave de l'effet des parties extérieures, de façon cependant que l'ornementation ne manque pas de symétrie. Il y a des licences tolérées en architecture, mais non au point de manquer à cette symétrie d'où dépend tout l'effet que l'on doit attendre de l'ornementation à faire.

La symétrie dans les masses architectoniques des façades est à l'ornementation ce que la solidité est à l'aplomb de ces masses superposées, c'est-à-dire que sans symétrie dans les largeurs des baces d'un même étage et dans les largeurs des trumeaux, quelque riche ornementation que l'on emploie, les effets seront toujours gauches et paraîtront sans goût artistique. De même, si les études de distribution sont faites sans l'observation rigoureuse des axes montés sur une même ligne verticale, pas de solidité ni de durée possibles.

I. MOYENS A EMPLOYER POUR ÉTUDIER LA DISTRIBUTION D'UN ÉDIFICE QUELCONQUE

De même qu'une base ou un piédestal de colonne est destiné à supporter cette colonne, de même les fondations d'un édifice ont pour objet de soutenir cet édifice même.

Le premier travail de l'architecte est donc d'étudier l'étage de distribution principale de son édifice, afin que les fondements qu'il étudiera après puissent soutenir les murs, les cloisons ou les pans de bois que nécessitera cette distribution.

Pour bien nous faire comprendre dans cette branche importante de l'architecture, branche dans laquelle résident tout le savoir, tout le goût, tout le talent de l'architecte, nous allons appuyer notre raisonnement, nos démonstrations sur les planches 32, 33, 34, 35, 36 et 37, qui représentent les plans, coupes et élévation d'une maison de sept étages montés sur caves, sous-sol et rez-de-chaussée.

Les maisons locatives sont aujourd'hui presque toutes destinées dans les grandes villes à recevoir dans leur distribution inférieure, c'est-à-dire de caves à l'entresol inclusivement, un établissemen commercial quelconque, en un mot à former des magasins et des salles de vente. Les étages qui suivent et qui sont superposés les uns au-dessus de autres sont réservés en logements ou appartement locatifs destinés à des rentiers ou à des industriel sans boutique ouverte.

Les distributions des étages inférieurs étant calculées pour former des surfaces plus ou moins grandes, suivant la demande des commerçants qui devront les occuper, nous ne devons donc pas combiner nos fondations avec la distribution de ces étages, mais bien avec celle d'un de ces étages qui, par la quantité de matériaux à employer pour le diviser, entraînera le plus de charge à soutenir.

En jetant un coup d'œil sur les planches dont nous venons de parler, nous remarquerons que le plan du premier étage est, de tous ceux qui composent la construction dont il s'agit, le plus compliqué comme distribution et le plus chargé en matériaux.

Nous avons choisi de préférence un très petit terrain n'ayant que 17 mètres de longueur entre le milieu du mur mitoyen A et le milieu du mur de face B, sur une largeur de 11^m50 entre l'axe du mur mitoyen C et l'axe du mur de face D.

Plus la limite à distribuer est petite, plus la difficulté de grouper est grande ; les dégagements sur lesquels les pièces doivent toutes autant que possible se desservir, deviennent plus difficiles ; la lumière et l'air qui sont les premiers principes de salubrité deviennent d'autant plus onéreux pour es propriétaires que leur terrain est plus réduit ; l'augmentation des prix des terrains et la rapacité des constructeurs étaient devenues tellement spéculatrices, que le gouvernement a dû lancer des décrets ayant but aux largeurs des voies publiques, aux grandeurs des chambres et à la ventilation des bâtiments.

En jetant un coup d'œil sur le plan du premier étage de la construction que nous étudions et qui est représentée planche 35, nous remarquerons qu'il n'a pas été possible de trouver plus d'un appartement complet par étage. Quoique déjà restreint, il est cependant suffisant à une famille aisée.

Cet appartement, qui est éclairé sur deux rues et sur une petite cour centrale, est composé d'un grand dégagement éclairé sur cette cour et qui permet à l'air de se dégager facilement sans cependant redouter le froid, que nous coupons à l'arrivée des escaliers par une porte interceptant l'air venant par le petit escalier et une autre porte à la rencontre des paliers du grand et du petit escalier.

Ce dégagement, que nous nommons antichambre, conduit directement à une seconde antichambre servant de buffet pour les jours de réception et sur lequel se dégage la salle à manger, chauffée au moyen d'un poêle à face carrée en faïence, logé dans une niche circulaire ; nous avons, pour prendre moins de place, choisi de préférence un angle de la pièce pour fixer ce poêle, et nous avons aux autres angles de cette pièce répété le pan coupé que forme son emplacement, en les occupant par des armoires. Le salon se dégage aussi sur cette antichambre et il est chauffé

par une cheminée placée en face de la croisée d[u]
balcon du pan coupé. Du salon on peut, sans [y]
être obligé, communiquer avec toutes les autr[es]
pièces, car, ainsi qu'on le voit, elles sont desse[r]
vies aussi sur la première antichambre ou pa[r]
l'escalier de service.

Derrière la cuisine nous avons pris un petit d[é]
gagement qui conduit à la chambre des enfants [e]
par un petit cabinet servant de garde-robes. Nou[s]
avons indiqué, dans ce cabinet, l'emplacement d[e]
deux armoires. La chambre de la femme de charg[e]
ou de la femme de chambre est en communica[-]
tion avec celle des enfants, puisque cette per[-]
sonne est ordinairement chargée de leur surveil[-]
lance. Cette pièce est éclairée par une partie vitré[e]
posée au haut de la cloison de la chambre de[s]
enfants.

Les latrines sont éclairées par une fausse port[e]
vitrée donnant sur le palier du petit escalier.

Le grand et le petit escalier tirent leur jour pa[r]
le haut du comble et sur la cour à chaque palier.
Le petit escalier reçoit de plus un jour secondaire
par le grand escalier.

Le vide formé par l'emplacement des escaliers
s'appelle cage.

La hauteur entre planchers de cet étage est de
3^{m}60. L'escalier qui conduit de l'entresol au
1er étage, est composé de 28 marches de largeur
égale sur le giron, et ayant chacune 0^{m}14 de hau[-]
teur. La différence de 3^{m}92 à 3^{m}60 est celle de
l'épaisseur du plancher, qui est de 0^{m}32.

La cour, comme on le voit, est vitrée sur combles
en fer.

La cuisine est ventilée sur la cour par un conduit fait dans l'épaisseur du plancher.

Les cloisons indiquées par la lettre A sont faites en brique ordinaire. Celles désignées par la lettre B sont en maçonnerie légère; la lettre C indique les pans de bois; les murs en moellon sont marqués par la lettre D, et ceux en pierre par E (on ne fait ordinairement que les murs de face en pierre). Les conduits de fumée que nous avons pochés en noir, sont ceux qui desservent les cheminées des étages inférieurs. Ceux qui sont en blanc sont ceux qui servent pour les foyers de l'étage représenté par le plan.

Des conduits indiqués dans les latrines, l'un sert de ventouse et l'autre de tuyau de conduite.

L'escalier de service a pour objet de donner aux domestiques ou employés, un dégagement spécial, afin de laisser au grand toute la propreté exigible; aussi cet escalier de service est-il, à chaque étage, fermé complètement par des portes à ressort se fermant seules.

Le petit escalier contient moins de marches que le grand, mais elles sont plus hautes d'emmarchement.

Le conduit adossé au mur mitoyen, entre les deux escaliers, est celui qui dessert la cuisine du portier, que nous avons placée sous le petit escalier.

On verra aussi par l'inspection du plan, que la chambre de la femme de chambre se dégage sur l'escalier de service par quelques marches adhérentes à cet escalier.

On remarquera, au moyen de la girouette posée

sur la charpente de la cour vitrée, que le jour pri[s]
pour les chambres à coucher, vient du sud, ce q[ui]
est préférable.

Le plan de notre premier étage étant ainsi bie[n]
arrêté, nous avons indiqué par des lignes pointil[-]
lées, tous les axes des murs, des pans de bois e[t]
des cloisons, et avec ces axes nous avons étudi[é]
tous nos autres plans, en ayant soin que du hau[t]
en bas ces milieux se répètent aux mêmes cotes[;]
par ce moyen, notre construction est montée bie[n]
d'aplomb, sans crainte de porte-à-faux. On pourr[a]
se rendre compte du fait en vérifiant les cotes ac-
cusées sur chaque plan, et où tous les axes indiquent les mêmes.

On aura soin, en composant ou étudiant les
plans des différents étages, de porter de chaque
côté des axes la demi-épaisseur des murs, qui ordinairement varie à chaque étage. Ces épaisseurs
sont communément de $0^m 60$ pour les murs en fondation, de $0^m 50$ pour ceux des caves, sous-sol, rez-
de-chaussée et premier étage. Les étages supérieurs
à ces derniers se portent ordinairement de $0^m 45$ à
$0^m 40$ d'épaisseur, jusqu'à l'entablement ou corniche de couronnement. L'étage en attique ou sous
comble se fait en pan de bois ou en briques creuses
posées à plat.

Les soupiraux qui servent à aérer les caves prennent leur air dans la hauteur du seuil des boutiques. Les soupiraux de sous-sol prennent leur
jour dans la hauteur d'appui des devantures de
boutiques, et nous avons, à la planche 37, indiqué
comment se cloisonne la séparation des deux soupiraux.

L'étude d'un plancher, de son chaînage destiné à relier les murs entre eux, et l'étude du plan des combles, sont indiquées à la planche 36. Sur le plan des combles, nous avons dessiné les lanternes ou prises de jour des escaliers, les châssis de comble pour éclairer les chambres de domestiques et le percement des souches de cheminées.

1. DÉCORATION ET ORNEMENTATION DES APPARTEMENTS ET DES FAÇADES DE BATIMENTS

La bonne ornementation consiste dans la symétrie apportée à l'arrangement des moulures et les ornements qui décorent les murs ou les plafonds.

Chaque pièce d'un appartement doit être ornée plus ou moins, suivant son importance ou suivant sa destination.

La plus simple décoration consiste en une moulure contournant une pièce ou chambre, et placée à l'angle formé par le plafond et les murs. Cette décoration prend le nom de corniche de plafond. Nous donnons, planches 43 et 44, quelques détails de moulures qui peuvent s'adapter aux corniches d'appartements.

Il faut, dans les décorations intérieures, adopter autant que possible des ornements en rapport avec l'objet des pièces ; ainsi, dans les salles à manger, il faut faire courir dans les moulures, des feuillages, des branches de fruits, des fruits détachés ; dans les salons, sous le larmier, des modillons et des arêtes saillantes qui, dans les moulures dorées, produisent de beaux effets de lumières, et par cela égayent la vue.

28.

On décore quelquefois les salles à manger pa[r]
des lambris en bois, faisant entier revêtissemen[t]
des murs. Cette décoration est belle, riche, mai[s]
revient fort cher. La planche 38 nous donne u[n]
modèle de lambris que l'on peut employer dans le[s]
salles à manger ou dans les vestibules.

Les décorations de façades sur la voie publique
peuvent varier autant qu'il y a de styles architec[-]
toniques. On doit adopter un genre quelconque e[t]
s'y tenir jusque dans les plus petits détails, ca[r]
une ornementation bâtarde est indigne d'un artist[e]
sérieux.

L'art de la décoration est une des branches spé[-]
ciales qui doivent être l'objet des études architec[-]
toniques. Il faut, pour bien ornementer, étudier beau[-]
coup les auteurs anciens et les auteurs modernes.
La décoration est devenue aujourd'hui un ar[t]
d'imitation plutôt qu'un art d'innovation, mais i[l]
faut savoir bien s'inspirer.

Il existe une quantité de modèles, composés
par des gens sans savoir et même sans goût,
qui, avec des effets inconnus au ciseau de la sculpture et au goût artistique, sont parvenus à se
frayer une route commerciale. Il faut bien se
garder de suivre ou de consulter ces anomalies ar-
tistiques, où le grec et le Louis XV viennent faire
pendant à un mélange d'ornementation romaine
et renaissance, productions qui ne chatouillent que
l'œil qui ne voit pas, et n'inspirent que le cœur
sans pulsations.

Les devantures de magasins entrent dans l'ornementation des façades de bâtiments.

Ces devantures font partie de l'art du menuisier;

elles s'exécutent presque toujours en bois de chêne ; l'étude en sera faite avec celle de toute la façade, car ces devantures doivent former ce que l'on appelle le soubassement de la maison.

Les devantures de magasins s'ornent quelquefois richement, les corniches sont souvent embellies de consoles, de modillons ou de denticules. (Voir la planche 37.)

Les caissons formant pilastres des devantures et revêtissement des piles en pierre soutenant l'édifice servent à loger les volets destinés à fermer la nuit les ouvertures des magasins. Ces caissons doivent être combinés de façon à former une distribution symétrique.

Les devantures des magasins sont quelquefois montées jusqu'au premier étage, c'est-à-dire qu'elles occupent le rez-de-chaussée et l'entresol. Ce cas se présente quand cet entresol est occupé en magasins attenant aux salles de vente du rez-de-chaussée. Ordinairement, ce genre de devanture se fait aux frais des locataires.

Les volets servant aux fermetures se font en bois et quelquefois en tôle ; la sûreté de ces volets est garantie par un système de barres de fermetures munies de boulons.

III. MAISONS DE CAMPAGNE

La planche 39 donne le plan et l'élévation d'une petite maison de campagne (genre rustique), que nous nommons pied-à-terre.

Cette maison est composée d'un cabinet de travail formant petit salon, d'une chambre à coucher, d'une salle à manger, d'une cuisine et d'un petit hangar sous lequel se trouvent les latrines. On peut établir dans le grenier, qui est très élevé, quelques chambres d'amis.

La construction de ce bâtiment est faite en pierre et brique ; le rez-de-chaussée est élevé de 0^m32 au-dessus du sol du jardin ; la toiture est en chaume que l'on peut poser sur voliges enduites à l'intérieur pour former plafond rampant, les chevrons restant apparents.

Les planches 40, 41 et 42 donnent le plan général, plan partiel, coupe et élévation d'une propriété bourgeoise, mais de luxe. Le plan général donne l'ensemble du jardin fait à l'anglaise et indique la position de la maison d'habitation, des écuries et des remises.

Les lignes longitudinales et transversales tracées sur ce plan indiquent les sinuosités du terrain. Pour rendre plus pittoresque l'architecture jardinière, il faut dans la plantation de ces propriétés toujours comprendre l'effet avant d'exécuter ; la perspective doit, dans la disposition d'un jardin, jouer un grand rôle ; les arbres et les plants de verdure seront échelonnés de façon à grandir les points de vue ; des percées doivent être mystérieusement faites pour laisser voir de grands espaces ; les communs ou bâtiments de service doivent être masqués par des massifs, sans cependant que ces derniers aient l'air d'être placés dessus. Enfin, on doit disposer les avenues et les points de vue principaux, de manière que de la maison d'habitation on puisse les admirer sans fatigue.

IV. DISPOSITION DES ÉCURIES, DES REMISES
ET DES ESCALIERS

Les écuries et les étables sont en France indispensables pour abriter les animaux qui reviennent
du travail. Le refroidissement est presque toujours
suivi de mort chez les animaux.

Les animaux qui peuplent les pâturages ne prenant pas d'exercice forcé, peuvent y rester sans
qu'ils éprouvent aucune incommodité, encore faut-
il que ce séjour se fasse dans la belle saison. L'automne arrivant on doit se presser de les rentrer aux
écuries.

Les étables destinées aux moutons seront vastes,
aérées quoique chaudes, les exhalaisons provenant
de ces animaux doi-
vent pouvoir échapper
facilement. On fait à
cet effet dans les pla-
fonds des ouvertures
coniques qui aspirent
l'air méphitique. Les
cheminées de ces cônes
doivent être fermées au
sommet, ne laissant

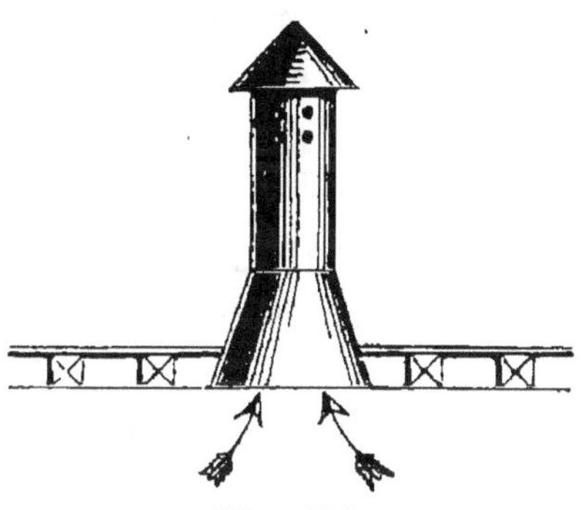

Fig. 182.

échapper l'air que lentement par des trous cylindriques faits au pourtour de cette cheminée. (Voir
la figure 182 du texte.)

Pour le gros bétail, les écuries ou étables doivent
être spacieuses, moins chaudes que celles pour les
moutons, car trop de chaleur ferait languir les
animaux et les affaiblirait sensiblement en peu de
jours,

L'air, dans ces écuries, doit pouvoir se renouve
ler lentement, il est vrai, mais constamment ; o
fait, à cet effet, dans les murs, des ouverture
oblongues que l'on place au-dessus des mangeoire
entre deux animaux, et non en face de leurs yeux
Ces ouvertures, qui forment de petites croisées
air libre, doivent être à ébrasement très prononc
c'est-à-dire que sur le dehors on leur donnera 0^m1
d'cuverture et que sur l'écurie on leur en donner
0^m30 à 0^m40 sur une hauteur de 0^m50 à 0^m60. L'ou
verture se garnit à l'intérieur d'un petit grillag
pour éviter les cas d'incendie que pourrait provo
quer la malveillance et à cause du voisinage de
râteliers qui contiennent presque toujours de l
paille. L'hiver, les ouvertures se bouchent a
moyen d'un petit matelas fait avec du foin, qu
permet la circulation en plus petite quantité d
l'air indispensable.

On doit établir aussi le long du mur du râtelie
quelques ventouses aspirantes qui traversent l
grenier pour communiquer avec l'air extérieur.

Le sol de ces écuries doit être pavé sous les ani
maux et former en bas de la croupe un ruisseau
de pente d'au moins 0^m10 par mètre pour l'écoule
ment des eaux.

Les croisées destinées à l'éclairage de ces écurie
doivent être de petites dimensions, vitrées et gar
nies à l'intérieur d'un volet à pivotement A pou
que l'air ne vienne pas tomber sur les animaux
(Voir figure 183.) Ces croisées doivent se faire e
face de la mangeoire et non du même côté, le bétail
ne devant jamais recevoir le jour direct sur le
yeux.

Les croisées doivent être placées à deux mètres au-dessus du sol intérieur.

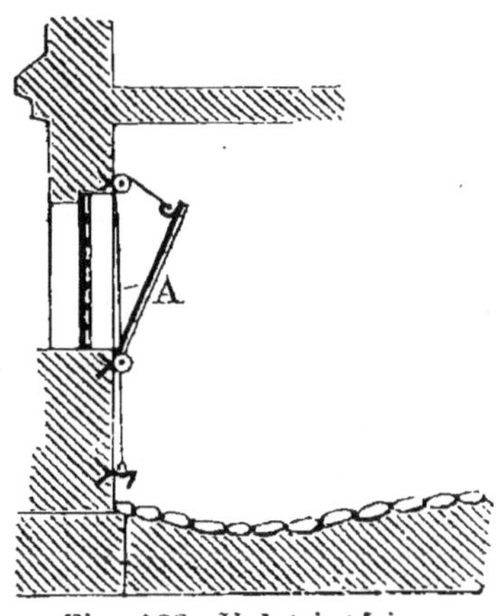

Fig. 183. Volet intérieur.

Fig. 184.
Croisée de ventilation.

Les écuries destinées aux chevaux sont celles qui demandent dans leur confection le plus d'habileté et le plus de discernement.

Ces écuries doivent toujours être parfaitement sèches, aussi le sol doit-il être toujours d'au moins 0 ^{m} 30 au-dessus du sol extérieur ; la différence se gagne par une pente douce. L'air doit être libre et obtenu par des ouvertures ou croisées placées derière les chevaux et au-dessus de la ligne de leur croupe. Ces croisées seront munies d'abat-jour pour modérer très sensiblement la lumière ; lorsque l'écurie est double, le jour doit se tirer par les deux extrémités. Les jours, lorsqu'il se peut faire, sont préférés venant d'en haut et frappant sur la croupe des animaux ; mais ce système d'éclairage n'est possible que pour les écuries simples.

Lorsque la place le permet, il est bon d'avoir trois espèces d'écuries : une pour les chevaux de selle, une pour ceux d'attelage et une autre pour les malades.

Une écurie bien combinée doit être garnie d'un lit pour le palefrenier, d'un escalier conduisant aux fourrages, lesquels seront descendus aux râteliers par des conduits en bois, correspondant du grenier à ces râteliers. Par ce moyen, le foin se conserve propre et le cheval ne tire que ce qui lui est nécessaire.

Cette écurie communiquera aussi avec une chambre ou sellerie destinée à la conservation des harnais. Cette communication a pour objet utile que le palefrenier, tout en soignant ses harnais, puisse toujours faire le guet dans l'écurie. Le coffre à avoine se place ordinairement dans l'écurie, le plus en vue possible.

Les écuries doivent être entretenues très proprement, l'écoulement des eaux rendu facile, afin de chasser l'humidité qui est très nuisible à la santé des chevaux. Le sol sera pavé entièrement.

Les remises doivent être spacieuses, très propres, très sèches et assez élevées pour que le cocher, sur son siège, puisse se tenir à l'abri, ses chevaux prêts à partir au premier commandement, et que la remise soit assez profonde pour que voiture et chevaux puissent s'y loger sans craindre que la pluie battante puisse les atteindre.

Escaliers

Les escaliers sont de deux sortes : soit en pierre, soit en charpente ou menuiserie.

Les escaliers en pierre sont les plus dispendieux, mais aussi les plus riches, et ne s'emploient que pour les hôtels ou maisons de luxe ; les escaliers en bois sont généralement employés pour les maisons locatives.

Les marches qui contribuent à l'ascension d'un étage inférieur à un étage supérieur prennent le nom de *révolution* ; la longueur de la marche est ce qu'on appelle *emmarchement*, la largeur du dessus de la marche, prise dans son milieu, est appelée *giron*.

Les hauteurs des marches constituant une révolution, doivent être toutes égales.

Le giron ou largeur d'une marche et sa hauteur additionnées ensemble, doivent donner au total 0^m480, autant que possible, dont 0^m340 pour le giron et 0^m140 pour la hauteur.

Quelquefois l'emplacement ou la cage oblige de dévier à cette règle, aussi le moindre total doit-il être de 0^m410, dont 0^m250 pour le giron et 0^m160 pour la hauteur.

On ne doit pas donner aux marches d'un escalier plus de 0^m160 de hauteur, ni moins de 0^m108.

Plus de 0^m160 de hauteur aux marches produit un escalier trop rude à monter et très dangereux à descendre.

Moins de 0^m108 de hauteur à un escalier donne les marches trop légères et par conséquent très compromettantes sous le rapport de la solidité.

On appelle *limon*, les grosses pièces de bois qui suivent la pente formée par la superposition des marches d'un escalier, et dans lesquelles ces marches s'assemblent par incrustation de 0^m040 au moins d'entaille dans ce limon.

Les marches en pierre se font d'une seule pièce.

Les marches en bois se composent de deux piè-

ces qui sont : le dessus ou partie sur laquelle (
monte ou descend, et qui doit toujours être pos
parfaitement de niveau.

L'autre pièce, qui doit être posée verticalemen
s'appelle contre-marche.

Le dessus d'une marche et sa contre-marche s'a
semblent à rainure et languette, ou en feuillur

Le dessous des marches, c'est-à-dire ce que l'o
voit au-dessus de soi en montant un escalier à plu
sieurs étages ou à plusieurs révolutions, est (
qu'on appelle plafond d'escalier.

Les plafonds d'escaliers se font rarement e
bois, ils sont presque toujours en maçonnerie su
lattis.

Les marches d'un escalier sont dites ou droite
ou dansantes.

Les marches droites sont celles qui sont perpen
diculaires aux limons droits ; les marches dansan
tes sont celles qui sont normales à la courbe formé
par un détour quelconque du limon.

Sur un limon droit, il est toujours bon, pou
éviter la transition des marches droites aux mar
ches rampantes, de faire danser les cinq ou si
marches qui précèdent la courbure du limon.

Les marches dansantes sur une courbe de limor
se dirigent au centre de cette courbe. C'est pour
quoi l'on dit que leur danse est normale.

La division des marches d'une révolution doit
toujours se faire sur une ligne tracée au milieu de
l'emmarchement. (Voir planche 35.) Cette ligne
s'appelle ligne de giron.

On appelle palier, l'arrivée ou le départ d'une
révolution d'escalier. Il faut donner aux paliers,

tant que l'emplacement le permet, une largeur
ale à l'emmarchement de l'escalier.

La rampe ou main courante est l'appui sur lequel
se soutient en montant ou en descendant un
calier. Cette rampe se maintient par une série de
rreaux en bois ou en fer, ou mieux encore par
ne balustrade ornementée.

On appelle marche jumelle, la marche double
qui toujours se fait en pierre et qui est au départ
un escalier, c'est-à-dire au rez-de-chaussée.

Les marches palières sont celles qui reçoivent
rrivée d'une révolution et servent de départ à une
tre révolution.

Quant à la forme à donner à un escalier, elle
rie suivant l'emplacement, et surtout suivant le
ût de l'architecte.

L'étude d'un escalier demande beaucoup d'ha-
leté, surtout dans les maisons locatives où il y a
usieurs appartements ou logements à desservir.

Un bel escalier est souvent ce qui décide d'une
cation et ce qui en fait la valeur ; il faut donner
ses escaliers beaucoup de jour, beaucoup d'air ou
espace, les faire doux de rampe, c'est-à-dire
ter que les marches soient trop hautes.

Pour qu'un escalier soit convenable, il faut que
emmarchement ait au moins 1ᵐ20, que le vide
tre les deux limons ait 0ᵐ64 de largeur, que les
arches portent au giron 0ᵐ32 sur une hauteur de
15, et que cet escalier prenne son jour, sinon sur
n mur de face, ce qui deviendrait trop dispen-
eux dans les villes où le terrain est cher, au
oins sur une cour, et encore par une lanterne
trée au-dessus des combles.

Pour plus de détails, voir le *Manuel de la constr[uc]tion des escaliers en bois*, de l'ENCYCLOPÉDIE-ROR[ET] 1 vol. et atlas, 5 fr.

V. SAILLIES SUR LA VOIE PUBLIQUE ET HAUTEU[R] ENTRE PLANCHERS

La hauteur entre planchers, c'est-à-dire celle [qui] existe entre le dessus des pièces constituant [le] plancher inférieur et le dessous des pièces form[ant] le plancher supérieur, ne peut être moindre [de] 2^m60. (*Décret du 26 mars 1852.*)

Il peut cependant exister des lambris dans [les] combles, mais la partie carrée du plafond doit ê[tre] de 2^m60 de côté, sur la même hauteur.

La saillie des balcons en pierre peut être ég[ale] au parpaing du mur, mais ne doit jamais dépas[ser] l'épaisseur de ce parpaing.

Les entablements faits en maçonnerie de plât[re] ainsi que les bandeaux courants, ne peuvent jam[ais] dépasser 0^m16 de saillie, laquelle est prise à par[tir] du nu du mur.

Les petits balcons en fer ou en fonte ne peuve[nt] saillir du nu du mur de plus de 0^m08.

La saillie des devantures de boutiques, compt[ée] au nu de la frise, ne peut être de plus de 0^m11 [à] 0^m16, selon la largeur des rues, c'est-à-dire de 0^m [11] pour les rues de 8 mètres, et 0^m16 pour les ru[es] de 10 mètres et au-dessus.

APPENDICE

CHAPITRE IX
Terrassement ou fouille

On appelle *terrassement* ou encore *terrasse* simplement, toutes les opérations ayant pour but de transformer la configuration du sol, soit en y apportant des terres pour l'exhausser, soit en le fouillant pour y pratiquer des excavations pour la construction des fondations d'un bâtiment.

Dans les terres ordinaires, les sables, les graviers, etc., les ouvriers terrassiers se servent de la pioche dite. *tournée*, en fer aplati dont les extrémités aciérées sur une certaine longueur, sont l'une branche plate très allongée et l'autre à pic; les terres piochées sont enlevées à l'aide de la pelle terminée en demi-cercle ou légèrement en pointe, ayant 3 millimètres d'épaisseur, 32 centimètres de longueur et autant de largeur.

Pour les terres meubles et humides comme la terre végétale, le sable, la vase, la tourbe, l'argile, on se sert simplement de la bêche et de la pelle, sans avoir besoin de recourir à la pioche.

On emploie le *pic*, la *pince* ou la *mine*, lorsque les terres présentent une trop grande cohésion pour qu'on puisse se servir de la *tournée*.

I. JET

On appelle *jet*, l'opération qui consiste à enle[v]
à la pelle les terres meubles ou piochées. On d[is]
tingue trois sortes de jet.

1° *Le jet horizontal*, dans lequel les terres s[e]
simplement jetées à 4 mètres de distance horizo[n]
tale.

2° *Le jet vertical* ou *jet sur berge* quand on je[tte]
la terre sur le bord de la fouille.

Un ouvrier peut jeter la terre verticalement ju[s]
qu'à une hauteur de $1^m 60$ à 2 mètres.

3° *Le jet sur banquette* qui devient nécessai[re]
quand la fouille a plus de 3 mètres de profonde[ur].

On compte à chaque $1^m 80$ de fouille un jet s[ur]
banquette; on divise alors la profondeur en *grad[ins]*
ou *tertres* ou encore si la fouille est étroite on re[m]
place ces gradins par des tréteaux sur lesquels d[es]
ouvriers prennent la terre que ceux du fond le[ur]
ont envoyée et la jettent sur la berge.

II. FOUILLE EN DÉBLAI

On exécute cette fouille à ciel ouvert en piocha[nt]
les terres par couches successives de $0^m 30$ à 0^m
d'épaisseur appelées *plumées*.

On a soin de ménager un plan incliné qui perm[et]
l'accès du tombereau jusqu'au point le plus élo[i]
gné de la sortie, puis on achève le travail en cre[u]
sant jusqu'à la profondeur voulue en se rappr[o]
chant successivement du commencement de
fouille ou de la voie publique.

Si on exécute le déblai au moyen de brouette[s]
on partage la fouille dans le sens de la longueur[e]

ranchées de 20 mètres de longueur et 2 mètres de largeur. On commence par enlever d'abord une tranche dont l'épaisseur qui était nulle au point de départ, augmente progressivement de manière à être de 1^{m}65 à l'extrémité de la tranchée ; puis on extrait la terre à cette profondeur dans toute l'étendue de la fouille, en ne réservant que les rampes nécessaires.

Quand l'excavation est arrivée à 1^{m}65, on enlève une autre couche d'égale épaisseur, en continuant les rampes avec la direction la plus favorable au minimum de transport transversal ; on enlève ensuite une troisième couche et ainsi de suite jusqu'à ce que la fouille arrive à la profondeur voulue.

On procède alors à l'enlèvement des rampes auxquelles on donne en général assez de largeur, 1^{m}50 environ, pour que deux rouleurs puissent se croiser.

III. FOUILLE EN RIGOLE

On appelle ainsi les fouilles étroites ou tranchées destinées à recevoir les fondations des constructions. Quand elles sont profondes, il faut avoir soin d'étayer ou d'étrésillonner. Cette fouille s'exécute par couches de 0^{m}25 à 0^{m}50 de hauteur et l'ouvrier doit, au fur et à mesure qu'il avance, dresser le fond avec soin et les parois verticales.

IV. FOUILLE COUVERTE OU EN GALERIE

Elle se pratique horizontalement dans un massif. Elle exige l'étayement des terres au fur et à mesure qu'on avance.

V. FOUILLE EN ABATAGE

On pratique des tranchées horizontales à la bas
et à l'aide de coins en bois enfoncés à la partie su
périeure, on détache la masse, qui en tombant s
brise. Les débris sont alors chargés au tombereau

VI. FOUILLE EN SOUS-OEUVRE

Elle doit se pratiquer toujours avec beaucoup d
soin et par portions n'excédant pas un mètre d
longueur, en étayant si cela est nécessaire.

VII. FOUILLE DANS L'EAU

Pour fouiller dans l'eau, les terres, le sable o
les graviers, on emploie la *drague à main* et s'i
s'agit de fouilles considérables, on remplace la
drague à main par un *bateau dragueur* que fai
fonctionne soit un manège, soit une machine à
vapeur.

VIII. TRANSPORT DES TERRES AU DÉBLAI

Le transport des terres au déblai se fait au tom
bereau quand on peut donner accès à celui-ci et o
le charge directement. Dans le cas où l'accès es
impossible au tombereau, on emploie la brouette;
enfin on se sert de la hotte ou du sac, quand on
ne peut pas se servir même de la brouette.

Un ouvrier terrassier peut fouiller et jeter à la
pelle horizontalement, à 4 mètres de distance au
plus, un mètre cube et demi à l'heure, ou verticalement, sur une banquette élevée de $1^m 80$ environ,
$0^{m3} 750$ de terre à l'heure.

Il peut enlever à la pelle et charger sur une

brouette 20 à 25 mètres cubes de terre dans sa journée de 10 heures. Ce volume est réduit de 1/4 lorsque la terre est jetée horizontalement à 2 mètres au moins et à 4 mètres au plus, ou qu'elle est élevée verticalement à 1^m80, ou encore chargée au tombereau.

Un tombereau à un cheval se charge de $0^{m3}500$ à $0^{m3}700$.

Un tombereau à deux chevaux se charge de $1^{m3}200$ à $1^{m3}500$.

Une brouette contient de $0^{m3}033$ à $0^{m3}050$.

Un homme porte à la hotte $0^{m3}03$ de terre.

IX. FOISONNEMENT DES DÉBLAIS

Le tableau suivant donne le foisonnement des déblais suivant la nature du terrain :

Nature du terrain	Un mètre cube au déblai	
	Sans compression, mesuré 5 à 6 jours après la fouille	Comprimé au maximum avec le pilon et l'eau
Terre végétale. . . .	$1^{m3}100$	$1^{m3}050$
Terre franche, très grasse	1 200	1 070
Marne ou argile moy^t compacte.	1 500	1 300
Marne ou argile compacte et dure . . .	1 700	1 400
Terre crayeuse . . .	1 200	1 100
Tuf dur.	1 550	1 300
Rochers réduits en moellons	1 660	1 400

CHAPITRE X
Fondations

———

Sommaire. — I. Classement des terrains suivant la difficulté qu'ils présentent au point de vue des fondations. — II. Fondations sur roches. — III. Fondations sur terrains incompressibles. — IV. Fondations en maçonnerie de meulière ou de moellon de roche dure hourdée au mortier de ciment romain. — V. Fondations en béton. — VI. Fondations par piliers. — VII. Fondations dans l'eau à l'aide de batardeaux. — VIII. Fondations par caissons. — IX. Fondations sur glaise.

Lorsque le sol est formé jusqu'à une certaine profondeur de terres végétales ou rapportées, comme il n'offre pas assez de résistance pour supporter la construction projetée sans s'affaisser, on se trouve obligé de faire des fouilles jusqu'à ce que l'on ait atteint une couche de terrain présentant une résistance et une compacité suffisantes.

Le constructeur doit donc se préoccuper du poids de l'édifice qu'il se propose d'ériger, de la répartition des charges, et de mettre celles-ci en rapport avec le degré de compressibilité du terrain, car aux termes de la loi, l'architecte et les entrepreneurs sont responsables des vices du sol et de toutes les suites des mauvaises fondations.

I. CLASSEMENT DES TERRAINS SUIVANT LA DIFICULTÉ QU'ILS PRÉSENTENT AU POINT DE VUE DES FONDATIONS.

On divise les différents terrains en trois classes principales si on tient compte de la résistance qu'ils offrent pour les fondations.

La *première classe* renferme les terrains les plus favorables sur lesquels on peut établir directement les fondations; ce sont les différents rocs, les tufs, les marnes et les terrains pierreux qu'on ne peut attaquer qu'au pic ou à la mine.

La *deuxième classe* comprend les terrains graveleux et sablonneux qui sont incompressibles lorsqu'ils sont encaissés.

La *troisième classe* comprend tous les terrains qui présentent des difficultés plus ou moins grandes lorsqu'il s'agit de les consolider et de leur donner une résistance uniforme suffisante dans toute l'étendue des fondations, tels sont les terrains mouvants glaiseux et les terrains compressibles tourbeux ou fraîchement rapportés.

II. FONDATIONS SUR ROCHES

On commence par s'assurer que l'épaisseur du banc répond à l'importance de la construction, car il peut se faire qu'il y ait au-dessous du terrain incompressible; on dresse et on nivelle alors le fond de la fouille pour y appuyer directement la maçonnerie. Il est préférable néanmoins de pénétrer légèrement dans le bon sol, pour empêcher tout glissement et éviter le déchaussement des murs quand on exécute des travaux en contre-bas des caves.

Les murs construits sur ce sol n'ont pas besoin d'aucun empâtement. On peut charger ces terrains jusqu'à 20 kilogrammes par centimètre carré.

La figure 185 représente un mur construit sur roches. Dans les constructions courantes, on donne

0^m 65 d'épaisseur aux murs principaux et les ri-goles, quand il y en a, sont remplies de béton par couches de 0^m 20 bien pilonnées. L'emploi du béton est très recommandable parce qu'il se moule dans la rigole et en épouse toutes les formes, remplit toutes les cavités, et bien encaissé répartit les charges mieux qu'une maçonnerie.

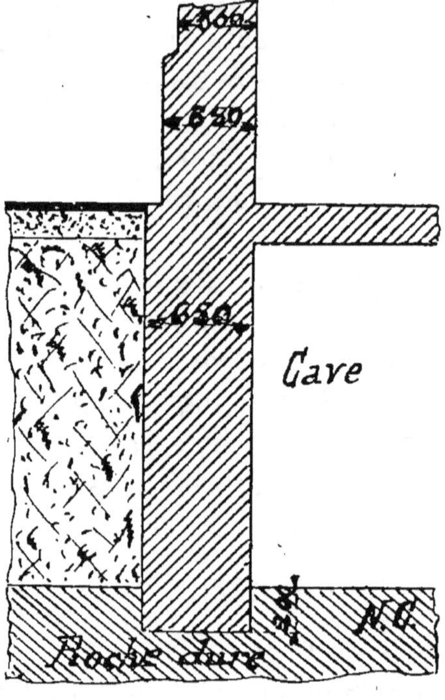

Fig. 185.   Fondations sur roches.

Les murs de fondations, quels que soient les matériaux employés, doivent toujours être hourdés en mortiers hydrauliques.

III. FONDATIONS SUR TERRAINS INCOMPRESSIBLES

Lorsque la fondation repose sur un sol incompressible, il suffit de lui donner de 0^m 05 à 0^m 10 d'empâtement, c'est-à-dire de saillie sur chaque face du mur qu'elle doit supporter ; cela suffit pour qu'on soit sûr que la fondation sera pleine sur une épaisseur au moins égale à celle du mur et qu'il n'y aura pas de porte-à-faux et aussi pour que la résistance soit plus grande en raison de l'excès de charge que supporte la fondation.

La figure 186 donne une idée de ce mode de construction.

Fondations en libages

Pour les constructions importantes, on exécute les fondations de la manière suivante :

Le fond de la fouille étant bien nivelé, on y étend un lit de mortier, sur lequel on pose une assise de forts libages dont les lits seulement sont ébousinés; ces matériaux font parpaing si l'épaisseur du mur le permet et on les dispose en boutisse dans le cas contraire; on croise avec soin les joints en tous sens et on garnit ces joints de mortier au fur et à mesure de la pose.

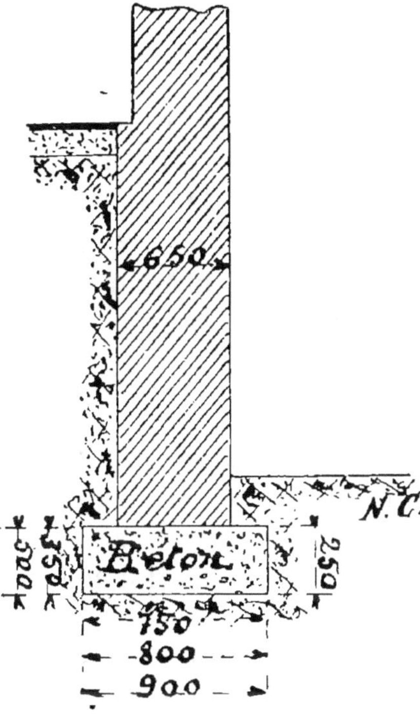

Fig. 186. Fondations sur terrains incompressibles.

On construit quelquefois des fondations entièrement en libages jusqu'au niveau du sol; ou encore on établit, sous forme de chaînes en libages, les parties qui doivent supporter de fortes charges, comme, par exemple, celles qui se trouvent sous les angles, les piliers, les trumeaux, etc., et l'on remplit les intervalles de ces chaînes en maçonnerie de moellon ou de meulière.

IV. FONDATIONS EN MAÇONNERIE DE MEULIÈRE OU DE MOELLON DE ROCHE DURE HOURDÉE EN MORTIER DE CIMENT ROMAIN.

Les mortiers de ciment permettent de faire des maçonneries qui deviennent presque immédiatement incompressibles sous de fortes charges. Aussi substitue-t-on, pour les murs et massifs de fondations, à la maçonnerie de libages, qui est d'une exécution longue et coûteuse, la maçonnerie de meulière ou de moellon de roche dure hourdée en mortier de ciment qui procure une économie sensible, abrège beaucoup la durée de l'exécution des fondations et est très solide.

V. FONDATIONS EN BÉTON

L'emploi des libages et de la maçonnerie de meulière ou de moellons durs et ciment pour les fondations est très coûteux, surtout dans les localités où la pierre de taille et les moellons durs sont rares.

Aussi a-t-on recours au béton qui est très économique; on donne à la couche de béton 0^m30 à 0^m80 d'épaisseur et une largeur telle qu'elle forme un empâtement faisant saillie sur les faces des murs qu'elle doit supporter. Quelquefois on fait ces murs entièrement en béton jusqu'au niveau du sol.

Ces maçonneries en béton ont la propriété, quand elles sont bien faites avec de la chaux hydraulique de bonne qualité, de former des massifs incompressibles. On doit par conséquent les préférer à celles de libages ou de moellons pour les fondations sérieuses.

VI. FONDATIONS PAR PILIERS

Les terrains suffisamment résistants pour supporter de grandes charges ne se trouvent pas toujours à fleur du sol et dans des cas nombreux on doit descendre la fondation en rigoles à des profondeurs qui peuvent être considérables et même parfois renoncer à chercher le bon sol. On fait dans ce cas les *fondations par piliers*, c'est-à-dire qu'on détermine sur le plan de la construction les points les plus chargés et on creuse des puits de 3 à 4 mètres d'axe en axe (fig. 187), descendant jusqu'au bon sol et y pénétrant de $0^m 30$ à $0^m 40$.

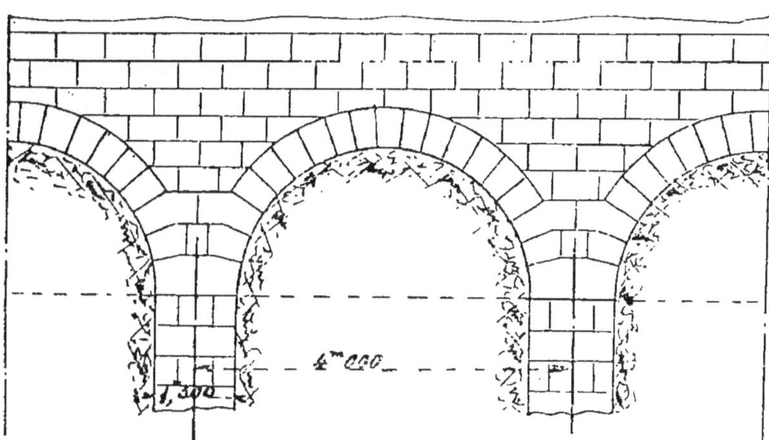

Fig. 187. Fondations par piliers ou puits.

On donne à ces puits de forme rectangulaire ou ronde des dimensions variables avec la charge à porter et leur nombre. Dans les constructions ordinaires leur diamètre ou côté varie de $1^m 20$ à $1^m 30$, ceux d'angles ont $1^m 40$ de diamètre. On en place aux angles du bâtiment, aux intersections des murs et sous les trumeaux. On remplit ces puits avec de la maçonnerie jusqu'à la naissance des voûtes qui relient entre eux ces piliers. Pour construire ces arcs on taille en forme de cintre les terrains dans l'intervalle des puits successifs, on arrose bien et on pilonne fortement, ensuite on exécute les voûtes, en s'appuyant sur ces cintres en terre, avec des bons matériaux.

Si les puits sont très espacés et que les voûtes s'éloignent du plein cintre il faut chaîner les piliers au niveau de la naissance des arcs de façon à équilibrer les poussées. On exécute ordinairement ces fondations en béton, c'est-à-dire que les puits une fois foncés, on les remplit avec du béton fortement pilonné par couches de 0^m20 à 0^m30 d'épaisseur jusqu'à une hauteur qui est déterminée par la flèche des arcs qui réunissent les piliers entre eux et porteront la maçonnerie dont le poids sera ainsi reporté sur les puits qui forment ainsi des colonnes invisibles supportant la construction.

VII. FONDATIONS DANS L'EAU A L'AIDE DE BATARDEAUX

On appelle batardeaux, des digues dont on entoure l'emplacement de la fondation, afin de pouvoir épuiser l'eau et ensuite établir la fondation sur le sol mis à sec.

Lorsque la profondeur d'eau ne dépasse pas 1 mètre, le batardeau se fait simplement en terre en lui donnant 0^m80 à 1^m20 d'épaisseur moyenne. On doit le faire soigneusement et bien pilonner la terre au fur et à mesure de la pose.

Si l'eau a une profondeur de 1 mètre à 1^m50 ou

une certaine vitesse, on enfonce une série de pieux A, contre lesquels on fixe des madriers jointifs B cloués au préalable sur une pièce de bois verticale et c'est contre ce barrage qu'on pilonne la terre qui se trouve ainsi défendue contre l'action du courant (fig. 188). Les pieux sont réunis entre eux par une moise boulonnée M.

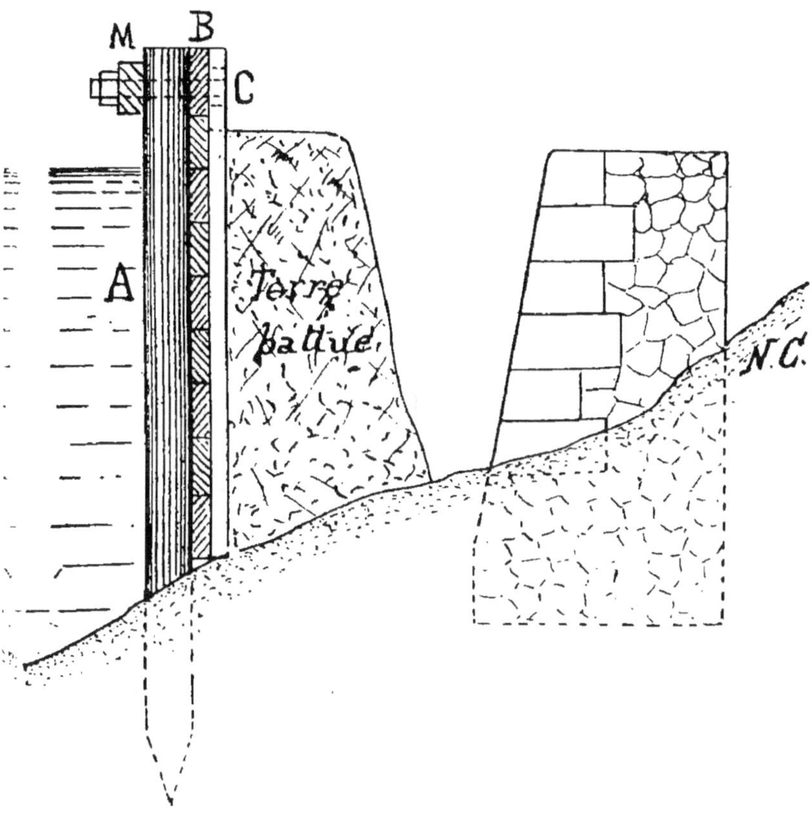

Fig. 188. Fondations dans l'eau. Batardeau simple.

Si la profondeur dépasse $1^m 50$, alors on bat sur deux files parallèles des pieux A espacés de 1 mètre environ dans le sens de la longueur des files (fig. 189); on réunit les pieux de chaque rang par des moises M boulonnées ou par des madriers cloués horizontalement; contre ces moises ou ces madriers on appuie des palplanches P taillées en biseau à leur extrémité inférieure et posées à joints carrés l'une contre l'autre ou assemblées entre elles par rainures et languettes. On enfonce ces palplanches jusqu'à ce que leur extrémité soit plus basse que le sol sans consistance On enlève la vase entre les deux cloisons ainsi formées et on remplit leur intervalle avec de la terre que l'on jette par petites parties et qu'on pilonne par couches de. $0^m 15$ à $0^m 20$. On doit de préférence employer l'argile qui donne de bons résultats. On entretoise les deux cloisons de distance en distance pour augmenter la solidité du batardeau par des pièces de bois B;

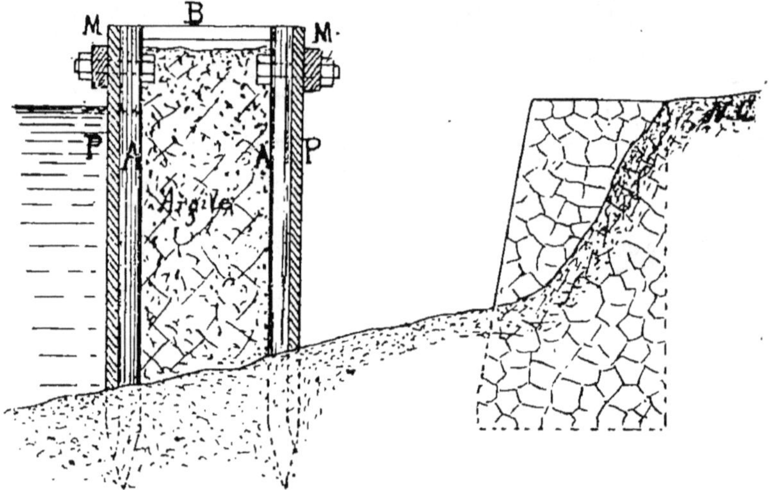

Fig. 189. Fondations dans l'eau. Batardeau double.

mais il ne faut pas placer ces entretoises au-dessous du niveau de l'eau, car celle-ci suivrait leur surface et s'infiltrerait à l'intérieur. On doit tenir compte, quand on construit un batardeau de la poussée produite par l'eau qu'il soutient. Pour avoir une stabilité convenable, on donne au batardeau une épaisseur égale à la hauteur de l'eau à retenir.

VIII. FONDATIONS PAR CAISSONS

Quand on veut fonder à de grandes profondeurs, on emploie souvent un caisson en bois qu'on amène sur l'emplacement de la fondation et sur le fond duquel on établit la maçonnerie. Le caisson, par le poids de la maçonnerie, finit par descendre

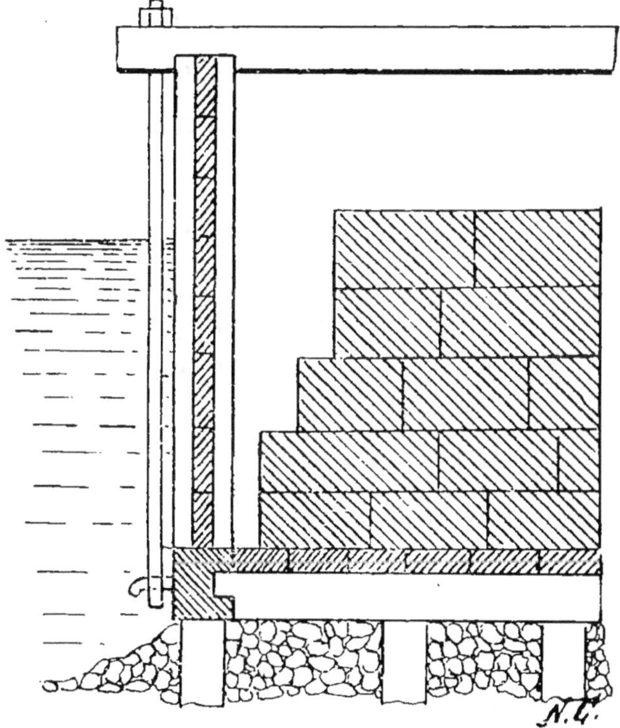

Fig. 190. Fondations dans l'eau à l'aide d'un caisson de bois.

jusque près du sol et pour terminer l'enfoncement, on laisse pénétrer l'eau dans le caisson. On enlève ensuite les parois latérales du caisson qui n'étaient retenues que par des tirants. Il va sans dire que le sol a dû être d'avance consolidé par des pieux et au besoin nivelé. La figure 190 montre ce moyen de fondation.

Le moyen de fonder, représenté figure 191, est préférable au précédent à cause de son prix modéré et de sa simplicité. Il consiste à former autour de l'emplacement des fondations une enceinte de pieux et de palplanches, à draguer dans cette enceinte jusqu'à ce qu'on atteigne un sol suffisamment incompressible, et à la remplir de béton sur lequel on viendra ensuite poser la maçonnerie.

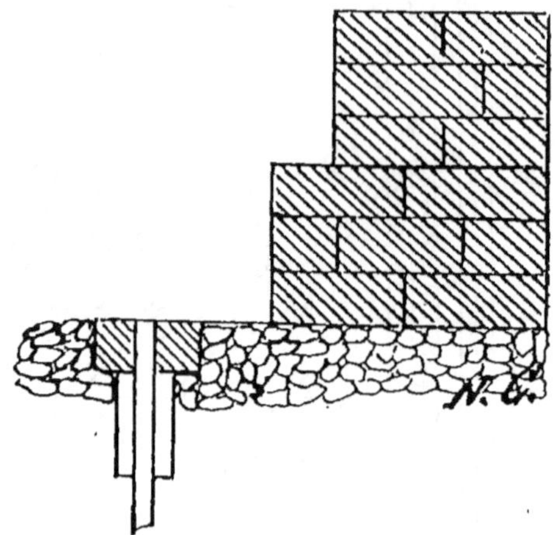

Fig. 191. Fondation à l'aide
d'un caisson.

Pour les très grandes profondeurs on emploie des caissons en tôle.

IX. FONDATIONS SUR GLAISE

Il est très dangereux de creuser ou piloter sur la glaise et l'expérience a démontré qu'on peut fon-

der sur la glaise d'une façon solide en y posant un
grillage de charpente recouverte de plates-formes
(fig. 192).

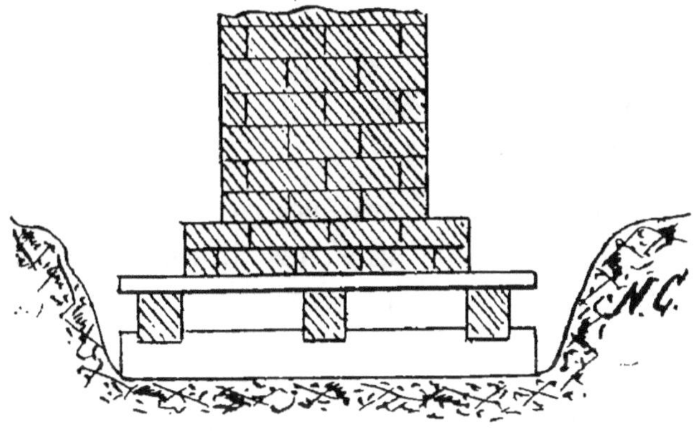

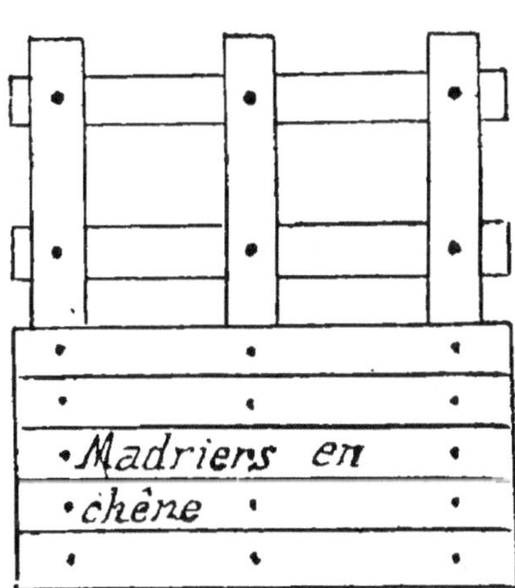

Fig. 192. Fondations sur glaise.

CHAPITRE XI
Des mortiers

—

SOMMAIRE. — I. Mortiers simples. — II. Mortier de plâtre. — III. Mortiers composés. — IV. Fabrication du mortier. — V. Béton.

On appelle *mortier* une composition destinée à unir les pierres entre elles, les agglomérer et faire corps avec elles et qui, employée à l'état de pâte molle, durcit en séchant.

Le mortier est formé de chaux ou de ciment et de sable mélangés au moyen d'eau, mais ses qualités varient avec les proportions du mélange et les qualités mêmes des éléments qui entrent dans sa composition.

La principale propriété des mortiers est de durcir en adhérant plus ou moins aux matériaux qu'ils réunissent.

On distingue deux sortes de mortiers, les mortiers simples et les mortiers composés.

I. MORTIERS SIMPLES

Les mortiers simples comprennent : 1° le mortier de terre ; 2° le mortier de plâtre. Le mortier de terre est le plus simple des mortiers et le plus économique, mais aussi le moins résistant. La meilleure terre pour faire du mortier est la terre demi-argileuse, terre à brique ordinaire ou la terre de routes ; on la délaye avec de l'eau sur une aire convenablement préparée pour former une pâte plus ou moins ferme, en la manipulant avec

la pelle et la pioche ou avec le rabot. On emploie ce mortier pour les constructions peu importantes comme les murs de clôture et les constructions rurales.

Ce mortier devient assez dur par simple dessiccation, mais il craint l'humidité et l'eau. Pour que le mortier ne se ramollisse pas, on garantit les maçonneries qui en sont hourdées de la pluie et de l'humidité en les recouvrant, lorsque le mortier est bien sec, d'un enduit soit en mortier de chaux, soit en plâtre qui résistera aux intempéries de l'air.

Ce mortier est aussi employé pour hourder les constructions en briques crues et dans la confection du *pisé* mélangé avec de la paille ou de la bourre en constituant entièrement le mur. On fait aussi du mortier avec une terre franche composée d'argile et de sable, il est employé par les fumistes.

II. MORTIER DE PLATRE

Le mortier de plâtre est très employé, dans le bassin de Paris surtout, où le plâtre se trouve en abondance et de qualité supérieure. Se prépare de plusieurs manières :

1° Le *plâtre au panier* ou plâtre ordinaire, c'est-à-dire tel qu'il est livré par le fabricant; il sert à faire les hourdis et crépis, c'est-à-dire tous travaux qui ne demandent pas un grain fin.

2° Le *plâtre au sas* qui est passé au tamis de crin, il sert pour les enduits ordinaires et les moulures.

3° Le *plâtre au tamis de soie* pour les enduits soignés, les plafonds, etc.

On gâche le plâtre avec plus ou moins d'eau, suivant la nature de l'ouvrage. Les ouvriers disent que le plâtre est *gâché serré* lorsqu'il n'y a que la quantité d'eau nécessaire pour former une pâte consistante; au contraire il est *gâché clair* lorsque la masse est très liquide. Le plâtre est très étendu d'eau quand il s'agit de pousser les profils et aussi pour tous les travaux demandant un certain temps.

III. MORTIERS COMPOSÉS

Les mortiers composés sont préparés en mélangeant de la chaux ou du ciment avec du sable. La proportion de sable varie avec la nature de l'ouvrage. Les sables qu'on emploie pour la confection des mortiers doivent être dépourvus de toute matière animale et non terreux. On distingue deux sortes de sables : le sable de carrière et le sable de rivière; on donne la préférence au sable de rivière, car on est plus sûr d'y rencontrer toutes les qualités des bons sables.

Le tableau suivant donne la composition d'un mètre cube de quelques mortiers ayant donné de très bons résultats.

NATURE de la chaux	VOLUME DE :						OBSERVATIONS
	Chaux éteinte par fusion	Chaux éteinte par immersion	Sable de rivière	Sable de plaine	Ciment de tuileaux	Pouzzo-lane	
Grasse (non hydraulique)	0^{m3} 370	» ^{m3} »	0^{m3} 950	» ^{m3} »	» ^{m3} »	» ^{m3} »	Murs de clôture, fondations des bâtiments.
Grasse (un peu hydraulique)	0 340	» »	» »	» »	0 820	» »	Pavage des cours.
Grasse (idem)....	0 250	» »	0 940	» »	» »	0 200	Réservoirs, etc.
Hydraulique (très énergique)	0 360	» »	1 000	» »	» »	0 040	Travaux dans l'eau.
Hydraulique (énergique)	0 333	» »	1 020	» »	» »	» »	Service des eaux et égouts.
Id. (tr. énergique).	0 400	» »	1 000	» »	» »	» »	Service de ponts.
Id. (énergie ordin.)	0 370	» »	0 950	» »	» »	» »	Pour enduits.
Id. Id.	» »	0 440	» »	1 000	» »	» »	La chaux étant délayée en lait de chaux.
Id. (très maigre)...	» »	0 100	» »	1 000	» »	» »	
Peu hydraulique (mortier énerg.).	0 450	» »	0 450	» »	» »	0 450	Pont-canal de l'Orb.
Hydraulique (mortier très énerg.).	» »	0 480	» »	1 000	» »	» »	Travaux maritimes
Mortier de chaux hydrauliq. énergique.........	0 550 (en pâte)	» »	» »	1 .000	» »	» »	Proportion indiquée par Vicat pour trav. hors l'eau.
Mortier très énerg. (hydraulique)..	0 650	» »	» »	1 000	» »	» »	Pr^{on} Vicat pour travaux sous eau prof.

IV. FABRICATION DU MORTIER

Une fois que les proportions de chaux et de sable sont déterminées, on fait le dosage à l'aide de brouettes d'une capacité de 5 à 8/100 de mètre cube et on procède à sa manipulation, qui se pratique à bras d'hommes dans les petits chantiers et mécaniquement dans les grands.

Manipulation à bras

Sur une aire en planches, afin de ne pas mélanger le mortier avec de la terre, on étale trois brouettées de sable en forme de bassin circulaire, dans lequel on verse la quantité convenable de chaux en poudre. A l'aide d'un rabot on mélange très intimement le sable et la chaux en ayant soin d'écraser les masses, on verse ensuite de l'eau afin de former une pâte et avec les rabots on mélange de nouveau en tenant le rabot à plat quand on le pousse et en le mettant sur le tranchant pour soulever la matière et tirer un peu de sable du bassin sur la partie ramollie. Un manœuvre avec la pelle relève la matière en tas au fur et à mesure que d'autres l'étalent à l'aide de rabots.

Manipulation mécanique

La fabrication mécanique du mortier se fait à l'aide de tonneaux en bois de chêne de 1^m50 de hauteur et 1^m10 de diamètre environ, légèrement évasés vers le haut, fermés par le bas et portant latéralement, à leur partie inférieure, une ouverture qui se ferme à volonté avec une porte à coulisse, et qui sert à l'écoulement du mortier. Aux

parois intérieures du tonneau et à différentes hauteurs, sont fixés des croisillons en fonte, tranchants et armés de dents en fer. Un arbre vertical,
placé dans l'axe du tonneau, porte trois croisillons armés de dents qui se croisent avec les premières.

V. BÉTON

C'est un mélange de mortier hydraulique et de
pierres cassées de 3 à 4 centimètres de côté, dans
des proportions qui dépendent des vides existant
entre les pierres et de la dureté et de l'énergie de
prise qu'on a besoin. Le béton est dit *gras* ou
maigre, selon que la proportion du mortier qui y
entre est grande ou faible, c'est-à-dire selon que le
mortier remplit complètement ou en partie les
vides existant entre les pierres.

On a constaté par expérience que, dans un
mètre cube apparent de cailloux mêlés, de diverses
grosseurs, mais ne dépassant pas 0^m05 dans
aucun sens, le vide était de $0^{m3}38$, et que pour les
pierres cassées et les cailloux à peu près uniformes,
mais ne dépassant pas 0^m05 il était de $0^{m3}46$.

Pour obtenir un béton dont les vides soient bien
remplis, le volume du mortier doit dépasser celui
des vides d'au moins un quart; ainsi selon
que le volume des vides sera de $0^{m3}38$ ou de $0^{m3}46$,
celui du mortier sera au moins de $0^{m3}48$ ou de
$0^{m3}38$ pour avoir un béton propre à la construction des massifs de fondations qui doivent résister
à la pression de l'eau.

Tableau des proportions de mortier et de cailloux mêlés de 0ᵐ05 de côté par mètre cube de quelques bétons.

NATURE DU BÉTON	MORTIER	CAILLOUX	OBSERVATIONS
Béton gras	0ᵐ³55	0ᵐ³77	Pour réservoirs, radiers, etc., soumis à une très grande pression d'eau.
— ordinaire ..	0 48	0 84	Fondations des piles de pont, quais, etc.
— ordinaire ..	0 52	0 78	Egouts et canalisations.
— un peu maigre	0 45	0 90	Fondations sur terrains humides.
— maigre	0 38	1 000	Fondations sur terrains secs.
— ordinaire ..	0 50	1 000	Blocs artificiels.
— moyennemᵗ gras.....	0 56	0 90	Jeté dans les enceintes asséchées.
— très gras...	0 57	0 85	Travaux à la mer.
— très maigre.	0 20	1 000	Massifs et fondations sur terrains secs et mouvants.

Le dosage des matières se fait à l'aide de brouettes comme pour le mortier. Le béton se fabrique avec la griffe en fer à trois dents, à bras d'homme, ou avec des machines dites bétonnières.

CHAPITRE XII

Dimensions des différentes parties d'un Edifice

—

SOMMAIRE. — I. Largeur de la façade d'un édifice. — II. Règlement sur la hauteur des maisons, les combles et les lucarnes dans la ville de Paris. — III. Division de la hauteur d'un bâtiment.

I. LARGEUR DE LA FAÇADE D'UN ÉDIFICE

Quel que soit l'édifice qu'on se propose de construire, l'axe de la façade doit passer par le milieu d'une ouverture, et les deux moitiés de cette même façade doivent être symétriques par rapport à cet axe.

Pour une maison isolée, la longueur de la façade est ordinairement égale à la hauteur.

Pour un édifice quelconque la longueur de la façade varie de une fois et demie à trois fois la hauteur. Si la destination du bâtiment exige une plus grande longueur, on élève des arrière ou avant-corps, ou des chaînes saillantes pour varier la façade ; mais malgré ces précautions la longueur ne doit jamais dépasser dix fois la hauteur ; c'est là une limite qu'il ne convient d'employer que pour les casernes, les magasins, les ateliers, etc.

II. RÈGLEMENT SUR LA HAUTEUR DES MAISONS, LES COMBLES ET LES LUCARNES, DANS LA VILLE DE PARIS.

(23 juillet 1884)

Titre Iᵉʳ. — De la hauteur des bâtiments

Iʳᵉ SECTION

De la hauteur des bâtiments bordant les voies publiques

ARTICLE PREMIER. — La hauteur des bâtiments bordant les voies publiques, dans la ville de Paris, est déterminée par la largeur légale de ces voies publiques pour les bâtiments alignés, et par la largeur effective pour les bâtiments retranchables. Cette hauteur, mesurée du trottoir ou du revers pavé au pied de la façade du bâtiment, et prise au point le plus élevé du sol, ne peut excéder, y compris les entablements, attiques et toutes constructions à plomb des murs de face, savoir :

12 mètres pour les voies publiques au-dessous de 7ᵐ80 de largeur ;

15 mètres pour les voies publiques de 7ᵐ80 à 9ᵐ74 de largeur ;

18 mètres pour les voies publiques de 9ᵐ74 à 20 mètres de largeur ;

20 mètres pour les voies publiques (places, carrefours, rues, quais, boulevards, etc.) de 20 mètres de largeur et au-dessus.

Le mode de mesurage indiqué au paragraphe 2 du présent article ne sera applicable pour les constructions en bordure des voies en pente que pour les bâtiments dont la longueur n'excède pas 30 mètres ; au delà de cette longueur, les bâtiments seront abaissés suivant la déclivité du sol.

Si le constructeur établit plusieurs maisons distinctes, la hauteur sera mesurée séparément pour chacune de ces maisons suivant les règles énoncées ci-dessus.

ART. 2. — Les bâtiments dont les façades seront construites partie à l'alignement, partie en arrière de l'alignement, soit par suite du retrait à n'importe quel niveau d'une partie du mur de face, soit à fruit ou de toute autre manière, devront être renfermés dans le même périmètre que les bâtiments construits entièrement à l'alignement.

ART. 3. — Tout bâtiment situé à l'angle de voies publiques d'inégales largeurs peut être élevé sur les voies les plus étroites jusqu'à la hauteur fixée pour la plus large, sans que toutefois la longueur de la partie de la façade ainsi élevée sur les voies les plus étroites puisse excéder deux fois et demie la largeur légale de ces voies.

Cette disposition ne peut être invoquée que pour les bâtiments construits à l'alignement déterminé pour ces voies publiques.

Si ces voies communiquant entre elles sont placées à des niveaux différents, la cote qui servira à déterminer la hauteur de la construction sera la moyenne des cotes prises au point le plus élevé sur chaque voie, à la condition qu'en aucun point la hauteur réelle de la façade ne dépasse de plus de 2 mètres la hauteur légale.

ART. 4. — Pour les bâtiments autres que ceux dont il est parlé en l'article précédent et qui occupent tout l'espace compris entre des voies d'inégales largeurs ou de niveaux différents, chacune des façades ne peut dépasser la hauteur fixée en raison de la largeur ou du niveau de la voie publique sur laquelle elle est située.

Toutefois, lorsque la plus grande distance entre les deux façades d'un même bâtiment n'excède pas 15 mètres, la façade bordant la voie publique la moins large ou du niveau le plus bas peut être élevée à la hauteur fixée pour la voie la plus large du niveau le plus élevé.

IIe SECTION

De la hauteur des bâtiments ne bordant pas la voie publique

ART. 5. — Les bâtiments dont toute la façade est établie en retrait des voies publiques pourront être élevés, soit à la hauteur de 15 mètres, soit à celle de 18 mètres, soit à celle de 20 mètres, mesurée du pied de la construction, à la condition que le retrait sur l'alignement, ajouté à la largeur de la voie, donnera au moins une largeur de 7^{m}80 dans le premier cas, de 9^{m}74 dans le second cas, et de 20 mètres dans le troisième cas.

Les bâtiments situés en retrait de l'alignement dans les voies publiques de 20 mètres ne pourront pas être élevés à une hauteur supérieure à 20 mètres.

ART. 6. — Les hauteurs des bâtiments établis en bordure des voies privées, des passages, impasses, cités et autres espaces intérieurs, seront déterminées, d'après la largeur de ces voies ou espaces, conformément aux règles fixées à l'article 1er pour les bâtiments en bordure des voies publiques,

IIIe SECTION

Du nombre et de la hauteur des étages

Art. 7. — Dans les bâtiments de quelque nature qu'ils soient, il ne pourra, en aucun cas, être toléré plus de sept étages au-dessus du rez-de-chaussée, entresol compris, tant dans la hauteur du mur de face que dans celle du comble, telles que ces hauteurs sont déterminées par les articles 1, 9, 10 et 11.

Art. 8. — Dans les bâtiments, de quelque nature qu'ils soient, la hauteur du rez-de-chaussée ne pourra jamais être inférieure à 2^{m}80, mesurés sous plafond. La hauteur des sous-sols et des autres étages ne devra pas être inférieure à 2^{m}60, mesurés sous plafond. Pour les étages dans les combles, cette hauteur de 2^{m}60 s'applique à la partie la plus élevée du rampant.

Titre II. — Des combles au-dessus des façades

Art. 9. Pour les bâtiments construits en bordure des voies publiques, le profil du comble, tant sur les façades que sur les ailes, ne peut dépasser un arc de cercle dont le rayon sera égal à la moitié de la largeur légale ou effective de la voie publique, ainsi qu'il est dit à l'article 1er, sans toutefois que ce rayon puisse être jamais supérieur à 8^{m}50. Si la largeur de la voie est inférieure à 10 mètres, le constructeur aura cependant droit à un rayon minimum de 5 mètres. Quelles que soient la forme et la hauteur du comble, toutes les saillies qu'il pourrait présenter devront être renfermées dans l'arc de cercle considéré comme un gabarit dont on ne devra pas sortir.

Le point de départ de l'arc de cercle sera placé à l'aplomb de l'alignement des murs de face et le centre à la hauteur légale du bâtiment, telle qu'elle est déterminée par l'article 1er.

Art. 10. — Les dispositions de l'article 9, sauf en ce qui concerne la détermination du rayon du comble, sont applicables :

1° Aux bâtiments construits en retrait des voies publiques, ainsi qu'il est dit à l'article 5 ;

2° Aux bâtiments situés en bordure des voies privées, des passages, impasses, cités et autres espaces intérieurs.

Dans ces cas, le rayon du comble sera calculé d'après la largeur moyenne de l'espace libre au droit de la façade du bâtiment et égal à la moitié de cette largeur dans les conditions déterminées par l'article 9. Toutefois, les cages d'escaliers pratiquées sur les cours pourront sortir du périmètre indiqué ci-dessus de manière à pouvoir s'élever jusqu'au plafond du dernier étage desservi par lesdits escaliers.

Art. 11. — Pour les constructions situées à l'angle des voies publiques d'inégales largeurs, dont il est parlé à l'article 3, le comble pour bâtiment en façade sur la voie publique la plus large sera déterminé d'après les bases indiquées à l'article 9 et pourra être retourné avec les mêmes dimensions sur toute la partie du bâtiment en façade sur la voie la plus étroite dans les limites déterminées par l'article 3.

Art. 12. — Les murs de dossier et les tuyaux de cheminée ne pourront percer la ligne rampante du comble qu'à 1m 50, mesurés horizontalement du parement extérieur du mur de face à sa base, ni s'élever à plus de 0ᵐ60 au-dessus de la hauteur légale du sommet du comble.

ART. 13. — La face extérieure des lucarnes et œils-de-bœuf peut être placée à l'aplomb du parement extérieur du mur de face donnant sur la voie publique, mais jamais en saillie.

Le couronnement des lucarnes ou œils-de-bœuf établis soit en premier, soit en second rang, ne pourra faire saillie de plus de 0ᵐ30 sur le périmètre légal, mesurés suivant le rayon du dit périmètre.

L'ensemble produit par les largeurs cumulées de faces de lucarnes d'un bâtiment ne pourra pas excéder les deux tiers de la longueur de face de ce bâtiment.

ART. 14. — Les constructeurs qui n'élèvent pas leurs bâtiments à toute la hauteur permise jouiront de la faculté d'établir les autres parties de leurs bâtiments suivant leur convenance, sans pouvoir toutefois sortir du périmètre légal, tel qu'il est déterminé, tant pour les façades que pour les combles, par les dispositions des 1ʳᵉ et 2ᵐᵉ sections du titre Iᵉʳ et du titre II.

ART. 15. — Les dispositions du présent titre sont applicables à tous les bâtiments situés ou non en bordure des voies publiques.

Titre III. — Des cours et courettes

ART. 16. — Dans les bâtiments, de quelque nature qu'ils soient, dont la hauteur ne dépasserait pas 18 mètres, les cours sur lesquelles prendront jour et air des pièces pouvant servir à l'habitation n'auront pas moins de 30 mètres de surface, avec une largeur moyenne qui ne pourra être inférieure à 5 mètres.

Art. 17. — Dans les bâtiments élevés sur la voie publique à une hauteur supérieure à 10 mètres, mais dont les ailes ne dépasseraient pas cette hauteur, les cours devront avoir une surface mînima de 40 mètres, avec une largeur moyenne qui ne pourra être inférieure à 5 mètres. Lorsque les ailes de ces bâtiments auront également une hauteur supérieure à 18 mètres, les cours n'auront pas moins de 60 mètres de surface, avec une largeur moyenne qui ne pourra être inférieure à 6 mètres.

Art. 18. — La cour de 40 mètres ne sera pas exigée pour les constructions établies sur les terrains prenant façade sur plusieurs voies, et d'une dimension telle qu'il ne puisse y être élevé qu'un corps de bâtiment occupant tout l'espace compris entre ces voies.

Art. 19. — Toute courette qui servira à éclairer et aérer des cuisines devra avoir au moins 9 mètres de surface et la largeur moyenne ne pourra être inférieure à 1^{m}80.

Art. 20. — Toute courette sur laquelle seront exclusivement éclairés et aérés des cabinets d'aisances, vestibules ou couloirs, devra avoir au moins 4 mètres de surface, avec une largeur qui ne pourra en aucun point être moindre de 1^{m}60.

Art. 21. — Au dernier étage des corps de logis, on pourra tolérer que des pièces servant à l'habitation prennent jour et air sur les courettes, à la condition que lesdites courettes aient une surface de cinq mètres au moins.

Art. 22. — Il est interdit d'établir des combles

vitrés dans les cours ou courettes, au-dessus des parties sur lesquelles sont aérés et éclairés, soit des pièces pouvant servir à l'habitation, soit des cuisines, soit des cabinets d'aisances, à moins qu'ils ne soient munis d'un châssis ventilateur à faces verticales dont le vide aura au moins le tiers de la surface de la cour ou courette et 0^m40 au minimum de hauteur, et qu'il ne soit établi à la partie inférieure des orifices, prenant l'air dans les sous-sols ou caves et ayant au moins 8 déc. carrés de surface.

Le châssis ventilateur ne sera pas exigé pour les cours ou courettes sur lesquelles ne seront ni aérés, ni éclairés, soit des pièces pouvant servir à l'habitation, soit des cuisines, soit des cabinets d'aisances, mais les courettes dont la partie inférieure ne sera pas en communication avec l'extérieur devront être ventilées.

ART. 23. — Lorsque plusieurs propriétaires auront pris, par acte notarié, l'engagement envers la Ville de Paris de maintenir à perpétuité leurs cours communes, et que ces cours auront ensemble une fois et demie la surface réglementaire, les propriétaires pourront être autorisés à élever leurs constructions à la hauteur correspondant à la dite surface réglementaire.

En cas de réunion de plusieurs cours, la hauteur de clôture ne pourra pas excéder 5 mètres.

ART. 24. — Dans aucun cas, les surfaces des courettes ne pourront être réunies pour former soit une courette, soit une cour d'une dimension réglementaire.

ART. 25. — Toutes les mesures des cours et courettes seront prises dans œuvre.

Construction moderne.   31

Titre IV. — Dispositions diverses

ART. 26. — Les dispositions qui précèdent ne sont pas applicables aux édifices publics. L'administration pourra, pour les constructions privées ayant un caractère monumental ou pour besoin d'art, de science ou d'industrie, autoriser des modifications aux dispositions relatives à la hauteur des bâtiments, après avis du Conseil général des bâtiments civils et avec l'approbation du ministre de l'intérieur.

ART. 27. — Les décrets des 27 juillet 1839 et 18 juin 1872 sont rapportés.

Hauteur des murs de clôture

Dans les villes et faubourgs, chaque propriétaire peut contraindre son voisin à contribuer à la construction et à la réparation de la clôture faisant séparation de leurs maisons, cours et jardins assis dans les dites villes et faubourgs. La hauteur de la clôture est variable selon les règlements particuliers ou les usages constants et reconnus ; à défaut d'usages et règlements, tout mur de clôture à établir entre voisins doit avoir au moins 3ᵐ20 de hauteur, compris le chaperon, dans les villes de 50,000 âmes et au-dessus, et 2ᵐ60 dans les autres

III. DIVISION DE LA HAUTEUR D'UN BATIMENT

Hauteur des étages

Pour un bâtiment à deux étages, on divise la hauteur en 16 parties égales, et l'on donne 7 parties au rez-de-chaussée, 5 au premier étage et 4 au second.

Pour un bâtiment à un seul étage, on divise la

hauteur totale en 12 parties égales, 7 parties pour le rez-de-chaussée et 5 pour l'étage. Voici d'après Mandar les hauteurs des différents étages pour les maisons d'habitation :

Caves : 2^m27 à 2^m92 ;

Rez-de-chaussée : 3^m25 à 4^m22 et jusqu'à 5^m20 ;

Entresol : 2^m27 à 2^m60 ;

Premier étage : 3^m25 à 3^m90 et jusqu'à 5^m85 ;

Deuxième étage : 2^m92 à 3^m90 ;

Troisième étage : 2^m60 à 2^m92 ;

Quatrième étage : 2^m27 à 2^m60 ;

Mandar compte 0^m41 à 0^m54 pour l'épaisseur de voûtes des caves, plus 0^m11 à 0^m16 de charge, et de 0^m41 à 0^m49 pour les épaisseurs des planchers, y compris carreau ou parquet et plafond.

Pour les constructions nouvelles, l'Administration ne tolère plus moins de 2^m60 pour hauteur des étages.

Portes et croisées

La hauteur varie de une à deux fois la largeur, et même pour les entresols la hauteur des croisées n'est quelquefois que les 2/3 de la largeur.

Tableau donnant les dimensions des portes et croisées, d'après MANDAR

Portes	charretières, 2^m92 à 3^m25 de largeur.					
	cochères, 2^m60 à 2^m92 de largeur.					
	bâtardes, 1^m30 à 1^m62.	—				
	d'appartement	à deux vantaux.	Largeur	1^m30	1^m46	1^m62
			Hauteur	2^m27	2^m60	2^m92
		à un vantail.	Largeur	0^m73	0^m81	0^m89
			Hauteur	1^m93	2^m27	2^m44
Croisées	Largeur	grandes, 1^m67 à 1^m79.				
		moyennes, 1^m46 à 1^m54.				
		petites, 1^m14 à 1^m30.				

Châssis à tabatière pour { Hauteur | 0^m81 | 0^m97 | 1^m14 | 1^m30
les combles. { Largeur | 0^m65 | 0^m73 | 0^m81 | 0^m97

Hauteur des { Appuis, 0^m89 à 1^m06.
{ Baguettes, 0^m35 à 0^m41.
{ Balcons, 0^m54 à 0^m65.

Salles

Pour les salles de réunion, le rapport de la hauteur à la largeur est :

1° Salles carrées couvertes d'un plafond, moins de. 1

2° Salles oblongues couvertes d'un plafond. 1

3° Salles rondes voûtées 1

4° Salles voûtées, la largeur étant comptée dans la nef. . . . . 1 à 1,5

La salle prend le nom d'une galerie lorsque sa longueur dépasse deux fois la largeur et si cette longueur devient très grande par rapport à la largeur, on la divise en travées, soit par des arcs doubleaux soutenus à l'aide de pilastres ou de colonnes, soit par tout autre moyen. Nous donnons ci-après un tableau donnant les surfaces en mètres carrés des différentes pièces composant un appartement d'après Mandar :

Tableau des surfaces en mètres carrés des différentes pièces d'un appartement

	PETITS	MOYENS	GRANDS	
Salons	15^m19 à 22.79	34.19 à 45.58	56.98 à 68.38	jusqu'à 79.77
Salles	13.30 à 18.99	28.49 à 37.99	45.58 à 56.98	— 68.38
Chambres à coucher . .	11.40 à 15.20	24.69 à 30.39	37.99 à 45.58	— 56.98
Antichamb.. Vestibules.	7.60 à 11.40	15.20 à 18.99	24.69 à 30.39	— 37.99
Cabinets . . .	5.70 à 7.60	11.40 à 15.20	18.99 à 22.79	— 30.39
Cages d'escalier	9.50 à 13.30	18.99 à 24.69	30.39 à 37.99	— 45.58

Escaliers

Afin qu'on ne se fatigue pas trop en montant un escalier, la distance verticale entre deux paliers successifs ne doit pas dépasser 2^m50 à 3^m00.

La longueur des marches varie de 1^m62 à 1^m95 pour les grands escaliers, de 1^m30 à 1^m46 pour les moyens, de 0^m97 à 1^m14 pour les petits, et de 0^m65 à 0^m81 pour ceux de dégagement.

La hauteur des marches est en moyenne égale à la moitié du giron ; elle varie de 0^m13 à 0^m19, mais en sens inverse du giron.

Pour déterminer la hauteur ou la largeur des marches d'escaliers, quand l'une de ces dimensions est connue, on se sert de la formule empirique :

$$2 H + L = 0^m65$$

H étant la hauteur de la marche ;

L : largeur du giron.

Si on fait $H = 0$ dans cette formule, on a : $L = 0^m65$, ce qui est la longueur d'un pas, et si on fait $L = 0$, on a : $H = 0^m325$, qui est l'écartement des échelons d'une échelle.

Dans la pratique, on adopte les valeurs suivantes pour L et H :

L :	0^m27	0^m30	0^m32	0^m35	0^m38
H :	0^m19	0^m175	0^m165	0^m15	0^m135

CHAPITRE XIII

Fosses d'aisances

Les fosses d'aisances sont de deux sortes : les *fosses fixes* et *les fosses dites mobiles*. Les fosses fixes sont de grandes citernes que l'on vide à des époques éloignées ; les fosses mobiles renferment des réservoirs de petite capacité, en bois ou en métal, que l'on enlève quand ils sont pleins pour les remplacer par d'autres vides.

Les fosses d'aisances doivent être, autant que possible, placées plus bas que les caves, de manière que l'extrados de leur voûte se trouve au niveau du sol de celles-ci ; de cette façon, on n'a pas à redouter les inconvénients qui peuvent résulter du peu d'imperméabilité des maçonneries, c'est-à-dire des infiltrations et des fuites de gaz qui répandent de mauvaises odeurs.

Toutes les fois que cela est possible, on doit établir les fosses fixes dans les cours en dehors des caves.

Les fosses d'aisances doivent être construites avec beaucoup de soin ; la maçonnerie des murs, dont l'épaisseur ne peut pas être moindre que 0^m45 ou 0^m50, et celle des voûtes dont l'épaisseur ne peut pas descendre plus bas que 0^m30, doivent être hourdées en mortier hydraulique et recouvertes à l'intérieur d'un enduit en mortier de chaux hydraulique ou de ciment romain.

On doit chercher à placer les fosses d'aisances au-dessous des cages d'escaliers ou auprès ; car cette disposition permet de loger les tuyaux de descente et d'évent dans les angles de ces cages qu'on arrondit pour leur donner une disposition agréable.

Les dimensions des fosses d'aisances varient suivant les quantités de matières qu'elles doivent recevoir dans un temps donné ; on ne doit pas cependant leur donner moins de 2 mètres de côté, et

quelle que soit leur importance, on ne donne jamais moins de 2^{m}00 de hauteur sous clef.

Avant d'établir une fosse d'aisances dans une
localité, le constructeur doit se renseigner sur les
règlements de voirie relatifs à ces fosses en vigueur
dans la localité.

La figure 193 représente une fosse construite
dans un bâtiment au niveau des caves avec che-

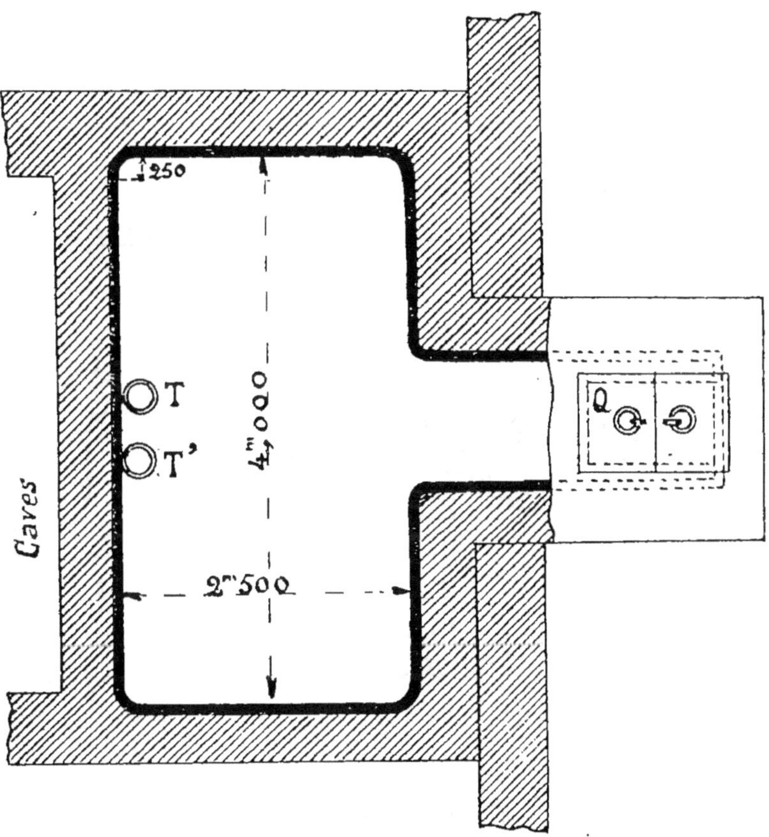

Fig. 193. — Fosse d'aisances fixe.

minée et orifice d'extraction dans la cour. Elle a
2^{m}500 × 4,000 × 2.400 sous clef. Les tuyaux de

descente et de ventilation se raccordent au moyen
d'une pénétration avec l'intrados du sommet de la
voûte. Le radier est concave, et son point bas est
réservé immédiatement au-dessous de l'orifice d'extraction. La cheminée C (fig. 194) est réglementaire et
est fermée par un tampon Q en fonte de $1^m00 \times 0^m65$,
en deux pièces, posé dans un châssis également en
fonte. Ces tampons se trouvent dans le commerce et
sont préférables aux châssis et tampons en pierre.

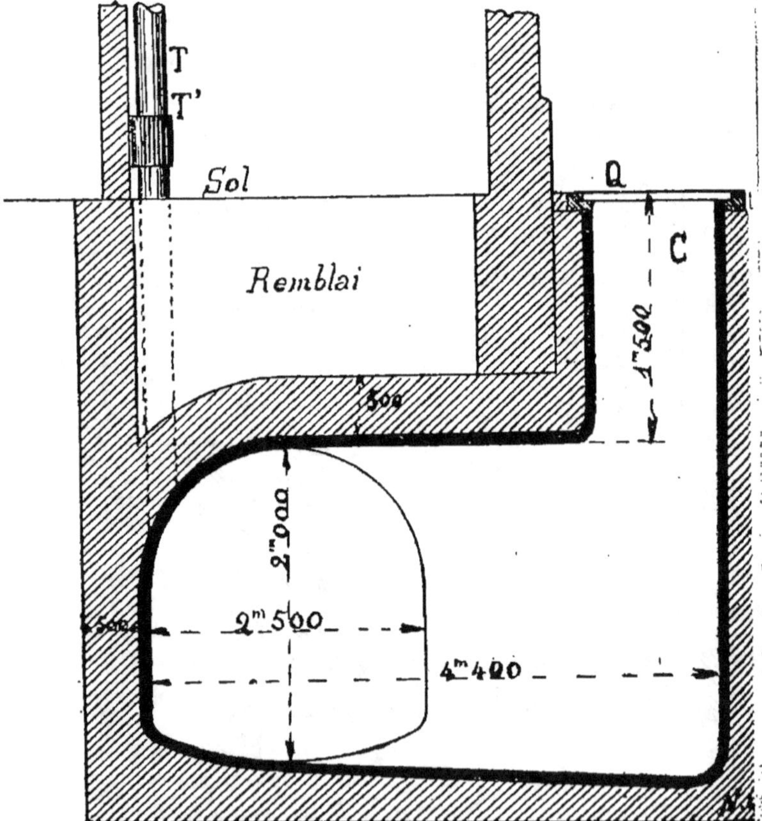

Fig. 194.   Fosse d'aisances fixe.

La coupe longitudinale (fig. 194) montre la position
du tuyau de chute T et du tuyau d'évent T',

Les tuyaux de descente doivent être placés verticalement ou à peu près, pour éviter les engorgements, et on leur donne 0^{m}20 à 0^{m}22 de diamètre intérieur, qu'il convient de porter à 0^{m}25 ou 0^{m}27 quand l'emplacement le permet. Les tuyaux d'évent placés derrière ceux de descente et qui vont du dessus de la fosse jusqu'au-dessus des combles, ont un diamètre de 0^{m}25 au moins.

A chaque étage, le tuyau de descente correspond avec les cuvettes ou sièges au moyen d'un coude de tuyau en fonte ou en terre cuite.

Fosses mobiles

Les fosses mobiles (fig. 195) se construisent suivant le même principe, elles sont moins grandes et se limitent à l'espace nécessaire au logement et à la manœuvre des appareils. Des règlements de police règlent l'écoulement des eaux vannes des tinettes dans les égouts publics.

Nous allons donner les règlements et instructions concernant les fosses d'aisances à établir dans Paris ; pour les autres localités, on consultera les règlements de voirie affichés aux mairies ou aux Hôtels de Ville.

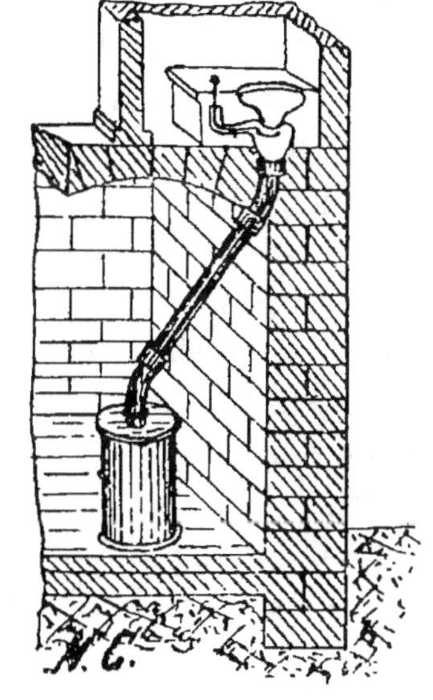

Fig. 195. Fosse d'aisances mobile.

Fosses d'aisances fixes

(Ordonnance du 24 septembre 1819.)

Section 1re. — Des constructions neuves

ARTICLE 1er. — Dans aucun bâtiment public ou particulier de la ville de Paris et de leurs dépendances, on ne pourra employer pour fosses d'aisances, des puits, puisards, égouts, aqueducs ou carrières abandonnées, sans y faire les constructions prescrites par le présent règlement.

ART. 2. — Lorsque les fosses seront placées sous le sol des caves, ces caves devront avoir une communication immédiate avec l'air extérieur.

ART. 3. — Les caves sous lesquelles seront construites les fosses d'aisances devront être assez spacieuses pour contenir quatre travailleurs et leurs ustensiles, et avoir au moins 2 mètres de hauteur sous la voûte.

ART. 4. — Les murs, la voûte et le fond des fosses seront entièrement construits en pierre meulière maçonnée avec du mortier de chaux maigre et de sable de rivière bien lavé. Les parois des fosses seront enduites de pareil mortier lissé à la truelle. On ne pourra donner moins de 0^m30 à 0^m35 d'épaisseur aux voûtes et moins de 0^m45 à 50 aux massifs et aux murs.

ART. 5. — Il est défendu d'établir des compartiments ou divisions dans les fosses, d'y construire des piliers ou d'y faire des chaînes ou des arcs en pierres apparentes.

ART. 6. — Le fond des fosses d'aisances sera fait en forme de cuvette concave. Tous les angles intérieurs seront effacés par des arrondissements de 0^m25 de rayon.

Art. 7. — Autant que les localités le permettent, les fosses seront construites sur un plan circulaire, elliptique ou rectangulaire. On ne permettra pas la construction de fosses à angles rentrants, hors le seul cas où la surface de la fosse serait au moins de 4 mètres carrés de chaque côté de l'angle, et alors il sera pratiqué de l'un et de l'autre côté une ouverture d'extraction.

Art. 8. — Les fosses, quelle que soit leur capacité, ne pourront avoir moins de 2 mètres de hauteur sous clef.

Art. 9. — Les fosses seront couvertes par une voûte en plein cintre, ou qui n'en différera que d'un tiers de rayon.

Art. 10. — L'ouverture d'extraction des matières sera placé au milieu de la voûte, autant que les localités le permettront. La cheminée de cette ouverture ne devra point excéder 1^m50 de hauteur, à moins que les localités n'exigent impérieusement une plus grande hauteur.

Art. 11. — L'ouverture d'extraction correspondant à une cheminée de 1^m50 au plus de hauteur ne pourra pas avoir moins de 1 mètre en longueur sur 0^m65 de largeur. Lorsque cette ouverture correspondra à une cheminée excédant 1^m50 de hauteur, les dimensions ci-dessus spécifiées seront augmentées de manière que l'une des dimensions soit égale aux deux tiers de la hauteur de la cheminée.

Art. 12. — Il sera placé en outre à la voûte, dans la partie la plus éloignée du tuyau de chute et de l'ouverture d'extraction, si elle n'est pas dans le milieu, un tampon mobile dont le diamètre ne pourra être moindre que 0^m50. Ce tampon sera en pierre, encastré dans un châssis en pierre, et garni dans son milieu d'un anneau en fer.

Art. 13. — Néanmoins, ce tampon ne sera pas exigible pour les fosses dont la vidange se fera au niveau du rez-de-chaussée, et pour celles qui auront une superficie moindre de 6 mètres dans le fond et dont l'ouverture d'extraction sera dans le milieu.

Art. 14. — Le tuyau de chute sera vertical. Son diamètre intérieur ne pourra avoir moins de 0^m25 s'il est en terre cuite, et de 0^m20 s'il est en fonte.

Art. 15. — Il sera établi, parallèlement au tuyau de chute, un tuyau d'évent, lequel sera conduit jusqu'à hauteur de souches des cheminées de la maison ou de celles des maisons contiguës, si elles sont plus élevées. Le diamètre de ce tuyau d'évent sera de 0^m25 au moins ; s'il passe cette dimension, il dispensera du tampon mobile.

Art. 16. — L'orifice intérieur des tuyaux de chute et d'évent ne pourra être descendu au-dessous des points les plus élevés de l'intrados de la voûte.

Section II. — Des constructions des fosses d'aisances dans les maisons existantes.

Art. 17. — Les fosses pratiquées dans des puits, puisards, égouts anciens, aqueducs ou carrières abandonnées, seront comblées ou reconstruites à la première vidange.

Art. 18. — Les fosses situées sous le sol des caves qui n'auraient point communication immédiate avec l'air extérieur seront comblées à la première vidange, si l'on ne peut établir cette communication.

ART. 19. — Les fosses dont l'ouverture d'extraction, dans les deux cas déterminés par l'article 11, n'aurait pas et ne pourrait avoir les dimensions prescrites, celles dont la vidange ne peut avoir lieu que par des soupiraux ou des tuyaux, seront comblées.

ART. 20. — Les fosses à compartiments ou étranglements seront comblées ou reconstruites à la première vidange, si l'on ne peut pas faire disparaître ces étranglements ou compartiments, et qu'ils soient reconnus dangereux.

ART. 21. — Toutes les fosses des maisons existantes qui seront reconstruites le seront suivant le mode prescrit par la première section du présent règlement. Néanmoins, le tuyau d'évent ne pourra être exigé que s'il y a lieu à reconstruire un des murs en élévation au-dessus de ceux de la fosse, ou si ce tuyau peut se placer intérieurement ou extérieurement sans altérer la décoration des maisons.

Section III. — Des réparations des fosses d'aisances

ART. 22. — Dans toutes les fosses et lors de la première vidange, l'ouverture d'extraction sera agrandie si elle n'a pas les dimensions prescrites par l'article 10.

ART. 23. — Dans toutes les fosses dont la voûte aura besoin de réparations, il sera établi un tampon mobile, à moins qu'elle ne se trouve dans le cas prévu par l'article 13,

Art. 24. — Les piliers isolés établis dans les fosses seront supprimés à la première vidange, ou l'intervalle entre les piliers et les murs sera rempli en une maçonnerie toutes les fois que le passage entre ces piliers et le mur aura moins de 0^m70 de largeur.

Art. 25. — Les étranglements existants dans les fosses et qui ne laisseraient pas un passage de 0^m70 au moins de largeur seront élargis à la première vidange.

Art. 26. — Lorsque le tuyau de chute ne communiquera avec la fosse que par un couloir ayant moins de 1 mètre de largeur, le fond de ce couloir sera établi en glacis jusqu'au fond de la fosse, sous une inclinaison de 45° au moins.

Art. 27. — Toute fosse qui filtrerait par le mur ou par le fond sera réparée.

Art. 28. — Les réparations consistant à faire des rejointoiements, à élargir l'ouverture d'extraction, placer un tampon mobile, rétablir le tuyau de chute ou d'évent, reprendre la voûte et les murs, boucher ou élargir les étranglements, réparer le fond des fosses, supprimer des piliers, pourront être faites suivant les procédés employés à la construction première de la fosse.

Art. 29. — Les réparations consistant à la réfection entière d'un mur, de la voûte ou du massif du fond des fosses d'aisances ne pourront être faites que suivant le mode indiqué ci-dessus pour les constructions neuves. Il en est de même pour l'enduit général, s'il y a lieu à en revêtir les fosses.

Art. 30. — Les propriétaires des maisons dont les fosses sont supprimées en vertu de la présente ordonnance seront tenus d'en faire construire de nouvelles conformément aux dispositions prescrites par les articles de la première section.

Art. 31. — Ne seront pas astreints aux constructions ci-dessus déterminées les propriétaires qui, en supprimant les anciennes fosses, y substitueront les appareils connus sous le nom de *fosses mobiles inodores*, ou tous autres appareils que l'administration publique aurait reconnus pouvoir être employés concurremment avec ceux-ci.

EXTRAIT DE L'ORDONNANCE DE POLICE DU 23 OCTOBRE 1850

ARTICLE PREMIER. — Aucune fosse d'aisances ne pourra être construite, reconstruite ou réparée sans déclaration préalable. Cette déclaration sera faite par le propriétaire ou par l'entrepreneur qu'il aura chargé de l'exécution des ouvrages. Dans le cas de reconstruction ou de construction, la déclaration doit être accompagnée du plan de la fosse à construire ou à reconstruire et de celui de l'étage supérieur.

Art. 4. — Il est défendu de combler des fosses d'aisances ou de les convertir en caves sans en avoir préalablement obtenu l'autorisation.

Art. 10. — Toute fosse avant d'être comblée sera vidée et curée à fond.

Art. 11. — Toute fosse destinée à être convertie en cave sera curée avec soin; les joints en seront grattés à vif et les parties en mauvais état réparées.

Art. 13. — Tous matériaux provenant de la démolition des fosses d'aisances seront immédiatement enlevés.

Art. 14. — Les fosses neuves, reconstruites ou

réparées, ne pourront être mises en service et fermées qu'autant qu'un architecte de l'Administration en aura fait la réception et aura délivré un permis de fermer.

ART. 17. — Il est enjoint à tous les propriétaires, locataires et concierges de faciliter aux préposés de l'Administration toutes visites ayant pour but de s'assurer de l'état des fosses et de leurs dépendances.

Fosses mobiles

(Extrait de l'ordonnance du 5 juin 1834)

ART. 28. — Il ne pourra être établi dans Paris, en remplacement des fosses d'aisances en maçonnerie, ou pour en tenir lieu, que des appareils approuvés par l'autorité.

ART. 29. — Aucun appareil de fosses mobiles ne pourra être placé dans toute fosse supprimée dans laquelle il reviendrait des eaux quelconques.

ART. 32. — Aucun appareil de fosses mobiles ne pourra être placé dans Paris sans déclaration préalable. Il sera joint à cette déclaration un plan de la localité où l'appareil devra être posé, et l'indication des moyens de ventilation.

ART. 33. — Les appareils devront être établis sur un sol rendu imperméable jusqu'à 1 mètre au moins au pourtour des appareils, autant que les localités le permettront et disposé en forme de cuvette.

CHAPITRE XIV
Le tout à l'égout

SOMMAIRE. — I. Règlements et instructions pour l'établissement des branchements particuliers d'égout et le tout à l'égout. — II. Conseils à donner aux propriétaires pour l'application de l'écoulement direct à l'égout des matières solides et liquides des cabinets d'aisances.

Déjà la disposition des fosses mobiles prévoyait l'envoi des matières des fosses dans les égouts. Dans ce but, les branchements d'égouts particuliers pouvaient être prolongés sous les maisons et recevoir les *tinettes-filtres*. Les tuyaux de chute des matières fécales aboutissent dans une ou plusieurs de ces tinettes, système Richer ou Dugluré, qui retiennent les matières solides, tandis que les liquides ou *eaux-vannes* se déversent dans le branchement d'égout, par un tuyau dont une des extrémités est fixée à la tinette et dont l'autre plonge dans une cuvette hydraulique réservée dans le fond du radier du branchement afin d'intercepter le passage des émanations des tinettes dans l'égout. Le propriétaire est ainsi dispensé de construire une fosse et est débarrassé des inconvénients de la vidange, l'enlèvement des tinettes se faisant par les égouts. Les liquides s'écoulent d'une manière continue dans l'égout et le volume des matières à extraire est réduit de plus de 4/5 et il diminue plutôt qu'il ne s'accroît lorsque la consommation d'eau augmente dans les cabinets.

En 1880, le Conseil municipal de Paris a voté en principe la suppression des fosses fixes et décidé l'envoi direct des matières solides et liquides à l'égout. Le tout à l'égout deviendra obligatoire et débarrassera ainsi les maisons de foyers d'infection permanents et évitera l'opération de vidange si ennuyeuse ; mais on éprouve de grandes difficultés pour trouver un terrain d'entente avec les localités intéressées pour le dépôt des eaux des égouts.

I. RÈGLEMENTS ET INSTRUCTIONS POUR L'ÉTABLISSEMENT DES BRANCHEMENTS PARTICULIERS D'ÉGOUT ET LE TOUT A L'ÉGOUT.

Arrêté du Préfet de la Seine réglementant la construction, les dimensions et l'entretien des branchements particuliers d'égout, du 16 juillet 1895.

ARTICLE PREMIER. — Les branchements particuliers d'égout sont construits et entretenus aux frais des propriétaires intéressés.

Un branchement particulier d'égout ne peut desservir qu'une seule propriété ; mais une propriété peut être desservie par autant de branchements qu'il est nécessaire pour l'évacuation de ses eaux usées dans les meilleures conditions possibles.

ART. 2. — En règle générale, les branchements particuliers d'égout doivent être exécutés en maçonnerie de meulière et mortier de ciment, conformément aux dispositions observées pour la construction des égouts publics, et présenter les dimensions ci-après :

Hauteur sous clé. . . . . 1^m 80
Largeur aux naissances. 0 90
Largeur au radier 0 50

Épaisseur des maçonneries (non compris chape
et enduits). 0ᵐ20

Chaque branchement doit être d'ailleurs fermé
à l'aplomb de l'égout public par un mur de 0ᵐ30
d'épaisseur au moins, en maçonnerie de meulière
et ciment, avec enduit de part et d'autre, qui pré-
sentera du côté de l'immeuble un parement vertical et du côté de l'égout épousera le profil du pied-
droit jusqu'à la naissance de la voûte, pour se
prolonger ensuite verticalement jusqu'à la rencontre de la voûte du branchement dont la pénétration restera dès lors apparente à l'intérieur de l'é-
gout. Une plaque en porcelaine portant le numéro
de l'immeuble sera scellée dans l'enduit qui recou-
vrira le parement du mur à l'intérieur de l'égout.
Une ventouse placée sur la façade de la maison
mettra l'air du branchement en communication
avec celui de la rue.

ART. 3. — Tous les écoulements d'eaux pluviales
et usées de l'immeuble doivent être ramenés dans
le branchement particulier par une canalisation
qui sera prolongée jusqu'à l'aplomb de la paroi
intérieure de l'égout public.

A cet effet, les prolongements des tuyaux d'eaux
pluviales et ménagères des façades devront être
ramenés à l'intérieur de l'immeuble pour y être
branchés sur la canalisation générale. C'est seulement en cas d'impossibilité matérielle par suite de
la disposition des lieux, qu'on en tolèrera l'établissement sous trottoir en tuyaux de fonte épaisse de
0ᵐ15 de diamètre intérieur au moins avec joints
en plomb et sous le maximum de pente disponible
sans que l'inclinaison puisse jamais être inférieure

à 0^m03 par mètre. Si cette dernière condition ne pouvait être remplie, il devrait être établi des branchements supplémentaires.

ART. 4. — Dans les voies de petite circulation classées en deuxième catégorie et pour les propriétés d'un revenu imposable inférieur à 3,000 francs, le branchement, au lieu d'être établi en maçonnerie, pourra être formé d'un tuyautage en fonte épaisse posé dans les conditions définies à l'article précédent et reliant directement l'immeuble à l'égout public si toutefois la nature du sol le permet.

La même disposition s'appliquera aux branchements supplémentaires quand ils n'auront à écouler que les eaux pluviales et ménagères des façades.

ART. 5. — Au droit de toute voie privée, le branchement sera constitué par un tronçon d'égout d'un des types en usage au service municipal, qui sera établi à partir de l'égout public jusque dans l'intérieur de la voie privée et suffisamment prolongé au delà de l'alignement pour recevoir toutes les eaux usées et ménagères sans qu'aucun ouvrage soit établi à cet effet sur la voie publique ; ce tronçon d'égout sera ouvert du côté de l'égout public, raccordé audit égout par une partie courbe dirigée dans le sens de l'écoulement, fermé à l'extrémité amont par un mur pignon et pourvu en tête d'un réservoir de chasse.

Il sera toujours étudié en vue de son extension ultérieure sur toute la longueur de la voie privée.

Une grille pourra être exigée à l'aplomb de l'alignement pour intercepter la communication de l'égout privé avec l'égout public,

Art. 6. — Les projets des branchements particuliers seront dressés par les Ingénieurs du Service municipal aux frais de l'Administration et d'après les indications fournies par les propriétaires.

Ils ne pourront être mis en exécution qu'après une approbation régulière et dans les conditions de cette approbation.

Art. 7. — Lorsqu'une partie quelconque d'un branchement en maçonnerie rencontrera une conduite de gaz préexistante, celle-ci devra toujours être isolée par un manchon en fonte dont le propriétaire devra supporter les frais. Des mesures analogues seront prises en ce qui concerne les canalisations électriques.

Art. 8. — Tout branchement entrepris isolément sera exécuté par l'entrepreneur du choix du propriétaire, lequel devra présenter aux agents de l'Administration l'autorisation écrite du propriétaire et justifier au besoin, à toute réquisition, de son inscription sur la liste des entrepreneurs admis à faire des travaux de ce genre.

Art. 9. — Les travaux seront soumis à la surveillance des ingénieurs de la Ville de Paris.

Les entrepreneurs se conformeront aux clauses et conditions générales imposées aux entrepreneurs des travaux publics par l'arrêté du Ministre des travaux publics en date du 16 février 1892 et aux stipulations des cahiers des charges des entreprises d'entretien du Service municipal de Paris.

Si un entrepreneur n'observe pas quelqu'une des clauses et prescriptions ci-dessus visées, notamment dans le cas où après avoir ouvert une tranchée sur la voie publique il abandonnait le travail commencé, l'ingénieur donnera avis de l'état de choses au propriétaire ou à son représentant, et pourra, après un ordre de service notifié à l'entrepreneur et non suivi d'effet dans les 24 heures, soit faire remblayer la tranchée, soit confier la continuation du travail à l'entrepreneur de l'Administration. L'entrepreneur qui aura été l'objet de ces mesures sera exclu de tout travail d'égout dans les rues de Paris pour l'avenir.

ART. 10. — Faute par le propriétaire d'entreprendre les travaux ou de se conformer aux conditions qui lui auront été prescrites et huit jours après une mise en demeure restée sans effet, les ingénieurs pourront procéder d'office à l'exécution des travaux qui sera confiée aux entrepreneurs de l'Administration. Les dépenses avancées par elle dans ce cas et dans celui de l'article précédent seront recouvrées sur le propriétaire par toutes les voies de droit.

ART. 11. — Les branchements à construire par mesure collective dans une rue ou portion de rue seront confiés à un entrepreneur unique désigné d'avance par voie d'adjudication publique spéciale aux travaux de cette nature.

L'entreprise sera d'ailleurs strictement limitée aux travaux extérieurs et ne comprendra même pas la fourniture et la pose des conduites à établir dans l'intérieur des branchements.

Les propriétaires resteront libres de faire exécuter par des entrepreneurs de leur choix, les travaux de canalisation intérieure; mais ces travaux devront être exécutés sans retard et terminés vingt jours au plus après les branchements ; après ce délai et sans autre avis préalable, les gargouilles des trottoirs pourront être enlevées d'office.

Chaque propriétaire paiera directement à l'entrepreneur la dépense qui lui incombe, après vérification et règlement sans frais du métré des ouvrages, s'il le demande, par l'ingénieur qui aura surveillé l'exécution des travaux.

ART. 12. — Les raccordements et la réfection définitive des chaussées, trottoirs et dallages, au-dessus des tranchées seront faits par les entrepreneurs de l'Administration pour la voie publique.

La dépense en sera payée par la ville et remboursée par le propriétaire conformément aux règles et suivant les tarifs fixés pour ces travaux. Les dépenses faites d'office par application des articles 9 et 10 seront recouvrées en même temps que les frais de raccordements.

Le métrage des divers travaux et le décompte des dépenses seront notifiés préalablement à chaque propriétaire qui aura dix jours, après cette notification, pour présenter ses observations au bureau de l'ingénieur ordinaire. Ce délai expiré, il sera passé outre à l'émission de l'arrêté de recouvrement.

ART. 13. — L'entretien des branchements et de leurs accessoires sur la voie publique reste à la charge des propriétaires, quelle que soit l'époque de leur établissement. Les travaux d'entretien seront soumis aux règles stipulées ci-dessus pour la construction des branchements isolés.

Les propriétaires devront tenir constamment les branchements en parfait état de propreté, et faire enlever les eaux qui pourront s'y amasser. Ils ne devront y faire aucun dépôt, de quelque nature que ce soit.

Ils seront tenus d'y donner accès à toute heure dé jour aux agents de l'administration chargés de la surveillance, ainsi qu'à ceux de la Préfecture de police.

Ils ne pourront élever aucune réclamation dans le cas où les branchements seraient traversés à une époque quelconque postérieure à leur établissement par des conduites d'eau ou de gaz, ou des canalisations électriques, ou atteints et modifiés de quelque manière que ce soit par des entreprises d'intérêt général.

ART. 14. — Chaque propriétaire est responsable, tant vis-à-vis de l'administration que vis-à-vis des tiers, des conséquences de l'établissement, de l'existence et de l'entretien des ouvrages construits tant à l'extérieur qu'à l'intérieur pour le drainage de son immeuble. En conséquence, il lui appartient d'exercer sur ces ouvrages, dans son propre intérêt, le contrôle qu'il jugera convenable. La surveillance exercée par l'administration ne substitue en rien la responsabilité de la Ville à la sienne propre. Il lui appartiendra notamment de prendre à ses frais, risques et périls, les mesures qu'il croira nécessaires pour intercepter pendant la construction du branchement la communication entre son immeuble, la voie et l'égout publics.

Dans le cas où un accident viendrait à se produire, le propriétaire est tenu d'en donner immédiatement connaissance, à toute heure de jour, aux agents de l'administration municipale et à ceux de la Préfecture de police.

Art. 15. — Les branchements actuellement existants, en communication avec les égouts publics, devront être successivement murés au droit de l'égout, conformément aux prescriptions de l'art. 2 ci-dessus.

Cette modification, soumise d'ailleurs à toutes les règles stipulées ci-dessus pour la construction des branchements isolés, sera effectuée lors du premier travail de modification ou d'entretien qui sera entrepris, et au plus tard avant dix ans à dater de la publication du présent arrêté.

Art. 16. — Les arrêtés antérieurs relatifs aux dispositions, à l'établissement et à l'entretien des branchements particuliers d'égout sont et demeurent abrogés, sauf celui du 30 mars 1872, relatif au curage des branchements en communication avec les égouts publics, et celui du 14 mai 1880, classant les rues de Paris en voies de grande et de petite circulation, ainsi que les arrêtés postérieurs qui ont complété ce classement.

La figure 196 représente un branchement d'égout particulier construit d'après les instructions du règlement ci-dessus.

Arrêté du Préfet de la Seine réglementant l'écoulement direct des eaux-vannes à l'égout par appareils diviseurs, du 20 novembre 1887.

Article premier. — Les propriétaires des maisons en bordure sur la voie publique pourront faire écouler les eaux-vannes de leurs fosses d'aisances dans les égouts de la ville au moyen d'appareils diviseurs.

Construction moderne.   32

Abonnement

A cet effet, ils souscriront des abonnements qui seront approuvés, s'il y a lieu, par arrêtés préfectoraux, sur l'avis de l'ingénieur en chef de l'assainissement. Ces abonnements seront annuels et révocables, à la volonté de l'administration ; ils partiront des 1ᵉʳ janvier et 1ᵉʳ juillet de chaque année.

Renonciation

Le propriétaire pourra y renoncer en prévenant le **Préfet de la Seine** six mois à l'avance ; quelle que soit la date de l'avertissement, le prix de l'abonnement sera exigible jusqu'à son expiration.

Conditions de l'abonnement

Art. 2. — Les conditions à remplir pour l'abonnement sont les suivantes :

Concession d'eau

1° La propriété sera desservie par les eaux de la ville ;

2° Elle sera pourvue d'un branchement d'égout particulier.

Appareils diviseurs

3° Les eaux-vannes devront être séparées des matières solides au moyen d'appareils diviseurs d'un modèle accepté par l'administration. Les entrepreneurs chargés de la fourniture ou de l'entretien de ces appareils seront exclusivement choisis parmi les entrepreneurs de vidange en exercice à Paris.

Caveau

Les appareils diviseurs seront établis dans un caveau convenablement ventilé et dont le sol aura été rendu imperméable et disposé en forme de cuvette.

Cabinets d'aisances

4° Tout cabinet d'aisances devra être muni de réservoirs ou d'appareils branchés sur la canalisation d'eau, permettant de fournir dans ce cabinet une quantité d'eau de dix litres, au minimum, par personne et par jour. L'eau ainsi livrée dans les cabinets d'aisances devra arriver dans les cuvettes de façon à former une chasse suffisamment vigoureuse.

Les systèmes d'appareils et leurs dispositions générales seront soumis au conseil municipal avant que leur emploi par les propriétaires soit autorisé.

Ils seront examinés par le service de l'assainissement et devront être reçus par l'administration avant leur mise en service.

Toute cuvette de cabinets d'aisances sera munie d'un appareil formant fermeture hydraulique et permanente.

Ces dispositions seront applicables aux cabinets d'aisances des ateliers, des magasins, des bureaux et, en général, de tous les établissements qui reçoivent une nombreuse population pendant le jour.

Eaux pluviales et ménagères

5° Il sera placé une inflexion siphoïde, formant fermeture hydraulique, à l'origine de chacun des tuyaux d'eaux ménagères. Les tuyaux de descente des eaux pluviales seront munis d'obturateurs interceptant toute communication directe avec l'atmosphère de l'égout.

Les tuyaux devront être aérés d'une manière continue.

Tuyaux de chute et conduites d'eaux ménagères et pluviales

6° Les conduites d'eaux ménagères, les conduite
d'eaux pluviales et les tuyaux de chute destiné
aux matières de vidange ne pourront avoir un dia
mètre inférieur à 0ᵐ08, ni supérieur à 0ᵐ16.

Les chutes des cabinets d'aisances avec leur
branchements ne pourront être placées sous ur
angle supérieur à 45° avec la verticale.

Chaque tuyau de chute sera prolongé au-dessu
du toit jusqu'au faîtage et librement ouvert à s
partie supérieure.

La projection des corps solides, débris de cuisine
de vaisselle, etc., dans les tuyaux de chute et dan
les conduites d'eaux ménagères et pluviales es
formellement interdite.

Le tracé des tuyaux secondaires partant du pie
des tuyaux de chute et des conduites d'eaux ména
gères sera prolongé dans les cours et caves jusqu'au
tuyau général d'évacuation.

Il en sera de même pour les conduites des eau
pluviales si le tuyau d'évacuation peut recevoir ce
eaux, sauf dans le cas où le système d'évacuatio
des matières de vidange et des eaux ménagères n
comporte pas la possibilité de recevoir les eaux d
ciel.

Le tracé de ces tuyaux devra être formé de par
ties rectilignes. A chaque changement de direction
ou de pente, il sera ménagé une tubulure ou ur
regard de visite et d'aération facilement accessible

Évacuation directe à l'égout

7° Les tuyaux d'évacuation auront une pente

minima de 0^m03 par mètre. Dans les cas exceptionnels où cette pente serait impossible ou difficile à réaliser, l'administration aura la faculté d'autoriser des pentes plus faibles avec addition de réservoirs de chasse ou autres moyens d'expulsion à établir aux frais et pour le compte des propriétaires.

Le diamètre de ces tuyaux sera fixé sur la proposition des intéressés en raison de la pente disponible et du cube à évacuer; il ne sera, dans aucun cas, inférieur à 0^m16. Chaque tuyau d'évacuation sera muni avant la sortie de la maison d'un siphon dont la plongée ne pourra être inférieure à 0^m07, afin d'assurer l'occlusion hermétique et permanente entre la canalisation intérieure et l'égout public.

Chaque siphon sera muni d'une tubulure de visite avec fermeture étanche placée en amont de l'inflexion siphoïde. Les modèles de ces siphons et appareils seront soumis à l'administration et devront être acceptés par elle. Les tuyaux d'évacuation et les siphons seront en grès, poteries ou autres produits équivalents vernissés intérieurement.

Les joints devront être étanches et exécutés avec le plus grand soin, sans bavure ni saillie intérieure. L'emploi de la fonte pourra être autorisé dans le cas où le conseil municipal jugerait cette manière acceptable.

Les tuyaux d'évacuation seront prolongés dans le branchement particulier jusqu'à l'aplomb de l'égout public.

Fosses réformées

8° Les fosses fixes rendues inutiles par suite de

32.

l'installation des appareils diviseurs seront comblées ou converties en caves.

Police des travaux

ART. 3. — Les dispositions qui précèdent et toutes celles que l'administration jugerait utile de prescrire seront exécutées aux frais, risques et périls du propriétaire, d'après les instructions des agents du service de l'assainissement et sans qu'il puisse être mis empêchement au contrôle de ces agents sous quelque prétexte que ce soit.

Ces canalisations et appareils ne seront mis en service qu'après avoir été reconnus par l'inspecteur de l'assainissement ou son délégué, qui en autorisera l'usage.

Interruptions d'écoulement

ART. 4. — Les abonnés n'auront droit à aucune indemnité pour cause d'interruption momentanée d'écoulement d'eaux-vannes à l'égout, par suite des travaux exécutés par la ville de Paris, lorsque l'interruption ne se prolongera pas au delà d'un mois. Après ce terme, la réduction de la redevance fixée par l'article 6 ci-après sera proportionnelle à la durée de l'interruption.

Responsabilité

Les abonnés seront exclusivement responsables envers les tiers de tous dommages auxquels pourraient donner lieu soit ces appareils de vidange, soit l'écoulement des liquides en provenant. Ils ne pourront faire aucune réclamation, ni prétendre à aucune indemnité dans le cas où les eaux de l'égout public viendraient refluer à l'intérieur de la pro-

ii priété, soit par les appareils diviseurs, soit par les
q canalisations.

Tarifs

A   ART. 6. — Le propriétaire ou un représentant
en son nom acquittera à la Caisse municipale une
redevance annuelle de trente francs par tuyaux de
chute.

Paiement

A   ART. 7. — Le prix de l'abonnement sera versé
d'avance en deux termes égaux (1er janvier et
1er juillet).

Résiliation

A défaut de paiement à l'une des échéances, l'é-
coulement sera suspendu et l'abonnement résilié.

Contraventions

ART. 8. — Les contraventions aux dispositions
du présent arrêté seront constatées par procès-
verbaux ou rapports et poursuivies par toutes
voies de droit, sans préjudice des mesures administratives auxquelles ces contraventions pourraient donner lieu.

ART. 9 — L'arrêté du 2 juillet 1867 est rapporté.

Règlement du 8 août 1894

Le Préfet de la Seine,

Vu la loi des 16-24 août 1790 ;

Vu les décrets des 26 mars 1852 et 10 octobre
1859 ;

Vu la délibération du conseil municipal en date
du 25 mars 1892, portant règlement relatif à l'assainissement de Paris ;

Vu la loi du 10 juillet 1894 ;

ARRÊTE :

TITRE PREMIER

Cabinets d'aisances

ARTICLE PREMIER. — Dans toute maison à construire il devra y avoir un cabinet d'aisances par appartement, par logement ou par série de trois chambres louées séparément. Ce cabinet devra toujours être placé soit dans l'appartement ou logement, soit à proximité du logement ou des chambres desservies et dans ce cas fermé à clef.

Dans les magasins, hôtels, théâtres, usines, bureaux, écoles et établissements analogues, le nombre des cabinets d'aisances sera déterminé par l'administration dans la permission de construire, en prenant pour base le nombre des personnes appelées à faire usage de ces cabinets.

Dans les immeubles indiqués au paragraphe précédent, le propriétaire ou principal locataire sera responsable de l'entretien en bon état de propreté des cabinets en usage commun.

ART. 2. — Tout cabinet d'aisances devra être muni de réservoir ou d'appareil branché sur la canalisation, permettant de fournir dans ce cabinet une quantité d'eau suffisante pour assurer le lavage complet des appareils d'évacuation et entraîner rapidement les matières jusqu'à l'égout public.

ART. 3. — L'eau ainsi livrée dans les cabinets d'aisances devra arriver dans les cuvettes de manière à former une chasse vigoureuse. Les systèmes d'appareils et leurs dispositions générales seront soumis au conseil municipal avant que leur emploi par les propriétaires soit autorisé ; ils seront examinés et reçus par le service de l'assainissement de Paris, avant la mise en service.

Art. 4. — Toute cuvette de cabinet d'aisances sera munie d'un appareil formant fermeture hydraulique et permanente.

Néanmoins, l'administration pourra tolérer le maintien des installations, lorsque celles-ci le permettront, à la condition qu'il soit établi, à la base de chaque tuyau de chute, un réservoir de chasse automatique convenablement alimenté.

Titre II

Eaux ménagères et pluviales

Art. 5. — Il sera placé une inflexion siphoïde formant fermeture hydraulique permanente à l'origine supérieure de chacun des tuyaux d'eaux ménagères.

Art. 6. — Les tuyaux de descente des eaux pluviales seront munis également d'obturateurs à fermeture hydraulique permanente, interceptant toute communication directe de l'égout avec l'atmosphère.

Art. 7. — Les tuyaux devront être aérés d'une manière continue.

Titre III

Tuyaux de chute et conduits d'eaux ménagères et pluviales

Art. 8. — Les descentes d'eaux pluviales et ménagères et les tuyaux de chute destinés aux matières de vidange ne pourront avoir un diamètre inférieur à 8 centimètres, ni supérieur à 16 centimètres.

ART. 9. — Les chutes de cabinets d'aisances avec leur branchement ne pourront être placés sous un angle supérieur à 45° avec la verticale ; à l'origine supérieure de chacune de ces chutes, il devra toujours être placé une inflexion siphoïde formant fermeture hydraulique permanente, sous réserve de la tolérance prévue à l'article 4. Chaque tuyau de chute sera prolongé au-dessus du toit, jusqu'au faîtage, et librement ouvert à sa partie supérieure.

ART. 10. — La projection des corps solides, débris de vaisselle, de cuisine, etc., dans les conduites d'eaux ménagères et pluviales, ainsi que dans les cuvettes des cabinets d'aisances, est formellement interdite.

ART. 11. — Les descentes des eaux pluviales et ménagères et les tuyaux de chute seront prolongés jusqu'à la conduite générale d'évacuation, au moyen de canalisations secondaires, dont le tracé devra être formé de parties rectilignes raccordées par des courbes. A chaque changement de pente ou de direction, il sera ménagé un regard de visite fermé par un autoclave étanche et facilement accessible.

TITRE IV

Évacuation des matières de vidange, des eaux
ménagères et pluviales

ART. 12. — L'évacuation des matières de vidange sera faite directement à l'égout public avec les eaux pluviales et ménagères, dans les voies désignées par arrêtés préfectoraux, après avis conforme du conseil municipal, au moyen de canalisations parfaitement étanches, ventilées et prolongées dans le branchement particulier jusqu'à l'aplomb de l'égout public.

ART. 13. — Les canalisations auront une pente minima de 3 centimètres par mètre. Dans des cas exceptionnels où cette pente serait impossible ou difficile à réaliser, l'administration aura la faculté d'autoriser des pentes plus faibles avec addition de réservoir de chasse et autres moyens d'expulsion à établir aux frais et pour le compte des propriétaires.

ART. 14. — Leur diamètre sera fixé sur la proposition des intéressés, en raison de la pente disponible et du cube à évacuer ; il ne sera, en aucun cas, inférieur à 12 centimètres.

ART. 15. — Chaque tuyau d'évacuation sera muni, avant sa sortie de la maison, d'un siphon dont la plongée ne pourra être inférieure à 7 centimètres, afin d'assurer l'occlusion hermétique et permanente entre la canalisation intérieure et l'égout public. Chaque siphon sera muni d'une tubulure de visite avec fermeture étanche placée en amont de l'inflexion siphoïde.

Les modèles de ces siphons et appareils seront soumis à l'administration et acceptés par elle.

ART. 16. — Les tuyaux d'évacuation et les siphons seront en grès vernissé ou autres produits admis par l'administration. Les joints devront être étanches et exécutés avec le plus grand soin, sans bavure ni saillie intérieure.

La partie inférieure de la canalisation devra résister à 1 kilogr. par centimètre carré.

ART. 17. — Dans toute maison à construire, le

branchement particulier d'égout devra être mis en communication avec l'intérieur de l'immeuble, et ce branchement devra être fermé par un mur pignon, au droit même de l'égout public.

En ce qui concerne les maisons existantes, les propriétaires pourront, sur leur demande, être autorisés à mettre leur branchement particulier en communication avec l'intérieur de leur immeuble et à y installer le siphon hydraulique obturateur du conduit d'évacuation, ainsi que le compteur de leur distribution d'eau, ou tout autre appareil destiné à l'évacuation, sous réserve de l'établissement, au droit même de l'égout, d'un mur pignon fermant ce branchement.

Evacuation par canalisation spéciale

Art. 18. — Dans les voies publiques où, par suite de circonstances exceptionnelles, les matières de vidange et les eaux ménagères et pluviales ne seraient pas évacuées directement à l'égout public, des arrêtés spéciaux, pris après avis du conseil municipal, prescriront les dispositions à adopter selon les exigences du système employé.

Titre V

Epoque de l'exécution des travaux

Art. 19. — Les dispositions du Titre premier relatives au nombre de cabinets d'aisances, seront immédiatement applicables en ce qui concerne les maisons à construire. Elles pourront devenir exigibles dans les maisons déjà construites, si la salubrité le réclame, en exécution des lois et règlements existants ou à intervenir sur les logements insalubres.

Les autres dispositions du Titre premier ne seront appliquées que successivement dans les voies indiquées par les arrêtés préfectoraux dont il est question aux articles 12 et 18.

Les propriétaires riverains de ces voies auront un délai maximum de trois ans, compté à partir de la publication des dits arrêtés, pour appliquer les dispositions des articles 2, 3 et 4 du Titre premier, installer des occlusions hydrauliques, adapter la canalisation existante à l'évacuation des vidanges dans les conditions indiquées au présent règlement et supprimer les *fosses tinettes* et autres systèmes de vidange actuellement en usage.

ART. 20. — Les mêmes prescriptions et le même délai seront applicables aux voies privées qui aboutissent aux voies publiques sus-mentionnées, dont les propriétaires devront pourvoir en temps utile aux moyens généraux d'évacuation à l'égout public.

ART. 21. — Les projets d'établissement de canalisations de maisons neuves ou de transformation des canalisations de maisons existantes seront soumis, avant exécution, au service de l'assainissement de Paris. Il en sera délivré un récépissé. Ils comprendront l'indication détaillée, avec plans et coupes, de tous les travaux à exécuter, tant pour la distribution de l'eau alimentaire que pour l'établissement des cabinets d'aisances et l'évacuation des matières de vidanges, eaux ménagères et pluviales.

Vingt jours après le dépôt de ces projets constaté par le récépissé du service de l'assainissement, le propriétaire pourra commencer les travaux

Construction moderne.   33

d'après son projet, s'il ne lui a été notifié aucune injonction.

L'entrepreneur restera d'ailleurs soumis à la déclaration préalable prescrite par l'ordonnance du 20 juillet 1838, article premier.

Après approbation de l'administration et exécution, les ouvrages ne pourront être mis en service qu'après leur réception par les agents du service de l'assainissement de Paris, assistés de l'architecte voyer, lesquels vérifieront dans les dix jours de leur achèvement si ces ouvrages sont conformes aux projets approuvés et aux dispositions prescrites par le règlement.

Art. 22. — Les fosses, caveaux, etc., rendus inutiles par suite de l'application de l'écoulement direct à l'égout seront vidangés, désinfectés et comblés.

Titre VI

Redevance

Art. 23. — Les propriétaires dont les immeubles seront desservis par l'écoulement direct paieront, pour le curage des égouts publics, la taxe fixée par l'article 3 de la loi du 10 juillet 1894.

Cette taxe sera exigible à partir du 1er janvier pour les immeubles qui se trouveront pratiquer à cette date l'évacuation directe des vidanges à l'égout. Elle le deviendra successivement pour ceux où ledit système d'évacuation directe sera ultérieurement établi à partir du 1er janvier de l'année qui suivra la mise en service des ouvrages et au plus tard la troisième année après la date des arrêtés préfectoraux mentionnés à l'article 12.

TITRE VII

Dispositions transitoires

ART. 24. — Dans les rues actuellement pourvues d'égouts, mais où l'écoulement direct n'est pas encore appliqué, il pourra être accordé provisoirement des autorisations pour l'écoulement des eaux-vannes à l'égout par l'intermédiaire des tinettes filtrantes dans les conditions de l'arrêté du 27 novembre 1887.

ART. 25. — Des fosses fixes nouvelles ne pourront être établies à titre provisoire que dans les cas à déterminer par l'administration et lorsque l'absence d'égout, les dispositions de l'égout public, de la canalisation d'eau, ou toute autre cause, ne permettent pas l'écoulement direct des matières de vidange à l'égout.

ART. 26. — L'installation et la disposition des fosses fixes et mobiles, des tinettes filtrantes existant actuellement, des tuyaux de chute et d'évent, etc., etc., restent soumises aux prescriptions des ordonnances, arrêtés et règlements en vigueur en tout ce à quoi il n'est pas dérogé par le présent règlement.

ART. 27. — Le présent règlement ne pourra être modifié qu'après avis du Conseil municipal.

TITRE VIII

Dispositions générales

ART. 28. — Les contraventions aux présents règlements seront constatées par procès-verbaux ou rapports et poursuivies par toutes les voies de droit, sans préjudice des mesures administratives auxquelles ces contraventions pourraient donner lieu.

Art. 29. — L'inspecteur général des ponts et chaussées, directeur administratif des travaux, et le directeur des affaires municipales sont chargés, chacun en ce qui le concerne, de l'exécution du présent arrêté, dont ampliation sera adressée :

1° Au directeur administratif des travaux ;

2° Au directeur des affaires municipales ;

3° Au directeur des finances ;

4° A l'ingénieur en chef de l'assainissement ;

5° Au secrétariat général pour l'insertion au *Recueil des actes administratifs*.

Fait à Paris, le 8 août 1894.

Signé : Poubelle.

Cet arrêté a été annulé en 1896 par le Conseil d'Etat et remplacé par celui du 9 mai 1896. Nous le donnons néanmoins à titre de renseignement très intéressant sur les vues de l'administration.

Aux termes de l'article 2 de la loi du 10 juillet 1894, les propriétaires de maisons anciennes sont tenus d'écouler directement les matières solides et liquides à l'égout dans un délai de trois ans qui court à la date de l'arrêté préfectoral désignant leurs rues.

Voici l'arrêté désignant une première série de rues :

Arrêté désignant les voies soumises au régime de l'écoulement direct

Le Préfet de la Seine,

Vu la loi du 16-24 août 1790 ; les décrets du

26 mars 1852 et 10 octobre 1859, etc.; sur la proposition du directeur administratif des travaux;

ARRÊTE :

ARTICLE PREMIER. — La délibération du Conseil municipal sus-visée en date du 15 décembre 1894 est approuvée.

En conséquence, l'écoulement direct à l'égout des matières de vidanges est obligatoire dans les rues ci-après désignées.

. . . .

Arrondissement

. . . .

Les propriétaires des maisons en bordure de ces rues sont tenus d'y écouler souterrainement et directement les matières solides et liquides des cabinets d'aisances, dans un délai de trois ans à courir du jour de la publication du présent arrêté, en se conformant à toutes les clauses et conditions de l'arrêté réglementaire du 8 août 1894.

ART. 2. — La taxe fixée à l'article 3 de la loi du 10 juillet 1894, leur sera appliquée à partir du 1er janvier de l'année qui suivra la mise en service des ouvrages et au plus tard, le 1er janvier 1898.

ART. 3. — Les abonnements consentis aux propriétaires d'immeubles pratiquant déjà l'écoulement direct, avec interposition d'appareils diviseurs dans les rues indiquées ci-dessus seront résiliés à partir du 1er janvier 1896. Les propriétaires de ces immeubles paieront à partir de cette date la taxe sus-visée.

ART. 4. — Les contraventions aux dispositions du présent arrêté seront constatées par procès-

verbaux ou rapports et poursuivies par toutes les
voies de droit, sans préjudice des mesures administratives auxquelles ces contraventions pourraient donner lieu.

Art. 5. — L'inspecteur général des ponts-et-
chaussées, directeur administratif des travaux, et
le directeur des affaires municipales sont chargés,
chacun en ce qui le concerne, de l'exécution du
présent arrêté.

Fait à Paris, le 24 décembre 1894.

Signé : Poubelle.

Une deuxième liste a paru dans un arrêté du
30 décembre 1895 et d'autres dans la suite.

La loi du 10 juillet 1894, relative à l'assainissement de Paris et de la Seine, fixe en outre les
taxes à payer pour l'emprunt de l'égout public.
En voici le texte :

Le Sénat et la Chambre des députés ont adopté :

Le Président de la République promulgue la loi
dont la teneur suit :

Article premier. — . . . .

Art. 2. — Les propriétaires des immeubles situés dans les rues pourvues d'un égout public,
seront tenus d'écouler souterrainement et directement à l'égout, les matières solides et liquides des
cabinets d'aisances de ces immeubles. Il est accordé un délai de trois ans pour les transformations à effectuer à cet effet dans les maisons anciennes.

Art. 3. — La ville de Paris est autorisée à percevoir des propriétaires des constructions rive-

raines des voies pourvues d'égout, pour l'évacuation directe des cabinets, une taxe annuelle de vidange qui sera assise sur le revenu net, imposé des immeubles, conformément au tarif ci-après :

10 francs pour un immeuble d'un revenu imposé à la contribution foncière ou à celle des portes et fenêtres, inférieur à 500 francs.

30 francs pour un immeuble d'un revenu imposé de 500 à 1,499 francs.

60 francs pour un immeuble d'un revenu imposé de 1,500 à 2,999 francs.

80 francs pour un immeuble d'un revenu imposé de 3,000 à 5,999 francs.

100 francs pour un immeuble d'un revenu imposé de 6,000 à 9,999 francs.

150 francs pour un immeuble d'un revenu imposé de 10,000 à 19,999 francs.

200 francs pour un immeuble d'un revenu imposé de 20,000 à 29,999 francs.

350 francs pour un immeuble d'un revenu imposé de 30,000 à 39,999 francs.

500 francs pour un immeuble d'un revenu imposé de 40,000 à 49,999 francs.

750 francs pour un immeuble d'un revenu imposé de 50,000 à 69,999 francs.

1,000 francs pour un immeuble d'un revenu imposé de 70,000 à 99,999 francs.

1,500 francs pour un immeuble d'un revenu imposé de 100,000 francs et au-dessus.

En ce qui concerne les immeubles exonérés à un titre quelconque de la contribution foncière sur la propriété bâtie, la ville pourra percevoir une taxe fixe de 50 francs par chute.

Art. 4. — Le taux des dites taxes pourra être revisé tous les cinq ans par décret, après délibération du Conseil municipal, sans que ces taxes puissent être supérieures au tarif fixé à l'article 3.

Art. 5. — Le recouvrement de ces taxes aura lieu comme en matière de contributions directes.

Art. 6. — . . . .

La présente loi, délibérée et adoptée par le Sénat et par la Chambre des députés, sera exécutée comme loi de l'Etat.

Fait à Paris, le 10 juillet 1894.

C. PÉRIER.

Pour le Président de la République,

Le Président du Conseil,
Ministre de l'Intérieur et des Cultes,

CH. DUPUY.

Arrêté concernant l'écoulement direct à l'égout

(En application de la loi du 10 juillet 1894,
du 9 mai 1896).

Cet arrêté est substitué à celui du 8 août 1894, annulé par le Conseil d'Etat.

Le Préfet de la Seine,

Vu l'article 193 de la coutume de Paris;
Vu la loi du 16-24 août 1790;
Vu le décret-loi du 26 mars 1852;
Vu le décret du 10 octobre 1859;
Vu la loi du 10 juillet 1894;

ARRÊTE :

Article premier. — L'évacuation des matières solides et liquides des cabinets d'aisances sera faite directement à l'égout public, dans les voies désignées par arrêtés préfectoraux.

Le délai de trois ans, accordé par l'article 2 de la loi du 10 juillet 1894 pour les transformations à effectuer, à cet effet, dans les maisons existantes, court à partir de la date de ces arrêtés.

ART. 2. — Les cabinets d'aisances établis en nombre suffisant dans chaque immeuble, devront être disposés de telle sorte que les cuvettes reçoivent à chaque évacuation la quantité d'eau nécessaire pour produire une chasse qui assure le lavage complet des appareils et l'entraînement rapide des matières jusqu'à l'égout public.

ART. 3. — Les tuyaux de chute desservant les cabinets d'aisances et les tuyaux de descente des eaux ménagères et pluviales aboutiront à un conduit commun qui se prolongera dans le branchement particulier jusqu'à l'aplomb de l'égout public.

ART. 4. — Ces canalisations seront disposées dans toutes leurs parties, de manière à réaliser un écoulement rapide sans formation de dépôt et sans émanations d'aucune sorte. Elles seront de force à résister à toutes les pressions intérieures et elles devront être aérées d'une manière continue.

ART. 5. — Des fermetures hermétiques permanentes intercepteront toute communication entre l'air de l'habitation et l'atmosphère de l'égout et des chutes, descentes et conduits d'évacuation à l'égout.

ART. 6. — Les dispositions qui précèdent sont intégralement applicables aux maisons à construire.

33.

Dans les maisons existantes pourront être conservés :

1° Les tuyaux de chute et de descente même ne satisfaisant que partiellement aux prescriptions de l'article 4 ci-dessus ;

2° Les anciens appareils de cabinets d'aisances munis d'effets d'eau suffisants, mais à la condition qu'il soit établi une chasse d'eau à la base du tuyau de chute et une occlusion hermétique permanente avant le débouché dans l'égout.

Le tout sans préjudice de l'exécution des lois et règlements sur les logements insalubres.

Art. 7. — Conformément à l'article 4 du décret-loi du 26 mars 1852, tout projet d'établissement ou de transformation de canalisations, devra avant exécution, être soumis avec plans et coupes cotés à l'administration et, vingt jours après le dépôt constaté par récépissé, les travaux pourront être commencés d'après le projet, s'il n'a été notifié aucune injonction.

L'entrepreneur restera d'ailleurs soumis à la déclaration préalable prescrite par l'ordonnance du 20 juillet 1838, article premier, et les travaux seront vérifiés par les agents de l'Administration, qui s'assureront que les prescriptions faites dans l'intérêt de la salubrité ont été observées.

Art. 8. — Les fosses, caveaux, etc., rendus inutiles par suite de l'application de l'écoulement direct à l'égout, seront vidangés et désinfectés.

Art. 9. — La projection de corps étrangers, tels que débris de vaisselle, de cuisine, etc., dans les conduits d'eaux ménagères et pluviales, ainsi que dans les cuvettes des cabinets d'aisances est formellement interdite.

Art. 10. — Les contraventions aux prescriptions qui précèdent seront poursuivies par toutes voies de droit.

Art. 11. — Le présent arrêté est substitué à l'arrêté annulé du 8 août 1894.

Art. 12. — L'inspecteur général, directeur administratif des travaux, et le directeur des affaires municipales sont chargés, chacun en ce qui le concerne, de l'exécution du présent arrêté, dont ampliation sera adressée :

1° Au directeur administratif des travaux ;

2° Au directeur des affaires municipales ;

3° A l'ingénieur en chef de l'assainissement ;

4° Au secrétariat général pour insertion au *Recueil des actes administratifs*.

Fait à Paris, le 9 mai 1896.

Signé : Poubelle.

Arrêté du Préfet de la Seine concernant l'écoulement direct à l'égout, du 24 décembre 1897

Vu, etc.

Vu la décision du Conseil d'Etat du 1er mai 1896 qui contient notamment ce qui suit :

« Considérant qu'il importe cependant que l'obligation imposée aux particuliers soit remplie sans que la salubrité dans la ville de Paris puisse en être compromise ; qu'à cet égard le Préfet de la Seine était incontestablement fondé à user dans l'intérêt de la salubrité publique des pouvoirs qu'il tient de la loi des 16-24 août 1790 et des décrets du 26 mars 1852 et du 10 octobre 1859 ; qu'il pouvait ainsi prescrire l'emploi de chasses d'eau suffisantes pour assurer l'évacuation à l'égout des vidanges et des eaux ménagères, empêcher toute communication entre l'atmosphère de l'égout public et celle des immeubles riverains, en tenant compte de ce que l'égout reçoit aussi les eaux pluviales et ménagères ; qu'il pouvait également défendre la projection à l'égout de tout autre corps solide que les matières de vidange et ordonner la désinfection des fosses supprimées ».

ARTICLE PREMIER. — L'évacuation des matières solides et liquides des cabinets d'aisances sera faite directement à l'égout public dans les voies désignées par délibérations du Conseil municipal régulièrement approuvées.

ART. 2. — Le délai de trois ans accordé par l'article 2 § 2 de la loi du 10 juillet 1894 pour les transformations à effectuer à cet effet dans les maisons anciennes court à partir de la date fixée par les arrêtés d'approbation.

ART. 3. — Des chasses d'eau suffisantes devront assurer l'évacuation à l'égout et les dispositions adoptées devront empêcher toute communication entre l'atmosphère de l'égout public et celle des immeubles riverains.

ART. 4. — Tout propriétaire se disposant à installer dans son immeuble l'écoulement direct à l'égout des matières de vidange devra adresser à l'Administration les plans et coupes cotés des travaux projetés permettant de s'assurer de l'exécution des prescriptions du présent arrêté. A défaut d'avis de la part de l'Administration les travaux ne pourront être entrepris vingt jours après le dépôt des plans constaté par récépissé.

L'entrepreneur restera soumis à la déclaration préalable prescrite par l'ordonnance du 20 juillet 1838 (art. 1er).

ART. 5. — Les fosses et caveaux rendus inutiles par suite de l'application de l'écoulement direct à l'égout seront vidés et immédiatement désinfectés.

ART. 6. — La projection à l'égout de tout autre corps solide que les matières de vidange est formellement interdite.

ART. 7. — Les contraventions aux prescriptions qui précèdent seront poursuivies par toutes les voies de droit.

ART. 8. — L'arrêté du 9 mai 1896 est rapporté.

II. CONSEILS A DONNER AUX PROPRIÉTAIRES POUR L'APPLICATION DE L'ÉCOULEMENT DIRECT A L'ÉGOUT DES MATIÈRES SOLIDES ET LIQUIDES DES CABINETS D'AISANCES.

Chasses d'eau

Le système d'évacuation rendu obligatoire à Paris par la loi du 10 juillet 1894, est connu dans d'autres pays sous le nom de système par circulation.

Il a, en effet, pour base l'entraînement rapide des matières nuisibles depuis le point d'origine jusqu'au débouché final par le moyen de chasse d'eau.

Pour assurer d'une manière parfaite le fonctionnement du système, il faut produire la chasse à l'endroit et au moment voulus pour que l'entraînement ait lieu immédiatement, sans possibilité d'arrêt ou de dépôt.

C'est pourquoi une chasse doit être déterminée brusquement, à chaque visite, dans la cuvette même des cabinets d'aisances, et le volume d'eau déversé doit être suffisant pour laver complètement la cuvette, renouveler l'eau contenue dans le siphon obturateur, dont l'utilité sera indiquée plus loin, et véhiculer les matières dans la canalisation jusqu'à l'égout.

Cette chasse est utilement fournie par un petit réservoir spécial alimenté automatiquement au moyen d'un branchement muni d'un robinet flotteur, placé à 2 mètres environ au-dessus de la cuvette et qui se vide soit à volonté par une commande à la portée de la main, soit par un moyen automatique, à des intervalles convenablement réglés. Elle peut aussi être produite par tout autre appareil dont l'effet sera analogue.

Pour obtenir le maximum d'effet utile, il convient de donner aux conduits d'évacuation, siphons, tuyaux de chute, canalisations à la suite, des diamètres relativement faibles ; pour les chutes, par exemple, 0^m08 à 0^m13 au lieu de ceux de 0^m19 et 0^m22 précédemment en usage et indispensables avec les appareils à valve.

En effet, dans un tuyau trop large, l'eau se divise, coule sans force et n'empêche point la formation de dépôts sur les parois, tandis qu'à volume égal, dans un conduit étroit, elle forme piston, entraîne avec force et vitesse les matières qu'elle enveloppe, s'oppose à tout dépôt, délave énergiquement les parois et provoque un utile renouvellement de l'air.

Les canalisations qui relient le pied des tuyaux

de chute à l'égout doivent être établies avec le maximum de pente disponible et 0^m03 par mètre au moins. Dans les cas exceptionnels où cette pente minima ne pourrait être obtenue, il y est suppléé par l'établissement de réservoirs de chasse supplémentaires ou d'autres moyens de propulsion en des points convenablement choisis.

Ces canalisations doivent être parfaitement étanches, capables de résister aux pressions intérieures, disposées de manière à y éviter tout dépôt et de plus aisément visitables. C'est pourquoi on recommande de les tracer de manière qu'elles soient toujours formées de parties droites; les raccordements courbes, s'ils sont indispensables, doivent être établis sous les plus grands rayons possibles. De plus, à chaque changement de direction ou de pente, à chaque rencontre ou intersection des canalisations, il doit être ménagé autant que possible un regard facilement accessible dont le tampon mobile constitue une fermeture rigoureusement hermétique.

Protection de l'atmosphère des locaux habités

L'hygiène réclame la protection de l'atmosphère des locaux habités contre toute pénétration de gaz odorant ou insalubre, d'air vicié, provenant non seulement des égouts mais encore des tuyaux de chute et conduits d'évacuation dont les émanations sont toujours plus redoutables et plus pénétrantes encore que celles des égouts.

Aussi n'est-ce point un obturateur unique placé à la jonction de la canalisation intérieure avec l'égout qui permet de réaliser cette protection d'une manière absolue, mais une série d'obturateurs disposés à l'origine supérieure des divers branchements reliés à cette canalisation, à chacun des orifices ouverts dans les logements pour recevoir les eaux souillées (cuvettes de cabinets d'aisances, éviers, lavabos, bains, etc.) et formant fermeture hydraulique.

Le seul appareil de ce genre actuellement connu qui soit réellement efficace est le *siphon à occlusion hydraulique permanente*.

Cet appareil, simple et peu coûteux, est d'un fonctionnement sûr, quand il est convenablement disposé pour qu'il s'y maintienne en tout temps une garde d'eau suffisante.

Des précautions spéciales doivent être prises lors de la construction des maisons et une vigilance particulière doit être exercée par la suite pour protéger les siphons et tous les appareils hydrauliques contre les conséquences de la gelée, installation systématique des colonnes montantes dans des locaux bien clos, loin des murs extérieurs froids, protection au besoin des conduits et appareils par des enveloppes isolantes ; en temps froid, fermeture de baies d'aérage, maintien de l'alimentation d'eau par le moyen d'un petit écoulement continu ou d'une faible source de chaleur telle qu'un bec de gaz en veilleuse, addition d'un peu de sel marin dans l'eau des siphons qui ne sont pas en usage (appartements vacants), etc.

Outre l'emploi général des siphons, il est à recommander de veiller à l'étanchéité parfaite des canalisations.

On doit du reste s'efforcer d'y empêcher autant

que possible la production des gaz odorants ou insalubres ; et à cet effet, il n'est pas de moyen plus certain que l'aération naturelle. C'est pourquoi les tuyaux de chute et d'évacuation des eaux usées auxquels aboutissent tous les branchements siphonisés, et les conduits à la suite, doivent être disposés de manière qu'un courant d'air s'y puisse établir constamment en communication directe avec l'égout aéré lui-même par les bouches de la rue, ils doivent déboucher librement à la partie supérieure dans l'atmosphère et pour cela on recommande de les prolonger jusqu'au-dessus du faîtage et ne pas les employer pour l'écoulement des eaux pluviales.

Transformations à effectuer dans les maisons anciennes

Il convient que les transformations à effectuer dans les maisons existantes pour y adapter le nouveau mode d'évacuation, soient dirigées dans le sens des indications qui précèdent. Mais, afin de réduire la dépense au strict minimum, il est admis qu'on peut en général conserver tant qu'ils sont en bon état : 1° les tuyaux de chute et les divers conduits de l'ancienne canalisation, pourvu qu'ils soient étanches ; 2° les appareils à valve des cabinets d'aisances lorsqu'ils sont munis d'effets d'eau.

Il suffit alors d'établir une chasse automatique convenablement alimentée au pied de chaque chute, de prolonger le tronc commun de la canalisation générale jusqu'à l'égout public, d'établir sur le parcours et près du débouché de l'égout un siphon obturateur et d'assurer l'aération générale tant par l'établissement de prises d'air en amont du siphon que par le prolongement des tuyaux de chute et d'évacuation des eaux usées jusqu'au-dessus du toit.

Mais il ne faut pas se dissimuler que l'installation ainsi modifiée est loin d'être parfaite ; les conduits trop larges, insuffisamment lavés continuent à se couvrir intérieurement de dépôts de fermentation ; les appareils à valve ne constituent qu'une occlusion médiocre, laissant passer l'air vicié et établissant entre les locaux voisins des communications qui ne sont pas sans danger en cas de maladie transmissible ; de plus ils se prêtent trop facilement à la projection des corps solides étrangers qui vont s'accumuler au pied des chutes et y provoquent des obstructions dont les chasses n'ont pas toujours raison.

Aussi conviendrait-il de saisir ultérieurement toutes les occasions qui se présenteraient pour améliorer peu à peu la situation en substituant, au fur et à mesure des remplacements, aux conduits et appareils anciens, des appareils et conduits conformes aux types nouveaux.

Il est, en outre, à recommander de munir immédiatement de siphons tous les orifices d'évacuation des eaux ménagères ainsi que les cuvettes des cabinets d'aisances particuliers ou communs quand ceux-ci sont insuffisamment aérés.

Après avoir donné le texte des différents règlements concernant l'écoulement à l'égout public des eaux ménagères et pluviales, ainsi que des eaux-vannes de cabinets d'aisances, nous allons décrire les moyens employés pour satisfaire aux dits règlements.

L'eau devient nuisible dès qu'elle cesse d'être pure et tient en suspension des matières minérales et organiques. Ces eaux, on doit les écouler immédiatement dans les égouts, car elles ne peuvent pas rester stagnantes ou être absorbées par la terre ; dans ce dernier cas, elles laisseraient des dépôts qui ne tarderaient pas à devenir des foyers d'infection.

Les eaux pluviales rencontrent sur les toits et dans les gouttières ou chéneaux des impuretés de toutes sortes dues aux vents, aux cheminées et aux habitants même.

Ecoulement des eaux pluviales

Pour écouler les eaux pluviales, on dispose des tuyaux de descente en zinc ou en fonte librement ouverts à la partie supérieure dans la gouttière, et dont le diamètre est en rapport avec la quantité d'eau que la surface de la toiture recevra pendant les plus grandes pluies. L'extrémité inférieure de descente assure l'écoulement de deux manières différentes :

1° S'il n'y a pas d'égout dans la rue, au moyen d'une gargouille ou d'une rigole qui conduit les eaux au ruisseau ;

2° S'il y a un égout public, la descente va retrouver la canalisation générale des eaux diverses, ou en l'absence de celle-ci, elle y conduit directement les eaux de pluie.

Ces descentes, avons-nous dit, doivent être ventilées ; dans le premier cas, la ventilation s'opère naturellement, car le moindre échauffement de la conduite par le soleil y provoque un courant ascendant qui entraîne à la partie supérieure toutes les odeurs qui pourraient y exister.

Dans le deuxième cas, la descente communiquant avec l'égout, il faut ménager à sa partie inférieure une entrée d'air et établir sur la conduite, dans le branchement d'égout (fig. 196), un siphon

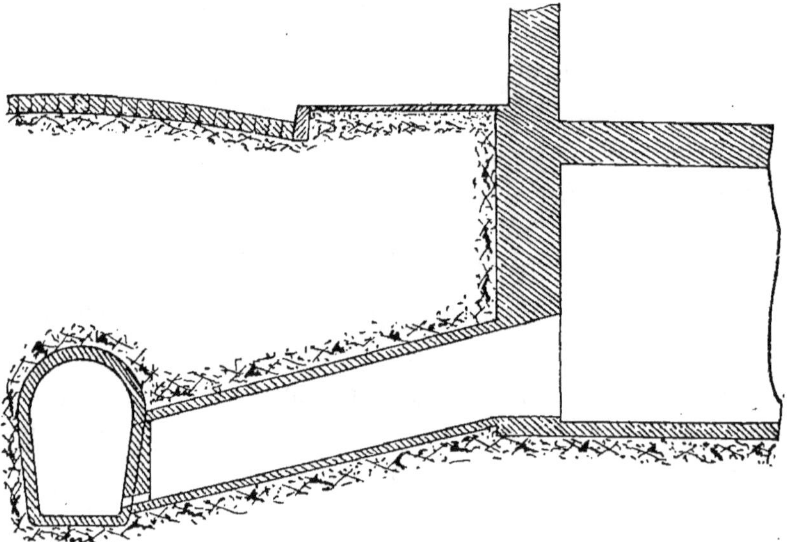

Fig. 196. Branchement particulier d'égout.

pour empêcher les mauvaises odeurs de ce dernier de remonter à l'atmosphère.

Ecoulement des eaux ménagères

On établit la descente de la même manière, et entre les orifices d'évacuation, dans les diverses parties d'un édifice, et l'égout qui recevra les eaux souillées, on interpose des siphons formant fermeture hydraulique permanente,

Emploi des siphons

Nous avons dit qu'on emploie les siphons pour s'isoler des mauvaises odeurs et émanations qui viennent soit de l'égout récepteur, soit de la fermentation des matières qui mouillent les parois des conduites. Le moyen le plus simple de s'en débarrasser consiste à créer un courant d'air ascendant et continu (jour et nuit), sans aucune interruption, mais cette disposition, si simple qu'elle soit, n'est guère applicable aux appareils d'évacuation d'une maison.

La seconde disposition consiste dans l'emploi des siphons, c'est-à-dire qu'on bouche les tuyaux au moyen d'une masse d'eau disposée de façon à laisser passer les déchets, tout en interceptant le passage des odeurs et des gaz. On peut aussi employer des bouchons mobiles fermant les tuyaux, mais concurremment avec les siphons, car seuls ils ne peuvent pas suffire, puisque dès qu'on les ouvre, même pour un instant, ils laissent passer les émanations.

Pour qu'un siphon soit efficace, il faut que l'eau s'y renouvelle de façon à s'y maintenir propre, et que la *plongée* ou *garde d'eau* soit assez forte et supérieure aux différentes pressions qui peuvent exister des deux côtés du liquide.

Tout appareil d'évacuation sera donc muni dès son ouverture d'un siphon qui interceptera la communication avec le tuyau de descente, et celui-ci sera séparé de la canalisation générale par un nouveau siphon, et enfin cette canalisation générale elle-même se déversera dans l'égout en s'isolant par une nouvelle fermeture hydraulique.

Il est bon de remarquer que si, à l'effet du siphon, on vient ajouter l'emploi très efficace des
chasses d'eau pure et en aussi grande quantité que
cela est possible, on entretient les appareils et les
canalisations dans un état de propreté absolue,
et on dilue les matières organiques d'une façon
propre à une expulsion lointaine.

Forme des siphons

Leur forme varie avec la direction et la position
des conduits. La forme la plus convenable pour les
conduits verticaux est celle en S. La figure 197 représente les si-
phons en S qu'on
trouve dans le
commerce. C'est
en somme une in-
flexion de la con-
duite assez pro-
noncée pour conte-
nir constamment
de l'eau. Le double
coude qui la com-
pose est tracé de

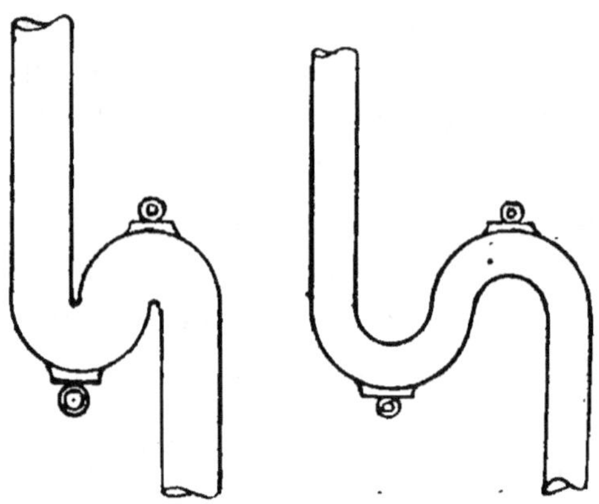

Fig. 197.   Siphons du commerce.

manière qu'il y ait une dénivellation formant fermeture hydraulique. On nomme cette dénivellation
la plongée du siphon, et pour que le siphon soit
efficace, il faut qu'il y ait au moins 6 à 7 centimètres de plongée.

On place des bouchons démontables sur les deux
coudes pour pouvoir les dégager des dépôts solides
quand ils sont bouchés.

La figure 198 représente un siphon employé

lorsque la seconde branche de la conduite est inclinée sur la verticale.

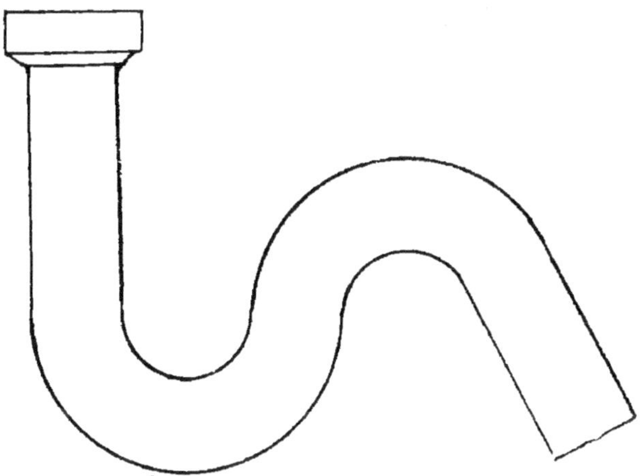

Fig. 198. — Siphon à une branche inclinée.

La figure 199 représente un siphon dont on fait emploi lorsque la deuxième branche est horizontale.

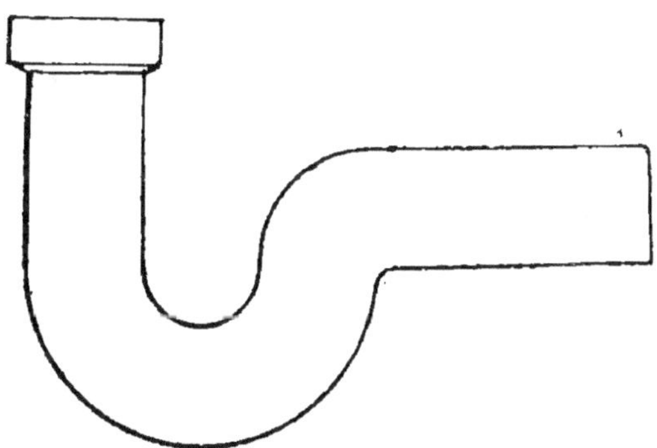

Fig. 199. — Siphon à une branche horizontale.

Enfin, la figure 200 nous montre un siphon employé pour les conduites à deux branches horizontales.

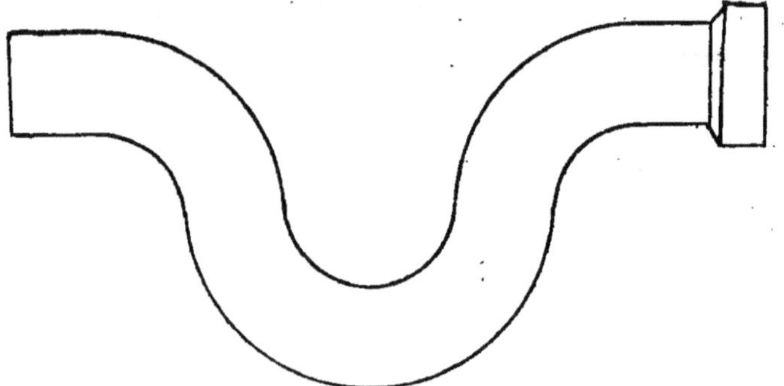

Fig. 200. Siphon à deux branches horizontales.

Ventilation des siphons

Supposons l'appareil A (fig. 201), qui doit recevoir des eaux résiduaires s'échappant par un tuyau spé

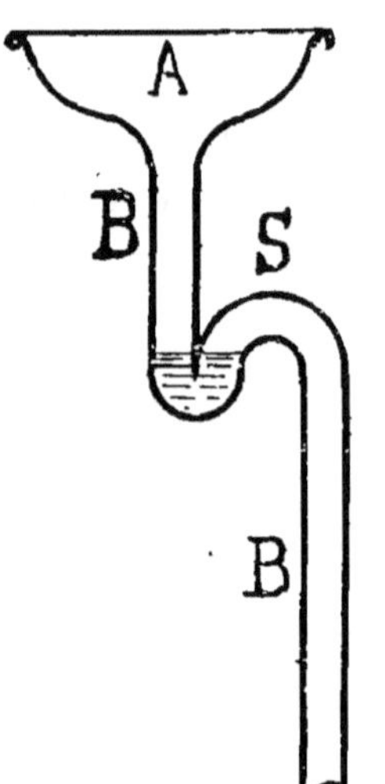

Fig. 201. Ventilation du siphon.

cial B, ne desservant pas d'autres appareils semblables. On croit généralement qu'en interposant un siphon S avec plongée suffisante, on se trouve à l'abri des odeurs de la conduite ; mais c'est là une grosse erreur, car si on verse des eaux sales dans l'appareil A, elles passent vivement et s'écoulent par le siphon et le tuyau B, emplissent la conduite et forment piston qui, en avançant, fait le vide derrière lui. Ce vide aspire l'eau de la plongée et il en résulte qu'après cette chasse, il ne reste plus assez d'eau dans le siphon pour former la fermeture hydraulique, et les odeurs se répandent dans l'atmosphère. Si on verse un peu d'eau, la fermeture se rétablit.

Supposons maintenant l'appareil A (fig. 202) recevant des eaux ménagères s'échappant par une conduite verticale B, desservant d'autres appareils, par un tuyau C incliné sur la verticale. On interpose le siphon S, et en temps ordinaire, il y a occlusion hermétique. Si on jette maintenant des eaux par les étages supérieurs à celui de l'appareil A, dans la conduite principale, l'air qui y est contenu s'y comprime et vient s'échapper en bouillonnant à travers l'eau de la garde ou plongée du siphon, et les odeurs se dégagent. Quand cette masse d'eau descendante a dépassé le tuyau C, elle fait le vide derrière elle, aspire l'eau du siphon et laisse libre le dégagement des odeurs.

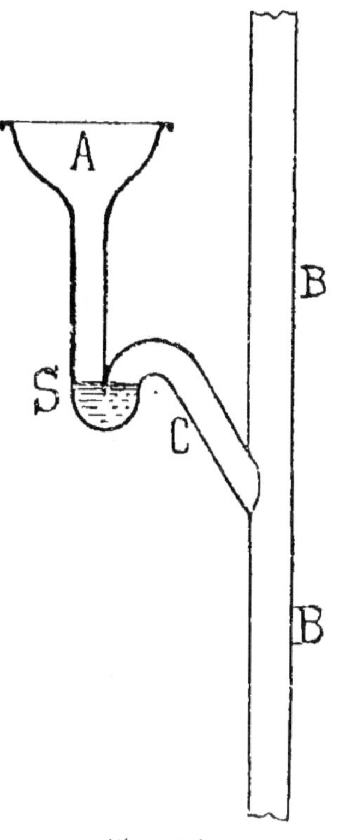

Fig. 202.
Ventilation du siphon.

On évite ces inconvénients en mettant le sommet des siphons en communication avec l'atmosphère par un tuyau de ventilation ayant pour but de maintenir dans la deuxième branche la pression atmosphérique en faisant sortir ou rentrer de l'air, suivant que les écoulements en masse tendront à comprimer ou raréfier l'air de la conduite principale.

La figure 203 représente une disposition de ventilation dans laquelle on a soudé un tuyau T,

Construction moderne.   34

qui traverse le mur de face et débouche à l'atmosphère.

La figure 204 nous montre un siphon ventilé. On

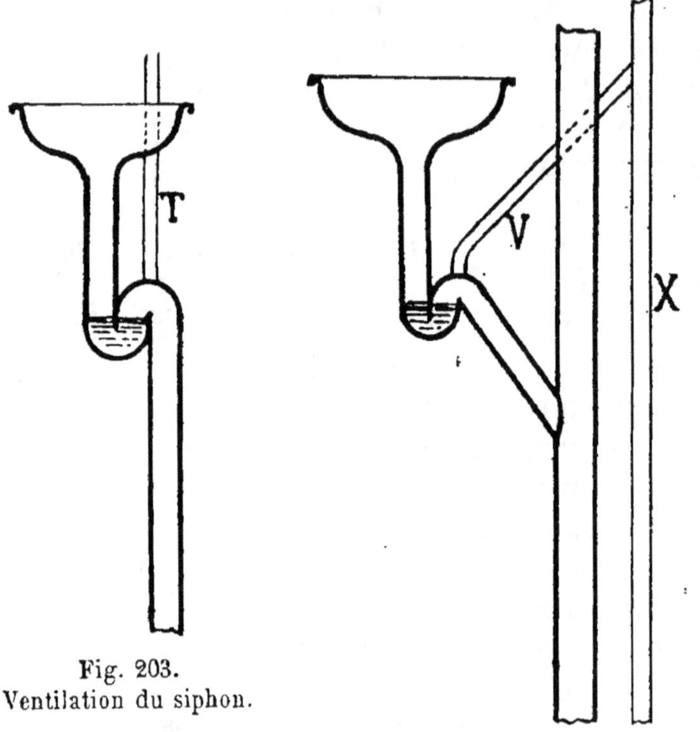

Fig. 203.
Ventilation du siphon.

Fig. 204.   Ventilation du siphon.

établit, dans toute la hauteur de la conduite et parallèlement à sa direction, un tuyau X qui débouche sur le toit de l'édifice par une ouverture complètement libre. On branche à chaque appareil un
tuyau V, qui part du sommet du siphon. On obtient ainsi une ventilation de tous les siphons.

Appareils sanitaires

L'emploi des appareils consommant de très grandes quantités d'eau pour l'évacuation et le lavage,

-tout en retenant une partie de cette eau pour former une garde hydraulique, a fait faire un grand pas à l'hygiène des habitations.

Le principe des appareils dits sanitaires est basé sur l'emploi de chasses d'eau énergiques diluant les matières solides en les entraînant et rinçant en même temps l'appareil, et à l'adjonction d'un siphon étanche qui reste toujours plein d'eau et donne une garde de 0.07 à 0.08.

Les appareils sanitaires ne sont efficaces que tant qu'il y a un changement fréquent de l'eau, et que cette eau ne vient pas à manquer; en outre, il faut que les appareils et les conduites soient à l'abri des gelées.

Pour assurer leur bon fonctionnement, il faut donc établir une canalisation d'eau indépendante de la conduite générale, et leur consacrer sous le toit de l'habitation un réservoir spécial qui parera aux interruptions du service de la canalisation générale.

Disposition des cabinets d'aisances

En général, on les place par groupes verticaux desservis dans les différents étages par un tuyau de chute ayant 8 à 16 centimètres de diamètre qu'on peut établir à l'extérieur de l'habitation, dans tout pays non susceptible aux gelées. Dans le cas contraire, on le place à l'intérieur du bâtiment, sans le sceller dans les planchers, mais en le faisant passer dans des fourreaux.

Pour chaque appareil, on établit un branchement qui est presque toujours apparent à l'étage inférieur. Ce branchement est raccordé avec l'appareil par un tuyau en plomb de même diamètre.

Les joints ne doivent jamais être cachés dans l'intérieur des maçonneries, et à plus forte raison, on ne doit jamais comprendre les canalisations et les descentes dans l'épaisseur d'un mur.

La cuvette reçoit l'eau venant, soit par l'intermédiaire d'un branchement direct, du réservoir, soit par l'intermédiaire d'un réservoir de chasse, qui doit être placé à 1^m80 ou 2^m00 au-dessus de la cuvette pour agir efficacement. Les différents siphons sont aérés.

Nous représentons (fig. 205) une installation des cabinets d'aisances. A, tuyau de chute qui va se raccorder par son extrémité inférieure avec la canalisation du sous-sol. Il reçoit sur sa hauteur les différents branchements des cabinets superposés. Au dernier cabinet d'aisances, il se termine par un coude sans monter plus haut, ou par un branchement ordinaire dont on bouche avec un tampon l'orifice supérieur K.

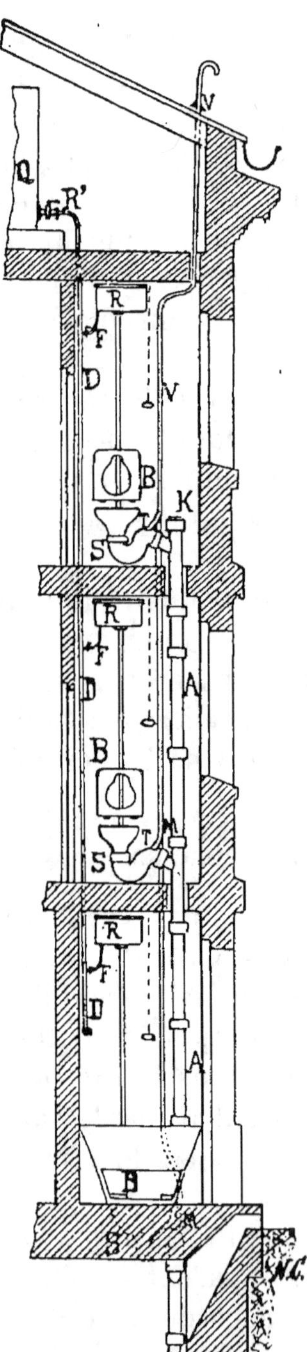

Fig. 205. Disposition des cabinets d'aisances.

A Paris, les règlements obligent que ce tuyau soit prolongé jusqu'au delà du toit et y débouche à l'air libre.

Les appareils B sont reliés à la chute par l'intermédiaire de siphons S aérés. Pour cela, chaque siphon porte une tubulure supérieure T, donnant naissance à un branchement de ventilation M qui aboutit à une conduite générale montante V débouchant au-dessus du toit par un tuyau recourbé. L'eau de chasse est fournie par un réservoir de chasse R, propre à chaque appareil, placé près du plafond, et qu'on manœuvre dans chaque local par une poignée de tirage et une chaîne.

L'eau qui alimente ces réservoirs de chasse vient d'un réservoir spécial Q placé sous les combles ; un robinet R' fait la prise à 0^m10 du fond et est suivi d'une colonne descendante D ; à chaque étage, il y a même un branchement F commandé par un robinet d'arrêt qui alimente le flotteur du réservoir. La colonne descendante s'arrête au réservoir inférieur, on peut la boucher, comme on le voit sur la figure, mais il est préférable de la descendre jusqu'au rez-de-chaussée et la terminer par un robinet de vidange en cas de réparations ou de gelée.

Disposition du bas des chutes transformées

L'article 4 de l'arrêté du 8 août 1894, relatif à l'installation de l'écoulement direct, obligeait les propriétaires à munir chaque cuvette d'un appareil à fermeture hydraulique permanente, mais depuis, tous les anciens appareils branchés sur une chute et étant à effet d'eau sont conservés, et la suppression des tinettes filtrantes ou fosses n'en-

34.

traîne plus leur remplacement par des appareils sanitaires, à condition d'établir dans le bas des anciennes chutes conservées un réservoir de chasse **A** pouvant donner toutes les 6 à 8 heures une chasse énergique, de 100 à 150 litres, pour assurer une bonne évacuation des matières de vidanges.

La fig. 206 représente une installation faite en suivant les indications que nous venons de donner.

Il est bon de remarquer ici que les appareils à tirage à effet d'eau sont d'un fonctionnement

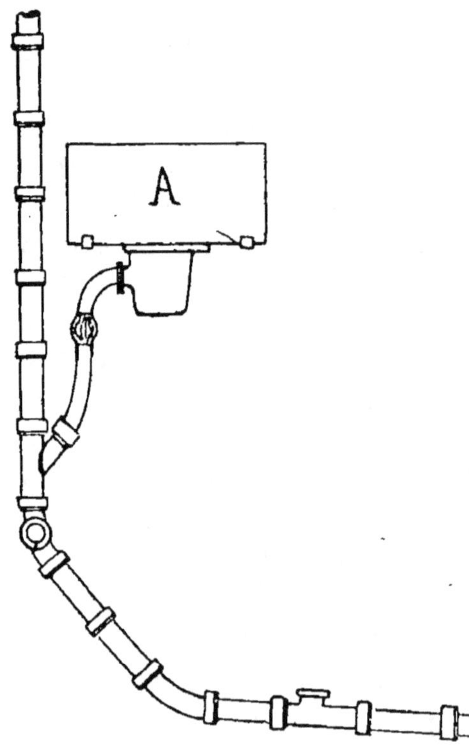

Fig. 206. Dispositif
du bas de chute transformée.

plus sûr, au moment des arrêts d'eau et pendant les grandes gelées, que les appareils de chasse et de siphon plein d'eau.

Réservoir de chasse automatique de bas de chute

La fig. 207 représente un réservoir de chasse automatique en tôle de 100 à 150 litres de capacité ; il est construit comme les petits réservoirs de chasse placés dans les cabinets de 10 à 15 litres de capacité, avec une disposition spéciale pour son amorçage automatique. Ce réservoir est construit par la maison Geneste et Herscher, de Paris. Au

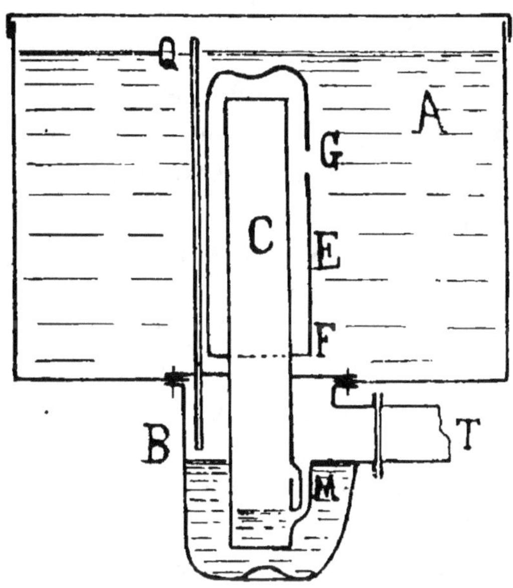

Fig. 207. — Réservoir de chasse automatique.

fond du réservoir A est fixée une boîte B, qui reçoit l'origine du tuyau de décharge T. La partie supérieure de cette boîte est à la pression atmosphérique par l'intermédiaire d'un tube Q qui traverse le réservoir. Un autre tube C, d'un diamètre plus grand, ouvert à ses deux extrémités, se termine d'une part dans le réservoir, et d'autre part, dans le fond de la boîte où il plonge dans un réservoir d'eau ; il porte sur le côté un petit tube manométrique M. Dans le grand réservoir, on le recouvre d'une cloche E, ouverte en F, percée en G.

On l'alimente par un branchement dont le débit est réglable à volonté au moyen d'un robinet, de façon à régler le temps de remplissage d'après le nombre de chasses qu'on désire avoir par 24 heures. Le réservoir étant en train de se remplir, tant que le liquide n'a pas atteint G, rien ne se produit ; mais au delà, la cloche E est fermée, l'air qui s'y trouve s'y comprime, et l'eau sous la cloche subit une dénivellation ; il en est de même pour une quantité égale du bas du gros tube C et du tube manométrique M.

Si l'eau continue à monter, l'eau du tube manométrique est chassée brusquement, donne passage à l'air comprimé du gros tube, et l'eau de la cloche n'étant plus retenue, s'élance à son tour, amorce le siphon, et tout le cube d'eau s'écoule avec violence.

Lorsqu'une conduite dessert plusieurs appareils produisant beaucoup de matières solides, on est obligé de multiplier le nombre des chasses d'eau pour obtenir une évacuation complète. Certains constructeurs ont proposé et préconisé l'emploi d'appareils spéciaux, disposés au bas des chutes et auxquels on a donné différents noms, tels que *siphon diluteur*, *siphon de bas de chute*, etc., ou en général, *récepteurs de bas de chute*.

Récepteurs de bas de chute

Ces appareils consistent en un réservoir dans lequel s'amassent les matières solides dans l'intervalle de deux chasses, où elles se diluent dans une masse d'eau plus ou moins grande, et d'où elles sont délogées à intervalles réguliers par l'eau des chasses vigoureuses.

A côté de leurs avantages, ces appareils présentent l'inconvénient de s'obstruer et de demander une surveillance active.

Le meilleur consiste à n'intercaler aucun appareil spécial et à brancher directement la chute sur la conduite d'évacuation en observant les clauses des articles 9 et 11, et à recevoir au-dessus de la première inflexion la décharge du réservoir de chasse automatique, comme on l'a vu figure 207.

Appareil Scellier, dit siphon diluœur

Cet appareil, représenté fig. 208, est surtout applicable au bas de chutes de cabinets d'aisances

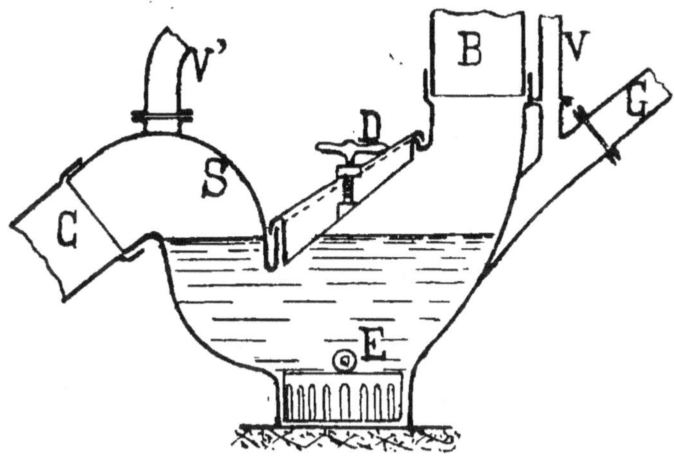

Fig. 208. Appareil Scellier, dit siphon diluœur.

en menant à l'égout tout le produit des sièges, surtout quand les appareils sont à cuvette à valve ordinaire.

Il se compose d'un siphon S à pied, qui appuie sur une fondation convenable, le bas de la conduite verticale B amenant les eaux résiduaires; l'écoulement se continue dans une deuxième branche C, inclinée, et la plongée est de 7 centimètres. Une tubulure latérale permet de recevoir l'écoulement d'une conduite secondaire G. Deux autres tubulures reçoivent les tuyaux de ventilation V et V'. Sur une tubulure verticale, on place un couvercle D à joint hermétique pour le dégorgement. Une passoire métallique E, qu'on enlève par la tubulure D, reçoit le sable et les matières lourdes.

Sur la conduite générale en sous-sol on doit établir, tous les 5 à 6 mètres, des tampons pour le dégorgement. On emploie pour cela des pièces à T (fig. 209), dont la tubulure T est bouchée hermétiquement.

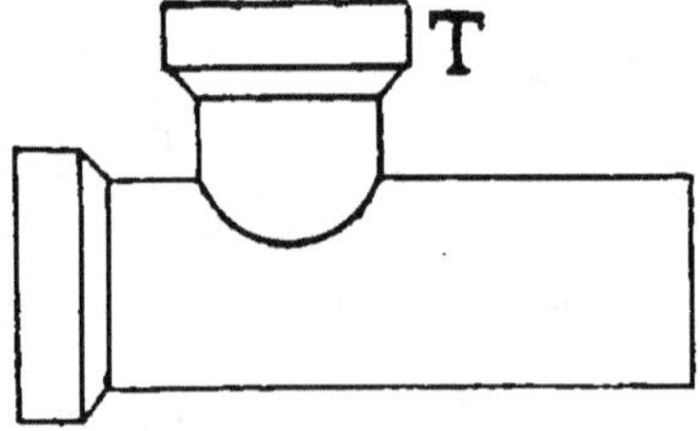

Fig. 209.   Forme d'un tuyau
à tampon.

Lorsqu'une installation de tout à l'égout se trouve dans un point bas, il peut arriver qu'à la suite des grandes pluies, les eaux de l'égout montant brusquement, dépassent le niveau du débouché de la conduite et débordent dans l'habitation. Pour éviter cette inondation, à Paris, on place un robinet vanne à l'extrémité de la conduite, mais il faut aller le fermer, et quand on y arrive, les effets de l'inondation se sont déjà fait sentir ; il vaut mieux établir, au débouché de la conduite dans l'égout, un clapet qui ferme l'orifice de cette conduite dès que la pression extérieure domine.

La fig. 210 représente une installation du tout à l'égout pour une maison de rapport.

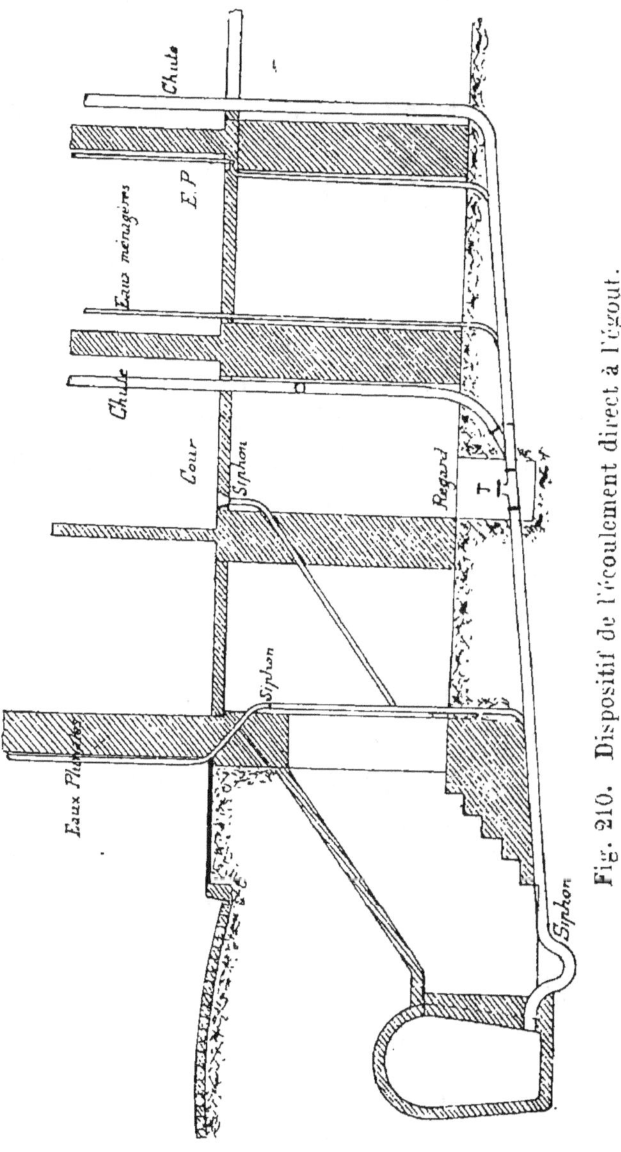

Fig. 210. — Dispositif de l'écoulement direct à l'égout.

CHAPITRE XV
Monte-plats, monte-charges et ascenseurs

———

SOMMAIRE. — I. Monte-plats. — II. Monte-charges. — III. Ascenseurs.

I. MONTE-PLATS

Dans les hôtels privés, construits généralement sur des surfaces restreintes, les cuisines sont presque toujours dans le sous-sol et l'escalier de service ne se trouve pas toujours à proximité de la salle à manger ou même manque complètement. Pour éviter le passage des plats par des pièces, on établit un monte-plats allant de la cuisine située au sous-sol à l'office situé au rez-de-chaussée près de la salle à manger.

On réserve par conséquent dans le plancher une trémie dont les dimensions pour un service ordinaire sont de $0^m800 \times 0^m450$, pour une caisse en bois de $0^m600 \times 0^m400$.

Le monte-plats représenté figure 211 se compose de deux colonnes en fer raboté dépassant l'étage à desservir de 1^m80 environ et réunies à leur partie supérieure par une traverse portant les axes des poulies P et P'. Une deuxième traverse se trouve à la partie inférieure des colonnes et porte une poulie P''. Une corde C dont les extrémités sont fixées à la caisse A passe sur les deux poulies P P''. Une autre corde C' portant contre-poids, passe sur la poulie P' et équilibre le poids mort de la cage. Des ressorts R placés aux extrémités de la course de

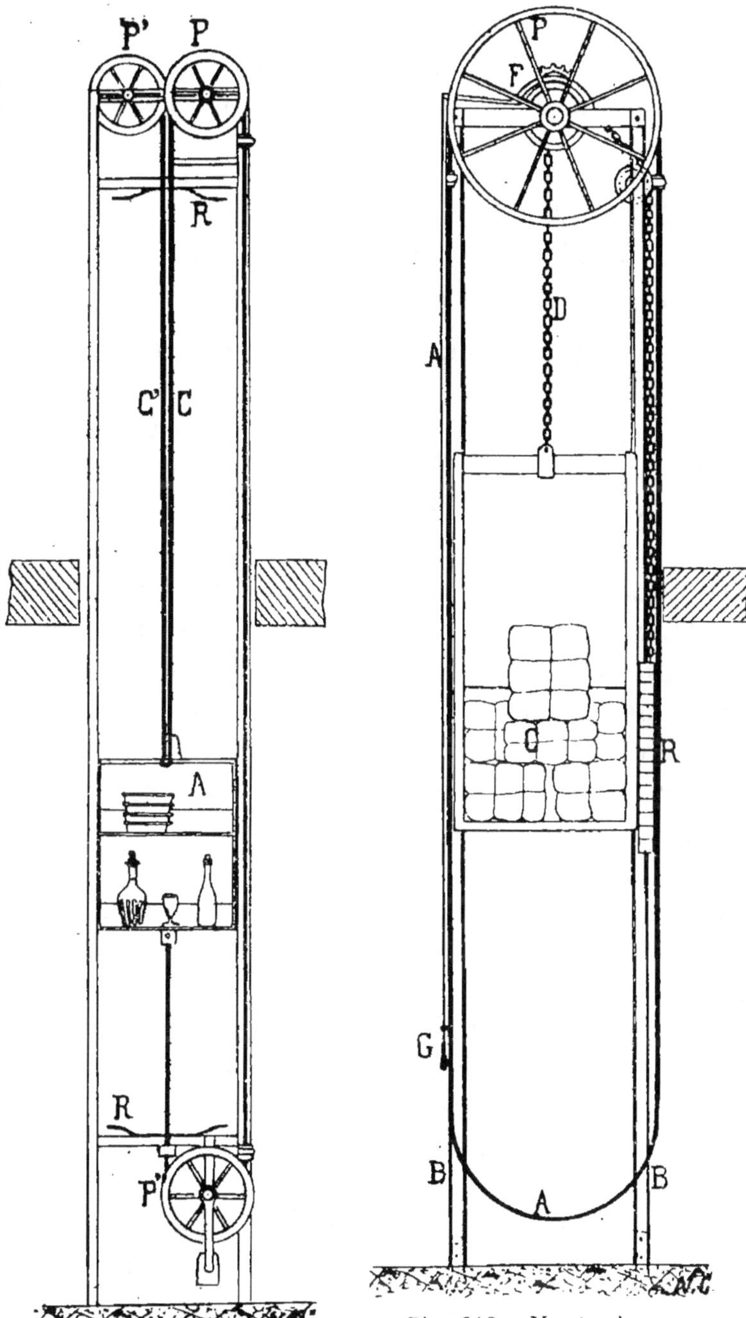

Fig. 211. Monte-plats.
Construction moderne.

Fig. 212. Monte-charges.

35

l'appareil, amortissent les chocs sur les traverses de butée. La corde de manœuvre est guidée à l'approche des poulies pour éviter qu'elle ne saute au-dessus de la gorge.

II. MONTE-CHARGES AVEC FREIN PERMETTANT DE L'ARRÊTER A UNE HAUTEUR QUELCONQUE

Il est formé (fig. 212) de quatre colonnes supportant à la partie supérieure l'axe du mécanisme composé d'une poulie à gorge P, sur laquelle passe la corde A de manœuvre guidée à proximité de ladite poulie. La cage est portée par une chaîne D passant sur deux poulies de renvoi et portant un contre-poids R. En agissant sur la corde A dans un sens ou dans l'autre, on peut faire monter ou descendre la cage, qu'on peut à volonté arrêter à l'aide du frein F que l'on peut faire agir en tirant sur la tige de manœuvre G. Quand on veut charger ou décharger l'appareil, on retrousse la corde A et on l'accroche à un crochet fixé sur une colonne.

III. ASCENSEURS

Nous allons distinguer deux sortes d'ascenseurs : les ascenseurs hydrauliques et les ascenseurs électriques.

Quel que soit le mode de commande d'un ascenseur, il doit être placé de manière à avoir facilement accès sur le palier de l'escalier où se trouvent les entrées des différents appartements ; presque toujours il occupe le milieu du jour de l'escalier et est relié aux paliers par une passerelle.

Les dimensions minima d'un ascenseur sont $1^m20 \times 0^m80$, on ménagera en conséquence une cage de $1^m 60 \times 0^m 85$. La figure schématique 213 indique la place occupée par l'ascenseur dans la cage de l'escalier.

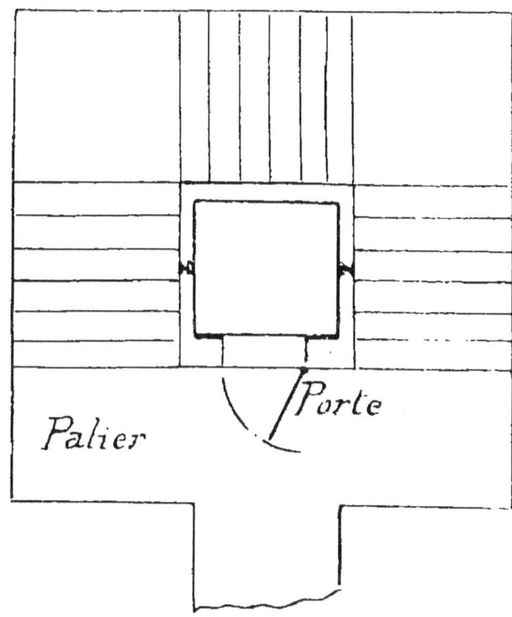

Fig. 213. — Disposition d'un ascenseur
dans la cage d'un escalier.

Ascenseurs hydrauliques

Dans les grandes villes, où l'on dispose de conduites d'eau en pression, il est économique d'en faire usage pour actionner les ascenseurs. Dans le cas où l'on ne possède pas de conduite, il est indispensable d'actionner l'ascenseur au moyen d'un réservoir supérieur alimenté par des pompes.

Le système le plus ancien est celui que M. Edoux a fait fonctionner à l'Exposition de 1867 et qu'il a perfectionné dans l'installation de l'ascenseur de 1878 au Trocadéro.

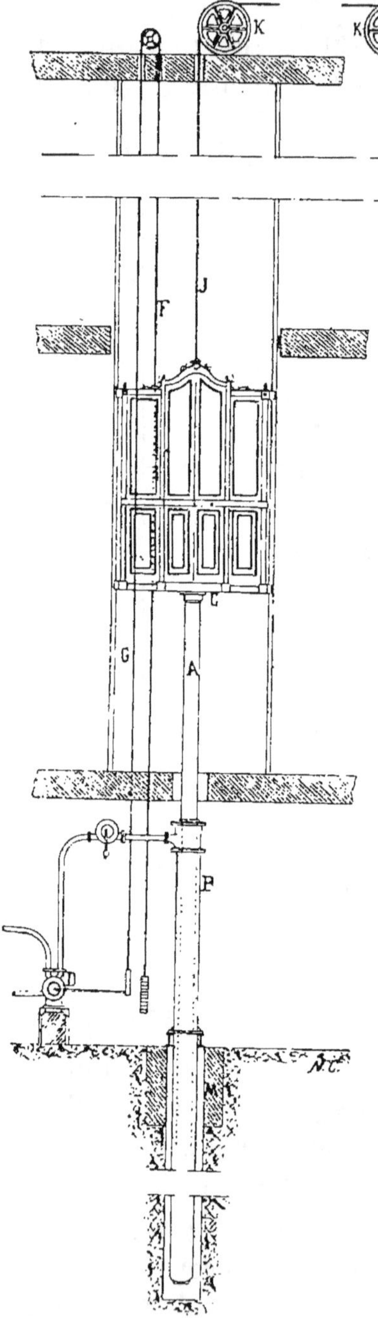

Fig. 214. Ascenseur hydraulique, système Edoux.

Ascenseur Edoux

Il se compose, figure 214, d'un piston plongeur A ayant comme longueur la hauteur de l'édifice à desservir, se mouvant dans un tube de la même longueur B placé sous le sol. Le plateau portant la cabine à voyageurs C est fixé sur la tête du piston plongeur. Le poids de la cabine est équilibré par des contre-poids I fixés à une corde J passant sur des poulies de renvoi K.

L'ascenseur est mis en mouvement au moyen d'un distributeur D analogue au tiroir d'une machine à vapeur. Pour faire monter la cabine il suffit de mettre l'eau en pression en communication avec le dessous du piston au moyen du distributeur D. Pour la descente, on met l'eau contenue dans le cylindre en communication avec un tuyau de décharge.

Une corde de manœuvre F, G traversant la cage permet de commander le distributeur de l'intérieur de la cabine et arrêter à volonté dans la montée ou la descente, à l'étage voulu.

Le seul inconvénient qu'on peut lui reprocher, c'est qu'il exige la construction d'un puits cuvelé M d'une profondeur égale à la course, ce qui devient très coûteux quand on se trouve sur un sol résistant. Aujourd'hui, on le construit sans puits.

Ascenseur Samain

Il diffère de celui de M. Edoux en ce que le piston est fait par cinq tubes de diamètres différents, s'emboîtant les uns dans les autres et le cylindre formant corps de pompe est ainsi ramené à la longueur de l'un des éléments du piston. Pendant la montée, les éléments se développent successivement et la colonne d'eau qui s'élève à l'intérieur forme une sorte de colonne liquide supportant la cabine.

Ascenseur Samain à câble

Dans cet ascenseur, la cabine n'est pas portée par le piston. Elle est suspendue par un système de chaînes qui s'enroulent sur une grande poulie, placée à la partie supérieure du bâtiment. A l'autre extrémité de la chaîne enroulée est attaché un contre-poids, qui formant piston se meut dans un corps de pompe.

Tout l'appareil est placé au-dessus du sol et n'exige aucun tube souterrain. Dans cet ascenseur les mouvements se produisent en sens inverse de ceux de l'ascenseur à piston. Quand on introduit l'eau sous le piston, celui-ci monte mais en même temps la cabine descend ; au contraire elle monte pendant que le piston descend et que l'eau s'écoule dans la conduite de décharge. L'appareil est en outre muni de freins de sûreté.

Ascenseur Otis à piston vertical

Comme dans l'ascenseur Samain, la cabine est suspendue à un câble s'enroulant sur une poulie supérieure, l'autre extrémité de ce câble s'enroule sur une moufle qui porte un contre-poids faisant piston et se mouvant dans un corps de pompe. La course du piston est moitié de celle de la cabine. Toute l'installation se fait extérieurement à partir du niveau des caves.

Ce système a été appliqué à la tour Eiffel à partir du sol jusqu'au deuxième étage, soit sur une hauteur de 113 mètres, et les moufflages sont disposés de telle façon qu'à un déplacement de **un mètre** du piston dans le cylindre correspond une élévation de 12 mètres de la cabine.

Ascenseur Otis à piston horizontal

Sur le sol de la cave ou dans un espace souterrain on pose des solives portant le cylindre métallique dans lequel se meut le piston plongeur. La tête du piston est armée de deux poulies qui suivent son mouvement de va-et-vient. Une chaîne de galle est fixée par un bout au cylindre et, après s'être enroulée autour des poulies, elle est renvoyée verticalement en haut de la construction, pour supporter à son autre extrémité la cage de l'ascenseur.

Ascenseurs électriques

Les ascenseurs électriques se divisent en deux catégories, dans les uns l'électricité commande des distributeurs hydrauliques, dans les autres on se sert des moteurs électriques.

Ascenseur électrique, système Edoux

Il se compose essentiellement (fig. 215) d'une dynamo quelconque D à électro-aimant à double enroulement et à dérivation; d'un rhéostat R de commande; d'un interrupteur à force centrifuge pouvant donner ou couper automatiquement l'excitation; d'un treuil d'enroulement T mû par une vis sans fin, enfin, de plusieurs organes de manœuvre commandés soit électriquement au moyen d'un électro-aimant, soit à la main.

On place la dynamo dans le sous-sol; elle porte une vis sans fin engrenant avec une roue hélicoïdale agissant sur un pignon qui donne le mouvement au treuil. Ce treuil est équilibré au moyen d'un contre-poids P égal au poids mort de la cabine augmenté de la moitié de la charge en mouvement.

Le câble est attaché par son milieu à la partie médiane du

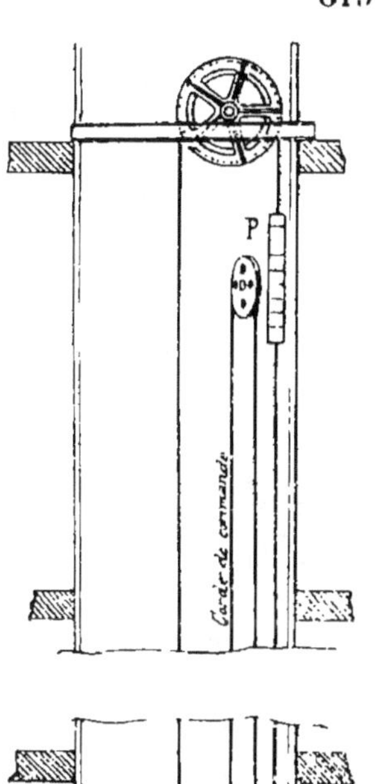

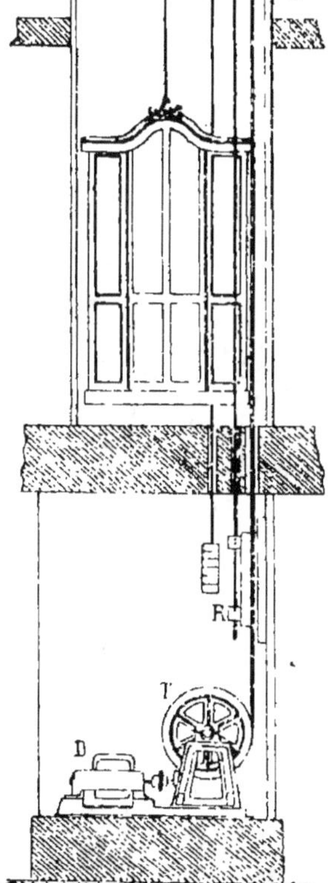

Fig. 215. Ascenseur électrique, système Edoux.

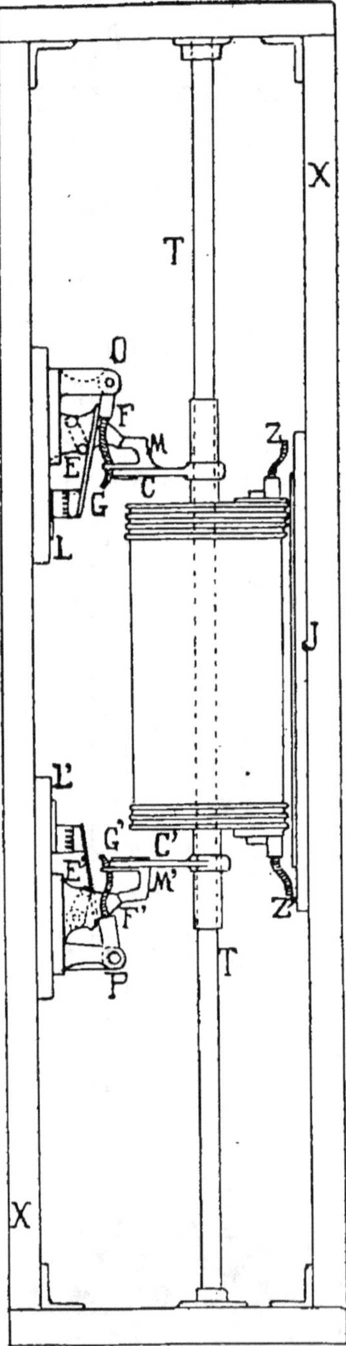

Fig. 216. Ascenseur électrique Édoux. Rhéostat de manœuvre.

tambour qui est à cannelures pour éviter la superposition du câble.

Le rhéostat, lui, peut coulisser (fig. 216) sur une tige centrale T qui lui sert de guide ; deux doigts C, C' sont fixés sur lui et les extrémités du fil de résistance sont terminées par des balais Z, Z' qui peuvent venir frotter contre une lame de cuivre J.

Le cadre X qui porte cette lame et sur lequel sont fixés les deux extrémités de la tige T porte également deux axes O, P fixes autour desquels peuvent osciller, par l'intermédiaire des cames F, F', deux balais G, G' qui selon la position du rhéostat sont amenés en contact avec la résistance ou bien dans une position intermédiaire entre la résistance et les contacts E, E', ou au contraire éloignés de cette résistance et mis en contact au moyen de deux ressorts avec deux touches L L' fixées sur le cadre X.

Le régulateur à force centrifuge est calé sur l'axe de

la dynamo, il actionne un levier qui vient s'engager entre les deux paillettes M, M' dès que le moteur se met en mouvement. A cet instant le courant passe par ces paillettes et excite la dérivation des électro-aimants et renforce le champ de la dynamo.

Quand le moteur s'arrête, ce levier quitte les deux paillettes M, M' et la dérivation est coupée. Cette disposition a été prise pour mettre les balais de la dynamo en court circuit lors de l'arrêt.

Fonctionnement. — Supposons la cage arrêtée et qu'on veuille monter; on fait descendre, soit avec une tringle de manœuvre, soit avec un électro-aimant, le rhéostat. Le balai Z vient en contact avec la lame J et le balai G' en contact, par l'intermédiaire du doigt C' et de la came F" avec les spires du rhéostat, introduisant ainsi toutes les résistances dans le circuit; le moteur se met en marche simplement par le courant en série.

Le régulateur à force centrifuge ferme le courant de dérivation, et au fur et à mesure de la descente du rhéostat, les résistances diminuent et la vitesse du moteur augmente jusqu'à la vitesse normale.

Pour l'arrêt, on fait remonter le rhéostat en introduisant des résistances successives dans le circuit et la vitesse du moteur, réduite jusqu'à ce que le balai G' soit rejeté vers son contact L', par la came E' et la touche C' et coupe le circuit principal. Le moteur perd alors sa puissance vive jusqu'à ce que, par la mise en court circuit des balais du moteur, il y ait arrêt complet et immédiat.

35.

La manœuvre inverse produit la descente de la cabine.

Ascenseur électrique Otis

C'est un ascenseur mouflé à eau.

L'eau est distribuée au moyen d'un appareil électrique dont le principe est celui de la machine à colonne d'eau, dans laquelle le piston distributeur serait manœuvré par l'électricité. Dans ce but, deux électro-aimants en agissant sur leur armature ouvrent une soupape qui envoie l'eau sous pression dans le cylindre du piston distributeur, le faisant ainsi monter ou descendre et par conséquent envoyant l'eau sous pression dans le cylindre de l'ascenseur ou au tuyau de décharge.

Quand on interrompt le circuit dans les électro-aimants, les soupapes étant soumises à l'action d'un ressort se referment et la cabine reste immobilisée. Le circuit passe dans la cabine et deux boutons permettent aux personnes qui y sont renfermées d'effectuer la manœuvre. En somme, il faut que le circuit soit fermé pendant tout le temps de la montée ou de la descente, et s'il n'y avait pas arrêt autour il faudrait avoir la main sur le bouton pendant tout le temps de l'ascension ou de la descente.

On évite cet inconvénient au moyen d'une tige que le piston distributeur entraîne automatiquement contre les bornes des deux circuits auxiliaires. Quand le distributeur occupe la position moyenne ou d'immobilisation ces deux circuits sont rompus. Si au moyen d'un bouton on fait passer le courant dans un de ces circuits, la tige s'abaisse et le piston distributeur se met en mouvement et reste dans sa position jusqu'à ce que l'on arrête ce circuit intermédiaire par un autre bouton. Le piston distributeur revient à sa position moyenne et la cabine s'immobilise.

Des boutons spéciaux servent à commander la montée ou la descente de la cabine d'un étage quelconque.

Ascenseur hydraulique mû par un moteur à gaz, système Edoux

L'emploi d'une machine à gaz pour la commande d'un ascenseur exige qu'on puisse : 1° Mettre la machine en route et l'arrêter sans le secours de l'homme.

2° Régler les premières foulées du gaz afin que son introduction soit suffisamment faible pour que l'explosion puisse avoir lieu au commencement de la mise en marche.

L'ascenseur Edoux se compose (fig. 217), d'un moteur à gaz de trois chevaux A actionnant directement une pompe E de compression pouvant donner deux litres par seconde à la pression de 3 k. 5, et envoyant son eau directement dans l'ascenseur ; d'un petit accumulateur de 2 mètres de course, réglé à 3 k. 25 et étant en communication avec la pompe E et avec un cylindre de 0^{m}55 de course portant une crémaillère B engrenant avec un pignon à cliquet D et frein Bourguignon placé sur l'arbre du moteur. Ce pignon tourne fou quand la vitesse de cet arbre devient égale à la vitesse normale du moteur.

Pour effectuer la montée, l'accumulateur étant plein d'eau comprimée, on agit sur la tige de manœuvre qui établit la communication entre l'accumulateur et le cylindre à piston-crémaillère

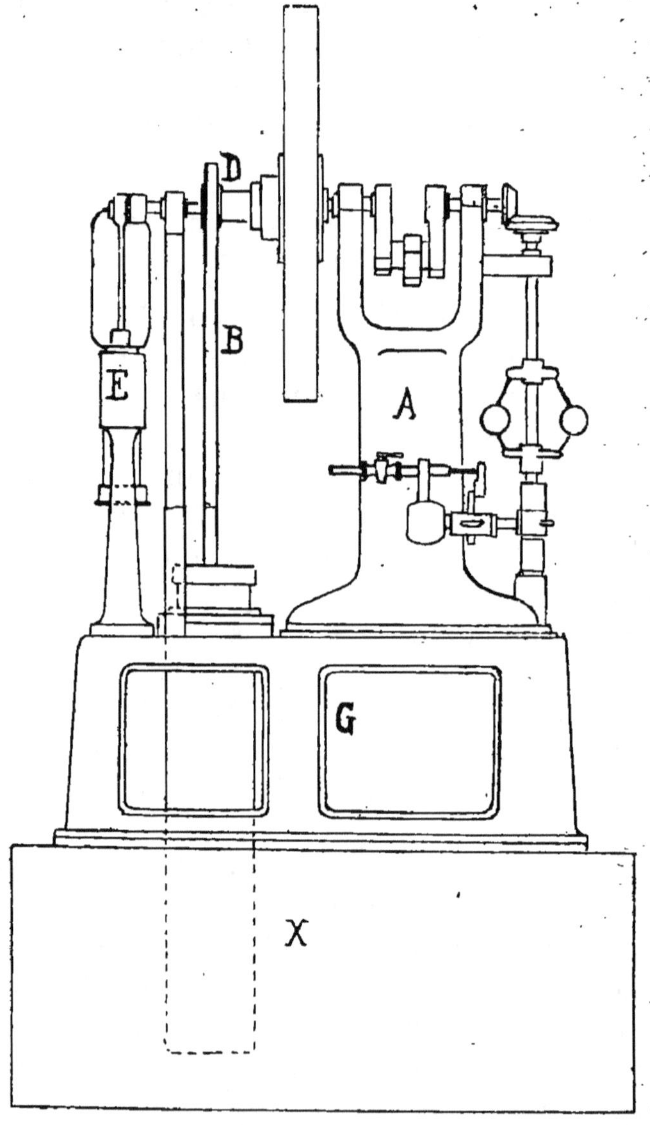

Fig. 217. — Ascenseur à gaz, système Edoux.

Celui-ci monte et son pignon met en mouvement

la pompe de compression et fait monter l'ascenseur. La tige crémaillère a une longueur suffisante pour déterminer le nombre de tours nécessaires à la mise en marche du moteur à gaz qui continue alors à tourner et l'eau arrive sans interruption sous le piston de l'ascenseur.qui continuera à monter.

Quand il arrive au bout de sa course la communication entre son tube et la pompe est rompue ; il ne reste alors d'ouverte que la communication de l'accumulateur et comme la machine à gaz continue à tourner, l'accumulateur se remplit de nouveau et quand celui-ci arrive au bout de sa course arrête le moteur. Ainsi tout est prêt pour une nouvelle opération.

La descente se fait comme à l'ordinaire, avec la seule différence que l'eau n'est pas envoyée à l'égout, mais à la bâche alimentaire de la pompe placée en G.

On doit régler automatiquement l'arrivée du gaz lors de la mise en marche du moteur; pour cela un disque en tôle, maintenu par un levier chargé d'un poids, s'appuie sur la poche en caoutchouc; il ne laisse dans cette poche que la quantité de gaz nécessaire pour une cylindrée; il ne pénètre donc sous le piston que la quantité voulue pour déterminer l'explosion. A mesure que la vitesse du moteur s'accroît, le régulateur à force centrifuge du moteur agit sur le levier du disque appuyé sur la poche en caoutchouc, le soulève et laisse pénétrer la quantité de gaz convenable à la vitesse normale du moteur.

A l'aide de ce dispositif et peu d'organes groupés

d'une façon peu encombrante, la mise en marche de l'ascenseur se fait automatiquement et économiquement, car le prix du mètre cube d'eau monté à 35 mètres, revient à peine à 10 centimes.

Si la distribution de gaz vient à s'arrêter, il suffit d'ouvrir un robinet pour pouvoir marcher avec l'eau de la ville.

CHAPITRE XVI
Du ciment armé

——

Sommaire. — I. Planchers en fer et ciment. — II. Cloisons. — III. Construction en ciment armé, système Cottancin. — IV. Ciment armé, système Hennebique.

Nous allons terminer cet ouvrage par une description un peu sommaire des constructions en ciment armé.

Le principe consiste à noyer dans une couche de ciment de plusieurs centimètres, un treillis métallique à mailles de 6 à 10 centimètres de côté ; on obtient ainsi un monolithe très résistant. Il est bon de remarquer en passant que le fer se conserve parfaitement dans le ciment, tandis qu'il se rouille et se gonfle dans la maçonnerie. L'emploi du ciment dans les constructions à ossature métallique leur procure une résistance qu'on peut évaluer jusqu'à 5,300 kilogrammes de charge par mètre de longueur avec une faible épaisseur de 40 centimètres de ciment.

I. PLANCHERS EN FER ET CIMENT

L'ossature métallique est formée d'un treillage raidi par des barres longitudinales et courbé en arc de cercle. Ce treillage vient s'appuyer sur les semelles inférieures des solives et le béton de ciment est coulé par le haut; on voit cette disposition dans la figure 218.

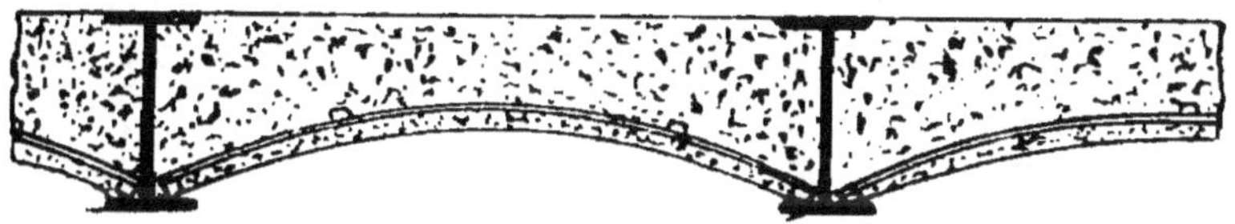

Fig. 218. — Plancher en ciment armé.

Le plafond de l'étage au-dessous est de même formé d'une carcasse métallique accrochée aux poutres ou raidie par une cornière longitudinale et reliée au grillage supérieur par des tirants verticaux, on remplit le tout par une légère couche de béton de ciment; telle est la disposition représentée fig. 219. On peut également faire le plafond par des voûtins.

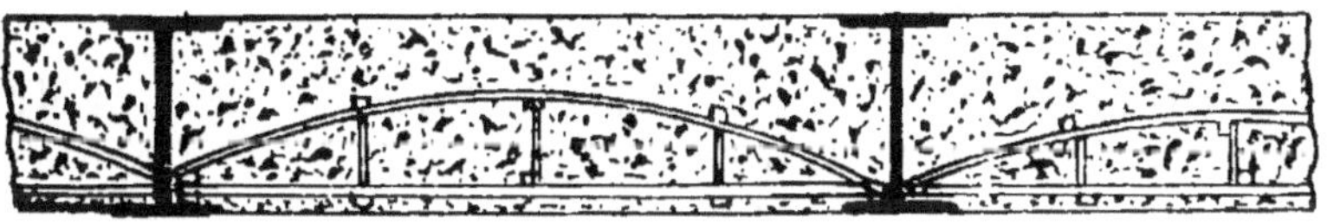

Fig. 219. — Plancher et plafond en ciment armé.

II. CLOISONS

Les cloisons de refend ou autres sont établies de la même manière; on place des cornières verticales contre lesquelles s'applique le grillage qu'on renforce par des tiges de fer placées horizontalement tous les 20 centimètres, on recouvre cette ossature ainsi faite d'une couche de béton de ciment sur les deux faces; le tout ayant une épaisseur de 51 millimètres.

Ce principe de noyer du fer ou de l'acier dans le ciment, se prête à toutes les formes et les ouvrages ainsi faits, à résistance égale sont moins épais et plus légers que les maçonneries; ils sont plus légers, par conséquent on peut les supporter par des appuis moins solides; ils sont élastiques, imperméables et se comportent très bien vis-à-vis du feu.

Poteaux

On constitue une ossature métallique formée par trois ou plusieurs barres de fer verticales qu'on lie entre elles par du fil de fer entouré en spirale autour de ces barres. On forme tout autour un coffre en bois ayant les dimensions que l'on veut donner au poteau, on coule le béton de ciment dans ce coffre et l'on pilonne fortement.

De la même manière on construit des poutres droites de l'importance que l'on désire.

III. CONSTRUCTION EN CIMENT ARMÉ, SYSTÈME COTTANCIN

M. Cottancin forme avec un fil de fer ou d'acier une chaîne continue qu'il tisse ensuite avec une trame constituée de la même matière.

La toile ainsi formée (fig. 220), est munie sur tout son pourtour de boucles qui relient les diverses parties du treillis. Ces boucles arrêtent les treillis sur les côtés et reçoivent une tige métallique rigide. Ce treillis est recouvert d'une couche de béton de part et d'autre, formant une épaisseur de 40 à 50 millimètres.

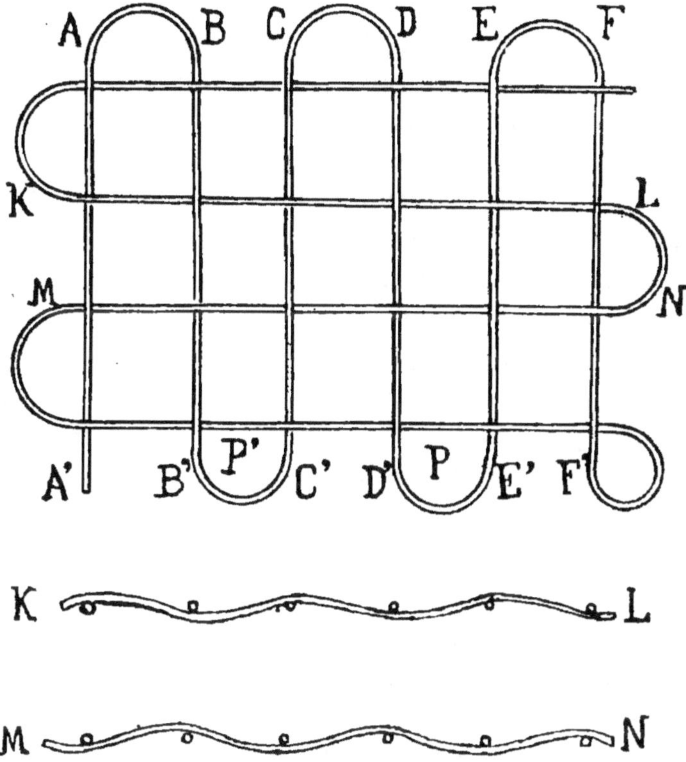

Fig. 220. — Toile métallique pour constructions en ciment armé, système Cottancin.

Pour permettre à ces ouvrages des portées considérables et de fortes charges, on découpe leur surface inférieure en caissons accolés par des épines contreforts constituées par une trame métallique posée sur champ et noyée dans le ciment, elle résiste ainsi à la flexion. On relie cette trame verticale des nervures à la trame horizontale de la dalle, maille à maille. A la partie inférieure de chaque épine on place une barre de fer longitudinale.

Ce système présente l'avantage d'offrir plus de stabilité que le treillis noyé avec attaches, car si on attache des poids P, P' (fig. 220), aux boucles B' C' D' E', la plaque étant fixée en A B et E F, il est impossible d'arracher les tiges C C' D D' sans rompre le fil en A B, B' C', D' E' et E F. Donc le ciment travaille simplement à la compression par suite de la suppression des attaches, tandis que dans le système à attaches il travaille à la fois à la torsion et à la compression.

Avec le système Hennebique que nous allons décrire à la suite, il faut une épaisseur de 15 centimètres de ciment et 0^{m2} 0012 de fer pour porter une charge de 1,200 kilogrammes sans que la limite d'élasticité soit atteinte.

Avec le système Cottancin, il suffit de 32 millimètres d'épaisseur de ciment et 0^{m2} 0004 de fer. Une plaque de 40 centimètres de largeur et 40 millimètres d'épaisseur et 0^{m} 0004 de section métallique placée sur deux appuis écartés de 1 mètre, peut porter en son milieu 1,220 kilogrammes.

Composition des planchers, système Cottancin

On emploie des fils de fer de 0^{m} 004 de diamètre et on donne aux plaques une épaisseur de 40 millimètres, on place des épis quand la largeur dépasse 1^{m} 30. Ceci permet à l'architecte de croiser ces nervures et d'obtenir des décorations variées pour les plafonds. Souvent ce plancher suffit sans adjonction de parquet ou de carrelage; le ciment joue alors le rôle du carrelage et présente l'avan-

tage d'être lavable avec des solutions antisepti-
ques. Dans le cas où l'on désire un parquet, au
moment du coulage du béton on y incruste des
petites lambourdes pour le fixage du parquet.

Ces parquets ont l'inconvénient d'être sonores,
on y remédie en créant un matelas d'air au-dessous du plancher. Pour cela on dispose (fig. 221)
dans les caissons formés par les nervures inférieures, des carreaux en plâtre et ossature métallique légère ayant les dimensions des caissons.

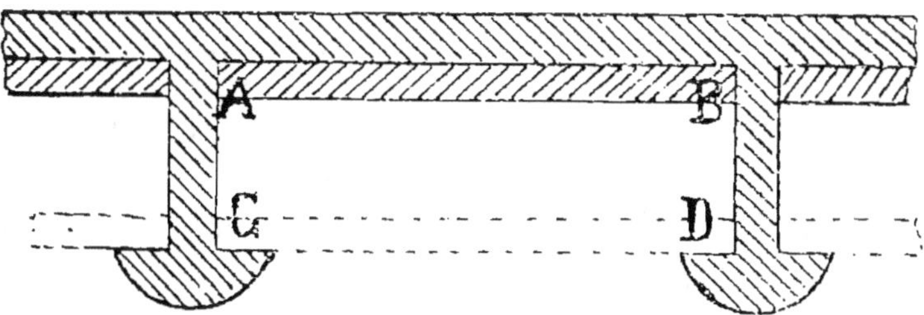

Fig. 221. Plancher, système Cottancin.

Pendant la construction des planchers en ciment
on soutient en A B les carreaux à l'aide des tasseaux de bois reposant sur les taquets des épines.
Quand le plancher est terminé, on enlève les tasseaux et on descend les carreaux en C D, l'air
compris entre le plancher et les carreaux de plâtre
forme un matelas qui diminue la sonorité. On décore ces carreaux, soit avec de la peinture, soit
par incrustation d'ornements céramiques.

Le même système s'applique à la construction
des combles, pour cela on supprime la charpente
et on la remplace par une voûte mince à nervures;
on laisse la couverture en ciment apparente ou
bien on y encastre avec bain de ciment ou de mor-

tier les ardoises, tuiles, etc. Une double paroi analogue à celle des plafonds, faite avec des briques en liège, isole assez bien les combles de l'atmosphère extérieure.

IV. CIMENT ARMÉ, SYSTÈME HENNEBIQUE

M. Hennebique a cherché à utiliser la résistance propre du béton à la compression et à limiter celle du fer à la traction, chacun des matériaux travaillant ainsi dans les conditions de résistance propre les plus favorables.

Construction en ciment armé

Les éléments constitutifs d'une construction analogue sont la poutre et les piliers. Pour faire ces travaux d'une façon convenable, voici la proportion de matériaux employés :

1 mètre cube de petit gravier.

1 demi-mètre cube de sable.

300 kilogr. de ciment de Portland bonne qualité.

Le tout bien mélangé, donne 1 mètre cube 300 de béton pilonné avec fers ronds disposés à la hauteur voulue et revêtus d'une couche d'au moins 2 centimètres.

. La poutre est formée du béton ci-dessus, pilonné dans un caisson donnant les dimensions à obtenir, avec tirants en fer rond noyés à la partie inférieure. Au-dessus de la fibre neutre, se trouve simplement le béton, car cette partie travaille à la compression et y développe sa résistance à la compression, tandis qu'au-dessous de cette fibre neutre, c'est-à-dire dans la partie travaillant à la traction, se trouvent les tirants de fer qui y développent ainsi leur propriété de résistance à la traction. On relie les différents tirants par une série d'étriers ou entretoises en fer plat qui complètent ainsi le système.

Les piliers P sont construits de la même manière en formant une véritable poutre; ils résistent mieux que la fonte aux efforts obliques; ils sont

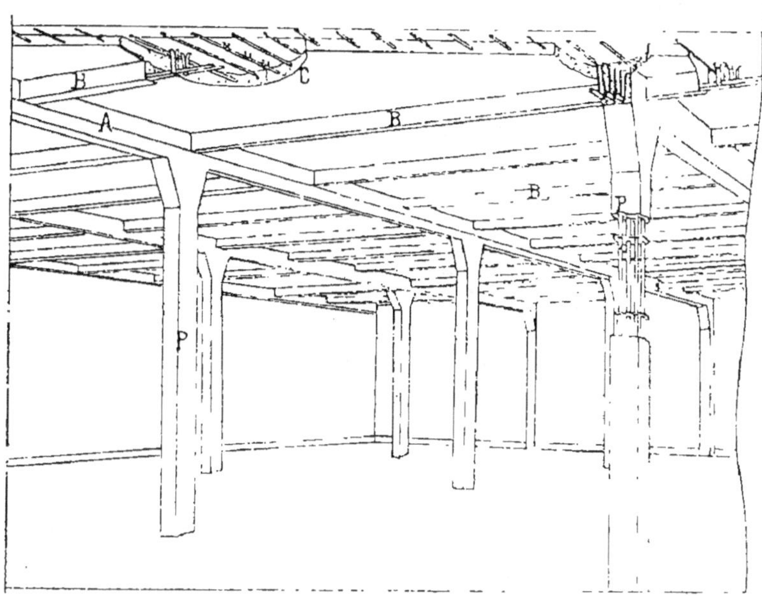

Fig. 222. Ciment armé, système Hennebique.

formés de barres verticales B, reliées et maintenues par des entretoises profilées A. Le régime d'élasticité est celui de l'aggloméré dont la force s'est accrue de toute la résistance des barres. Le béton ne doit jamais travailler à l'extension, mais toujours à la compression.

Pour former avec ce système un plancher par exemple, on dispose une série de poutres maîtresses A (fig. 222) reposant sur des piliers P et réunies entre elles par des poutres secondaires B formées de la même façon que les poutres maîtresses et un hourdis C, pouvant supporter 200 à 300 kilogrammes par mètre carré, relie les poutres secondaires entre elles. On constitue le hourdis C comme la poutre, de petits fers ronds ou carrés et des étriers proportionnés.

La figure 223 donne le détail de construction d'un pilier P.

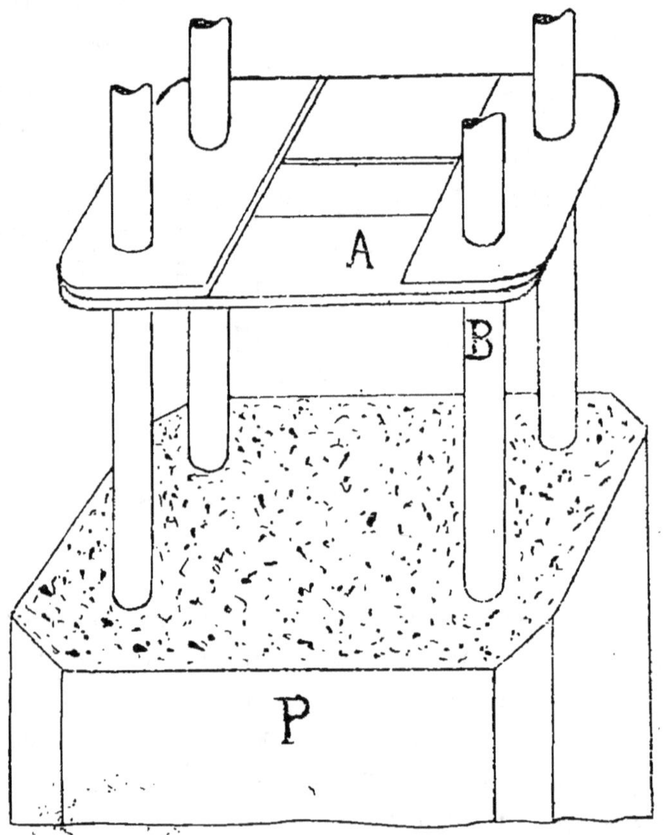

Fig. 223. — Ciment armé, système Hennebique.
Détail d'un pilier.

M. Hennebique dispose aussi dans les poutres,

poutrelles et même dans le hourdis, certains tendeurs en fer T rond ou carré pliés, qui affectent la forme indiquée sur la figure 224. La fonction de ces tendeurs pliés est double.

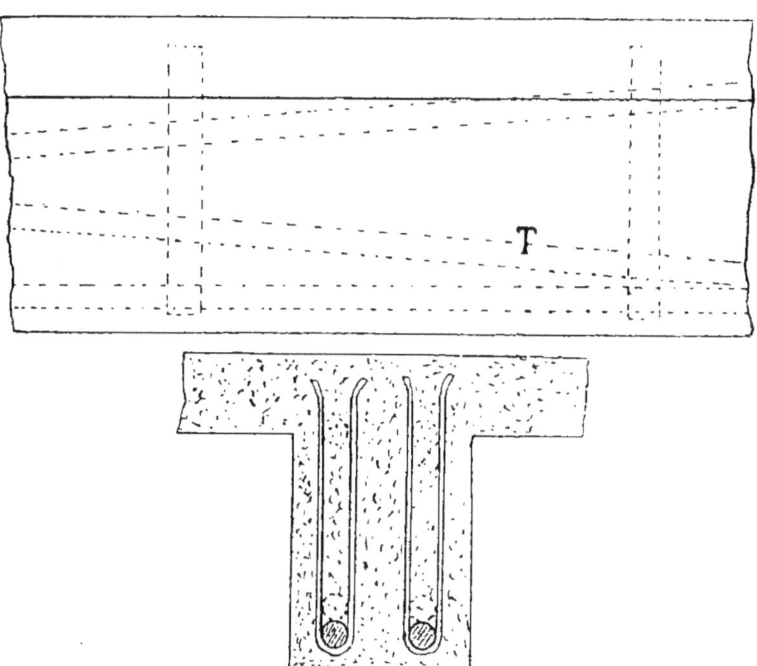

Fig. 224.   Ciment armé, système Hennebique. Détail des tendeurs.

1° Ils forment avec les barres horizontales et leurs étriers un triangle indéformable dont la résitance à l'effort tranchant croît en s'avançant vers l'appui où cet effort est maximum.

2° Ils suivent et rencontrent exactement l'effort fléchissant d'une poutre continue à plusieurs travées. Avec ces tendeurs, l'étrier résiste surtout aux efforts tranchants longitudinaux et verticaux.

FIN

TABLE DES MATIÈRES

PREMIÈRE PARTIE

Construction moderne.   36

SECONDE PARTIE

APPENDICE

FIN DE LA TABLE DES MATIÈRES

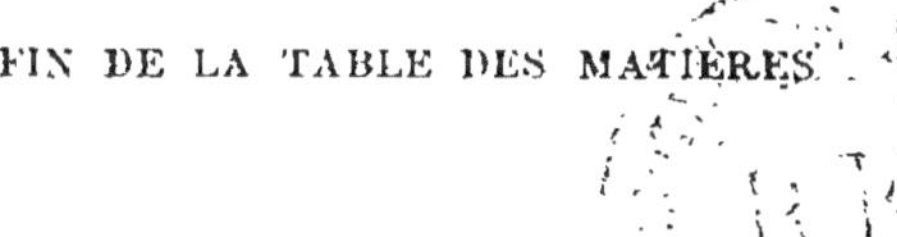